# 钢结构设计精讲精读

陈文渊　刘梅梅　编著

中国建筑工业出版社

图书在版编目（CIP）数据

钢结构设计精讲精读 / 陈文渊，刘梅梅编著. —北京：中国建筑工业出版社，2022.10（2025.1重印）
ISBN 978-7-112-27715-5

Ⅰ. ①钢…　Ⅱ. ①陈…　②刘…　Ⅲ. ①建筑结构-钢结构-结构设计-研究　Ⅳ. ①TU391.04

中国版本图书馆 CIP 数据核字（2022）第 141541 号

本书以广大设计人员关心的钢结构设计问题为基本素材，紧密结合现行《钢结构设计标准》GB 50017、《高层民用建筑钢结构技术规程》JGJ 99 及《建筑抗震设计规范》GB 50011 等标准的规定，以解决设计中常见的疑难问题和提出合理建议为关注点，辅以合适的例题，帮助读者加深对钢结构概念的理解。本书第 1～5 章介绍钢结构设计参数、基本规定及要求，便于设计人员上机建模和输入各类计算参数，并分析输出的计算结果。对于第 6 章以后的各类计算公式，结合图表，尽量简洁地阐述公式原理；对变量复杂的公式，辅以变量与函数的关系图，帮助读者对变化方向有直观的了解，对变化区间有量的掌握。

本书适合从事钢结构设计与研究的专业人员参考使用。

责任编辑：刘婷婷
责任校对：芦欣甜

**钢结构设计精讲精读**

陈文渊　刘梅梅　编著

\*

中国建筑工业出版社出版、发行（北京海淀三里河路 9 号）
各地新华书店、建筑书店经销
北京鸿文瀚海文化传媒有限公司制版
建工社（河北）印刷有限公司印刷

\*

开本：787 毫米×1092 毫米　1/16　印张：24¼　字数：590 千字
2022 年 9 月第一版　2025 年 1 月第二次印刷
定价：**78.00** 元
ISBN 978-7-112-27715-5
（39708）

# 序

　　我是个建筑师，为什么要给结构专业的书作序呢？似乎有必要解释一下。

　　首先，我和陈文渊老总是老搭档。二十世纪八十年代，我们前后脚毕业到原建设部设计院（现在的中国建筑设计研究院）工作，而且都分在一个所，所以，我的不少复杂的高难度项目都主动邀请陈总担纲结构设计的负责人或审核、审定人，如外研社、山东广播电视中心、东南国际航运中心总部大厦等几十个项目。陈总做事踏实、随和、遇难题从容应对，不仅前期结构方案定得准，很少反复，后期还会不断优化，擅长处理现场问题。我特别踏实，陈总是个靠得住的老哥们儿！

　　其次，在部院有个好传统，结构专业对建筑专业很尊重，建筑师有什么造型和空间的要求，结构设计都尽最大努力去满足，从不讲条件，除非规范或计算真过不去。如果建筑师们只需要结构工程师把建筑的形给保证了，不关心梁柱怎么搭，反正最后用装修一包就行了，这种合作关系看似挺和谐，但是也带来一些问题。其中主要的问题就是结构设计的重点不是结构创新，而是结构配合，让工程师们失去了技术创新的动力和主体地位。在提倡建筑高质量发展的今天，建筑师应该主动与结构工程师们一起去研究结构的创新和技术的美学，这才是建筑保持美学价值和文化价值的长久之计！

　　当下世界共同关注的话题是低碳生态，对建筑来说减少用材，提高使用效率，创造更生态绿色的空间环境是必须要追寻的目标。结构的精细化、轻量化、复合化、装配化是一种新的趋向。钢结构将会迅速替代钢筋混凝土结构越来越多地应用到建筑工程之中。创造钢结构的建构美学，提高钢结构的设计水平，未来建筑之美的很大的比例要落在结构之美上。

　　陈老总总结三十多年的工作经验，写出来这本实用性很强的钢结构设计专著，相信一定能对广大中青年结构工程师起到很好的辅导作用，希望大家精读、细读！

中国工程院院士 崔愷

2022.4.13

崔愷院士（左）和陈文渊

# 前　　言

以结构设计人员、准备报考注册结构工程师及钢结构审图人员为主要阅读对象；以《钢结构设计标准》GB 50017、《高层民用建筑钢结构技术规程》JGJ 99 及《建筑抗震设计规范》GB 50011 等规定为主要内容；以解决设计中常见的疑难问题和提出合理建议为关注点；以合适的例题帮助消化和巩固钢结构概念为辅助手段作为本书的主题思想；以广大读者当下关心的钢结构设计问题为本书的基本素材，将上述目标有机地统一起来是本书的愿望。

本书前几章内容介绍钢结构设计参数、基本规定及要求，便于设计人员上机建模和输入各类计算参数，以及分析输出的计算结果。文中的粗体字（含表中的粗体字）摘自规范或标准中的强制性条文（简称"强条"），不得逾越。

对第 6 章以后的各类计算公式，尽量阐述公式原理，配置图形，便于简单明了地理解公式。对变量变化较复杂的公式辅以变量与函数的关系曲线图，帮助读者对变化方向有直观的了解，对变化区间有量的掌握；对许多公式给出了例题，以加深对公式的记忆。

笔者曾于 2005 年主编了国标图集《钢结构设计图实例—多、高层房屋》05CG02，为结构工程师画钢结构施工图提供了一个参考范例。近几年钢结构工程发展迅猛，笔者通过本书，将钢结构基本原理和设计相结合，采用简单明了、通俗易懂的方式阐述钢结构的基本原理，尽可能对大家关心的问题进行回答，解决工程实际问题，为工程师掌握钢结构设计思路和概念提供实用性方法。

本书引用了规范和相关书籍中的公式，收集、参考了行业中的有关资料，在前人的理论基础上完成了编写工作，在此对前辈和老师们表示衷心的感谢！

从 1952 年成立时的中央直属设计公司（次年改为中央设计院）到 1983 年的建设部建筑设计院，再到 2000 年至今的中国建筑设计研究院，已整整走过 70 个年头。我在中国建筑设计研究院工作也有 30 多年了，感恩设计院对我的栽培，尤其是几十年来作为崔愷院士的老搭档协助建筑师设计出了许许多多的建筑精品。今年是中国建筑设计研究院的大庆之年，将几十年的结构设计经验和总结成于此书具有一定的纪念意义。

最后，希望本书能够对读者有所帮助。

陈文渊

于中国建筑设计研究院

2022 年 4 月 13 日

（邮箱：chen-wy@139.com）

# 目　　录

# 第 1 章

# 术语、符号、主要规范及标准图集

## 1.1 钢结构术语

### 1.1.1 《钢结构设计标准》中的术语

术语是通向一本书，获得书中知识的钥匙。熟悉术语是学习书本的基础方法。

1. 脆断

结构或构件在拉应力状态下没有出现警示性的塑性变形而突然发生的断裂。

2. 一阶弹性分析

不考虑几何非线性对结构内力和变形产生的影响，根据未变形的结构建立平衡条件，按弹性阶段分析结构内力及位移。

3. 二阶 $P$-$\Delta$ 弹性分析

仅考虑结构整体初始缺陷及几何非线性对结构内力和变形产生的影响，根据位移后的结构建立平衡条件，按弹性阶段分析结构内力及位移。

4. 直接分析设计法

直接考虑对结构稳定性和强度性能有显著影响的初始几何缺陷、残余应力、材料非线性、节点连接刚度等因素，以整个结构体系为对象进行二阶非线性分析的设计方法。

5. 屈曲

结构、构件或板件达到受力临界状态时在其刚度较弱方向产生另一种较大变形的状态。

6. 板件屈曲后强度

板件屈曲后尚能继续保持承受更大荷载的能力。

7. 正则化长细比或正则化宽厚比

参数，其值等于钢材受弯、受剪或受压屈服强度与相应的构件或板件抗弯、抗剪或抗承压弹性屈曲应力之商的平方根。

8. 整体稳定

构件或结构在荷载作用下能整体保证稳定的能力。

9. 有效宽度

计算板件屈曲后达到极限强度时，将承受非均匀分布极限应力的板件宽度用均匀分布的屈服应力等效，所得的折减宽度。

10. 有效宽度系数

板件有效宽度与板件实际宽度的比值。

11. 计算长度系数

与构件屈曲模式及两端转动约束条件相关的系数。

12. 计算长度

计算稳定时所用的长度，其值等于构件在其有效约束点间的几何长度与计算长度系数的乘积。

13. 长细比

构件计算长度与构件截面回转半径的比值。

14. 换算长细比

在轴心受压构件的整体稳定计算中，按临界力相等的原则，将格构式构件换算为实腹式构件进行计算，或将弯扭与扭转失稳换算为弯曲失稳计算时，所对应的长细比。

15. 支撑力

在为减小受压构件（或构件的受压翼缘）自由长度所设置的侧向支撑处，沿被支撑构件（或构件受压翼缘）的屈曲方向，作用于支撑的作用力。

16. 无支撑框架

利用节点和构件的抗弯能力抵抗荷载的结构。

17. 支撑结构

在梁柱构件所在的平面内，沿斜向设置支撑构件，以支撑轴向刚度抵抗侧向荷载的结构。

18. 框架-支撑结构

由框架及支撑共同组成抗侧力体系的结构。

19. 强支撑框架

在框架-支撑结构中，支撑结构（支撑桁架、剪力墙、筒体等）的抗侧移刚度较大，可将该框架视为无侧移的框架。

20. 摇摆柱

设计为只承受轴向力而不考虑侧向刚度的柱子。

21. 节点域

框架梁柱的刚接节点处及柱腹板在梁高范围内上下边设有加劲肋或隔板的区域。

22. 球形钢支座

钢球面作为支撑面使结构在支座处可以沿任意方向转动的铰接支座或可移动支座。

23. 钢板剪力墙

设置在框架梁柱间的钢板，用以承受框架中的水平剪力。

24. 主管

钢管结构构件中，在节点处连续贯通的管件，如桁架中的弦杆。

25. 支管

钢管结构构件中，在节点处断开并与主管相连的管件，如桁架中与主管相连的腹杆。

26. 间隙节点

两支管的趾部离开一定距离的管节点。

27. 搭接节点

在钢管节点处，两支管相互搭接的节点。

28. 平面管节点

支管与主管在同一平面内相互连接的节点。

29. 空间管节点

在不同平面内的多根支管与主管相接而形成的管节点。

30. 焊接截面

由板件（或型钢）焊接而成的截面。

31. 钢与混凝土组合梁

由混凝土翼板与钢梁通过抗剪连接件组合而成的可整体受力的梁。

32. 支撑系统

由支撑及传递其内力的梁（包括基础梁）、柱组成的抗侧力系统。

33. 消能梁段

在偏心支撑框架结构中，位于两斜支撑端头之间的梁段或位于一斜支撑端头与柱之间的梁段。

34. 中心支撑框架

斜支撑与框架梁柱汇交于一点的框架。

35. 偏心支撑框架

斜支撑至少有一端在梁柱节点外与横梁连接的框架。

36. 屈曲约束支撑

由核心钢支撑、外约束单元和两者之间的无粘结构造层组成不会发生屈曲的支撑。

37. 弯矩调幅设计

利用钢结构的塑性性能进行弯矩重分布的设计方法。

38. 畸变屈曲

截面形状发生变化,且板件与板件的交线至少有一条会产生位移的屈曲形式。

39. 塑性耗能区

在强烈地震作用下,结构构件首先进入塑性变形并消耗能量的区域。

40. 弹性区

在强烈地震作用下,结构构件仍处于弹性工作状态的区域。

## 1.1.2 《高层民用建筑钢结构技术规程》中的术语

1. 高层民用建筑

10 层及 10 层以上或高度大于 28m 的住宅建筑以及房屋高度大于 24m 的其他高层民用建筑。

2. 房屋高度

自室外地面至房屋主要屋面的高度,不包括突出屋面的电梯机房、水箱、构架等高度。

3. 框架

由柱和梁为主要构件组成的具有抗剪和抗弯能力的结构。

4. 中心支撑框架

支撑杆件的工作线交汇于一点或多点,但相交构件的偏心距应小于最小连接构件的宽度;杆件主要承受轴心力。

5. 偏心支撑框架

支撑框架构件的杆件工作线不交汇于一点,支撑连接点的偏心距大于连接点处最小构件的宽度,可通过消能梁段耗能。

6. 支撑斜杆

承受轴力的斜杆,与框架结构协同作用以桁架形式抵抗侧向力。

7. 消能梁段

偏心支撑框架中,两根斜杆端部之间或一根斜杆端部与柱间的梁段。

8. 屈曲约束支撑

支撑的屈曲受到套管的约束,能够确保支撑受压屈服前不屈曲的支撑,可作为耗能阻尼器或抗震支撑。

9. 钢板剪力墙

将设置加劲肋或不设加劲肋的钢板作为抗侧力剪力墙，通过拉力场提供承载能力。

10. 无粘结内藏钢板支撑墙板

以钢板条为支撑，外包混凝土墙板为约束构件的屈曲约束支撑墙板。

11. 带竖缝混凝土剪力墙

将带有一段竖缝的钢筋混凝土墙板作为抗侧力剪力墙，通过竖缝墙段的抗弯屈服提供承载能力。

12. 延性墙板

具有良好延性和抗震性能的墙板。本处特指：带加劲肋的钢板剪力墙、无粘结内藏钢板支撑墙板、带竖缝混凝土剪力墙。

13. 加强型连接

采用梁端翼缘扩大或设置盖板等形式的梁与柱刚性连接。

14. 骨式连接

将梁翼缘局部削弱的一种梁柱连接形式。

15. 结构抗震性能水准

对结构震后损坏状况及继续使用可能性等抗震性能的界定。

16. 结构抗震性能设计

针对不同的地震地面运动水准设定的结构抗震性能水准。

## 1.2　钢结构符号

### 1.2.1　《钢结构设计标准》中的符号

1. 作用和作用效应设计值

$F$——集中荷载；

$G$——重力荷载；

$H$——水平力；

$M$——弯矩；

$N$——轴心力；

$P$——高强度螺栓的预拉力；

$R$——支座反力；

$V$——剪力。

2. 计算指标

$E$——钢材的弹性模量；

$E_c$——混凝土的弹性模量；

$f$——钢材的抗拉、抗压和抗弯强度设计值；

$f_v$——钢材的抗剪强度设计值；

$f_{ce}$——钢材的端面承压强度设计值；

$f_y$——钢材的屈服强度；

$f_u$——钢材的抗拉强度最小值；

$f_t^a$——螺栓的抗拉强度设计值；

$f_t^b$、$f_v^b$、$f_c^b$——螺栓的抗拉、抗剪和抗压强度设计值；

$f_t^w$、$f_v^w$、$f_c^w$——对接焊缝的抗拉、抗剪和抗压强度设计值；

$f_f^w$——角焊缝的抗拉、抗剪和抗压强度设计值；

$f_c$——混凝土的抗压强度设计值；

$G$——钢材的剪变模量；

$N_t^a$——单个锚栓的受拉承载力设计值；

$N_t^b$、$N_v^b$、$N_c^b$——单个螺栓的受拉、受剪和受压承载力设计值；

$N_v^c$——组合结构中单个抗剪连接件的受剪承载力设计值；

$S_b$——支撑结构的层侧移刚度，即施加于结构上的水平力与其产生的层间位移角的比值；

$\Delta u$——楼层的层间位移；

$[v_Q]$——仅考虑可变荷载标准值产生的挠度的允许值；

$[v_T]$——同时考虑永久和可变荷载标准值产生的挠度的允许值；

$\sigma$——正应力；

$\sigma_c$——局部压应力；

$\sigma_f$——垂直于角焊缝长度方向，按焊缝有效截面计算的应力；

$\Delta\sigma$——疲劳计算的应力幅或折算应力幅；

$\Delta\sigma_e$——变幅疲劳的等效应力幅；

$[\Delta\sigma]$——疲劳允许应力幅；

$\sigma_{cr}$、$\sigma_{c,cr}$、$\tau_{cr}$——板件的弯曲应力、局部压应力和剪应力的临界值；

$\tau$——剪应力；

$\tau_f$——角焊缝的剪应力。

3. 几何参数

$A$——毛截面面积；

$A_n$——净截面面积；

$b$——翼缘板的外伸宽度；

$b_0$——箱形截面翼缘板在腹板之间的无支撑宽度；混凝土板托顶部的宽度；

$b_s$——加劲肋的外伸宽度；

$b_e$——板件的有效宽度；

$d$——直径；

$d_e$——有效直径；

$d_0$——孔径；

$e$——偏心距；

$H$——柱的高度；

$H_1$、$H_2$、$H_3$——阶形柱上段、中段（或单阶柱下段）、下段的高度；

$h$——截面全高；

$h_e$——焊缝的计算厚度；

$h_f$——角焊缝的焊脚尺寸；

$h_w$——腹板的高度；

$h_0$——腹板的计算高度；

$I$——毛截面惯性矩；

$I_t$——自由扭转常数；

$I_w$——毛截面扇形惯性矩；

$I_n$——净截面惯性矩；

$i$——截面回转半径；

$l$——长度或跨度；

$l_1$——梁受压翼缘侧向支撑间距离，螺栓受力方向的连接长度；

$l_w$——焊缝的计算长度；

$l_z$——集中荷载在腹板计算高度边缘上的假定分布长度；

$S$——毛截面面积矩；

$t$——板的厚度；

$t_s$——加劲肋的厚度；

$t_w$——腹板的厚度；

$W$——毛截面模量；

$W_n$——净截面模量；

$W_p$——塑性毛截面模量；

$W_{np}$——塑性净截面模量。

4. 计算系数及其他

$K_1$、$K_2$——构件线刚度之比；

$n_f$——高强度螺栓的传力摩擦面数目；

$n_v$——螺栓的剪切面数目；

$a_E$——钢材与混凝土弹性模量之比；

$a_e$——梁截面模量考虑腹板有效宽度的折减系数；

$a_f$——疲劳计算的欠载效应等效系数；

$a_i^{II}$——考虑二阶效应框架第 $i$ 层杆件的侧移弯矩增大系数；

$\beta_E$——非塑性耗能区内力调整系数；

$\beta_f$——正面角焊缝的强度设计值增大系数；

$\beta_m$——压弯构件稳定的等效弯矩系数；

$\gamma_0$——结构的重要性系数；

$\gamma_x$、$\gamma_y$——对主轴 $x$、$y$ 的截面塑性发展系数；

$\varepsilon_k$——钢号修正系数，其值为 235 与钢材牌号中屈服点数值的比值的平方根；

$\eta$——调整系数；

$\eta_1$、$\eta_2$——用于计算阶形柱计算长度的参数；

$\eta_{ov}$——管节点的支管搭接率；

$\lambda$——长细比；

$\lambda_{n,b}$、$\lambda_{n,s}$、$\lambda_{n,c}$、$\lambda_n$——正则化宽厚比或正则化长细比；

$\mu$——高强度螺栓摩擦面的抗滑移系数；柱的计算长度系数；

$\mu_1$、$\mu_2$、$\mu_3$——阶形柱上段、中段（或单阶柱下段）、下段的计算长度系数；

$\rho_i$——各板件有效截面系数；

$\varphi$——轴心受压构件的稳定系数；

$\varphi_b$——梁的整体稳定系数；

$\psi$——集中荷载的增大系数；

$\psi_n$、$\psi_a$、$\psi_d$——用于计算直接焊接钢管节点承载力的参数；

$\Omega$——抗震性能系数。

## 1.2.2 《高层民用建筑钢结构技术规程》中的符号

1. 作用和作用效应

$\alpha$——加速度；

$F$——地震作用标准值；

$G$——重力荷载代表值；

$H$——水平力；

$M$——弯矩设计值；

$N$——轴心压力设计值；

$Q$——重力荷载设计值；

$S$——作用效应设计值；

$T$——周期；温度；

$v$——风速。

2. 材料指标

$c$——比热；

$E$——弹性模量；

$f$——钢材抗拉、抗压、抗弯强度设计值；

$f_c^b$、$f_t^b$、$f_v^b$——螺栓抗压、抗拉、抗剪强度设计值；

$f_c^w$、$f_t^w$、$f_v^w$——对接焊缝抗压、抗拉、抗剪强度设计值；

$f_{ce}$——钢材端面抗压强度设计值；

$f_{ck}$、$f_{tk}$——混凝土轴心抗压、抗拉强度标准值；

$f_{cu}^b$——螺栓连接板件的极限抗压强度；

$f_f^w$——角焊缝抗拉、抗压、抗剪强度设计值；

$f_t$——混凝土轴心抗拉强度设计值；

$f_t^a$——锚栓抗拉强度设计值；

$f_u$——钢材抗拉强度最小值；

$f_u^b$——螺栓钢材的抗拉强度最小值；

$f_v$——钢材抗剪强度设计值；

$f_y$——钢材屈服强度；

$G$——剪切模量；

$M_{lp}$——消能梁段的全塑性受弯承载力；

$M_{pb}$——梁的全塑性受弯承载力；

$M_{pc}$——考虑轴力时，柱的全塑性受弯承载力；

$M_u$——极限受弯承载力；

$N_E$——欧拉临界力；

$N_y$——构件的轴向屈服承载力；

$N_t^a$——单根锚栓受拉承载力设计值；

$N_t^b$、$N_v^b$——高强度螺栓仅承受拉力、剪力时，受拉、受剪承载力设计值；

$N_{vu}^b$、$N_{cu}^b$——单个高强度螺栓的极限受剪承载力和对应的板件极限承载力；

$R$——构件承载力设计值；

$V_l$、$V_{lc}$——消能梁段不计入轴力影响和计入轴力影响的受剪承载力；

$V_u$——受剪承载力；

$\rho$——材料密度。

3. 几何参数

$A$——毛截面面积；

$A_e^b$——螺栓螺纹处的有效截面面积；

$d$——螺栓杆公称直径；

$h_{0b}$——梁腹板高度，自翼缘中心线算起；

$h_{0c}$——柱腹板高度，自翼缘中心线算起；

$I$——毛截面惯性矩；

$I_e$——有效截面惯性矩；

$K_1$、$K_2$——汇交于柱上端、下端的横梁线刚度之和与柱线刚度之和的比值；

$S$——面积矩；

$t$——厚度；

$V_p$——节点域有效体积；

$W$——毛截面模量；

$W_e$——有效截面模量；

$W_n$——净截面模量；

$W_p$——塑性截面模量；

$W_{np}$——塑性净截面模量。

4. 系数

$\alpha$——连接系数；

$\alpha_{max}$、$\alpha_{vmax}$——水平、竖向地震影响系数最大值；

$\gamma_0$——结构重要性系数；

$\gamma_{RE}$——承载力抗震调整系数；

$\gamma_x$——截面塑性发展系数；

$\varphi$——轴心受压构件的稳定系数；

$\varphi_b$、$\varphi'_b$——钢梁整体稳定系数；

$\lambda$——构件长细比；

$\lambda_n$——正则化长细比；

$\mu$——计算长度系数；

$\xi$——阻尼比。

# 1.3 主要规范及标准图集

## 1.3.1 主要规范

《钢结构设计标准》GB 50017—2017（简称《钢标》）；

《钢结构焊接规范》GB 50661—2011（简称《焊接规范》）；

《钢结构工程施工质量验收标准》GB 50205—2020（简称《钢结构验收规范》）；

《碳素结构钢》GB/T 700—2006（简称《碳素钢》）；

《低合金高强度结构钢》GB/T 1591—2018（简称《高强度钢》）；

《厚度方向性能钢板》GB/T 5313—2010（简称《Z 向钢》）；

《建筑结构用钢板》GB/T 19879—2015（简称《建筑结构钢》）；

《耐候结构钢》GB/T 4171—2008（简称《耐候钢》）；

《钢结构高强度螺栓连接技术规程》JGJ 82—2011（简称《高强螺栓规程》）；

《高层民用建筑钢结构技术规程》JGJ 99—2015（简称《高钢规》）；

《组合结构设计规范》JGJ 138—2016（简称《组合规范》）；

《工业建筑防腐蚀设计标准》GB/T 50046—2018（简称《工业防腐标准》）；

《钢结构防腐蚀涂装技术规程》CECS 343—2013（简称《涂装规程》）；

《建筑设计防火规范》GB 50016—2014（简称《建筑防火规范》）；

《建筑钢结构防火设计规范》GB 51249—2017（简称《结构防火规范》）；

《建筑工程抗震设防分类标准》GB 50223—2008（简称《分类标准》）；

《建筑抗震设计规范》GB 50011—2010（简称《抗规》）；

《构筑物抗震设计规范》GB 50191—2012（简称《构抗规》）；

《建筑结构可靠性设计统一标准》GB 50068—2018（简称《可靠性标准》）；

《建筑结构荷载规范》GB 50009—2012（简称《荷载规范》）；

《高层建筑混凝土结构技术规程》JGJ 3—2010（简称《高规》）；

《建筑地基基础设计规范》GB 50007—2011（简称《基础规范》）。

## 1.3.2　主要标准图集

《钢结构设计图实例—多、高层房屋》05CG02。

## 1.3.3　其他

《结构设计统一技术措施》（中国建筑设计研究院有限公司，2018）

《钢结构设计手册（第四版）》（但泽义主编，2019）

# 第 2 章

# 材料、设计指标和参数

## 2.1 钢材特性

钢材出厂时，都要按批次、采样进行力学性能和化学成分分析，分析结果满足规定的钢材即为合格的产品。合格的产品包含五项机械性能指标和三项主要化学成分指标。

### 2.1.1 钢材的机械性能

钢材五项机械性能指标为：屈服点、抗拉强度、伸长率、冷弯和冲击韧性。

（1）图 2.1.1-1 所示为钢材单轴拉伸曲线，表达出了屈服点、抗拉强度和伸长率三项力学指标。学习钢结构设计的人员应该熟记这条曲线，对了解钢材的主要力学性能及分析判断构件在偶然作用下是否达到破坏阶段是非常有用的。

简记：斜线、平线、曲线。

（2）图 2.1.1-1 中 oa 段为钢材的弹性阶段，应力与应变成线性关系。杆件卸载完成后，应力回到 "o" 点，应变也相应回到 "o" 点。钢结构的弹性设计围绕这条斜线进行，材料的强度指标也落在这条斜线上。

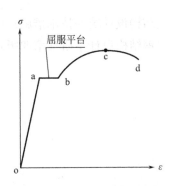

图 2.1.1-1　钢材单轴拉伸曲线

简记：弹性斜线。

（3）图 2.1.1-1 中 ab 段为钢材的屈服平台，"a" 点为屈服点，是衡量结构的承载能力和确定强度设计值的重要指标，其特点是，荷载加不上去，但也下不来，只有变形不断地增加，形成了一条水平线。在屈服平台的任一点，杆件完全卸载后，应力等于 0，应变以与 oa 平行的斜线回落到应变轴上，但到不了 "o" 点，形成残余应变。

屈服平台 "a" 点在钢材的设计指标中为屈服强度 $f_y$，是各种钢材牌号的定义值，也是材料由弹性转为塑性的转折点。

简记：钢号、弹转塑、屈服平台。

（4）图 2.1.1-1 中 bc 段最高点 "c" 为钢材的抗拉强度 $f_u$，是衡量钢材抵抗拉断的机械性能指标，其特点是变形急剧增加，应力与应变为非线性关系，杆件变形达不到正常使用的情况，设计上超出弹性设计范围，是不被允许的。

抗拉强度 $f_u$ 是应力最高限值，反映了与钢材疲劳强度的密切关系。

简记：最大应力。

（5）图 2.1.1-1 中 cd 段为颈缩拉断阶段，加不上荷载，反而自动降载，同时变形急剧增加，直至拉断，呈现颈缩断口。杆件处于这一阶段是极其危险的，随时处于破坏之中。

简记：加速破坏阶段。

（6）钢材的工作状态，在屈服点"a"左侧是弹性的，属于钢结构设计区域；屈服点右侧是塑性的，属于杆件处于危险或破坏区域。特殊情况下，正确判断杆件的工作状态是决定钢结构是否安全的保证。

（7）伸长率 $\delta_5$ 是指钢材试件被拉断后（"d"点）所对应的最大应变值，是衡量钢材塑性的机械性能指标。伸长率越大，延性越好，抵抗塑性阶段残余变形的能力就越强。

简记：延性指标。

碳素结构钢和低合金高强度结构钢的伸长率见表 2.1.1-1。

钢材伸长率　　　　　　　　　　　　　　　表 2.1.1-1

| 建筑用钢 | 碳素结构钢（Q235） | 低合金高强度结构钢（Q355、Q390…） |
|---|---|---|
| 伸长率$\delta_5$（%） | 24~26 | 18~22 |

（8）冷弯试验是衡量钢材承受弯曲变形的能力及塑性和韧性的指标之一，在某种程度上也是鉴定钢材焊接性能的一项指标。

简记：韧性、焊接性。

（9）冲击韧性是反映钢材在冲击荷载作用下抵抗脆性破坏的能力。

## 2.1.2 偶然过载对钢梁遭到破坏的判断及处理方法

楼板遭遇偶然的超过活荷载数倍的堆载，钢梁有可能处于塑性破坏状态，需要正确地判断。

（1）从残余变形进行判断。过量堆载，有的可直观判定，有的需要用仪器检测才能知晓。凡是超过《钢标》中规定的变形值时，构件有可能发生残余变形（塑性变形），在工程中即属于停止使用的危险构件。

处理方法是更换遭到破坏的钢梁。

（2）从受力分析判断钢梁遭遇最大荷载时，最大偶然应力发生在图 2.1.1-1 的哪个阶段。首先确定过载的大小，对受影响的相关钢梁，用标准值计算钢梁的应力。如果计算出的应力大于钢材的屈服点，则钢梁进入塑性，可以宣判钢梁遭到破坏。

处理方法是更换钢梁。

简记：更换。

（3）有时，虽然偶然过载很大，但设计时个别钢梁的应力比较小，用标准值计算出来的应力在钢材强度设计值和屈服强度值之间，说明尽管过载，但钢梁仍然处在图 2.1.1-1

的弹性区间，没有发生塑性变形，只不过超过了材料强度设计值的限值。

处理方法是对钢梁进行加大截面的加固处理，计算上，重新按弹性进行设计，并满足应力不大于强度设计值及挠度要求。

简记：加大截面。

### 2.1.3 钢材的主要化学成分

钢材的化学成分包括碳（C）、硫（S）、磷（P）、硅（Si）、锰（Mn）等多种元素。建筑用钢中主要关注的是碳（C）、硫（S）、磷（P）三元素。

（1）碳（C）：其特点是含碳量越大，钢材的强度越高。含碳量大带来的负面影响是钢的塑性、冲击韧性和疲劳强度降低，尤其是可焊性变差。

简记：高脆、焊接差。

建筑用钢控制碳含量，用以保障钢的可焊性和机械性能是非常必要的。对碳素结构钢和低合金高强度结构钢的碳含量要求见表2.1.3-1。

建筑用钢最大碳（C）含量　　　　　　　　　　表2.1.3-1

| 建筑用钢 | 碳素结构钢(Q235) | 低合金高强度结构钢(Q355、Q390…) |
|---|---|---|
| 碳含量(%) | 0.20 | 0.20 |

（2）硫（S）：其特点是随着硫含量增大，钢在高温时变脆，不利于焊接加工，同时还降低钢的冲击韧性和疲劳强度。

简记：高温、热脆。

对碳素结构钢和低合金高强度结构钢的硫含量要求见表2.1.3-2。

建筑用钢最大硫（S）含量　　　　　　　　　　表2.1.3-2

| 建筑用钢 | 碳素结构钢(Q235) | 低合金高强度结构钢(Q355、Q390…) |
|---|---|---|
| 硫含量(%) | 0.045 | 0.045 |

（3）磷（P）：其特点是随着磷含量增大，钢在低温时变脆，增加了钢的冷脆性，降低了钢的塑性，不利于焊接加工，冷弯性能变差。

简记：低温、冷脆。

对碳素结构钢和低合金高强度结构钢的磷含量要求见表2.1.3-3。

建筑用钢最大磷（P）含量　　　　　　　　　　表2.1.3-3

| 建筑用钢 | 碳素结构钢(Q235) | 低合金高强度结构钢(Q355、Q390…) |
|---|---|---|
| 磷含量(%) | 0.045 | 0.045 |

### 2.1.4 对机械性能的要求

1）基本要求如下：

　　承重结构所用的钢材应具有屈服强度、抗拉强度、断后伸长率和硫、磷含量的合格保证，对焊接结构尚应具有碳当量的合格保证。焊接承重结构以及重要的非焊接承重结构采用的钢材应具有冷弯试验的合格保证；对直接承受动力荷载或需验算疲劳的构件所用钢材尚应具有冲击韧性的合格保证。

　　2) 控制指标要求如下：

　　(1) 钢材的屈服强度实测值与抗拉强度实测值的比值不应大于 0.85。

　　(2) 钢材应有明显的屈服台阶，且伸长率不应小于 20%。

　　(3) 钢材应有良好的焊接性和合格的冲击韧性。

　　对于伸长率的要求：Q235 和 Q355 伸长率为分别为 24%～26% 和 21%，能自然满足；一般情况下，Q390、Q420 伸长率为分别为 19%、18%，不能满足伸长率要求，订货时需对该项指标进行专项指定。

## 2.1.5　钢材特性应落实在设计文件中

　　钢结构设计时，钢材的机械性能和主要化学成分既不体现在计算中也不体现在画图中，容易被轻视，但是，《钢标》《抗规》中非常强调其重要性，并以强条的方式确定下来，所以，必须要重视。

　　钢结构设计会涉及许多强条，但都体现在计算和施工图设计中了，唯有钢材特性例外。所以，必须把针对机械性能和主要化学成分的强条写在施工图的钢结构说明中或方案和初设文件中。

　　简记：写入文件中。

# 2.2　钢材牌号和质量等级

## 2.2.1　钢材牌号

　　钢的牌号由代表屈服强度"屈"字的汉语拼音首字母 Q、规定的最小上屈服强度数值和质量等级符号（B、C、D、E、F）三个部分组成。

　　示例：Q235B。

　　其中：235 为规定的最小上屈服强度数值，单位为 $N/mm^2$（或 MPa）；B 表示质量等级为 B 级。

　　在《钢标》中，将前两项组合在一起称为"钢材牌号"，例如：Q235、Q390。所以，也可以认为钢的牌号由钢材牌号和质量等级组成。

　　钢材分为碳素钢（Q235）和低合金高强度结构钢 [Q355（Q345）、Q390、Q420、Q460]。

　　民用建筑钢结构中，常用的为 Q235 和 Q355（Q345）。

### 2.2.2 Q355 和 Q345 的区别

《低合金高强度结构钢》GB/T 1591—2018 于 2018 年 5 月 14 日发布,并于 2019 年 2 月 1 日实施。其中提到以 Q355 钢材替代 Q345 钢材,相关要求见 GB/T 1519—2018 第 7 章及第 9.2 节。

现行《钢标》及 2003 版的《钢结构设计规范》中,都是取钢的下屈服点对应的下屈服强度 345N/mm² 为钢材牌号(Q345)。为了与欧洲对标,《低合金高强度结构钢》GB/T 1591—2018 中规定以最小上屈服强度数值为钢材牌号,将 Q345 修改为 Q355,即以钢的上屈服点对应的上屈服强度 355N/mm² 为钢材牌号。

修改后,两者的区别如下。

1) Q355 仅针对 Q345 的钢材的设计用强度指标进行局部修改,如:

(1) 钢材厚度或直径的划分完全一样;

(2) 强度设计值完全一样;

(3) 抗拉强度完全一样;

(4) 唯有屈服强度不同。由于 Q355 是上屈服强度,Q345 是下屈服强度,在钢材厚度或直径划分的各个区域内,前者比后者均高出 10N/mm²,见表 2.2.2-1。这一项变化影响了钢号修正系数 $\varepsilon_k$(仅针对钢号值 355),即,稳定限值、长细比限值等变得更加严格了。

简记:Q355 仅影响 $\varepsilon_k$。

(5) 目前《钢标》还没有给出修改更正通知文件,审图单位的要求也不相同。在施工图设计中,建议将两种参数都写入钢结构设计说明中。

2) Q355 不针对建筑结构用钢板的设计用强度指标。

3) Q355 不针对建筑结构用无缝钢管的设计用强度指标。

Q355 与 Q345 屈服强度 $f_y$ 的对比                  表 2.2.2-1

| 钢材厚度或直径(mm) | ≤16 | >16,≤40 | >40,≤63 | >63,≤80 | >80,≤100 |
|---|---|---|---|---|---|
| Q355 | 355 | 345 | 335 | 325 | 315 |
| Q345 | 345 | 335 | 325 | 315 | 305 |

注:Q355 屈服强度摘自《低合金高强度结构钢》GB/T 1591—2018。

### 2.2.3 几种特殊的钢材

1. 建筑结构用钢板 Q345GJ

由于近年来建筑钢结构的快速发展,市场上推出了强度较高的建筑结构用钢板 Q345GJ,并被列入《钢标》,其强度设计值比 Q355(Q345)高一些,所以钢材规格主要是中、厚板(>16mm,≤50mm 或>50mm,≤100mm),适用条件为焊接箱形截面和焊接 H 型钢。

简记：中、厚板；焊接截面。

2. 耐候结构钢

腐蚀是钢结构的天敌。为了对付腐蚀，就有了耐候钢的产品。耐候结构钢的耐大气腐蚀性约为普通钢的 2～8 倍，抗锈蚀能力为一般钢材的 3～4 倍。其耐腐蚀原理是通过添加少量合金元素（Cu、P、Cr、Ni 等），使其在金属基体表面形成保护层，从而达到较好的耐腐蚀效果。

海岸环境、游泳馆等属于盐雾腐蚀性较高的环境，如采用钢结构，应选用耐候结构钢。

简记：耐腐蚀。

3. Z 向钢

当板件厚度≥40mm，沿板厚方向作用较大的力时，容易在板厚方向产生层状撕裂。采用保证厚度方向性能钢板（Z 向抗撕裂性能的钢板，简称：Z 向钢）可以有效地防止层状撕裂。

Z 向钢牌号的表示由产品原牌号和要求的厚度方向性能级别组成。

例如：Q355CZ15（Q345CZ15）。

其中，Q355C（Q345C）为原牌号；Z15 为厚度方向性能级别，分为 Z15、Z25、Z35。

不同厚度方向性能级别对应的硫含量的规定见表 2.2.3-1。

厚度方向性能级别及所对应的断面收缩率的平均值和单个试样最小值的规定见表 2.2.3-2。

硫含量（熔炼分析）                                    表 2.2.3-1

| 厚度方向性能级别 | 硫含量(质量分数)(%) |
| --- | --- |
| Z15 | ≤0.010 |
| Z25 | ≤0.007 |
| Z35 | ≤0.005 |

厚度方向性能级别及断面收缩率                          表 2.2.3-2

| 厚度方向性能级别 | 断面收缩率(%) | |
| --- | --- | --- |
| | 三个试样的最小平均值 | 单个试样最小值 |
| Z15 | 15 | 10 |
| Z25 | 25 | 15 |
| Z35 | 35 | 25 |

当翼缘板厚度≥40mm 且连接焊缝熔透高度≥25mm，或连接角焊缝单面高度>35mm 时，其厚度方向性能级别不宜低于 Z15。

当翼缘板厚度≥40mm 且连接焊缝熔透高度≥40mm，或连接角焊缝单面高度

＞60mm 时，其厚度方向性能级别宜为 Z25。

简记：层状撕裂；≥40mm。

### 2.2.4 质量等级

钢材质量等级分为 A、B、C、D、E 五个等级。

A 级最低，E 级最高。等级越高，质量越好，钢材的价格也越贵。

### 2.2.5 工作温度与质量等级的对应关系

钢材质量等级与工作温度和疲劳两种情况有关，《钢标》规定见表 2.2.5-1。

钢材质量等级与工作温度、疲劳的关系　　　　　　　　　　　表 2.2.5-1

| 项目 | | | 工作温度 $T$(℃) | | | | |
|---|---|---|---|---|---|---|---|
| | | | $T>0$ | $-20<T\leqslant0$ | $-40<T\leqslant-20$ | | |
| 不需验算疲劳 | 非焊接结构 | B | B | B | 受拉构件及承重结构的受拉板件：<br>1. 板厚或直径 ＜ 40mm 时，C；<br>2. 板厚或直径 ≥ 40mm 时，D；<br>3. 重要承重结构的受拉板材宜选用建筑结构用钢板 | | |
| | 焊接结构 | B | | | | | |
| 需验算疲劳 | 非焊接结构 | B | Q235B　Q390C<br>Q345GJC　Q420C<br>Q355B　Q460C | Q235C　Q390D<br>Q345GJC　Q420D<br>Q355C　Q460D | | | |
| | 焊接结构 | B | Q235C　Q390D<br>Q345GJC　Q420D<br>Q355C　Q460D | Q235D　Q390E<br>Q345GJD　Q420E<br>Q355D　Q460E | | | |

按照《钢通规》的要求，对钢材冲击韧性的力学性能规定为钢结构承重构件所用钢材在低温使用环境下应具有冲击韧性的合格保证。

冲击韧性与钢材的质量等级是相关联的，在低温环境下，按冲击韧性的要求，钢材的质量等级为 C 级或 D 级。尽管常温下（大于 0℃）不要求有冲击韧性的合格保证，但是应按常温（20℃）冲击韧性的规定确定钢材质量等级。钢材质量等级、工作温度和冲击韧性三者之间的关系见《钢结构强制性条文和关键性条文精讲精读》表 2.12.1-1，去掉该表中冲击韧性的内容，就得到钢材质量等级与工作温度之间的关系，见表 2.2.5-2。

钢材质量等级与工作温度（$T$）的关系　　　　　　　　　　表 2.2.5-2

| 工作温度 | $T>0$℃ | $-20$℃$<T\leqslant0$℃ | $-40$℃$<T\leqslant-20$℃ |
|---|---|---|---|
| 钢材质量等级 | B | C | D |

由于冲击韧性为强制性条文，所以应按表 2.2.5-2 对应的工作温度确定钢材质量等级，即：

（1）工作温度在常温（$T>0$℃）范围内应采用 B 级钢。

（2）工作温度在 $-20$℃$<T\leqslant0$℃范围内应采用 C 级钢。

（3）工作温度在 $-40$℃$<T\leqslant-20$℃范围内应采用 D 级钢。

## 2.2.6 钢材牌号的选用

在钢结构设计中，要根据结构受力特点、结构使用环境、用钢量及价格等诸因素进行钢材的选用。

钢材的选用分为钢材牌号的选用和质量等级的选用。

不同的钢材牌号有不同的强度设计值及特点。了解这些内容，对正确选择钢材牌号有很大的帮助。

1. 碳素钢 Q235

1）Q235 的缺点是强度设计值低，而且是所有钢材中最低的。

2）Q235 的优点是价格低，全国各地货源充足。

3）Q235 最大的特点是在稳定计算中很容易满足稳定限值，因为对于 Q235，不用考虑钢号修正系数；低合金高强度结构钢则要考虑钢号修正系数，导致稳定性限值要进行折减，稳定性限值的折减系数就是钢号修正系数。表 2.2.6-1 为低合金高强度结构钢钢号修正系数。

**低合金高强度结构钢钢号修正系数** 表 2.2.6-1

| 钢材牌号 | Q235 | Q355 | Q390 | Q420 | Q460 |
|---|---|---|---|---|---|
| 钢号修正系数 | 1.00 | 0.81 | 0.78 | 0.75 | 0.71 |

注：Q235 作为对比也列在表中。

从表 2.2.6-1 可以看出，低合金高强度结构钢 Q355、Q390、Q420、Q460 稳定限值折减后只能达到碳素钢 Q235 的 0.81~0.71。这个影响是很大的。

4）在计算过程中，当强度不是主要控制指标（计算出的应力比很小），而稳定成为主要控制指标时（如局部稳定限值、钢柱长细比限值不满足规范要求），采用碳素钢 Q235 是最佳选择。

5）碳素钢 Q235 的选用：

（1）地方标志性的中小型钢塔，且杆件为成品型材（角钢或钢管）。

（2）中小型广告牌、屋顶建筑构架、幕墙龙骨等。

（3）横跨公路的门字形桁架（灯架）、类似的村镇及景区入口门架。

（4）边远地区多层钢结构房屋宜考虑采用 Q235。这些地区钢结构发展较慢，钢材市场以 Q235 为主，更高钢材牌号的货源很少。如果采用 Q355 或更高的钢材，就需要到其他地区进行采购，必然会造成较高的运费，另外也会延长加工制作的进度。

（5）轻型钢结构，如门式钢架、轻屋面厂房等。

（6）梯形钢屋架、空间立体桁架、网架等。

（7）层高较大的多层钢结构房屋（公共建筑），钢柱最大截面尺寸受到板件宽厚比限制等因素。

（8）优化设计。

2. 低合金高强度结构钢 Q355

1) Q355 的缺点是稳定性限值比碳素钢 Q235 低了将近 20%，所以不宜用在以稳定控制为主的钢结构工程。

2) Q355 的另一个缺点是在边远地区货源不足。

3) Q355 的优点是钢材的设计用强度指标的各项数值均比碳素钢 Q235 高了许多。前者与后者的比值 K 的对比结果见表 2.2.6-2。

Q355 与 Q235 的设计用强度指标的比值 K                表 2.2.6-2

| 比值 | 钢材厚度或直径（mm） | 强度设计值的比值 | | | 屈服强度的比值 | 抗拉强度的比值 |
|---|---|---|---|---|---|---|
| | | 抗拉、抗压及抗弯 | 抗剪 | 端面承压（刨平顶紧） | | |
| K | ≤16 | 1.419 | 1.400 | 1.25 | 1.511 | 1.270 |
| | >16，≤40 | 1.439 | 1.417 | | 1.533 | |
| | >40，≤63 | 1.450 | 1.435 | | 1.558 | |
| | >63，≤80 | 1.400 | 1.391 | | 1.512 | |
| | >80，≤100 | 1.350 | 1.348 | | 1.465 | |

从表 2.2.6-2 可以看出，在常用钢材厚度范围内，低合金高强度结构钢 Q355 的强度设计值比碳素钢 Q235 高了 40% 以上，故采用 Q355 相比 Q235 可节约 15%～25% 的钢材。这对于建筑面积较大的高层钢结构或多层钢结构减少用钢量来说是非常可观的。用钢量减少，其节约的成本比起钢材价格的差价要大得多。

4) 在计算过程中，当强度成为主要控制指标（计算出的应力较大），而稳定成为次要控制指标时，应采用 Q355。

5) 低合金高强度结构钢 Q355 的选用：

（1）高层钢结构应采用 Q355。原因是钢柱承受的荷载大，截面自然大，稳定性好，不易超出限值。这种情况下，强度成为主要控制项，稳定成为次要控制项。

（2）采用 Q355，其屈服强度比 Q235 高了 50% 左右，相比 Q235 可节省 30% 左右的钢材。

（3）承受荷载较大的大型多层公共建筑，强度和稳定都对结构有影响，应采用 Q355。毕竟，节约钢材是重要的。

（4）以强度为主要控制项的特殊钢结构。

3. 低合金高强度结构钢 Q390、Q420、Q460

Q390、Q420、Q460 货源少、购货难、价格高，一般用于大型的、重要的工程。小的工程，即使很重要，钢铁厂也不会特意炼一炉钢材。

4. 建筑结构用钢板 Q345GJ

1) 对于承受较大荷载的钢结构工程，需要采用建筑结构用钢板 Q345GJ。

2）处于寒冷、低温工作环境（−40℃＜$T$≤−20℃）的重要的工程，采用 Q345GJ。

3）由于 Q345GJ 强度设计值比 Q355（Q345）高，故钢板为中、厚型，板厚大于 16mm，用于焊接箱形柱及焊接 H 型钢。

5. 耐候结构钢 Q235NH、Q355NH（Q345NH）

处于海岸、游泳馆氯气等强腐蚀环境的钢结构工程，应采用耐腐蚀性的耐候钢。

耐候结构钢的耐大气腐蚀性能为普通钢的 2～8 倍，抗锈蚀能力是一般钢材的 3～4 倍。

6. Z 向钢

板厚≥40mm 时，为了防止沿厚度方向产生层状撕裂，应采用厚度方向性能钢板（Z 向钢）。

### 2.2.7　钢材质量等级的选用

1）由于 A 级钢不保证冲击韧性要求和延性性能的基本要求，钢结构中不建议采用。

民用建筑钢结构一般不需要验算疲劳。按照 2.2.5 节钢材质量等级与冲击韧性之间的关系，根据冲击试验对钢材的质量要求，用到的钢材质量等级为 B 级、C 级和 D 级。

简记：质量等级，B、C、D。

2）工作温度 $T$＞0℃时，采用 B 级。

工作温度为大于 0℃时，称为常温地区，涵盖了我国整个南方区域，在这些地区不管是室内钢结构还是室外钢结构，都采用 B 级。

简记：常温 B 级。

3）在低温、寒冷地区（−40℃＜$T$≤0℃），当室内有采暖设备时，室内钢结构的质量等级采用 B 级。

室外钢结构根据冲击韧性试验的规定分为两个温度区间，−20℃＜$T$≤0℃区间和−40℃＜$T$≤−20℃。钢材质量等级分两种情况确定：

（1）工作温度为−20℃＜$T$≤0℃时，称为低温地区，钢材质量等级采用 C 级。

简记：低温 C 级。

（2）工作温度为−40℃＜$T$≤−20℃时，称为寒冷地区，钢材质量等级采用 D 级。

简记：寒冷 D 级。

4）工作温度低于或等于−40℃（$T$≤−40℃）时，应进行专门研究。

5）抗震设防烈度为 8 度、房屋高度 $H$＞50m 或抗震设防烈度为 9 度的钢结构，钢材质量等级采用 C 级。

### 2.2.8　气温与钢结构

1. 冬季室外计算温度

在室外工作条件下，冬季室外计算温度可按《民用建筑供暖通风与空气调节设计规范》GB 50736—2012 附录 A 采用，其中部分城市冬季室外计算温度如表 2.2.8-1 所示。

当室内无供暖设备时（如农贸市场，停车楼等），视为室外温度环境，仍按冬季室外计算温度考虑。

冷库、冰室等特殊环境，其最低温度应由专业部门提供，并作为结构最低工作温度的依据。

部分城市冬季室外计算温度 T（℃）　　　　表 2.2.8-1

| 省份(直辖市) | 北京 | 天津 | 河北 | | 山西 | 内蒙古 |
|---|---|---|---|---|---|---|
| 城市名 | 北京 | 天津 | 唐山 | 石家庄 | 太原 | 呼和浩特 |
| T | −9.9 | −9.6 | −11.6 | −8.8 | −12.8 | −20.3 |

| 省份(直辖市) | 辽宁 | 吉林 | | 黑龙江 | | 上海 |
|---|---|---|---|---|---|---|
| 城市名 | 沈阳 | 吉林 | 长春 | 齐齐哈尔 | 哈尔滨 | 上海 |
| T | −20.7 | −27.5 | −24.3 | −27.2 | −27.1 | −2.2 |

| 省份(直辖市) | 山东省 | | | 浙江省 | | |
|---|---|---|---|---|---|---|
| 城市名 | 烟台 | 济南 | 青岛 | 杭州 | 宁波 | 温州 |
| T | −8.1 | −7.7 | −7.2 | −2.4 | −1.5 | −1.4 |

| 省份(直辖市) | 江苏 | | 安徽 | | 福建 | |
|---|---|---|---|---|---|---|
| 城市名 | 连云港 | 南州南京 | 蚌埠 | 合肥 | 福州 | 厦门 |
| T | −6.4 | −4.1 | −5.0 | −4.2 | 4.4 | 6.6 |

| 省份(直辖市) | 江西 | | 河南 | | 湖北 | 湖南 |
|---|---|---|---|---|---|---|
| 城市名 | 九江 | 南昌 | 洛阳 | 郑州 | 武汉 | 长沙 |
| T | −2.3 | −1.5 | −5.1 | −6.0 | −2.6 | −1.9 |

| 省份(直辖市) | 广东 | | | 广西 | | |
|---|---|---|---|---|---|---|
| 城市名 | 汕头 | 广州 | 湛江 | 桂林 | 南宁 | 北海 |
| T | 7.1 | 5.2 | 7.5 | 1.1 | 5.7 | 6.2 |

| 省份(直辖市) | 海南 | 四川 | | 贵州 | 云南 | 西藏 |
|---|---|---|---|---|---|---|
| 城市名 | 海口 | 成都 | 重庆 | 贵阳 | 昆明 | 拉萨 |
| T | 10.3 | 1.0 | 2.2 | −2.5 | 0.9 | −7.6 |

| 省份(直辖市) | 陕西 | 甘肃 | 青海 | 宁夏 | 新疆 | |
|---|---|---|---|---|---|---|
| 城市名 | 西安 | 兰州 | 西宁 | 银川 | 乌鲁木齐 | 吐鲁番 |
| T | −5.7 | −11.5 | −13.6 | −17.3 | −23.7 | −17.1 |

2. 全国部分城市的极端高温和极端低温

在室外工作条件下，最低日平均气温是决定钢材质量等级的重要依据，但还应考虑寒冷地区极端最低温度的特殊情况，按最不利情况进行设计。

表 2.2.8-2 中的极端最低气温可视为工作温度的参考值，设计时应具体落实。

钢结构设计中经常要进行温度应力的计算及合拢温度计算，设计时需了解当地的气象资料。摘录《民用建筑供暖通风与空气调节设计规范》GB 50736—2012 附录 A 中部分城市的极端最高气温和极端最低气温如表 2.2.8-2 所示。

部分城市的极端最高气温和极端最低气温（℃）　　　　表 2.2.8-2

| 省份（直辖市） | 城市 | 最高气温 | 最低气温 | 省份（直辖市） | 城市 | 最高气温 | 最低气温 |
|---|---|---|---|---|---|---|---|
| 北京 | 北京 | 41.9 | −18.3 | 河南 | 郑州 | 42.3 | −17.9 |
| 天津 | 天津 | 40.5 | −17.8 | | 开封 | 42.5 | −16.0 |
| 河北 | 石家庄 | 41.5 | −19.3 | | 洛阳 | 41.7 | −15.0 |
| | 唐山 | 39.6 | −22.7 | | 安阳 | 41.5 | −17.3 |
| | 保定 | 41.6 | −19.6 | | 许昌 | 41.9 | −19.6 |
| | 张家口 | 39.2 | −24.6 | | 南阳 | 41.4 | −17.5 |
| | 承德 | 43.3 | −24.2 | 湖北 | 武汉 | 39.3 | −18.1 |
| | 沧州 | 40.5 | −19.5 | | 宜昌 | 40.4 | −9.8 |
| 山西 | 太原 | 37.4 | −22.7 | | 十堰 | 41.4 | −17.6 |
| | 大同 | 37.2 | −27.2 | | 咸宁 | 39.4 | −12.0 |
| 内蒙古 | 呼和浩特 | 38.5 | −30.5 | | 恩施 | 40.3 | −12.3 |
| | 包头 | 39.2 | −31.4 | 湖南 | 长沙 | 39.7 | −11.3 |
| 辽宁 | 沈阳 | 36.1 | −29.4 | | 岳阳 | 39.3 | −11.4 |
| | 大连 | 35.3 | −18.8 | | 衡阳 | 40.0 | −7.9 |
| | 鞍山 | 36.5 | −26.9 | | 张家界 | 40.7 | −10.2 |
| | 抚顺 | 37.7 | −35.9 | | 永州 | 39.7 | −7 |
| | 朝阳 | 43.3 | −34.4 | 广东 | 广州 | 38.1 | 0.0 |
| | 锦州 | 41.8 | −22.8 | | 深圳 | 38.7 | 1.7 |
| 吉林 | 长春 | 35.7 | −33.0 | | 韶关 | 40.3 | −4.3 |
| | 吉林 | 35.7 | −40.3 | | 汕头 | 38.6 | 0.3 |
| | 通化 | 35.6 | −33.1 | | 肇庆 | 38.7 | 1 |
| | 白城 | 38.6 | −38.1 | | 湛江 | 38.1 | 2.8 |
| 黑龙江 | 哈尔滨 | 36.7 | −37.7 | 广西 | 南宁 | 39.0 | −1.9 |
| | 齐齐哈尔 | 40.1 | −36.4 | | 柳州 | 39.1 | −1.3 |
| | 伊春 | 36.3 | −41.2 | | 桂林 | 38.5 | −3.6 |
| | 牡丹江 | 38.4 | −35.1 | | 梧州 | 39.7 | −1.5 |
| | 漠河 | 38.0 | −49.6 | | 北海 | 37.1 | 2 |
| 上海 | 上海 | 39.4 | −10.1 | | 百色 | 42.2 | 0.1 |
| 江苏 | 南京 | 39.7 | −13.1 | 海南 | 海口 | 38.7 | 4.9 |
| | 徐州 | 40.6 | −15.8 | | 三亚 | 35.9 | 5.1 |

续表

| 省份（直辖市） | 城市 | 最高气温 | 最低气温 | 省份（直辖市） | 城市 | 最高气温 | 最低气温 |
|---|---|---|---|---|---|---|---|
| 江苏 | 南通 | 38.5 | −9.6 | 重庆 | 重庆 | 40.2 | −1.8 |
| | 连云港 | 38.7 | −13.8 | 四川 | 成都 | 36.7 | −5.9 |
| | 常州 | 39.4 | −12.8 | | 甘孜州 | 29.4 | −14.1 |
| | 淮安 | 38.2 | −14.2 | | 宜宾 | 39.5 | −1.7 |
| | 盐城 | 37.7 | −12.3 | | 凉山州 | 36.6 | −3.8 |
| | 扬州 | 38.2 | −11.5 | | 遂宁 | 39.5 | −3.8 |
| | 苏州 | 38.8 | −8.3 | | 乐山 | 36.8 | −2.9 |
| 浙江 | 杭州 | 39.9 | −8.6 | | 泸州 | 39.8 | −1.9 |
| | 宁波 | 39.5 | −8.5 | | 绵阳 | 37.2 | −7.3 |
| | 温州 | 39.6 | −3.9 | | 达州 | 41.2 | −4.5 |
| | 绍兴 | 40.3 | −9.6 | | 雅安 | 35.4 | −3.9 |
| | 金华 | 40.5 | −9.6 | | 阿坝州 | 34.5 | −16 |
| | 丽水 | 41.3 | −7.5 | 贵州 | 贵阳 | 35.1 | −7.3 |
| | 舟山 | 38.6 | −5.5 | | 遵义 | 37.4 | −7.1 |
| | 嘉兴 | 38.4 | −10.6 | | 毕节 | 39.7 | −11.3 |
| 安徽 | 合肥 | 39.1 | −13.5 | | 铜仁 | 40.1 | −9.2 |
| | 安庆 | 39.5 | −9.0 | 云南 | 昆明 | 30.4 | −7.8 |
| | 宣城 | 41.1 | −15.9 | | 丽江 | 32.3 | −10.3 |
| | 芜湖 | 39.5 | −10.1 | | 西双版纳 | 41.1 | 1.9 |
| | 黄山 | 27.6 | −22.7 | | 玉溪 | 32.6 | −5.5 |
| | 亳州 | 41.3 | −17.5 | | 大理 | 31.6 | −4.2 |
| | 蚌埠 | 40.3 | −13.0 | 西藏 | 拉萨 | 29.9 | −16.5 |
| 福建 | 福州 | 39.9 | −1.7 | 陕西 | 西安 | 41.8 | −12.8 |
| | 厦门 | 38.5 | 1.5 | | 延安 | 38.3 | −23.0 |
| | 龙岩 | 39.0 | −3.0 | | 宝鸡 | 41.6 | −16.1 |
| 江西 | 南昌 | 40.1 | −9.7 | | 榆林 | 38.6 | −30.0 |
| | 景德镇 | 40.4 | −9.6 | | 咸阳 | 40.4 | −19.4 |
| | 九江 | 40.3 | −7.0 | 甘肃 | 兰州 | 39.8 | −19.7 |
| | 上饶 | 40.7 | −9.5 | | 酒泉 | 36.6 | −29.8 |
| | 吉安 | 40.3 | −8.0 | | 天水 | 38.2 | −17.4 |
| 山东 | 济南 | 40.5 | −14.9 | | 张掖 | 38.6 | −28.2 |
| | 青岛 | 37.4 | −14.3 | 青海 | 西宁 | 36.5 | −24.9 |
| | 淄博 | 40.7 | −23.0 | 宁夏 | 银川 | 38.7 | −27.7 |
| | 泰安 | 38.1 | −20.7 | 新疆 | 乌鲁木齐 | 42.1 | −32.8 |
| | 临沂 | 38.4 | −14.3 | | 克拉玛依 | 42.7 | −34.3 |

续表

| 省份<br>(直辖市) | 城市 | 最高气温 | 最低气温 | 省份<br>(直辖市) | 城市 | 最高气温 | 最低气温 |
|---|---|---|---|---|---|---|---|
| 山东 | 潍坊 | 40.7 | −17.9 | 新疆 | 吐鲁番 | 47.7 | −25.2 |
| | 烟台 | 38.0 | −12.8 | | 哈密 | 43.2 | −28.6 |
| | 德州 | 39.4 | −20.1 | | 和田 | 41.1 | −20.1 |

# 2.3 钢材设计指标和参数

## 2.3.1 钢材的设计用强度指标及注意事项

**钢材的设计用强度指标，应根据钢材牌号、厚度或直径按表 2.3.1-1 采用。**

1）表 2.3.1-1 为强制性条文，不得逾越。在设计中应严格执行。

简记：强条。

2）钢材越薄强度越高、越厚强度越低。薄的钢材均匀性好，强度自然高一些；厚的钢材均匀性较差，强度就低一些。

简记：薄强厚弱。

3）在进行结构整体分析时，程序中已自动根据板厚给定相应的强度，不会出现违反强条的现象。但在手算过程中，一不小心就会出现错误。例如，计算高强度螺栓连接时，翼缘和腹板厚度不同，相应的强度设计值也不同，有时就忘了改设计值。

简记：厚度变、设计值亦变。

4）市场上有超过 100mm 厚的钢材，但民用钢结构中使用的钢材不得超过 100mm，否则，违反强条。

简记：最厚 100。

钢材的设计用强度指标（N/mm²） 表 2.3.1-1

| 钢材牌号 | | 钢材厚度或直径<br>(mm) | 强度设计值 | | | 屈服强度<br>$f_y$ | 抗拉强度<br>$f_u$ |
|---|---|---|---|---|---|---|---|
| | | | 抗拉、抗压、<br>抗弯 $f$ | 抗剪<br>$f_v$ | 端面承压<br>（刨平顶紧）<br>$f_{ce}$ | | |
| 碳素结构钢 | Q235 | ≤16 | 215 | 125 | 320 | 235 | 370 |
| | | >16，≤40 | 205 | 120 | | 225 | |
| | | >40，≤100 | 200 | 115 | | 215 | |
| 低合金高强度结构钢 | Q355 | ≤16 | 305 | 175 | 400 | 355 | 470 |
| | | >16，≤40 | 295 | 170 | | 345 | |
| | | >40，≤63 | 290 | 165 | | 335 | |
| | | >63，≤80 | 280 | 160 | | 325 | |
| | | >80，≤100 | 270 | 155 | | 315 | |

续表

| 钢材牌号 | | 钢材厚度或直径<br>(mm) | 强度设计值 | | | 屈服强度<br>$f_y$ | 抗拉强度<br>$f_u$ |
|---|---|---|---|---|---|---|---|
| | | | 抗拉、抗压、<br>抗弯 $f$ | 抗剪<br>$f_v$ | 端面承压<br>(刨平顶紧)<br>$f_{ce}$ | | |
| 低合金<br>高强度<br>结构钢 | Q390 | ≤16 | 345 | 200 | 415 | 390 | 490 |
| | | >16,≤40 | 330 | 190 | | 370 | |
| | | >40,≤63 | 310 | 180 | | 350 | |
| | | >63,≤100 | 295 | 170 | | 330 | |
| | Q420 | ≤16 | 375 | 215 | 440 | 420 | 520 |
| | | >16,≤40 | 355 | 205 | | 400 | |
| | | >40,≤63 | 320 | 185 | | 380 | |
| | | >63,≤100 | 305 | 175 | | 360 | |
| | Q460 | ≤16 | 410 | 235 | 470 | 460 | 550 |
| | | >16,≤40 | 390 | 225 | | 440 | |
| | | >40,≤63 | 355 | 205 | | 420 | |
| | | >63,≤100 | 340 | 195 | | 400 | |

注:冷弯型材和冷弯钢管的强度设计值应按国家现行有关标准的规定采用。

## 2.3.2 建筑结构用钢板的设计用强度指标及注意事项

建筑结构用钢板 Q345GJ 的屈服强度与 Q355 相近,但前者的抗拉、抗压、抗弯和抗剪的设计强度值比后者高,可以减少用钢量,减轻结构自重,减低建造成本。Q345GJ 具有纯净度高、抗震性能好、强度波动范围小的优点。

建筑结构用钢板的设计用强度指标,可根据钢材牌号、厚度或直径按表 2.3.2-1 采用。

1)一般的结构材料的设计用强度指标都是强条(包括混凝土材料),表 2.3.2-1 为强制性条文。

简记:强条。

2)《建筑结构用钢板》GB/T 19879 的 2015 版相较 2005 版,最大板厚有了变化,Q345GJ 最大厚度由 100mm 扩大到 200mm。《钢标》中限制最大板厚仍为 100mm,这也是非强条的原因。

3)Q345GJ 强度设计值高于 Q355,但低于 Q390。

4)Q345GJ 屈服强度与 Q355 相近。

5)钢板的厚度 $t>16$mm($t≤16$mm 的钢板意义不大)。

6)钢板的均匀性比 Q355 要好,所以,钢板仅设 2 个厚度区域(>16mm,≤50mm和>50mm,≤100mm)。

7)钢材厚度不超过 100mm。

简记:最厚 100。

8）适用于焊接而成的组合截面，如：箱形截面、焊接 H 型钢等。

建筑结构用钢板的设计用强度指标（N/mm²） 表 2.3.2-1

| 建筑结构用钢板 | 钢材厚度或直径 (mm) | 强度设计值 | | | 屈服强度 $f_y$ | 抗拉强度 $f_u$ |
| --- | --- | --- | --- | --- | --- | --- |
| | | 抗拉、抗压、抗弯 $f$ | 抗剪 $f_v$ | 端面承压（刨平顶紧）$f_{ce}$ | | |
| Q345GJ | >16,≤50 | 325 | 190 | 415 | 345 | 490 |
| | >50,≤100 | 300 | 175 | | 335 | |

## 2.3.3 结构用无缝钢管的强度指标及注意事项

结构用无缝钢管的强度指标应按表 2.3.3-1 采用。

1）无缝钢管的强度指标与钢材的设计用强度指标相近。

无缝钢管的壁厚划分与钢材的厚度或直径划分有所不同。

2）必须强调是无缝钢管。

直缝焊接钢管和斜向卷曲焊缝钢管的强度设计值按表 2.3.1-1 采用，不建议用在承重结构中。

简记：无缝。

3）以 16mm 和 30mm 为界，壁厚 $t$ 分为三个区域（$t \leq 16mm$；$16mm < t \leq 30mm$；$t > 30mm$）。

注意两点：一是壁厚>30mm，不再按厚度增大将强度设计值减小；二是最大厚度没有限定。

简记：无厚度限值。

结构用无缝钢管的强度指标（N/mm²） 表 2.3.3-1

| 钢管钢材牌号 | 壁厚 $t$ (mm) | 强度设计值 | | | 屈服强度 $f_y$ | 抗拉强度 $f_u$ |
| --- | --- | --- | --- | --- | --- | --- |
| | | 抗拉、抗压、抗弯 $f$ | 抗剪 $f_v$ | 端面承压（刨平顶紧）$f_{ce}$ | | |
| Q235 | ≤16 | 215 | 125 | 320 | 235 | 375 |
| | >16,≤30 | 205 | 120 | | 225 | |
| | >30 | 195 | 115 | | 215 | |
| Q355 | ≤16 | 305 | 175 | 400 | 355 | 470 |
| | >16,≤30 | 290 | 170 | | 335 | |
| | >30 | 260 | 150 | | 305 | |
| Q390 | ≤16 | 345 | 200 | 415 | 390 | 490 |
| | >16,≤30 | 330 | 190 | | 370 | |
| | >30 | 310 | 180 | | 350 | |

续表

| 钢管钢材牌号 | 壁厚 $t$ (mm) | 强度设计值 | | 端面承压（刨平顶紧）$f_{ce}$ | 屈服强度 $f_y$ | 抗拉强度 $f_u$ |
| | | 抗拉、抗压、抗弯 $f$ | 抗剪 $f_v$ | | | |
|---|---|---|---|---|---|---|
| Q420 | ≤16 | 375 | 220 | 445 | 420 | 520 |
| | >16,≤30 | 355 | 205 | | 400 | |
| | >30 | 340 | 195 | | 380 | |
| Q460 | ≤16 | 410 | 240 | 470 | 460 | 550 |
| | >16,≤30 | 390 | 225 | | 440 | |
| | >30 | 355 | 205 | | 420 | |

## 2.3.4 铸钢件的强度设计值及注意事项

铸钢件的强度设计值应按表 2.3.4-1 采用。

1）表 2.3.4-1 为现行规范的强制性条文，不得逾越。在设计中应严格执行。

2）铸钢件厚度不超过 100mm。

铸钢件的强度设计值（N/mm²）　　　　表 2.3.4-1

| 类别 | 钢号 | 铸件厚度 (mm) | 抗拉、抗压、抗弯 $f$ | 抗剪 $f_v$ | 端面承压（刨平顶紧）$f_{ce}$ |
|---|---|---|---|---|---|
| 非焊接结构用铸钢件 | ZG230-450 | ≤100 | 180 | 105 | 290 |
| | ZG270-500 | | 210 | 120 | 325 |
| | ZG310-570 | | 240 | 140 | 370 |
| 焊接结构用铸钢件 | ZG230-450H | ≤100 | 180 | 105 | 290 |
| | ZG270-480H | | 210 | 120 | 310 |
| | ZG300-500H | | 235 | 135 | 325 |
| | ZG340-550H | | 265 | 150 | 355 |

注：表中强度设计值仅适用于本表规定的厚度。

## 2.3.5 焊缝的强度指标及注意事项

焊缝的强度指标应按表 2.3.5-1 采用。

1）手工焊用焊条、自动焊和半自动焊所采用的焊丝和焊剂，应保证其熔敷金属的力学性能不低于母材的性能。

2）焊缝质量等级应符合现行国家标准《钢结构焊接规范》GB 50661 的规定，其检验方法应符合现行国家标准《钢结构工程施工质量验收规范》GB 50205 的规定。其中厚度小于 6mm 钢材的对接焊缝，不应采用超声波探伤确定焊缝质量等级。

焊缝探伤分为超声波探伤和射线探伤。

超声波探伤：简单、快速，对各种接头适应性好，对裂纹、未熔合检测灵敏度高。

射线探伤：直观性好，一致性好，但成本高，周期长，对大多数 T 形接头和角接头效果差。

3）对接焊缝在受压区的抗弯强度设计值取 $f_c^w$，在受拉区的抗弯强度设计值取 $f_t^w$。

4）计算下列情况的连接时，表 2.3.5-1 规定的强度设计值应乘以相应的折减系数（几种情况同时存在时，其折减系数应连乘）：

（1）施工条件较差的高空安装焊缝应乘以系数 0.9。

（2）无垫板的单面施焊对接焊缝的连接计算应乘以系数 0.85。

5）表 2.3.5-1 和上述 4 条尽管不是强制性条文，但对焊接来讲很重要。在设计中应严格执行。

6）对接焊缝中，Q235、Q355、Q390、Q420、Q460 的抗压、抗剪焊缝强度值（$f_c^w$、$f_v^w$）与母材相同，可与母材同时达到满应力。

7）对接焊缝中，Q235、Q355、Q390、Q420、Q460 的抗拉焊缝强度值 $f_t^w$，当焊缝质量为一级、二级时与母材相同，可与母材同时达到满应力；当焊缝质量为三级时，焊缝强度值低于母材，仅为母材强度的 85%。设计中一般不采用三级对接焊缝（特殊情况除外），避免 15% 母材的浪费。

简记：一、二级等强；三级 0.85。

8）对接焊缝中，Q345GJ 的各项对接焊缝强度设计值均低于母材，仅为母材强度的 95%。所以设计中，应力比应控制在 0.95 以内。当焊缝质量为三级时，焊缝抗拉强度 $f_t^w$ 为一、二级的 0.85 倍。

焊缝的强度指标（N/mm²）　　　　　　　表 2.3.5-1

| 焊接方法和焊条型号 | 构件钢材 | | 对接焊缝强度设计值 | | | | 角焊缝强度设计值 | 对接焊缝抗拉强度 $f_u^w$ | 角焊缝抗拉、抗压和抗剪强度 $f_u^f$ |
| --- | --- | --- | --- | --- | --- | --- | --- | --- | --- |
| | 牌号 | 厚度或直径（mm） | 抗压 $f_c^w$ | 抗拉 $f_t^w$ | | 抗剪 $f_v^w$ | 抗拉、抗压和抗剪 $f_f^w$ | | |
| | | | | 焊缝质量等级为一、二级 | 焊缝质量等级为三级 | | | | |
| 自动焊、半自动焊和 E43 型焊条手工焊 | Q235 | ≤16 | 215 | 215 | 185 | 125 | 160 | 415 | 240 |
| | | >16,≤40 | 205 | 205 | 175 | 120 | | | |
| | | >40,≤100 | 200 | 200 | 170 | 115 | | | |

续表

| 焊接方法和焊条型号 | 构件钢材 | | 对接焊缝强度设计值 | | | | 角焊缝强度设计值 | 对接焊缝抗拉强度 $f_u^w$ | 角焊缝抗拉、抗压和抗剪强度 $f_u^f$ |
|---|---|---|---|---|---|---|---|---|---|
| | 牌号 | 厚度或直径(mm) | 抗压 $f_c^w$ | 抗拉 $f_t^w$ | | 抗剪 $f_v^w$ | 抗拉、抗压和抗剪 $f_f^w$ | | |
| | | | | 焊缝质量等级为一、二级 | 焊缝质量等级为三级 | | | | |
| 自动焊、半自动焊和 E50、E55 型焊条手工焊 | Q355 Q345 | ≤16 | 305 | 305 | 260 | 175 | 200 | 480 (E50) 540 (E55) | 280 (E50) 315 (E55) |
| | | >16,≤40 | 295 | 295 | 250 | 170 | | | |
| | | >40,≤63 | 290 | 290 | 245 | 165 | | | |
| | | >63,≤80 | 280 | 280 | 240 | 160 | | | |
| | | >80,≤100 | 270 | 270 | 230 | 155 | | | |
| | Q390 | ≤16 | 345 | 345 | 295 | 200 | 200 (E50) 220 (E55) | | |
| | | >16,≤40 | 330 | 330 | 280 | 190 | | | |
| | | >40,≤63 | 310 | 310 | 265 | 180 | | | |
| | | >63,≤100 | 295 | 295 | 250 | 170 | | | |
| 自动焊、半自动焊 E55、E60 型焊条手工焊 | Q420 | ≤16 | 375 | 375 | 320 | 215 | 220 (E55) 240 (E60) | 540 (E55) 590 (E60) | 315 (E55) 340 (E60) |
| | | >16,≤40 | 355 | 355 | 300 | 205 | | | |
| | | >40,≤63 | 320 | 320 | 270 | 185 | | | |
| | | >63,≤100 | 305 | 305 | 260 | 175 | | | |
| | Q460 | ≤16 | 410 | 410 | 350 | 235 | 220 (E55) 240 (E60) | 540 (E55) 590 (E60) | 315 (E55) 340 (E60) |
| | | >16,≤40 | 390 | 390 | 330 | 225 | | | |
| | | >40,≤63 | 355 | 355 | 300 | 205 | | | |
| | | >63,≤100 | 340 | 340 | 290 | 195 | | | |
| 自动焊、半自动焊和 E50、E55 型焊条手工焊 | Q345GJ | >16,≤35 | 310 | 310 | 265 | 180 | 200 | 同 Q355 | 同 Q355 |
| | | >35,≤50 | 290 | 290 | 245 | 170 | | | |
| | | >50,≤100 | 285 | 285 | 240 | 165 | | | |

## 2.3.6 螺栓连接的强度指标及注意事项

螺栓连接的强度指标应按表 2.3.6-1 采用。

**螺栓连接的强度指标（N/mm²）**　　　　　　　表 2.3.6-1

| 螺栓的性能等级、锚栓和构件钢材的牌号 | | 强度设计值 | | | | | | | | | | | 高强度螺栓的抗拉强度 $f_u^b$ |
|---|---|---|---|---|---|---|---|---|---|---|---|---|---|
| | | 普通螺栓 | | | | | | 锚栓 | 承压型连接或网架用高强度螺栓 | | | | |
| | | C 级螺栓 | | | A 级、B 级螺栓 | | | | | | | | |
| | | 抗拉 $f_t^b$ | 抗剪 $f_v^b$ | 抗压 $f_c^b$ | 抗拉 $f_t^b$ | 抗剪 $f_v^b$ | 抗压 $f_c^b$ | 抗拉 $f_t^a$ | 抗拉 $f_t^b$ | 抗剪 $f_v^b$ | 抗压 $f_c^b$ | |
| 普通螺栓 | 4.6 级 4.8 级 | 170 | 140 | — | — | — | — | — | — | — | — | — |
| | 5.6 级 | — | — | — | 210 | 190 | — | — | — | — | — | — |
| | 8.8 级 | — | — | — | 400 | 320 | — | — | — | — | — | — |
| 锚栓 | Q235 | — | — | — | — | — | — | 140 | — | — | — | — |
| | Q345 | — | — | — | — | — | — | 180 | — | — | — | — |
| | Q390 | — | — | — | — | — | — | 185 | — | — | — | — |
| 承压型连接高强度螺栓 | 8.8 级 | — | — | — | — | — | — | — | 400 | 250 | — | 830 |
| | 10.9 级 | — | — | — | — | — | — | — | 500 | 310 | — | 1040 |
| 螺栓球节点用高强度螺栓 | 9.8 级 | — | — | — | — | — | — | — | 385 | — | — | — |
| | 10.9 级 | — | — | — | — | — | — | — | 430 | — | — | — |
| 构件钢材牌号 | Q235 | — | — | 305 | — | — | 405 | — | — | — | 470 | — |
| | Q345 | — | — | 385 | — | — | 510 | — | — | — | 590 | — |
| | Q390 | — | — | 400 | — | — | 530 | — | — | — | 615 | — |
| | Q420 | — | — | 425 | — | — | 560 | — | — | — | 655 | — |
| | Q460 | — | — | 450 | — | — | 595 | — | — | — | 695 | — |
| | Q345GJ | — | — | 400 | — | — | 530 | — | — | — | 615 | — |

注：1. A 级螺栓用于 $d \leqslant 24$mm 和 $L \leqslant 10d$ 或 $L \leqslant 150$mm（按较小值）的螺栓；B 级螺栓用于 $d > 24$mm 和 $L > 10d$ 或 $L > 150$mm（按较小值）的螺栓；$d$ 为公称直径，$L$ 为螺栓公称长度。

2. A、B 级螺栓孔的精度和孔壁表面粗糙度，C 级螺栓孔的允许偏差和孔壁表面粗糙度，均应符合验收规范要求。

3. 用于螺栓球节点网架的高强度螺栓，M12～M36 为 10.9 级，M39～M64 为 9.8 级。

## 2.3.7　铆钉连接的强度设计值及注意事项

铆钉连接的强度设计值应按表 2.3.7-1 采用。

1）施工条件较差的铆钉连接应乘以系数 0.9。

2）沉头和半沉头铆钉连接应乘以系数 0.8。

3）上述两种情况同时存在时，应乘以系数 0.72。

4）实际工程中一般采用高强度螺栓进行连接，很少采用铆钉连接。

铆钉连接的强度设计值（N/mm²）          表 2.3.7-1

| 铆钉钢号和构件钢材牌号 | | 抗拉 $f_t^r$（钉头拉脱） | 抗剪 $f_v^r$ | | 抗压 $f_c^r$ | |
|---|---|---|---|---|---|---|
| | | | Ⅰ类孔 | Ⅱ类孔 | Ⅰ类孔 | Ⅱ类孔 |
| 铆钉 | BL2 或 BL3 | 120 | 185 | 155 | — | — |
| 构件钢材牌号 | Q235 | — | — | — | 450 | 365 |
| | Q345 | — | — | — | 565 | 460 |
| | Q390 | — | — | — | 590 | 480 |

## 2.3.8　钢材和铸钢件的物理性能指标及注意事项

钢材和铸钢件的物理性能指标按表 2.3.8-1 采用。

1）表 2.3.8-1 为非强制性条文。

2）在相关计算软件的材料信息中，钢材重度（kN/m³）可以填 78.5，也可以填 79，建议填 79（计算过程中有时取整数位作为有效数字）。

钢材和铸钢件的物理性能指标          表 2.3.8-1

| 弹性模量 $E$(N/mm²) | 剪变模量 $G$(N/mm²) | 线性膨胀系数 $\alpha$(℃) | 质量密度 $\rho$(kg/m³) |
|---|---|---|---|
| $206\times10^3$ | $79\times10^3$ | $12\times10^{-6}$ | 7850 |

# 第 3 章

# 钢结构抗震

## 3.1 抗震一般规定

### 3.1.1 钢结构常用类型（体系）

**1. 框架体系**

框架体系是由框架柱和框架梁组成的作为承重和抵抗水平力的结构体系。与其他钢结构体系相比，框架体系抗震性能较差，只能依靠框架的延性作为抗震防线。根据抗震理论，框架梁柱节点应设计为"强柱弱梁"形式，地震发生时，塑性铰应发生在框架梁端，吸收和耗散地震能量。

**2. 中心支撑框架体系**

中心支撑框架体系是由框架和中心支撑组成的作为承重和抵抗水平力的双重结构体系。中心支撑的抗侧移刚度远大于框架的抗侧移刚度，能够承受很大的水平地震力。中心支撑和框架通过楼板的变形协调共同完成工作，形成中心支撑和框架的双重抗侧力结构体系。所以，中心支撑框架体系的抗震性能优于框架体系。

**3. 偏心支撑框架体系**

偏心支撑框架体系是由框架和偏心支撑组成的作为承重和抵抗水平力的双重结构体系，其抗震性能优于中心支撑框架体系。其特点是在支撑体系内设置偏心撑杆，使框架梁产生消能梁段，吸收和耗散大量的地震能量。

**4. 筒体（框筒、筒中筒、桁架筒、束筒）和巨型框架体系**

四种筒体和巨型框架体系，在钢结构适用高度中是最大的，抗侧能力也是最强的。

1）框筒：由外框架和内支撑框筒组成的双重抗侧力结构体系。

2）筒中筒：由外密柱框架和内支撑框筒组成的结构体系。

3）桁架筒：由周边巨形柱、巨形梁和巨形支撑组成竖向巨形桁架形成外筒，是一种高效抗侧力体系。

4）束筒：由几个框筒紧靠在一起形成"束"状排列的结构体系。与框筒结构相比，其抗侧刚度更大。

5）巨型框架：由巨型框架柱和巨型框架梁（大多为双向水平桁架）形成的结构体系，提供的空间和刚度均较大。

5. 混合结构（准钢结构类型）

混合结构是近年来在我国迅速发展起来的一种新型结构体系，划分在高层建筑混凝土结构体系中，核心筒为混凝土，梁构件为钢梁，外框架柱为型钢混凝土柱、钢管混凝土柱或钢柱。

由于混合结构在以下几个方面与钢结构有一些关联，将其归为准钢结构类型，便于设计对比参考：

1）适用的最大高度远超混凝土结构，接近于钢结构，且没有 B 级高度。

2）在降低结构自重、减小结构断面尺寸两方面，介于混凝土结构和钢结构之间。

3）由于梁、型钢混凝土柱及钢管混凝土柱的钢骨在工厂加工，施工速度上有明显优势。

4）与混凝土不同，其阻尼比小于 0.05。

## 3.1.2 钢结构房屋及混合结构适用的最大高度及注意事项

1）钢结构房屋适用的最大高度应符合表 3.1.2-1 的规定。

（1）本规定与《高钢规》相一致。

（2）钢结构没有 A、B 类高度之说，超过表内高度的房屋应进行超限审查（专门研究和论证）。

（3）表内筒体不包括混凝土筒体。

（4）常用的和需要掌握的为前三种结构体系：框架、中心支撑框架及偏心支撑框架。

（5）框架-支撑体系允许的最大高度是框架的 2 倍以上，可见增加撑杆后的抗侧力刚度是很大的。设计时要充分认识这一点。

钢结构房屋适用的最大高度（m）　　　　　表 3.1.2-1

| 结构体系 | 6、7度(0.1g) | 7度(0.15g) | 8度 | | 9度(0.4g) |
| --- | --- | --- | --- | --- | --- |
| | | | (0.2g) | (0.3g) | |
| 框架 | 110 | 90 | 90 | 70 | 50 |
| 中心支撑框架 | 220 | 200 | 180 | 150 | 120 |
| 偏心支撑框架（延性墙板） | 240 | 220 | 200 | 180 | 160 |
| 筒体(框筒、筒中筒、桁架筒、束筒)和巨型框架 | 300 | 280 | 260 | 240 | 180 |

注：房屋高度指室外地面到主要屋面板的顶面高度(不包括局部突出屋顶部分)。

2）混合结构高层建筑适用的最大高度应符合表 3.1.2-2 的规定。

（1）本规定为《高规》中关于混合结构的规定，便于设计对比参考。

（2）混合结构没有 A、B 类高度之说，超过表内高度的房屋应进行超限审查（专门研究和论证)。

(3) 平面和竖向均不规则的结构,最大适用高度应适当降低。

混合结构高层建筑适用的最大高度 (m)　　　　　　表 3.1.2-2

| 结构体系 | | 抗震设防烈度 | | | | |
|---|---|---|---|---|---|---|
| | | 6 度 | 7 度 | 8 度 | | 9 度 |
| | | | | (0.2g) | (0.3g) | |
| 框架-核心筒 | 钢框架-钢筋混凝土核心筒 | 200 | 160 | 120 | 100 | 70 |
| | 型钢(钢管)混凝土框架-钢筋混凝土核心筒 | 220 | 190 | 150 | 130 | 70 |
| 筒中筒 | 钢外筒-钢筋混凝土核心筒 | 260 | 210 | 160 | 140 | 80 |
| | 型钢(钢管)混凝土外筒-钢筋混凝土核心筒 | 280 | 230 | 170 | 150 | 90 |

## 3.1.3　钢结构民用房屋及混合结构适用的最大高宽比及注意事项

1) 钢结构民用房屋适用的最大高宽比不宜超过表 3.1.3-1 的规定。

(1) 本规定与《高钢规》相一致。

(2) 钢结构比较柔,有高宽比的限制,混凝土结构则没有此限制。

(3) 塔形建筑的底部有大底盘时,高宽比可按大底盘以上考虑。

钢结构民用房屋适用的最大高宽比　　　　　　表 3.1.3-1

| 抗震设防烈度 | 6、7 度 | 8 度 | 9 度 |
|---|---|---|---|
| 最大高宽比 | 6.5 | 6.0 | 5.5 |

2) 混合结构高层建筑适用的最大高宽比不宜超过表 3.1.3-2 的规定。

(1) 本规定为《高规》中关于混合结构的规定,便于设计对比参考。

(2) 混合结构较柔,有高宽比的限制,混凝土结构则没有此限制。

(3) 塔形建筑的底部有大底盘时,高宽比可按大底盘以上考虑。

混合结构高层建筑适用的最大高宽比　　　　　　表 3.1.3-2

| 结构体系 | 抗震设防烈度 | | |
|---|---|---|---|
| | 6、7 度 | 8 度 | 9 度 |
| 框架-核心筒 | 7 | 6 | 4 |
| 筒中筒 | 8 | 7 | 5 |

## 3.1.4　钢结构房屋及混合结构的抗震等级及注意事项

**1) 丙类建筑的钢结构房屋的抗震等级应按表 3.1.4-1 确定。**

(1) 本规定为强制性条文,不得逾越。在设计中应严格执行。

（2）钢结构抗震等级与结构类型无关，这一点与混凝土结构不同，后者与结构类型有关。

（3）以50m为界划分为两档：≤50m、>50m。

**钢结构房屋的抗震等级**　　　　　　　　　表 3.1.4-1

| 房屋高度(m) | 抗震设防烈度 | | | |
| --- | --- | --- | --- | --- |
| | 6度 | 7度 | 8度 | 9度 |
| ≤50 | — | 四 | 三 | 二 |
| >50 | 四 | 三 | 二 | 一 |

2）丙类建筑的混合结构的抗震等级应按表3.1.4-2确定。

（1）本规定很重要，在设计中应严格执行。

（2）本规定为《高规》中关于混合结构的规定，便于设计对比参考。

**钢-混凝土混合结构的抗震等级**　　　　　　　表 3.1.4-2

| 结构体系 | | 抗震设防烈度 | | | | | | |
| --- | --- | --- | --- | --- | --- | --- | --- | --- |
| | | 6度 | | 7度 | | 8度 | | 9度 |
| | | 房屋高度(m) | | | | | | |
| | | ≤150 | >150 | ≤130 | >130 | ≤100 | >100 | ≤70 |
| 钢框架-钢筋混凝土核心筒 | 钢筋混凝土核心筒 | 二 | 一 | 一 | 特一 | 一 | 特一 | 特一 |
| 型钢(钢管)混凝土框架-钢筋混凝土核心筒 | 钢筋混凝土核心筒 | 二 | 二 | 二 | 一 | 一 | 特一 | 特一 |
| | 型钢(钢管)混凝土框架 | 三 | 二 | 二 | 一 | 一 | — | — |

| 结构体系 | | 抗震设防烈度 | | | | | | |
| --- | --- | --- | --- | --- | --- | --- | --- | --- |
| | | 6度 | | 7度 | | 8度 | | 9度 |
| | | 房屋高度(m) | | | | | | |
| | | ≤180 | >180 | ≤150 | >150 | ≤120 | >120 | ≤90 |
| 钢外筒-钢筋混凝土核心筒 | 钢筋混凝土核心筒 | 二 | 一 | 一 | 特一 | 一 | 特一 | 特一 |
| 型钢(钢管)混凝土外筒-钢筋混凝土核心筒 | 钢筋混凝土核心筒 | 二 | 二 | 二 | 一 | 一 | 特一 | 特一 |
| | 型钢(钢管)混凝土外筒 | 三 | 二 | 二 | 一 | 一 | — | 一 |

注：钢结构构件抗震等级，抗震设防烈度为6、7、8、9度时应分别取四、三、二、一级。

3）地下室抗震等级的确定：

（1）当地下室顶板作为上部钢结构的嵌固部位时，地下一层的抗震等级应与上部结构相同，地下一层以下抗震构造措施的抗震等级可逐层降低一级，但不应低于四级。

（2）地下一层考虑地震作用。

（3）地下一层以下不要求计算地震作用，只考虑抗震构造措施。

## 3.1.5　《抗规》规定的钢结构房屋的防震缝及注意事项

1）《抗规》规定：钢结构房屋需要设置防震缝时，缝宽应不小于相应钢筋混凝土结构房屋的1.5倍。

2）钢框架结构对应于混凝土框架结构；钢框架-支撑结构对应于混凝土框架-抗震墙

（剪力墙）结构；钢支撑结构对应于混凝土抗震墙（剪力墙）结构。

3）《高钢规》规定：防震缝的宽度不应小于钢筋混凝土框架结构的 1.5 倍。

4）由于《高钢规》中对防震缝的要求比《抗规》严格，建议按《高钢规》执行。

## 3.1.6　楼板开大洞的加强措施

水平地震力是通过楼板传递给抗侧力结构的，当楼板开大洞后就会削弱传力过程，需要对洞边楼板采取构造上的加强措施。

加强措施：对洞边的影响范围内设置水平支撑。水平支撑一般按构造压杆设计，水平撑杆的长细比不应大于 $120\varepsilon_k$。具体措施见本书第 7.1.3 节。

简记：设置水平支撑。

## 3.1.7　钢结构房屋及混合结构层间位移角的要求

1）多、高层钢结构房屋层间位移角限值见表 3.1.7-1。

（1）钢结构层间位移角限值与结构类型无关，这一点与混凝土结构不同，后者与结构类型有关。

（2）钢结构房屋弹性层间位移角限值远远大于混凝土结构，整体分析计算时很容易满足刚度要求。

多、高层钢结构房屋层间位移角限值　　　　　　　　　　　　　表 3.1.7-1

| 弹性层间位移角 | 弹塑性层间位移角 |
|---|---|
| 1/250 | 1/50 |

2）混合结构层间位移角限值见表 3.1.7-2。

（1）楼层层间最大位移 $\Delta u$ 以楼层竖向构件最大的水平位移差计算，不扣除整体弯曲变形。抗震设计时，楼层位移计算可不考虑偶然偏心的影响。

（2）本条为《高规》中关于混凝土结构和混合结构的规定，便于设计对比参考。

混合结构楼层层间最大位移与层高之比的限值　　　　　　　　表 3.1.7-2

| 结构体系 | 房屋高度(m) | $\Delta u/h$ 限值 |
|---|---|---|
| 框架-核心筒 | ≤150 | 1/800 |
| | 150~250 | 1/800~1/500 之间线性插入 |
| | >250 | 1/500 |
| 筒中筒 | ≤150 | 1/1000 |
| | 150~250 | 1/1000~1/500 之间线性插入 |
| | >250 | 1/500 |

（3）框架-核心筒的高度在 150～250m 之间的线性插入计算：

假设高度为 $H_8$，层间位移角为 $\Delta u/h = 1/X_8$，线性插入表达式为：

$$\frac{H_8 - 150}{250 - 150} = \frac{\dfrac{1}{X_8} - \dfrac{1}{800}}{\dfrac{1}{500} - \dfrac{1}{800}} \tag{3.1.7-1}$$

从上式得出：

$$X_8 = \frac{400000}{3H_8 + 50} \tag{3.1.7-2}$$

举一个例子，假设混合结构框架-核心筒的高度为 187.5m，将 $H_8 = 187.5$ 代入上式得出：

$$X_8 = \frac{400000}{3H_8 + 50} = \frac{400000}{3 \times 187.5 + 50} = 653$$

从而得出框架-核心筒的高度为 187.5m 时，层间位移角限值为：$\Delta u/h = 1/X_8 = 1/653$。

（4）筒中筒的高度在 150～250m 之间的线性插入计算：

假设高度为 $H_{10}$，层间位移角为 $\Delta u/h = 1/X_{10}$，线性插入表达式为：

$$\frac{H_{10} - 150}{250 - 150} = \frac{\dfrac{1}{X_{10}} - \dfrac{1}{1000}}{\dfrac{1}{500} - \dfrac{1}{1000}} \tag{3.1.7-3}$$

从上式得出：

$$X_{10} = \frac{100000}{H_{10} - 50} \tag{3.1.7-4}$$

举一个例子，假设混合结构筒中筒的高度为 187.5m，将 $H_{10} = 187.5$ 代入上式得出：

$$X_{10} = \frac{100000}{H_{10} - 50} = \frac{100000}{187.5 - 50} = 727$$

从而得出筒中筒的高度为 187.5m 时，层间位移角限值为：$\Delta u/h = 1/X_{10} = 1/727$。

### 3.1.8 层间弹塑性位移角的要求

钢结构和混合结构层间弹塑性位移角限值见表 3.1.8-1。其中，钢结构层间弹塑性位移角限值取自《抗规》；混合结构层间弹塑性位移角限值取自《抗规》和《高规》。

层间弹塑性位移角限值 表 3.1.8-1

| 结构体系 | $[\theta_p]$ |
|---|---|
| 多、高层钢结构 | 1/50 |
| 混合结构:框架-核心筒 | 1/100 |
| 混合结构:筒中筒 | 1/120 |

### 3.1.9　单跨钢结构框架的规定

1）甲、乙类建筑和高层的丙类钢结构建筑不应采用单跨钢结构框架。

2）多层的丙类建筑不宜采用单跨钢结构框架。

### 3.1.10　支撑布置的规定

1）支撑在两个方向均宜基本对称布置。

2）支撑之间楼盖的长宽比不宜大于 3。

### 3.1.11　宜采用的钢材

1）碳素结构钢：Q235B、Q235C、Q235D。

2）低合金高强度结构钢：Q355B、Q355C、Q355D、Q355E。

3）一般钢结构房屋建议采用 Q235 和 Q355，也可采用其他钢种和钢号。

### 3.1.12　钢结构房屋的地下室设置及注意事项

1）高度超过 50m 的钢结构房屋应设置地下室。埋置深度要求如下：

（1）采用天然地基时，不宜小于房屋总高度的 1/15。

（2）采用桩基时，承台埋深不宜小于房屋总高度的 1/20。

2）《高钢规》中的规定是"宜设置地下室"。

3）设计中按《抗规》执行，即：应设置地下室。

## 3.2　抗震计算要点

### 3.2.1　建筑抗震不利地段

对不利地段，应尽量避开；当无法避开时应采取有效的抗震措施。

不利地段为：软弱土，液化土，条状突出的山嘴，高耸孤立的山丘，陡坡，陡坎，河岸和边坡的边缘，平面分布上成因、岩性、状态明显不均匀的土层（含故河道、疏松的断层破碎带、暗埋的塘浜沟谷和半填半挖地基），高含水量的可塑黄土，地表存在结构性裂缝等。

1）本条很重要，在设计中应严格执行。

2）实际工作中，设计人员经常忽略了地勘报告中提到的抗震不利地段的陈述，发现问题后，需要对地震力进行放大。钢结构比较柔，对荷载的变化比较敏感，重新计算后，对杆件或结构布置都会产生不利的影响。

### 3.2.2 钢结构阻尼比

1) 钢结构在地震作用下的阻尼比取值

(1) 大跨屋盖支撑在钢结构上，阻尼比可取 0.02；下部支撑为混凝土结构时，可取 0.025~0.035。

(2) 多遇地震作用下的计算，高度≤50m 时可取 0.04；高度在 50m~200m 时可取 0.03；高度≥200m 时宜取 0.02。高层混合结构可取 0.04。

(3) 当偏心支撑框架部分承担的地震倾覆力矩大于结构总地震倾覆力矩的 50%时，其阻尼比可相应增加 0.005。

(4) 罕遇地震作用下的弹塑性分析，阻尼比可取 0.05。

(5) 钢结构在地震作用下的阻尼比取值汇总见表 3.2.2-1。

2) 高层钢结构考虑风振舒适度：房屋高度小于 100m 时，阻尼比取 0.015；房屋高度大于 100m 时，阻尼比取 0.01。高层混合结构可取 0.02~0.04。单层钢结构厂房取 0.045~0.05。

钢结构在地震作用下的阻尼比取值      表 3.2.2-1

| 情况 | | 房屋高度 $H$ | | |
|---|---|---|---|---|
| | | $H \leqslant 50m$ | $50m < H < 200m$ | $H \geqslant 200m$ |
| 多遇地震 | 当偏心支撑框架部分承担的地震倾覆力矩大于结构总地震倾覆力矩的 50%时 | 0.045 | 0.035 | 0.025 |
| | 钢结构 | 0.04 | 0.03 | 0.02 |
| | 高层混合结构 | 0.04 | 0.04 | 0.04 |
| 设防烈度地震 | | 0.045 | 0.045 | 0.045 |
| 罕遇地震 | | 0.05 | 0.05 | 0.05 |

注：阻尼比是结构设计的重要参数，应考虑结构体系的影响、房屋高度的不同，还要考虑多遇地震（小震）、设防烈度地震（中震）和罕遇地震（大震）及结构舒适度验算等问题。

### 3.2.3 钢框架-支撑结构中的剪力调整

在钢框架-支撑结构中，当框架部分计算出的地震层剪力小于总地震剪力的 25%时，需要进行剪力调整。调整后的层剪力要达到不小于总地震剪力的 25%和框架部分计算最大层剪力 1.8 倍二者的较小值。

简记：剪力调整。

### 3.2.4 钢框支柱的地震内力放大

转换钢梁或转换桁架下的钢框架柱为转换柱，地震内力应乘以增大系数，其值可采用 1.5。

简记：内力放大。

### 3.2.5　梁柱节点一级熔透焊缝的规定

梁与柱刚性连接时，柱在梁翼缘上下各 500mm 的范围内，柱翼缘与腹板间或箱形柱壁板间的连接焊缝应采用全熔透坡口焊缝。

1）本条很重要，在设计中应严格执行。

2）梁柱节点为重要节点，焊缝质量等级采用一级。

3）当梁柱节点又有斜杆相交时，500mm 范围内的柱子不一定包得住斜杆，故取大于等于 500mm。

4）梁柱节点和柱身是分开制作的（图 3.2.5-1）。前者采用全熔透焊，后者采用半熔透焊。二者分别制作完成后，再在工厂进行装配焊接（全熔透焊）。

图 3.2.5-1 中阴影区域称为节点域（梁高及向上下各延伸≥550mm 的腹板）。为了制作方便，在节点域范围内统一采用一级熔透焊缝。

5）节点域板件厚度≥柱身板件厚度，且与柱身分开制作。应该记住并利用这一特点。

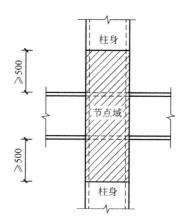

**图 3.2.5-1　梁柱节点**

### 3.2.6　节点域的规定

1）节点域屈服承载力的计算见《抗规》第 8.2.5 条第 2 款、第 3 款。

2）当节点域腹板厚度不满足《抗规》第 8.2.5 条第 2 款、第 3 款的规定，而柱身满足稳定承载力要求时，应采取加厚节点域柱子腹板的措施。柱身壁板不必加厚。

3）钢梁为成品 H 型钢时，按满应力最不利考虑，可得出满足抗剪要求的不同柱截面的最小壁厚。考虑钢柱板件最小宽厚比的要求，推荐的节点域的柱截面最小壁厚参考值见表 3.2.6-1。

（1）表 3.2.6-1 中，钢材牌号为 Q355。

（2）表 3.2.6-1 中，方管柱边长≥600mm 时，由钢柱板件宽厚比控制。

（3）表 3.2.6-1 也可以作为确定柱截面厚度的参考依据。

（4）当为长方形钢柱时，表 3.2.6-1 中第一列尺寸为对应于框架梁方向钢柱腹板尺寸。

（5）柱截面越大，腹板的抗剪面积越大，节点域的抗剪能力越强。

**不同柱截面节点域对应不同梁高时的最小壁厚参考值 t（mm）　　表 3.2.6-1**

| 方管柱 | HM400×300 | HM500×300 | HM600×300 | HN700×300 | HN800×300 | HN900×300 |
|---|---|---|---|---|---|---|
| 400×t | t=16 | t=16 | t=18 | t=25 | t=25 | t=30 |
| 500×t | t=18 | t=18 | t=18 | t=18 | t=20 | t=25 |
| 600×t | t=20 | t=20 | t=20 | t=20 | t=20 | t=20 |

续表

| 方管柱 | HM400×300 | HM500×300 | HM600×300 | HN700×300 | HN800×300 | HN900×300 |
|---|---|---|---|---|---|---|
| 700×$t$ | $t=25$ | $t=25$ | $t=25$ | $t=25$ | $t=25$ | $t=25$ |
| 800×$t$ | $t=30$ | $t=30$ | $t=30$ | $t=30$ | $t=30$ | $t=30$ |
| 900×$t$ | $t=30$ | $t=30$ | $t=30$ | $t=30$ | $t=30$ | $t=30$ |
| 1000×$t$ | $t=35$ | $t=35$ | $t=35$ | $t=35$ | $t=35$ | $t=35$ |
| 1100×$t$ | $t=40$ | $t=40$ | $t=40$ | $t=40$ | $t=40$ | $t=40$ |
| 1200×$t$ | $t=40$ | $t=40$ | $t=40$ | $t=40$ | $t=40$ | $t=40$ |
| 1300×$t$ | $t=50$ | $t=50$ | $t=50$ | $t=50$ | $t=50$ | $t=50$ |
| 1400×$t$ | $t=50$ | $t=50$ | $t=50$ | $t=50$ | $t=50$ | $t=50$ |
| 1500×$t$ | $t=50$ | $t=50$ | $t=50$ | $t=50$ | $t=50$ | $t=50$ |
| 1600×$t$ | $t=60$ | $t=60$ | $t=60$ | $t=60$ | $t=60$ | $t=60$ |
| 1700×$t$ | $t=60$ | $t=60$ | $t=60$ | $t=60$ | $t=60$ | $t=60$ |
| 1800×$t$ | $t=60$ | $t=60$ | $t=60$ | $t=60$ | $t=60$ | $t=60$ |
| 1900×$t$ | $t=70$ | $t=70$ | $t=70$ | $t=70$ | $t=70$ | $t=70$ |
| 2000×$t$ | $t=70$ | $t=70$ | $t=70$ | $t=70$ | $t=70$ | $t=70$ |

# 3.3 抗震构造措施

## 3.3.1 钢框架柱、中心支撑杆件、偏心支撑杆件的长细比

### 1. 钢框架柱的长细比

钢框架柱是钢结构中最重要的杆件，除了按整体稳定计算外，还应在构造上进行严控。

框架柱的长细比，一级不应大于 $60\varepsilon_k$，二级不应大于 $80\varepsilon_k$，三级不应大于 $100\varepsilon_k$，四级不应大于 $120\varepsilon_k$。

本条很重要，在设计中应严格执行。

钢框架柱长细比限值见表 3.3.1-1。

钢框架柱长细比限值　　　　　　　　　　　　　　　　表 3.3.1-1

| 柱的形式 | 抗震等级 | | | |
|---|---|---|---|---|
| | 一级 | 二级 | 三级 | 四级 |
| 框架柱 | $60\varepsilon_k$ | $80\varepsilon_k$ | $100\varepsilon_k$ | $120\varepsilon_k$ |

续表

| 柱的形式 | 抗震等级 | | | |
|---|---|---|---|---|
| | 一级 | 二级 | 三级 | 四级 |
| 厂房框架柱 | 轴压比<0.2时(与抗震等级和钢号均无关):150 | | | |
| | 轴压比≥0.2时(与抗震等级无关,与钢号有关):120$\varepsilon_k$ | | | |

**2. 中心支撑杆件的长细比**

中心支撑杆件的长细比,按压杆设计时,不应大于 $120\varepsilon_k$;一、二、三级中心支撑不得采用拉杆设计,四级采用拉杆设计时,其长细比不应大于 $180\varepsilon_k$。

1)本条很重要,在设计中应严格执行。

2)中心支撑杆件长细比限值见表 3.3.1-2。

中心支撑杆件长细比限值　　　　　　　　　　　　　　　　表 3.3.1-2

| 钢材牌号 | 抗震等级 | |
|---|---|---|
| | 一~四级(压杆) | 四级(拉杆) |
| Q235 | 120 | 180 |
| Q355 | 97.6 | 146.4 |

**3. 偏心支撑杆件的长细比**

偏心支撑框架的支撑杆件长细比不应大于 $120\varepsilon_k$。

1)本条非强条,原因是偏心支撑中消能梁段是主要的,用以耗能。

2)偏心支撑杆件长细比限值见表 3.3.1-3。

偏心支撑杆件长细比限值　　　　　　　　　　　　　　　　表 3.3.1-3

| 钢材牌号 | 抗震等级一~四级 |
|---|---|
| Q235 | 120 |
| Q355 | 97.6 |

## 3.3.2　穿层柱长细比超限的人工调整方法

钢结构中,框架柱是受到长细比控制的。遇到某一方向为穿层柱(或双向为穿层柱)时,由于柱子计算长度增大了,所以需要加大该方向柱截面的高度值,从而增大回转半径以满足长细比的要求。

图 3.3.2-1 中给出了普通柱 Z1 和穿层柱 Z2 的几何尺寸:Z1 腹板和翼缘的厚度分别为 $t$ 和 $t_1$;截面宽度为 $b$;Z2 腹板和翼缘的厚度分别为 $t$ 和 $t_2$,截面宽度为 $b$。

Z1 长细比 $\lambda_1$ 为：

$$\lambda_1 = \frac{l_{01}}{i_1} = \frac{\mu H_1}{i_1} \qquad (3.3.2\text{-}1)$$

Z2 长细比 $\lambda_2$ 为：

$$\lambda_2 = \frac{l_{02}}{i_2} = \frac{\mu H_2}{i_2} \qquad (3.3.2\text{-}2)$$

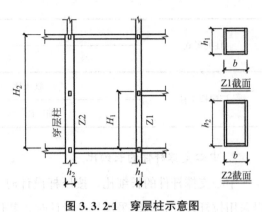

简单的方法是让 Z1 和 Z2 的计算长度系数和长细比相同，即：

$$\frac{\mu H_1}{i_1} = \frac{\mu H_2}{i_2} \qquad (3.3.2\text{-}3)$$

**图 3.3.2-1　穿层柱示意图**

Z2 的回转半径 $i_2$ 与 Z1 的回转半径 $i_1$ 的关系为：

$$i_2 = \frac{H_2}{H_1} i_1 \qquad (3.3.2\text{-}4)$$

求 $i_2$ 时包含两个变量，即截面高度 $h_2$ 和翼缘厚度 $t_2$，一般先假定一个变量，然后求出另一个变量。

举个例子：假设 Z1 柱 $H_1 = 6\text{m}$，柱截面为 $400 \times 400 \times 16 \times 16$；Z2 柱 $H_2 = 10\text{m}$，求柱截面 $h_2 \times 400 \times 16 \times t_2$。

首先求 Z1 的回转半径：

$$i_1 = \sqrt{\frac{I_1}{A_1}} = \sqrt{\frac{\frac{1}{12} \times 400^4 - \frac{1}{12} \times (400 - 16 \times 2)^4}{400^2 - (400 - 16 \times 2)^2}} = 157\text{mm}$$

Z2 的最小回转半径按式（3.3.2-4）计算为：

$$i_2 = \frac{H_2}{H_1} i_1 = \frac{10}{6} \times 157 = 262\text{mm}$$

建筑要求的柱截面为 $700 \times 400$，即 Z2 的截面高度为 $h_2 = 700\text{mm}$，宽度为 $b = 400\text{mm}$。假定腹板厚度为 $t = 16\text{mm}$，翼缘厚度为 $t_2$，于是有：

$$i_2 = \sqrt{\frac{\frac{1}{12} \times 400 \times 700^3 - \frac{1}{12} \times (400 - 32) \times (700 - 2 \times t_2)^3}{400 \times 700 - (400 - 32) \times (700 - 2 \times t_2)}} = 262\text{mm}$$

从上式解出 $t_2$ 并考虑钢板厚度的模数后，取值为 $t_2 = 22\text{mm}$，即 Z2 的截面尺寸为 $700 \times 400 \times 16 \times 22$。

### 3.3.3　框架梁、柱板件宽厚比限值

框架梁、柱板件宽厚比限值应符合表 3.3.3-1 的规定。

1) 本表应与《钢标》中表 3.5.1 "压弯和受弯构件的截面板件宽厚比等级及限值" 配合使用。

2) 两个表中的宽厚比的概念不同。

3）表中的梁为框架梁，框架通过受上下翼缘约束的腹板传递水平地震力，所以，腹板的限制条件与框架梁的轴压比相关联。

框架梁受到的地震水平力远比支撑体系中钢梁受到的地震水平力小，腹板很容易满足限制要求。

框架梁、柱板件宽厚比限值　　　　　　　　　　　　表 3.3.3-1

| | 板件名称 | 一级 | 二级 | 三级 | 四级 |
|---|---|---|---|---|---|
| 柱 | 工字形截面翼缘外伸部分 | $10\varepsilon_k$ | $11\varepsilon_k$ | $12\varepsilon_k$ | $13\varepsilon_k$ |
| | 工字形截面腹板 | $43\varepsilon_k$ | $45\varepsilon_k$ | $48\varepsilon_k$ | $52\varepsilon_k$ |
| | 箱形截面壁板 | $33\varepsilon_k$ | $36\varepsilon_k$ | $38\varepsilon_k$ | $40\varepsilon_k$ |
| 梁 | 工字形截面和箱形截面翼缘外伸部分 | $9\varepsilon_k$ | $9\varepsilon_k$ | $10\varepsilon_k$ | $11\varepsilon_k$ |
| | 箱形截面翼缘在两腹板之间部分 | $30\varepsilon_k$ | $30\varepsilon_k$ | $32\varepsilon_k$ | $36\varepsilon_k$ |
| | 工字形截面和箱形截面腹板 | $72-120N_b$ $/(Af)\leqslant60\varepsilon_k$ | $72-100N_b$ $/(Af)\leqslant65\varepsilon_k$ | $80-110N_b$ $/(Af)\leqslant70\varepsilon_k$ | $85-120N_b$ $/(Af)\leqslant75\varepsilon_k$ |

### 3.3.4　中心支撑板件宽厚比限值

中心支撑杆件的板件宽厚比，不应大于表 3.3.4-1 规定的限值。采用节点板连接时，应注意节点板的强度和稳定。

1）本表很重要，在设计中应严格执行。

2）当撑杆采用 H 型钢时，由于支撑平面内对撑杆的约束作用较大，平面外约束较小，所以，H 型钢的强轴应置于平面外（翼缘垂直于大地），弱轴在支撑平面内。这种设置能够充分发挥撑杆的截面作用。

中心支撑杆件的板件宽厚比限值　　　　　　表 3.3.4-1

| 板件名称 | 一级 | 二级 | 三级 | 四级 |
|---|---|---|---|---|
| 翼缘外伸部分 | $8\varepsilon_k$ | $9\varepsilon_k$ | $10\varepsilon_k$ | $13\varepsilon_k$ |
| 工字形截面腹板 | $25\varepsilon_k$ | $26\varepsilon_k$ | $27\varepsilon_k$ | $33\varepsilon_k$ |
| 箱形截面壁板 | $18\varepsilon_k$ | $20\varepsilon_k$ | $25\varepsilon_k$ | $30\varepsilon_k$ |
| 圆管外径与壁厚比 | $38\varepsilon_k$ | $40\varepsilon_k$ | $40\varepsilon_k$ | $42\varepsilon_k$ |

### 3.3.5　偏心支撑框架梁的板件宽厚比限值

消能梁段及与消能梁段同一跨内的非消能梁段，其板件的宽厚比不应大于表 3.3.5-1 规定的限值。

1）本表很重要，在设计中应严格执行。

2）偏心支撑框架梁的板件专指偏心支撑体系中的钢梁（消能梁段和非消能梁段）。

偏心支撑框架梁的板件宽厚比限值 表 3.3.5-1

| 板件名称 | | 宽厚比限值 |
| --- | --- | --- |
| 翼缘外伸部分 | | $8\varepsilon_k$ |
| 腹板 | 当 $N/(Af) \leqslant 0.14$ 时 | $90[1-1.65N/(Af)]\varepsilon_k$ |
| | 当 $N/(Af) > 0.14$ 时 | $33[2.3-N/(Af)]\varepsilon_k$ |

### 3.3.6 消能梁段材料的规定及平面外要求

偏心支撑框架消能梁段的钢材屈服强度不应大于 355MPa。

1）本条很重要，在设计中应严格执行。

2）与消能梁段为同一根梁的非消能梁段，其要求与消能梁段相同。

3）屈服强度 355MPa 对应的钢材牌号为 Q355，当结构采用 Q390 及以上钢材时，要特别注意此条规定。

4）偏心支撑内的消能梁段为最重要耗能构件，非消能梁段为重要的构件，抗震时全截面受压，其上下翼缘都要保证平面外的稳定性，设置侧向支撑，并符合以下要求：

（1）消能梁段侧向支撑的轴力设计值不得小于消能梁段翼缘满应力时的 6%，即 $0.06b_f t_f f$。非消能梁段侧向支撑的轴力设计值不得小于翼缘满应力时的 2%，即 $0.02b_f t_f f$。

（2）上下翼缘的侧向支撑采用侧向隔撑。

### 3.3.7 梁柱刚接节点的贯通原则

梁柱节点采用柱贯通形式，即便是转换桁架上托钢柱，也是如此，如图 3.3.7-1 所示。

箱形柱在梁翼缘处设置内隔板。柱壁板厚度不小于 16mm，且不小于钢梁翼缘的厚度。

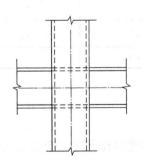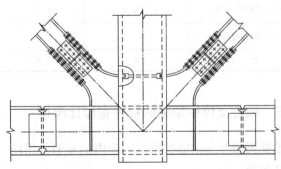

图 3.3.7-1 柱贯通示意

### 3.3.8　平面偶然偏心的要求

钢结构整体计算要考虑偶然偏心。

在平面不规则的主要类型——扭转不规则的判定中，强调的是所有结构在具有偶然偏心的规定水平力作用下的比值。所以，偶然偏心对钢结构、混凝土结构、多高层房屋均适用。

### 3.3.9　位移比的要求

1) 在具有偶然偏心的规定水平力作用下，楼层两端抗侧力构件弹性水平位移（或层间位移）的最大值与平均值的比值大于 1.2 时定义为平面扭转不规则。

2) 平面扭转不规则而竖向规则时，应计入扭转影响，且在具有偶然偏心的规定水平力作用下，楼层两端抗侧力构件弹性水平位移（或层间位移）的最大值与平均值的比值不宜大于 1.5。

### 3.3.10　双向地震作用

1) 位移比大于 1.2 的平面扭转不规则结构，应计入双向水平地震作用下的扭转影响。

2) 质量和刚度分布明显不对称的结构，应计入双向水平地震作用下的扭转影响。

### 3.3.11　大跨度钢屋盖结构的挠度限值

大跨度钢屋盖结构应考虑竖向地震作用，其标准组合挠度值不超过表 3.3.11-1 的限值。

大跨度钢屋盖结构的挠度限值　　　　　　　　　　表 3.3.11-1

| 结构体系 | 屋盖结构（短向跨度 $l_1$） | 悬挑结构（悬挑跨度 $l_2$） |
|---|---|---|
| 平面桁架、立体桁架、网架、张弦梁 | $l_1/250$ | $l_2/125$ |

# 第 4 章
# 高层钢结构基本要求

## 4.1 基本要求

### 4.1.1 高层钢结构对材料的要求

1）梁、柱、支撑等主要承重构件宜选用 Q355 钢、Q390 钢，一般构件宜选用 Q235 钢。

2）承重构件所用钢材质量等级不宜低于 B 级；抗震等级为二级及以上的钢结构，其梁、柱、支撑等构件的质量等级不宜低于 C 级。

3）偏心支撑框架中的消能梁段的屈服强度不应大于 $355\text{N}/\text{mm}^2$，屈强比不应大于 0.8。

4）箱形柱壁厚≤20mm 时，宜选用成品冷弯方（矩）形焊接钢管。

### 4.1.2 结构不规则性判别

1. 平面不规则

平面不规则的主要类型见表 4.1.2-1。

平面不规则的主要类型　　　　　　　　　　表 4.1.2-1

| 不规则类型 | 定义和参考指标 |
| --- | --- |
| 扭转不规则 | 在规定的水平力及偶然偏心作用下，楼层两端弹性水平位移（或层间位移）的最大值与其平均值的比值大于 1.2 |
| 偏心布置 | 任一层的偏心率大于 0.15（偏心率按《高钢规》附录 A 的规定计算）或相邻层质心相差大于相应边长的 15% |
| 凹凸不规则 | 结构平面凹进的尺寸，大于相应投影方向总尺寸的 30% |
| 楼板局部不连续 | 楼板的尺寸和平面刚度急剧变化。例如，有效楼板宽度小于该层楼板典型宽度的 50%，或开洞面积大于该层楼面面积的 30%，或有较大的楼层错层 |

2. 竖向不规则

竖向不规则的主要类型见表 4.1.2-2。

**竖向不规则的主要类型**　　　　　　　　　　　　　　　表 4.1.2-2

| 不规则类型 | 定义和参考指标 |
|---|---|
| 侧向刚度不规则 | 该层的侧向刚度小于相邻上一层的 70%，或小于其上相邻三个楼层侧向刚度平均值的 80%；除顶层或出屋面小建筑外，局部收进的水平向尺寸大于相邻下一层的 25% |
| 竖向抗侧力构件不连续 | 竖向抗侧力构件(柱、支撑、剪力墙)的内力由水平转换构件(梁、桁架等)向下传递 |
| 楼层承载力突变 | 抗侧力结构的层间受剪承载力小于相邻上一楼层的 80% |

3. 钢结构平面、竖向不规则性划分

1) 民用建筑钢结构存在表 4.1.2-1 或表 4.1.2-2 中某一项不规则类型，应属于不规则的民用建筑钢结构。

2) 当存在多项不规则或某项不规则超过规定的参考指标较多时，应属于特别不规则的民用建筑钢结构。

3) 钢结构房屋的不规则判别原则与混凝土结构相同，结构设计时《高层民用建筑钢结构技术规程》JGJ 99 和《建筑抗震设计规范》GB 50011 可相互借鉴。

4. 存在不规则项时的补充计算要求

由于计算方法的普及和应用，一般情况下，特别不规则的钢结构房屋均宜采用弹性时程分析进行多遇地震作用下的补充计算。对复杂结构，应按《高层民用建筑钢结构技术规程》JGJ 99 的相关规定进行罕遇地震作用下的弹塑性变形计算。

## 4.1.3　《高钢规》规定的钢结构防震缝

钢结构防震缝的宽度不应小于混凝土框架结构缝宽的 1.5 倍。

1) 该条规定比《抗规》更严格，防震缝的宽度更大，所以，应按本条执行。

2) 防震缝的宽度与钢结构的类型无关，这与《抗规》中按结构类型划分完全不同。

3) 钢结构房屋防震缝的宽度，当高度不超过 15m 时，不应小于 150mm；高度超过 15m 时，6 度、7 度、8 度和 9 度分别每增加高度 5m、4m、3m 和 2m，加宽 30mm。

## 4.1.4　钢结构房屋周期折减系数

当非承重墙体为填充轻质砌块、填充轻质墙板或外挂墙板时，自振周期折减系数可取 0.9～1.0。

## 4.1.5　小震弹性时程分析的要求

下列情况应采用弹性时程分析进行多遇地震作用下的补充计算：

1) 甲类高层民用建筑钢结构。

2) 表 4.1.5-1 所列的乙类、丙类高层民用建筑钢结构。

3) 不满足本书第 4.1.2 节要求的特别不规则的高层民用建筑钢结构。

<br/>

**采用小震弹性时程分析的房屋高度范围**　　　表 4.1.5-1

| 烈度及场地类别 | 房屋高度范围(m) |
| --- | --- |
| 8 度Ⅰ类、Ⅱ类场地和 7 度 | ＞100 |
| 8 度Ⅲ类、Ⅳ类场地 | ＞80 |
| 9 度 | ＞60 |

### 4.1.6　弹塑性变形验算的要求

1）下列结构应进行弹塑性变形验算：

（1）甲类建筑和 9 度抗震设防的乙类建筑。

（2）采用隔振和消能减震设计的建筑结构。

（3）房屋高度大于 150m 的结构。

2）下列结构宜进行弹塑性变形验算：

（1）表 4.1.5-1 所列高度范围且为竖向不规则类型的高层民用建筑钢结构。

（2）7 度Ⅲ类、Ⅳ类场地和 8 度时乙类建筑。

3）罕遇地震作用下，进行弹塑性变形计算时可不计入风荷载的效应。

### 4.1.7　竖向地震作用

抗震设防烈度不低于 8 度的大跨度、长悬臂结构和 9 度的高层建筑，抗震设计时应计算竖向地震作用。

1）本条很重要，在设计中应严格执行。

2）大跨度指跨度≥24m 的楼盖结构。

3）长悬臂结构指悬挑长度≥2.0m（8 度）或≥1.5m（9 度）的悬挑结构。

4）大跨度、长悬臂结构在 7 度（0.15g）时，竖向地震作用效应放大比较明显。

### 4.1.8　风振舒适度和楼盖舒适度的要求

1. 风振舒适度要求

房屋高度≥150m 的高层民用建筑钢结构应满足风振舒适度要求。结构顶点的顺风向和横风向振动最大加速度计算值不应大于表 4.1.8-1 的限值。

**结构顶点的顺风向和横风向风振加速度限值**　　　表 4.1.8-1

| 使用功能 | $\alpha_{lim}$ |
| --- | --- |
| 住宅、公寓 | 0.20m/s$^2$ |
| 办公、旅馆 | 0.28m/s$^2$ |

2. 楼盖舒适度要求

楼盖结构的竖向振动频率不宜小于 3Hz，竖向振动峰值加速度不应大于表 4.1.8-2 的限值。

楼盖竖向振动加速度限值　　　　　　　表 4.1.8-2

| 人员活动环境 | 峰值加速度限值(m/s²) | |
| --- | --- | --- |
| | 竖向自振频率≤2Hz | 竖向自振频率>4Hz |
| 住宅、办公 | 0.07 | 0.05 |
| 商场及室内连廊 | 0.22 | 0.15 |

### 4.1.9　周期比的要求

1）周期比定义：结构扭转为主的第一自振周期 $T_t$ 与平动为主的第一自振周期 $T_1$ 的比值。

2）A 级高度的高层建筑，周期比不应大于 0.9；超过 A 级高度的高层建筑，周期比不应大于 0.85。

3）高层结构中控制周期比，实际上就是保证结构的抗扭刚度不能太弱。尽管对高层钢结构没有周期比的限制，但由于高层钢结构很柔，在图纸外审中，许多审图单位都要求进行周期比控制。所以，建议高层钢结构的周期比不应大于 0.9，超过《高钢规》表 3.2.2 的高层钢结构不应大于 0.85。

4）周期比计算时，不考虑偶然偏心。

5）周期比不满足要求时的调整：周期比不满足要求说明结构的侧移刚度大于扭转刚度（扭转刚度较弱），调整的原则是加强结构周边框架的刚度，削弱结构的内筒刚度。

### 4.1.10　设置地下室的要求

高度超过 50m 的钢结构应设置地下室。采用天然地基时，基础埋置深度不宜小于总高度的 1/15；采用桩基时，不宜小于总高度的 1/20。

本条"应设置地下室"考虑了《抗规》的要求。

对高层钢结构房屋提出埋深的要求，主要考虑上部结构嵌固端的要求及基础的稳定性要求，当基础埋深不满足要求时，应进行结构的稳定（抗滑移、抗倾覆等）验算。

### 4.1.11　钢结构在地下室的做法

1）钢柱在地下室至少延伸至嵌固端以下的一层，并宜采用型钢混凝土柱或钢管混凝土柱外包一层混凝土。再向下一层可采用钢筋混凝土柱。

2）在地下室，与钢柱相连的框架梁宜采用型钢混凝土梁，一是减少钢结构安装偏差，二是保证安装时钢框架的安全性。

简记：下插一层；钢骨梁。

# 4.2 性能化设计

## 4.2.1 三个抗震性能化计算公式

高层钢结构有三个性能化计算公式。高层混凝土结构有五个性能化计算公式，比钢结构多出的两个公式是混凝土柱的剪压比公式和钢-混凝土组合剪力墙的剪压比公式。高层混凝土结构前三个计算公式与高层钢结构三个公式完全相同。

高层钢结构三个性能化计算公式如下。

1）第 1 性能水准的结构，在中震作用下结构构件的抗震弹性承载力应符合下式规定：

$$\gamma_G S_{GE} + \gamma_{Eh} S_{Ehk}^* + \gamma_{Ev} S_{Evk}^* \leqslant R_d / \gamma_{RE} \qquad (4.2.1\text{-}1)$$

式中：$R_d$、$\gamma_{RE}$——分别为构件承载力设计值和承载力抗震调整系数；

$S_{GE}$——重力荷载代表值的效应；

$S_{Ehk}^*$——水平地震作用标准值的构件内力，不需考虑与抗震等级有关的增大系数；

$S_{Evk}^*$——竖向地震作用标准值的构件内力，不需考虑与抗震等级有关的增大系数；

$\gamma_G$、$\gamma_{Eh}$、$\gamma_{Ev}$——分别为上述荷载或作用的分项系数。

注意：本公式没有风荷载项。

2）第 2 性能水准的结构，耗能构件的抗震不屈服承载力应符合下式规定：

$$S_{GE} + S_{Ehk}^* + 0.4 S_{Evk}^* \leqslant R_k \qquad (4.2.1\text{-}2)$$

注意：本公式为中震或大震下以水平地震力为主的不屈服公式。

本公式没有风荷载项。

3）第 3 性能水准的结构，关键构件中的水平长悬臂构件和大跨度构件的抗震不屈服承载力应符合下式规定：

$$S_{GE} + 0.4 S_{Ehk}^* + S_{Evk}^* \leqslant R_k \qquad (4.2.1\text{-}3)$$

注意：本公式为中震或大震下以竖向地震力为主的不屈服公式。

本公式没有风荷载项。

## 4.2.2 五个抗震性能水准

### 1. 第 1 性能水准

第 1 性能水准的结构应满足弹性设计要求。在多遇地震作用下，其承载力和变形应符合有关规定；在设防烈度地震作用下，结构构件的抗震承载力应符合式（4.2.1-1）的规定。

1）本性能为小震或中震下的弹性设计。在抗震性能目标中，小震弹性用于目标 A～D；中震弹性用于目标 A。结构抗震性能目标参见表 4.2.4-1。

2）小震下满足承载力和变形的要求。

3）中震下满足弯矩、剪力和轴力的弹性计算要求。

2. 第 2 性能水准

第 2 性能水准的结构，在设防烈度地震或预估的罕遇地震作用下，关键构件及普通竖向构件的抗震承载力宜符合式（4.2.1-1）的规定；耗能构件的抗震承载力应符合式（4.2.1-2）的规定。

1）本条为交叉式规定。地震作用以水平地震力为主，以垂直地震力为辅，可以是中震，也可以是大震；构件有按弹性设计的构件，也有按不屈服设计的构件。

2）关键构件及普通竖向构件宜满足中震弹性或大震弹性要求，即符合式（4.2.1-1）的规定。

3）耗能构件应满足中震不屈服或大震不屈服要求，即符合式（4.2.1-2）的规定。

3. 第 3 性能水准

第 3 性能水准的结构应进行弹塑性计算分析。在设防烈度地震或预估的罕遇地震作用下，关键构件及普通竖向构件的抗震承载力应符合式（4.2.1-2）的规定，水平长悬臂结构和大跨度结构中的关键构件的抗震承载力尚应符合式（4.2.1-3）的规定；部分耗能构件进入屈服阶段，但不允许发生破坏。在预估的罕遇地震作用下，结构薄弱部位的弹塑性最大层间位移不应大于层高的 1/50。

1）关键构件及普通竖向构件在中震或大震下要满足以水平地震力为主的不屈服承载力要求。

2）水平长悬臂结构和大跨度结构中的关键构件在中震或人震下要满足以竖向地震力为主的不屈服承载力要求。

3）部分耗能构件屈服而不允许发生破坏。

4）在大震下满足层间位移角要求。

4. 第 4 性能水准

第 4 性能水准的结构应进行弹塑性计算分析。在设防烈度地震或预估的罕遇地震作用下，关键构件的抗震承载力应符合式（4.2.1-2）的规定，水平长悬臂结构和大跨度结构中的关键构件的抗震承载力尚应符合式（4.2.1-3）的规定；允许部分竖向构件及大部分耗能构件进入屈服阶段，但不允许发生破坏。在预估的罕遇地震作用下，结构薄弱部位的弹塑性最大层间位移不应大于层高的 1/50。

1）关键构件在中震或大震下要满足以水平地震力为主的不屈服承载力要求。与第 3 性能水准不同之处是不含普通竖向构件。

2）水平长悬臂结构和大跨度结构中的关键构件在中震或大震下要满足以竖向地震力为主的不屈服承载力要求。

3）允许部分竖向构件及人部分耗能构件屈服而不允许发生破坏。与第 3 性能水准不同之处是增加了部分竖向构件，耗能构件的比例由部分扩大为大部分。

4）在大震下满足层间位移角要求。

5. 第 5 性能水准

第 5 性能水准的结构应进行弹塑性计算分析。在预估的罕遇地震作用下，关键构件的抗震承载力应符合式（4.2.1-2）的规定；较多的竖向构件进入屈服阶段，但不允许发生破坏且同一层的竖向构件不宜全部屈服；允许部分耗能构件发生比较严重的破坏。结构薄弱部的层间位移不应大于层高的 1/50。

1）关键构件在大震下要满足以水平地震力为主的不屈服承载力要求。与第 4 性能水准不同之处是仅进行大震计算。

2）不对水平长悬臂结构和大跨度结构中的关键构件进行计算。

3）任何一层竖向构件不宜全部屈服。

4）在大震下满足层间位移角要求。

## 4.2.3 各性能水准的判别和应用

1. 关键构件、普通竖向构件和耗能构件

1）关键构件是指该构件的失效可能引起结构的连续破坏或危及生命安全的严重破坏，例如：框支柱、转换桁架、转换大梁、大悬挑、大跨梁、伸臂桁架、腰桁架、穿层柱、支撑体系中的重要杆件等。

2）普通竖向构件是指关键构件之外的竖向构件。

3）耗能构件包括框架梁、消能梁段、延性墙板及屈曲约束支撑等。

2. 结构抗震性能水准

可按表 4.2.3-1 进行宏观判别和应用。

各性能水准结构预期的震后性能要求　　　　表 4.2.3-1

| 结构抗震性能水准 | 宏观损坏程度 | 损坏部位 | | | 继续使用的可能性 |
| --- | --- | --- | --- | --- | --- |
| | | 关键构件 | 普通竖向构件 | 耗能构件 | |
| 第 1 水准（小震、中震弹性设计） | 完好、无损坏（小震）（中震） | 无损坏（小震承载力弹性）（中震抗震弹性） | 无损坏（小震承载力弹性）（中震抗震弹性） | 无损坏（小震承载力弹性）（中震抗震弹性） | 一般不需修理即可继续使用（满足小震变形要求） |
| 第 2 水准（弹性、不屈服） | 基本完好、轻微损坏（中震或大震） | 无损坏（抗震弹性） | 无损坏（抗震弹性） | 轻微损坏（抗震不屈服） | 稍加修理即可继续使用 |
| 第 3 水准（弹塑性时程分析） | 轻度损坏（中震或大震） | 轻微损坏（不屈服，大悬臂、大跨度以竖向地震力为主） | 轻微损坏（不屈服） | 轻度损坏、部分中度损坏（屈服，不破坏） | 一般修理后才可继续使用（验算大震下薄弱层） |

续表

| 结构抗震性能水准 | 宏观损坏程度 | 损坏部位 | | | 继续使用的可能性 |
|---|---|---|---|---|---|
| | | 关键构件 | 普通竖向构件 | 耗能构件 | |
| 第 4 水准（弹塑性时程分析） | 中度损坏（中震或大震） | 轻度损坏（不屈服,大悬臂、大跨度以竖向地震力为主） | 部分构件中度损坏（屈服,不破坏） | 中度损坏、部分比较严重损坏（屈服,不破坏） | 修复或加固后才可继续使用（验算大震下薄弱层） |
| 第 5 水准（弹塑性时程分析） | 比较严重损坏（大震） | 中度损坏（不屈服） | 部分构件比较严重损坏（屈服,不破坏） | 比较严重损坏（严重破坏） | 需排险大修（验算大震下薄弱层） |

注:斜体字为记忆要点。

## 4.2.4　抗震性能目标及选用

1. 抗震性能目标

结构抗震性能目标分为 A、B、C、D 四个等级,与小震、中震、大震及五个抗震性能水准形成对应关系,见表 4.2.4-1。

2. 选用

准确选择抗震性能目标是很困难的事情,一般宜偏于安全进行选用。

选用抗震性能目标时可参考以下几点:

1）高度超限很多且为特别不规则的超高层钢结构,或处于抗震不利地段的特别不规则的钢结构,可考虑选用 A 级性能目标。

2）高度超限较多,或不规则项很多时,可考虑选用 B 级或 C 级性能目标。

3）高度超限,或不规则项较多时,可考虑选用 C 级性能目标。

4）高度超限,或不规则项较少时,可考虑选用 C 级或 D 级性能目标。

5）难以按常规方法设计时,可考虑选用 C 级或 D 级性能目标。

结构抗震性能目标与性能水准的对应关系　　　　表 4.2.4-1

| 地震水准 | 性能目标 | | | |
|---|---|---|---|---|
| | A | B | C | D |
| 多遇地震（小震） | 1 | 1 | 1 | 1 |
| 设防烈度地震（中震） | 1 | 2 | 3 | 4 |
| 预估的罕遇地震（大震） | 2 | 3 | 4 | 5 |

# 第 5 章

# 钢结构设计的基本要求

## 5.1 钢结构基本要求

### 5.1.1 截面惯性矩、截面模量、截面面积矩、截面回转半径等几何参数计算

1. 截面形心计算

一个简单截面、组合截面或者复杂的截面，形心只有一个，但通过形心的形心轴却有无数个。在工程中常用 $x$ 轴和 $y$ 轴两个正交轴线代表截面两个重要的截面形心轴，以此为基准，演算出截面惯性矩、截面模量、截面面积矩等几何参数。

1）毛截面

毛截面：不考虑翼缘开洞的截面面积。

以图 5.1.1-1 为例，毛截面面积计算为：

$A=40\times1.8+25\times1.2+(55-1.8-1.2)\times0.8=143.6cm^2$。

2）净截面

净截面：扣除翼缘开洞后的截面面积。

以图 5.1.1-1 为例，净截面面积计算为：

$A_n=A-2.35\times1.8\times2=135.14cm^2$。

3）形心轴（也称为中和轴、弯曲中心或剪切中心）

求形心轴是通过求面积矩来实现的，本质上，形心轴是面积矩的平分线，即 $x$ 轴形心线上下各面积对 $x$ 轴的面积矩相等，所以形心轴也称为中和轴。形心轴是用来计算截面惯性矩的，所以也称为弯曲中心（弯心）。

形心的计算归根结底就是两根形心轴的计算。截面有对称轴时，则对称轴位置为形心轴。没有对称轴时则需要计算形心轴的位置。

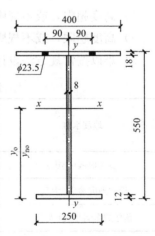

图 5.1.1-1　工字形截面

针对某一基准线，总面积与其形心线至基准线之间的距离的乘积等于各个小面积与其形心线至基准线之间的距离的乘积之和。即：

$$(\sum A_i)\times y_o=\sum A_i\times y_i$$

求出 $y_0$：

$$y_0 = (\sum A_i \times y_i) / \sum A_i \tag{5.1.1-1}$$

以图 5.1.1-1 单轴对称的组合截面为例，$y$ 轴为组合截面的纵向形心轴。$x$ 轴形心轴则要通过计算求出。以截面最下方为基准线，毛截面下 $y_0$ 为：

$$y_0 = \frac{40 \times 1.8 \times (55-0.9) + 25 \times 1.2 \times 0.6 + 0.8 \times (55-1.8-1.2) \times (1.2+26)}{40 \times 1.8 + 25 \times 1.2 + 0.8 \times (55-1.8-1.2)} = 35.1\text{cm}$$

净截面下 $y_{no}$ 为：

$$y_{no} = \frac{35.3 \times 1.8 \times (55-0.9) + 25 \times 1.2 \times 0.6 + 0.8 \times (55-1.8-1.2) \times (1.2+26)}{35.3 \times 1.8 + 25 \times 1.2 + 0.8 \times (55-1.8-1.2)} = 33.9\text{cm}$$

4）中心轴

中心轴是面积的平分线。中心轴其实就是单轴对称或双轴对称的对称轴。当中和轴为对称轴时，中心轴也是中和轴。当中和轴为不对称轴时，中心轴和中和轴是分开的两条轴线。

2. 截面惯性矩

截面惯性矩是计算正应力和剪应力的几何参数。

1）三种常见截面的惯性矩

矩形截面惯性矩：

$$I = \frac{bh^3}{12}$$

其中，$b$ 为截面宽；$h$ 为截面高。

三角形截面惯性矩：

$$I = \frac{bh^3}{36}$$

其中，$b$ 为截面底长；$h$ 为截面高。

圆形截面惯性矩：

$$I = \frac{\pi d^4}{64}$$

其中，$d$ 为截面直径。

2）组合截面的惯性矩

组合截面绕某中和轴（以 $x$ 轴为例）的惯性矩表达式 $I_x$ 为：

$$I_x = \sum (I_{xi} + A_i y_i^2)$$

其中，$A_i$ 为单个截面面积；$y_i$ 为单个截面面积形心至中和轴的距离；$I_{xi}$ 为单个截面面积绕自身的中和轴惯性矩。

以图 5.1.1-1 单轴对称的组合截面为例，绕 $x$ 轴中和轴的毛截面惯性矩 $I_x$ 为：

$$I_x = \frac{40 \times 1.8^3}{12} + 40 \times 1.8 \times (55-35.1-0.9)^2 + \frac{25 \times 1.2^3}{12} + 25 \times 1.2 \times (35.1-0.6)^2$$

$$+ \frac{0.8 \times (55-1.8-1.2)^3}{12} + 0.8 \times 52 \times (35.1-1.2-52/2)^2$$

$$=73693\text{cm}^4$$

绕 $x$ 轴中和轴的净截面惯性矩 $I_{nx}$ 为：

$$I_{nx} = \frac{35.3 \times 1.8^3}{12} + 35.3 \times 1.8 \times (55-33.9-0.9)^2 + \frac{25 \times 1.2^3}{12}$$

$$+ 25 \times 1.2 \times (33.9-0.6)^2 + \frac{0.8 \times (55-1.8-1.2)^3}{12}$$

$$+ 0.8 \times 52 \times (33.9-1.2-52/2)^2$$

$$= 70455\text{cm}^4$$

### 3. 截面模量

截面模量与截面惯性矩为线性比例关系，是计算受弯、压弯、拉弯状态下正应力的几何参数。

截面模量为截面惯性矩与截面边缘至中和轴垂直距离的比值。

任何一个截面共有 4 个截面模量。以 $x$ 轴和 $y$ 轴为中和轴，则 $x$ 轴上方和下方的截面模量分别为 $W_x^\text{上}$ 和 $W_x^\text{下}$。同理，$y$ 轴左方和右方的截面模量分别为 $W_y^\text{左}$ 和 $W_y^\text{右}$。当某一中和轴为对称轴时，中和轴两侧的截面模量相等。如 H 型钢截面、矩形截面等为双轴对称，此时：$W_x^\text{上}=W_x^\text{下}$，简写成 $W_x$；$W_y^\text{左}=W_y^\text{右}$，简写成 $W_y$。

以图 5.1.1-1 为例，以 $x$ 轴为中和轴的上、下毛截面模量 $W_x^\text{上}$ 和 $W_x^\text{下}$ 分别计算为：

$$W_x^\text{上} = \frac{I_x}{h-y_o} = \frac{73693}{55-35.1} = 3703\text{cm}^3$$

$$W_x^\text{下} = \frac{I_x}{y_o} = \frac{73693}{35.1} = 2010\text{cm}^3$$

上、下净截面模量 $W_{nx}^\text{上}$ 和 $W_{nx}^\text{下}$ 分别计算为：

$$W_{nx}^\text{上} = \frac{I_{nx}}{h-y_{no}} = \frac{70455}{55-33.9} = 3339\text{cm}^3$$

$$W_{nx}^\text{下} = \frac{I_{nx}}{y_{no}} = \frac{70455}{33.9} = 2078\text{cm}^3$$

### 4. 截面面积矩

截面面积矩是计算剪应力的几何参数。

计算截面面积矩时，采用的是毛截面。

截面面积矩为中和轴一侧的面积与面积形心至中和轴垂直距离的乘积。其特点是任何中和轴一侧的截面面积矩不变，用 $S$ 表示。

以图 5.1.1-1 为例，$x$ 轴以下的面积矩 $S$ 计算如下：

$S = 25 \times 1.2 \times (35.1-0.6) + 0.8 \times (35.1-1.2) \times (35.1-1.2)/2 = 1495\text{cm}^3$

### 5. 截面回转半径

截面回转半径是计算杆件长细比的几何参数。

计算截面回转半径用毛截面。

截面回转半径为惯性矩与面积的比值的平方根。

以图 5.1.1-1 为例，以 $x$ 轴为中和轴的截面回转半径 $i_x$ 计算如下：

$$i_x = \sqrt{\frac{I_x}{A}} = \sqrt{\frac{73693}{143.6}} = 22.7 \text{cm}$$

6. 常用热轧 H 型钢的规格及截面特性

热轧 H 型钢是成品钢材，被广泛应用于框架中的框架梁和次梁。

设计中采用成品 H 型钢有两个好处：一是与焊接 H 型钢相比，省去了大量的加工制作时间；二是不需进行板件局部稳定验算，因为所有成品型钢均满足局部稳定的要求。

常用的规格及截面特性见表 5.1.1-1。

**常用热轧 H 型钢**　　　　　　　　　　　　　　　　表 5.1.1-1

I—截面惯性矩；
W—截面模量；
i—截面回转半径

| 类别型号<br>（高×宽） | 尺寸(mm)<br>$H \times B \times t_1 \times t_2$ | 面积<br>($cm^2$) | $x$-$x$ 轴 | | | $y$-$y$ 轴 | | |
|---|---|---|---|---|---|---|---|---|
| | | | $I_x$<br>($cm^4$) | $W_x$<br>($cm^3$) | $i_x$<br>(cm) | $I_y$<br>($cm^4$) | $W_y$<br>($cm^3$) | $i_y$<br>(cm) |
| HW200×200 | 200×200×8×12 | 64.28 | 47702 | 477 | 8.61 | 1600 | 160 | 4.99 |
| HW250×250 | 250×250×9×14 | 92.18 | 10800 | 867 | 10.8 | 3650 | 292 | 6.29 |
| HW300×300 | 300×300×10×15 | 120.4 | 20500 | 1370 | 13.1 | 6760 | 450 | 7.49 |
| HW350×350 | 350×350×12×19 | 173.9 | 40300 | 2300 | 15.2 | 13600 | 776 | 8.84 |
| HW400×400 | 400×400×13×21 | 219.5 | 66900 | 3340 | 17.5 | 22400 | 1120 | 10.1 |
| HM250×175 | 244×175×7×11 | 56.24 | 6120 | 502 | 10.4 | 985 | 113 | 4.18 |
| HM300×200 | 294×200×8×12 | 73.03 | 11400 | 779 | 12.5 | 1600 | 160 | 4.69 |
| HM350×250 | 340×250×9×14 | 101.5 | 21700 | 1280 | 14.6 | 3650 | 292 | 6.00 |
| HM400×300 | 390×300×10×16 | 136.7 | 38900 | 2000 | 16.9 | 7210 | 481 | 7.26 |
| HM450×300 | 440×300×11×18 | 157.4 | 56100 | 2550 | 18.9 | 8110 | 541 | 7.18 |
| HM500×300 | 488×300×11×18 | 164.4 | 71400 | 2930 | 20.8 | 8120 | 541 | 7.03 |
| HM600×300 | 588×300×12×20 | 192.5 | 118000 | 4020 | 24.8 | 9020 | 601 | 6.85 |

| 类别型号<br>(高×宽) | 尺寸(mm)<br>$H \times B \times t_1 \times t_2$ | 面积<br>($cm^2$) | $x$-$x$ 轴 | | | $y$-$y$ 轴 | | |
|---|---|---|---|---|---|---|---|---|
| | | | $I_x$<br>($cm^4$) | $W_x$<br>($cm^3$) | $i_x$<br>($cm$) | $I_y$<br>($cm^4$) | $W_y$<br>($cm^3$) | $i_y$<br>($cm$) |
| HN200×100 | 200×100×5.5×8 | 27.57 | 1880 | 188 | 8.25 | 134 | 26.8 | 2.21 |
| HN250×125 | 250×125×6×9 | 37.87 | 4080 | 326 | 10.4 | 294 | 47.0 | 2.79 |
| HN300×150 | 300×150×6.5×9 | 47.53 | 7350 | 490 | 12.4 | 508 | 67.7 | 3.27 |
| HN350×175 | 350×175×7×11 | 63.66 | 13700 | 782 | 14.7 | 985 | 113 | 3.93 |
| HN400×200 | 400×200×8×13 | 84.12 | 23700 | 1190 | 16.8 | 1740 | 174 | 4.54 |
| HN450×200 | 450×200×9×14 | 97.41 | 33700 | 1500 | 18.6 | 1870 | 187 | 4.38 |
| HN500×200 | 500×200×10×16 | 114.2 | 47800 | 1910 | 20.5 | 2140 | 214 | 4.33 |
| HN600×200 | 600×200×11×17 | 135.2 | 78200 | 2610 | 24.1 | 2280 | 228 | 4.11 |
| HN700×300 | 700×300×13×24 | 235.5 | 201000 | 5760 | 29.3 | 10800 | 722 | 6.78 |
| HN800×300 | 800×300×14×26 | 267.4 | 292000 | 7290 | 33.0 | 11700 | 782 | 6.62 |
| HN900×300 | 900×300×16×28 | 309.8 | 411000 | 9140 | 36.4 | 12600 | 843 | 6.39 |

## 5.1.2 常用钢板厚度和最小截面厚度的要求

### 1. 设计中常用的钢板厚度

焊接箱形柱、焊接H型钢、加劲板、隔板等板件厚度的选择应考虑板的厚度和市场供货情况两方面因素。常用的钢板厚度建议值见表 5.1.2-1。

常用钢板厚度 表 5.1.2-1

| 钢板类型 | 钢板厚度(mm) | 备注 |
|---|---|---|
| 热轧钢板 | 6,8,10,12,14,16,18,20,24,25,28,30,32,34,36,40,45,50,60,70,80,90,100 | 用于焊接构件 |
| 花纹钢板 | 5,6,8 | 用于马道、沟盖板等 |

注:选择钢板厚度时还要注意焊接方法对厚度的最小要求。

### 2. 最小截面厚度的要求

《工业防腐标准》规定钢结构杆件截面的厚度宜符合下列要求:

1) 焊接桁架、焊接柱、焊接梁等重要钢构件及焊接闭口截面杆件:

杆件厚度≥8mm;

角焊缝的焊脚尺寸≥8mm。

2) 一般板件组合的杆件 (含成品杆件和焊接杆件):

板件组合的杆件厚度≥6mm;

角焊缝的焊脚尺寸≥6mm。

3）角钢截面（等肢和不等肢）：

角钢截面的厚度≥5mm；

角焊缝的焊脚尺寸≥5mm。

4）网架、构筑物等管形截面：

闭口截面杆件≥4mm；

角焊缝的焊脚尺寸≥4mm。

## 5.1.3　钢号修正系数 $\varepsilon_k$

钢号修正系数是对碳素钢 Q235 以外的钢材（如，低合金高强度结构钢 Q355、Q390、Q420、Q460 及建筑结构用钢板 Q345GJ 等）在受压情况下进行构造约束限值基础上的再限制。在过去的钢结构规范中，都是以文字来表述的：板件宽厚比、长细比等限值乘以 $\sqrt{235/f_{ay}}$，$f_{ay}$ 为钢号值。

《钢标》中将以前的文字描述改为公式表达是表现手法上的进步。

钢号修正系数 $\varepsilon_k$，其值为 235 与钢材牌号中屈服点数值的比值的平方根，写成表达式为：

$$\varepsilon_k = \sqrt{235/f_y} \tag{5.1.3-1}$$

式中：$f_y$——钢材的屈服强度值。

## 5.1.4　截面板件宽厚比等级的划分

### 1. 截面板件宽厚比等级

截面板件宽厚比是指构件截面板件平直段的宽度与厚度的比值。对于钢柱和钢梁，因为腹板为截面的高度，所以其腹板的宽厚比也可称为高厚比。

钢结构设计的"灵魂"是局部稳定、整体稳定和节点构造。板件宽厚比则属于局部稳定的重要内容。

2003 版《钢结构设计规范》中关于截面板件宽厚比的规定分散在受弯构件、压弯构件的计算及塑性设计各章节中，在《抗规》中也有对钢梁、钢柱及支撑构件的板件的宽厚比的限值规定。

规定板件宽厚比，除了保证局部稳定外，宽厚比的大小也直接决定了钢构件的塑性转动变形能力和承载力的大小。

本节中板件宽厚比只针对弯矩产生的应力或压力和弯矩共同作用下产生的应力形式，即针对受弯构件（梁）和压弯构件（框架柱），不包括仅承受轴力的柱子（如摇摆柱）。仅承受轴力的柱子截面上的应力是全截面相同。

绝大多数钢构件由板件构成，而板件宽厚比的大小直接决定了钢构件的承载力和受弯及压弯构件的塑性转动变形能力，因此，钢构件截面的分类是钢结构设计技术的基础，尤其是钢结构抗震设计力法的基础。

根据截面承载力和塑性转动变形能力的不同，国际上一般将截面分为四类，考虑到我国在受弯构件设计中采用了截面塑性发展系数 $\gamma_x$，根据截面承载力和塑性转动变形能力的不同，《钢标》将截面按板件宽厚比分为 S1、S2、S3、S4、S5 共 5 个等级。

2. 等级的划分

1）S1 级：称为一级塑性截面，也称为塑性转动截面。图 5.1.4-1 中所示的曲线 1，翼缘已全部屈服，腹板可达全部屈服，即可达全截面塑性（此时绕中和轴斜线成为水平线），保证塑性铰具有塑性设计要求的转动能力。

在弯矩-曲率关系中，$\phi_{p2}$ 对应的是弯矩平台段最右端曲率值，一般要求达到塑性弯矩 $M_p$ 除以弹性初始刚度得到的曲率 $\phi_p$ 的 8～15 倍。

简记：出现完全塑性铰。

2）S2 级：称为二级塑性截面。图 5.1.4-1 中所示的曲线 2，翼缘已全部屈服，腹板可达全部屈服，即可达全截面塑性（此时绕中和轴斜线成为水平线），但由于局部屈曲，塑性转动能力有限。在弯矩-曲率关系中，$\phi_{p1}$ 对应的是弯矩平台段最左端曲率值，大约是 $\phi_p$ 的 2～3 倍。

简记：出现完全塑性铰。

3）S3 级：称为弹塑性截面。作为 H 型钢梁时，图 5.1.4-1 中所示的曲线 3，翼缘已全部屈服，腹板屈服发展最大深度不超过腹板高度的 1/4。在弯矩-曲率关系中，弯矩位于 $\phi_y$～$\phi_{p1}$ 之间的曲线上，这是一段非线性曲线，位于弹性斜线和塑性平台线之间，也可称为弹塑性曲线。腹板的屈服范围，最小为翼缘厚度，最大为 1/4 腹板高度。

简记：弹塑性截面。

4）S4 级：称为弹性截面。作为 H 型钢梁时，图 5.1.4-1 中所示的曲线 4，翼缘边缘纤维最大可达屈服强度（此时为弹性阶段满应力状态，应力比为 1）。S4 级截面特点是只能发生局部屈曲，不能向塑性发展。

简记：弹性截面。

5）S5 级：称为薄壁截面。图 5.1.4-1 中所示的曲线 5，在边缘纤维达到屈服应力前，腹板可能发生局部屈曲。

简记：薄壁截面。

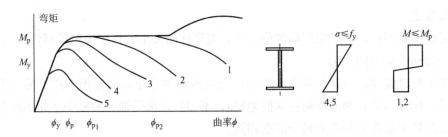

**图 5.1.4-1　截面的分类及其转动能力**

## 5.1.5　截面板件宽厚比等级的适用范围

截面板件宽厚比等级（S1、S2、S3、S4、S5）的适用范围见表 5.1.5-1。

1. S1 级的适用范围

S1 级可以达到完全塑性铰程度，有很好的转动能力。梁的变形能力主要取决于梁端的塑性转动量。S1 级这种特性和特点，可用于地震高烈度地区抗侧力构件，如 9 度区和 8 度区高度大于 50m 的高层钢结构。

2. S2 级的适用范围

S2 级可以产生一定的塑性铰，但塑性转动能力有限，一般用于地震低烈度地区和 8 度区房屋高度不大于 50m 的钢结构抗侧力构件。

3. S3 级的适用范围

S3 级要求翼缘全部屈服，腹板部分屈服，只考虑塑性发展。塑性发展的范围不超过 20%。即，塑性发展系数控制在 1.2 以内。S3 级一般用于次梁。

4. S4 级的适用范围

S4 级的截面受力完全在弹性范围内，不考虑截面塑性发展系数，一般用于：

1）次梁不能满足 S3 的限值时，改用 S4 级，但要使 $\gamma_x = \gamma_y = 1.0$。此时，次梁截面板件宽厚比的限值要满足 S4 的规定。

2）需要计算疲劳的梁。

3）吊车梁。

4）重要的梁。

5. S5 级的适用范围

S5 级用于薄壁型钢。其截面受力不仅完全在弹性范围内，且截面最大应力值小于强度设计值。

截面板件宽厚比等级（S1、S2、S3、S4、S5）的适用范围　　表 5.1.5-1

| 截面板件宽厚比等级 | 适用范围 |
| --- | --- |
| S1 | 9 度区钢结构和 8 度区高度＞50m 的高层钢结构 |
| S2 | 6 度区钢结构、7 度区钢结构和 8 度区高度≤50m 的高层钢结构 |
| S3 | 次梁 |
| S4 | 不能满足 S3 限值的次梁，但 $\gamma_x = \gamma_y = 1.0$<br>需要计算疲劳的梁<br>吊车梁<br>重要的梁 |
| S5 | 薄壁型钢 |

### 5.1.6 截面板件宽厚比等级对应的限值

1）进行受弯和压弯构件计算时，截面板件宽厚比等级对应的限值应符合表 5.1.6-1 的规定，其中，参数 $\alpha_0$ 应按下式计算：

$$\alpha_0 = \frac{\sigma_{max} - \sigma_{min}}{\sigma_{max}} \tag{5.1.6-1}$$

式中：$\sigma_{max}$——腹板计算边缘的最大压应力（$N/mm^2$）；

$\sigma_{min}$——腹板计算高度另一边缘相应的应力（$N/mm^2$）。

压应力取正值，拉应力取负值。

压弯和受弯构件截面板件宽厚比等级对应的限值　　　　表 5.1.6-1

| 构件 | | | 截面板件宽厚比等级 | | | | |
|---|---|---|---|---|---|---|---|
| | | | S1 级 | S2 级 | S3 级 | S4 级 | S5 级 |
| 压弯构件（柱） | H 形截面 | 翼缘 $b/t$ | $9\varepsilon_k$ | $11\varepsilon_k$ | $13\varepsilon_k$ | $15\varepsilon_k$ | 20 |
| | | 腹板 $h_0/t_w$ | $(33+13\alpha_0^{1.3})\varepsilon_k$ | $(38+13\alpha_0^{1.39})\varepsilon_k$ | $(40+18\alpha_0^{1.5})\varepsilon_k$ | $(45+25\alpha_0^{1.66})\varepsilon_k$ | 250 |
| | 箱形截面 | 壁板 $b_0/t$ | $30\varepsilon_k$ | $35\varepsilon_k$ | $40\varepsilon_k$ | $45\varepsilon_k$ | — |
| | 圆管截面 | 径厚比 $D/t$ | $50\varepsilon_k^2$ | $70\varepsilon_k^2$ | $90\varepsilon_k^2$ | $100\varepsilon_k^2$ | — |
| 受弯构件（梁） | 工字形截面 | 翼缘 $b/t$ | $9\varepsilon_k$ | $11\varepsilon_k$ | $13\varepsilon_k$ | $15\varepsilon_k$ | 20 |
| | | 腹板 $h_0/t_w$ | $65\varepsilon_k$ | $72\varepsilon_k$ | $93\varepsilon_k$ | $124\varepsilon_k$ | 250 |
| | 箱形截面 | 壁板 $b_0/t$ | $25\varepsilon_k$ | $32\varepsilon_k$ | $37\varepsilon_k$ | $42\varepsilon_k$ | — |

注：1. $\varepsilon_k$ 为钢号修正系数。

　　2. $b$ 为工字形、H 形截面的翼缘外伸宽度；$t$、$h_0$、$t_w$ 分别是翼缘厚度、腹板净高和腹板厚度，对轧制型截面，腹板净高不包括翼缘腹板过渡处圆弧段；对于箱形截面，$b_0$、$t$ 分别为壁板间的距离和壁板厚度；$D$ 为圆管截面外径。

　　3. 箱形截面梁及单向受弯的箱形截面柱，其腹板限值可根据 H 形截面腹板采用。

　　4. 腹板的宽厚比可通过设置加劲肋减小。

　　5. 当按《建筑设计抗震规范》GB 50011—2010(2016 年版)第 9.2.14 条第 2 款的规定设计，且 S5 级截面的板件宽厚比小于 S4 级经 $\varepsilon_\sigma$ 修正的板件宽厚比时，可视作 C 类截面，$\varepsilon_\sigma$ 为应力修正因子，$\varepsilon_\sigma = \sqrt{f_y/\sigma_{max}}$。

2）按《钢标》进行抗震性能化设计时，支撑截面板件宽厚比等级及限值应符合表 5.1.6-2 的规定。

支撑截面板件宽厚比等级及限值　　　　表 5.1.6-2

| 支撑截面 | | 截面板件宽厚比等级 | | |
|---|---|---|---|---|
| | | BS1 级 | BS2 级 | BS3 级 |
| H 形截面 | 翼缘 $b/t$ | $8\varepsilon_k$ | $9\varepsilon_k$ | $10\varepsilon_k$ |
| | 腹板 $h_0/t_w$ | $30\varepsilon_k$ | $35\varepsilon_k$ | $42\varepsilon_k$ |

| 支撑截面 | | 截面板件宽厚比等级 | | |
|---|---|---|---|---|
| | | BS1 级 | BS2 级 | BS3 级 |
| 箱形截面 | 壁板间翼缘 $b_0/t$ | $25\varepsilon_{\mathrm{k}}$ | $28\varepsilon_{\mathrm{k}}$ | $32\varepsilon_{\mathrm{k}}$ |
| 角钢截面 | 角钢肢宽厚比 $\omega/t$ | $8\varepsilon_{\mathrm{k}}$ | $9\varepsilon_{\mathrm{k}}$ | $10\varepsilon_{\mathrm{k}}$ |
| 圆钢管截面 | 径厚比 $D/t$ | $40\varepsilon_{\mathrm{k}}^2$ | $56\varepsilon_{\mathrm{k}}^2$ | $72\varepsilon_{\mathrm{k}}^2$ |

注：1. $\omega$ 为角钢平直段长度。

　　2. 支撑杆件宽厚比略严于压弯和受弯构件的宽厚比。

## 5.1.7　截面塑性发展系数及取值

在杆件受弯计算中，为了充分发挥材料作用，允许杆件最大边缘纤维达到屈服后，再向边缘内发展一定的深度（$\Delta y_1$），使得截面有一定的塑性发展。$y_1$ 为截面中和轴至截面边缘的距离，在不考虑塑性发展情况下，全截面处于弹性时最大边缘处正应力为：

$$\sigma_{x1}=\frac{M_x}{W_x}=\frac{M_x}{I_x/y_1}=\frac{M_x\cdot y_1}{I_x} \tag{5.1.7-1}$$

当考虑截面有了 $\Delta y_1$ 塑性发展深度后，新的截面弹性最大正应力的位置为：$y=y_1-\Delta y_1=\mu\cdot y_1$。

于是，考虑截面塑性发展后，正应力为：

$$\sigma_x=\frac{M_x\cdot(\mu\cdot y_1)}{I_x}=\frac{M_x\cdot\mu}{I_x/y_1}=\frac{M_x}{\frac{1}{\mu}W_x}=\frac{M_x}{\gamma_x W_x} \tag{5.1.7-2}$$

当同时承受 $M_x$ 和 $M_y$ 作用时，考虑截面塑性发展后，正应力为：

$$\sigma=\frac{M_x}{\gamma_x W_x}+\frac{M_y}{\gamma_y W_y} \tag{5.1.7-3}$$

式中，$\mu=(y_1-\Delta y_1)/y_1$，$\mu$ 值代表塑性发展后的中和轴以上弹性区域所占的比例。

$\gamma_x=1/\mu$，$\gamma_x$ 值反映了截面塑性发展深度的比例。

在实际工程应用中，不希望塑性发展深度太大，一般对截面发展深度控制在 5%～20%。体现在发展系数上，$\gamma_x$、$\gamma_y$ 控制在 1.053～1.25，实际应用中为 1.05～1.2。

截面塑性发展系数的取值见表 5.1.7-1。

**截面塑性发展系数 $\gamma_x$、$\gamma_y$**　　　　　　　　　　　　　表 5.1.7-1

| 项次 | 截 面 形 式 | $\gamma_x$ | $\gamma_y$ |
|---|---|---|---|
| 1 | | 1.05 | 1.2 |

| 项次 | 截面形式 | $\gamma_x$ | $\gamma_y$ |
|---|---|---|---|
| 2 | | 1.05 | 1.05 |
| 3 | | $\gamma_{x1}=1.05$ $\gamma_{x2}=1.2$ | 1.2 |
| 4 | | | 1.05 |
| 5 | | 1.2 | 1.2 |
| 6 | | 1.15 | 1.15 |
| 7 | | 1.0 | 1.05 |
| 8 | | | 1.0 |

## 5.1.8 大跨度钢梁或桁架的起拱

$L \geqslant 15\mathrm{m}$ 的大跨度钢梁或桁架可预先起拱,起拱取值应视实际需要而定,可取恒载标准值加 1/2 活载标准值所产生的挠度值。

## 5.1.9 钢梁或桁架的挠度允许值

1)恒荷载和活荷载标准值作用下的挠度值$\leqslant L/400$。

当有起拱时,挠度值应将挠度计算值减去起拱取值作为新值考虑。

2）活荷载标准值作用下的挠度值≤$L/500$。

3）其他受弯构件挠度允许值见《钢标》附录 B。

### 5.1.10　材料力学的压杆计算长度

轴心压杆除应满足强度和刚度方面的要求外，更重要的是要满足整体稳定和局部稳定要求。其中整体稳定是决定性因素。

压杆在一个对称主轴平面内弯曲时的屈曲，称为弯曲屈曲。即将产生屈曲变形时作用的轴力 $N_{lj}$ 称为临界力。在临界力 $N_{lj}$ 作用下，压杆处于微弯的平衡状态（图 5.1.10-1）。

图 5.1.10-1 中，压杆 1 为两端铰接的理想等截面直杆，根据材料力学求出弹性屈曲下欧拉公式的临界力最小值为：

$$N_{lj}=\pi^2 EI/l^2 \tag{5.1.10-1}$$

其相应的临界应力为：

$$\sigma_{lj}=\pi^2 E/\lambda^2 \tag{5.1.10-2}$$

从式（5.1.10-1）可以看出，压杆临界力 $N_{lj}$ 与杆件的弯曲刚度 $EI$ 成正比，与杆长成反比，而与材料的抗压强度无关。若要提高临界力，就要增大截面惯性矩 $I$ 或减小杆件长度。

从式（5.1.10-2）可以看出，压杆临界应力与长细比 $\lambda$ 成反比，即 $\lambda$ 越小，临界应力越高，压杆的稳定性就越好。

在两端铰接下，欧拉公式中的计算长度与压杆长度相同。压杆在其他约束形式下，微弯平衡方程式的压杆计算长度与杆件长度是不同的，计算长度等于杆件长度乘以计算长度系数（$\mu$）。

压杆 2 的下端为刚接，临界力下微弯曲的下端起始点约在 1/3 靠下一点，计算长度 $\mu=0.7$，从杆件微弯曲线可以形象地看出，弯曲区域约占整个杆长的 0.7 倍。

压杆 3 为两端刚接，$\mu=0.5$，弯曲区域约占整个杆长的 0.5 倍。

压杆 4 为一端刚接一端自由，$\mu=2.0$，固定端可以看作微弯曲线的中间点，半个弯曲区域为整个杆长相等，即 $\mu=2.0$，弯曲区域占整个杆长的 2 倍。

不同支座约束下达到临界力的微弯曲线如图 5.1.10-1 所示。

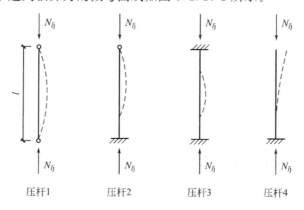

**图 5.1.10-1　临界力示意**

压杆 1～4 的计算长度系数 $\mu$ 见表 5.1.10-1。

压杆在不同约束下的计算长度系数     表 5.1.10-1

| 压杆约束情况 | 计算长度系数 $\mu$ |
|---|---|
| 两端交接(压杆 1) | 1.0 |
| 一端刚接一端铰接(压杆 2) | 0.7 |
| 两端刚接(压杆 3) | 0.5 |
| 一端刚接一端自由(压杆 4) | 2.0 |

## 5.1.11 钢柱计算长度系数

实际结构中，钢柱上下端的约束情况与材料力学中假定的理想状况有很大差别。无侧移框架和有侧移框架对框架柱长细比系数影响截然不同。与框架柱相连的框架梁的线刚度及框架柱的线刚度决定了长细比系数 $\mu$ 的大小，而有无支撑体系则体现了 $\mu$ 值的决定性变化。

1. 无侧移框架柱的计算长度系数

框架-支撑体系中的框架柱可认为是无侧移柱子，其计算长度系数 $\mu$ 按《钢标》附录 E 中表 E.0.1 取值。$\mu$ 值范围为 0.549～1.000。

2. 有侧移框架柱的计算长度系数

框架体系中的框架柱可认为是有侧移柱子，其计算长度系数 $\mu$ 按《钢标》附录 E 中表 E.0.2 取值。$\mu$ 值范围为 1.03～6.02。

在框架结构中，经常遇到钢柱长细比不能满足限值的情况，此时，宜将框架结构改为框架-支撑结构。柱子变成无侧移框架柱，就很容易满足限值了。

## 5.1.12 大悬挑钢结构的振颤问题

房屋周围 200m 范围内存在公路时，大货车、公交车、大巴车行驶过程中会对大悬挑钢结构产生振颤现象，应给予高度重视。

1. 计算上

应进行结构使用寿命期间的疲劳验算。

2. 材料上

应按疲劳设计要求选择钢材。

3. 构造上

应选择合适的现场连接方式，例如：翼缘和腹板全部采用高强度螺栓连接。

## 5.1.13 大跨度、长悬臂结构的尺度规定

1. 大跨度结构

大跨度结构指跨度≥24m 的楼盖结构。

2. 长悬臂结构

长悬臂结构指悬挑长度≥2.0m（8 度）或≥1.5m（9 度）的悬挑结构。

## 5.1.14　非承重墙材料

《高钢规》规定：对于高层民用建筑钢结构房屋非承重墙宜采用填充轻质砌块、填充轻质墙或外挂板墙。《钢标》规定：隔墙、外围护等宜采用轻质材料。

钢结构具有自重轻的优势，采用轻质材料隔墙、外围护等可以充分发挥钢结构轻的优势。同时，由于钢结构刚度较小，采用轻质材料能够适应较大的变形，而且对结构刚度的影响也相对较小。

## 5.1.15　应力集中及其对策

1. 应力集中

当两根杆件的夹角为锐角时，形成应力集中现象，角度越小，应力越集中，严重时会产生断裂或撕裂裂缝，节点遭到破坏。断裂的瞬间，其断裂因子是钢材最大应力的十几倍至数十倍，对节点产生极大的破坏力。

如图 5.1.15-1 所示，梁、柱、斜杆组成的节点中斜杆与框架柱和框架梁的夹角均为锐角，是节点应力集中的典型例子；如图 5.1.15-2 所示，钢板开洞中左上角和右上角均为锐角，是板洞应力集中的典型例子。

2. 对策

断裂力学是一门计算很复杂的技术，一般用在飞行器、船舶、压力容器等行业。民用钢结构不进行断裂力学计算，而是通过构造措施将锐角变成直角或钝角，避免出现应力集中现象。图 5.1.15-3 所示为将锐角变为钝角的节点的典型例子；图 5.1.15-4 所示为将锐角变为圆弧角或钝角的板洞的典型例子。

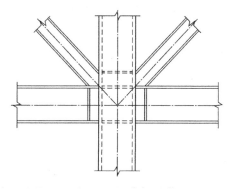

图 5.1.15-1　应力集中的节点

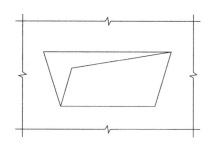

图 5.1.15-2　应力集中的板洞

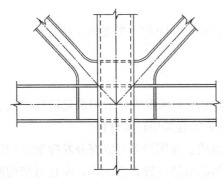

图 5.1.15-3　非应力集中的节点

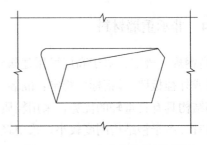

图 5.1.15-4　非应力集中的板洞

### 5.1.16　应力比的控制

应力比的控制主要考虑两个因素：一是工地焊接，二是楼板、楼梯偶然堆积荷载引起的超载。

（1）施工条件较差的高空安装焊缝应乘以系数0.9。

这是对高空焊接质量的考虑。

这里的高空安装不是专指高层钢结构的安装，而是指至地面有一定的距离，发生意外能够将人摔伤致残的空中作业高度。基本上，多、高层钢结构的安装均为高空作业。

现场拼接钢柱、支撑、栓焊节点的框架梁时，均为全熔透一级或二级焊缝，其焊缝与母材等强。所以，当焊缝强度指标乘以系数0.9时，与之相关联的钢柱、钢支撑、钢梁等构件也同样要乘以系数0.9。

简记：现场焊接连接的构件。

（2）钢梁的截面比混凝土梁小多了，楼板偶然的超载可能会导致钢梁整体失稳，至少要考虑5%超载的可能性，钢梁强度指标要乘以系数0.95。

（3）楼板偶然的超载会通过框架梁传递给偏心支撑的斜杆，也要考虑5%超载的可能性，其强度指标要乘以系数0.95。

（4）考虑大跨度钢梁、钢桁架及大跨度悬臂梁的特殊性，其强度指标宜乘以系数0.95。

综合上述几种情况，建议各种构件的应力比控制值见表5.1.16-1。存在多项系数时，为连乘关系。

应力比控制值　　　　　　　　　　　　　　　　　　　　表 5.1.16-1

| 构件 | 应力比控制值 | 备注 |
| --- | --- | --- |
| 钢柱、中心支撑 | 0.90 | （1） |
| 偏心支撑 | 0.85 | （1）×（3） |
| 钢框架梁 | 0.85 | （1）×（2） |

续表

| 构件 | 应力比控制值 | 备注 |
|---|---|---|
| 悬臂梁、一端刚接一端铰接的钢梁 | 0.85 | (1)×(2) |
| 钢楼梯 | 0.85 | (1)×(2) |
| 两端铰接的钢梁 | 0.95 | (2) |
| 大跨度钢梁、桁架 | 0.80 | (1)×(2)×(4) |

## 5.1.17　钢结构构件代号

构件代号是一种约定俗成的代替中文名称的代码，可以用简单的几个字母来描述杆件的特点，方便在图纸中书写。

混凝土构件的代号已经根植于结构人员的大脑中了，使用混凝土构件的代号很少出现混乱情况。但在钢结构绘图中，许多设计人员采用混凝土结构绘图的惯常思维，造成一些钢结构代号混乱的现象，因此，需要对钢结构常规构件的代号加以规范使用（表 5.1.17-1）。

1）钢悬挑梁不需要单独给代号（混凝土悬挑梁因为有箍筋加密的构造要求，所以有代号）。

2）梁上起柱的钢梁不需要再给代号（混凝土框支梁因为有构造要求，所以有代号）。

3）同一个项目（或子项），同一个代号的构件，当构件数量≥10 个时，编号应从 01 开始（如 GL01、GL02…）；构件数量少于 10，编号可从 1 开始（如 GL1、GL2…）。

4）同一个项目（或子项），截面和钢材相同时，代号后面的编号与构件长度无关，与跨度等无关。

钢结构构件代号　　　　　　　　　　　表 5.1.17-1

| 体系 | 构件名称 | 构件代号 | 备注 |
|---|---|---|---|
| 框架或框架-支撑 | 钢框架梁 | GKL | 对应于混凝土的框架梁 |
| | 钢桁架 | GHJ | 大跨度水平组合构件 |
| | 钢次梁 | GL | 对应于混凝土的次梁 |
| | 钢梯梁 | GTL | 对应于混凝土的楼梯梁 |
| | 隅撑 | YC | 位置在钢梁端部受压翼缘 |
| | 钢框架柱 | GKZ | 对应于混凝土的框架柱 |
| | 钢框架斜柱 | GXZ | 对应于混凝土的框架斜柱 |
| | 钢框支柱 | GKZZ | 支撑转换钢梁或转换桁架的钢框架柱 |
| | 柱间支撑 | ZC | 中心支撑及偏心支撑 |
| | 钢楼梯柱 | GTZ | 对应于混凝土的楼梯柱 |

续表

| 体系 | 构件名称 | 构件代号 | 备注 |
|---|---|---|---|
| 钢屋架 | 钢屋架 | GWJ | 大跨屋顶钢桁架 |
| | 上、下弦水平支撑 | SC | 两榀钢屋架之间的水平十字支撑 |
| | 垂直支撑 | CC | 两榀钢屋架之间的垂直支撑 |
| | 刚性系杆 | LG | 双角钢:形成水平支撑体系的压杆 |
| | 柔性系杆 | | 单角钢:两榀钢屋架之间的连系杆 |
| 刚架 | 刚架 | GJ | 门式刚架 |
| | 水平支撑 | SC | 两榀钢屋架之间的水平十字支撑 |
| | 柱间支撑 | ZC | 中心支撑(十字撑) |
| | 刚性系杆 | GXG | 形成水平支撑体系的压杆 |
| | 屋脊檩条 | WL | 屋脊处,作用同刚性系杆 |
| | 山墙柱 | SQZ | 抗风柱 |
| | 山墙柱间的支撑 | SQC | 两根抗风柱之间的十字支撑 |
| 檩条及墙梁 | 檩条 | L | 支撑轻屋面板的钢梁 |
| | 墙梁 | QL | 支撑轻墙面板的钢梁 |
| | 拉条 | LT | 连系檩条之间拉杆 |
| | 撑杆(套管+拉杆) | CG | 撑杆、斜拉条及两檩条(墙梁)之间形成檩条(墙梁)体系的桁架 |
| | 斜拉条 | XLT | |

# 5.2 荷载的基本要求

## 5.2.1 风荷载

### 1. 高层钢结构风荷载

基本风压应按现行国家标准《建筑结构荷载规范》GB 50009 的规定采用,对风荷载比较敏感的高层民用建筑,承载力设计时应按基本风压的 1.1 倍采用。

1) 本条很重要,在设计中应严格执行。

2) 本条的高层民用建筑是指 10 层及 10 层以上或高度大于 28m 的钢结构住宅建筑以及房屋高度大于 24m 的其他高层钢结构民用建筑。这一条与《高层建筑混凝土结构技术规程》JGJ 3 是相同的,两者都规定高层民用建筑的高度大于 60m 时采用 1.1 倍的基本风压。

因为钢结构很柔，对风荷载比混凝土高层建筑更敏感，所以，建议对高层钢框架结构执行 1.1 倍基本风压的规定。

简记：高层风压 1.1 倍。

3）本条规定对于设计使用年限为 50 年和 100 年的高层建筑结构都是一样的。

简记：与使用年限无关。

2. 风荷载体型系数 $\mu_s$

计算主体结构的风荷载效应时，风荷载体型系数 $\mu_s$ 可按下列规定采用：

1）对平面为圆形的建筑可取 0.8。

2）对平面为正多边形及三角形的建筑可按下式计算：

$$\mu_s = 0.8 + 1.2/\sqrt{n} \tag{5.2.1-1}$$

式中：$\mu_s$——风荷载体型系数；

$n$——多边形的边数。

3）高宽比 $H/B \leqslant 4$ 的平面为矩形、方形和十字形的建筑可取 1.3。

4）下列建筑可取 1.4：

（1）平面为 V 形、Y 形、弧形、双十字形的建筑；

（2）平面为 L 形和槽形及高宽比 $H/B > 4$ 的平面为十字形的建筑；

（3）高宽比 $H/B > 4$、长宽比 $\leqslant 1.5$ 的平面为矩形和鼓形的建筑。

3. 风洞试验的规定

有下列情况之一的高层民用建筑宜进行风洞试验：

1）平面形状不规则，立面形状复杂。

2）立面开洞或连体建筑。

3）周围地形和环境较复杂。

4）房屋高度 > 200m。

4. 悬挑结构上浮风荷载

计算悬挑结构上浮风荷载时，风荷载体型系数 $\mu_s$ 不宜大于 $-2.0$。

5. 屋面活荷载与风荷载

不上人屋面均布活荷载，可不与风荷载同时组合。

## 5.2.2　雪荷载

**1）对雪荷载敏感的结构，应采用 100 年重现期的雪压（$R = 100$）。**

本条为强条，不得逾越。在设计中应严格执行。

大跨度钢屋盖采用金属板轻屋面时，雪荷载对其影响是敏感的，应按此条执行。

2）坡屋顶或拱形屋面容易堆积雪的部位应考虑堆积雪荷载。

3）室外钢结构需要考虑雪融冰的冰荷载。

4）屋架和拱壳应按全跨积雪的均匀分布、不均匀分布和半跨积雪的均匀分布，按最不利情况采用。

5）不上人屋面均布活荷载，可不与雪荷载同时组合。

## 5.2.3　直升机停机坪荷载

超高层钢结构经常是地标性的建筑物，屋顶直升机停机坪也会成为标配。

直升机停机坪的活荷载应按下列规定采用：

1）直升机总重量引起的局部荷载，按由实际最大起飞重量决定的局部荷载标准值乘以动力系数确定。对具有液压轮胎起落架的直升机，动力系数可取 1.4；当没有机型技术资料时，局部荷载标准值及其作用面积可根据直升机类型按表 5.2.3-1 取用。

局部荷载标准值及其作用面积　　　　　　　　　　　　表 5.2.3-1

| 直升机类型 | 局部荷载标准值(kN) | 作用面积(m) |
|---|---|---|
| 轻型 | 20.0 | 0.20×0.20 |
| 中型 | 40.0 | 0.25×0.25 |
| 重型 | 60.0 | 0.30×0.30 |

2）等效均布活荷载标准值 $\geqslant 5.0 \text{kN/m}^2$。

3）组合值系数应取 0.7，频遇值系数应取 0.6，准永久值系数应取 0.0。

## 5.2.4　轻屋面活荷载

轻屋面不上人活荷载标准值可取为 $0.5 \text{kN/m}^2$。

## 5.2.5　半跨活荷载的不利组合

1. 半跨活荷载的不利组合

大跨桁架、网架、拱架结构在半跨活荷载作用下会产生整体屈曲的可能性，例如，桁架或网架在满跨活荷载作用下的杆件内力为拉力时，在半跨活荷载作用下拉力会变为压力，即拉杆变成了压杆。

如果拉杆变成了压杆，由于压杆是按整体稳定进行计算，存在一个稳定系数，所以承载力要降低很多。此时要重新确定杆件截面，在构造上，压杆板件要满足压杆宽厚比的要求。

当结构为非对称时，应按左半跨和右半跨活荷载分别计算再与满跨活荷载进行不利组合。

简记：拉杆变压杆。

2. 半跨恒荷载和半跨施工活荷载的不利组合

现场铺设屋面板时，往往并不是双向对称进行的，所以还要考虑半跨恒荷载和半跨施工活荷载同时作用下的不利组合。

当结构为非对称时，应按左半跨和右半跨恒荷载加施工活荷载分别计算再与满跨恒荷载加活荷载进行不利组合。

### 5.2.6　地震作用

1）扭转特别不规则的结构，应计入双向水平地震作用下的扭转影响；其他情况，应计算单向水平地震作用下的扭转影响。

（1）本条很重要，在设计中应严格执行。

（2）扭转特别不规则是指扭转位移比的比值大于 1.2。

2）9 度抗震设计时应计算竖向地震作用。

本条很重要，在设计中应严格执行。

3）抗震设防烈度不低于 8 度的大跨度、长悬臂结构和 9 度的高层建筑，抗震设计时应计算竖向地震作用。

（1）本条很重要，在设计中应严格执行。

（2）大跨度结构和长悬臂结构的定义见本书第 5.1.13 节。

（3）6 度、7 度（0.10g）抗震设计时，不考虑竖向地震。

简记：大跨度、长悬臂。

4）地震作用组合的效应：

地震设计状况下，当作用与作用效应按线性关系考虑时，荷载和地震作用基本组合的效应设计值，应按下式确定：

$$S_d = \gamma_G S_{GE} + \gamma_{Eh} S_{Ehk} + \gamma_{Ev} S_{Evk} + \psi_w \gamma_w S_{wk} \qquad (5.2.6\text{-}1)$$

式中：　　　$S_d$——荷载和地震作用基本组合的效应设计值；

　　　　　$S_{GE}$——重力荷载代表值的效应；

　　　　　$S_{Ehk}$——水平地震作用标准值的效应，尚应乘以相应的增大系数、调整系数；

　　　　　$S_{Evk}$——竖向地震作用标准值的效应，尚应乘以相应的增大系数、调整系数；

$\gamma_G$、$\gamma_{Eh}$、$\gamma_{Ev}$、$\gamma_w$——分别为上述各相应荷载或作用的分项系数；

　　　　　$\psi_w$——风荷载的组合值系数，应取 0.2。

本条很重要，在设计中应严格执行。

5）荷载和地震作用基本组合的分项系数：

地震设计状况下，荷载和地震作用基本组合的分项系数应按表 5.2.6-1 采用。当重力荷载效应对结构的承载力有利时，表中的 $\gamma_G$ 不应大于 1.0。

本条很重要，在设计中应严格执行。

地震设计状况下荷载和地震作用基本组合的分项系数　　　　表 5.2.6-1

| 参与组合的荷载和作用 | $\gamma_G$ | $\gamma_{Eh}$ | $\gamma_{Ev}$ | $\gamma_w$ | 说明 |
|---|---|---|---|---|---|
| 重力荷载及水平地震作用 | 1.2 | 1.3 | — | — | 抗震设计的高层民用建筑均应考虑 |

续表

| 参与组合的荷载和作用 | $\gamma_G$ | $\gamma_{Eh}$ | $\gamma_{Ev}$ | $\gamma_w$ | 说明 |
|---|---|---|---|---|---|
| 重力荷载及竖向地震作用 | 1.2 | — | 1.3 | — | 9度抗震设防时考虑；水平长悬臂和大跨度结构 7度(0.15g)、8度、9度抗震设防时考虑 |
| 重力荷载、水平地震作用及竖向地震作用 | 1.2 | 1.3 | 0.5 | — | 同上 |
| 重力荷载、水平地震作用及风荷载 | 1.2 | 1.3 | — | 1.4 | 高层民用建筑钢结构 |
| 重力荷载、水平地震作用、竖向地震作用及风荷载 | 1.2 | 1.3 | 0.5 | 1.4 | 60m以上高层民用建筑，9度抗震设防时考虑；水平长悬臂和大跨度结构7度(0.15g)、8度、9度抗震设防时考虑 |
| | 1.2 | 0.5 | 1.3 | 1.4 | 水平长悬臂和大跨度结构7度(0.15g)、8度、9度抗震设防时考虑 |

# 5.3 结构内力分析的三种方法

## 5.3.1 一阶弹性分析

一阶弹性分析就是不考虑几何非线性对结构内力和变形产生的影响，根据未变形的结构建立平衡条件，按弹性阶段分析结构内力及位移。

1）未承受水平荷载作用的钢结构，按一阶弹性分析考虑。

2）承受水平荷载作用的钢结构，但属于侧移不敏感结构（层间位移角很小的结构），按一阶弹性分析考虑。

3）在一阶弹性分析中，结构的内力和位移按受弯构件、轴心受力构件及拉弯、压弯构件的有关规定进行计算。

4）对于复杂结构，应按结构弹性稳定理论确定构件的计算长度系数，并按上条进行构件设计。

## 5.3.2 二阶 $P\text{-}\Delta$ 弹性分析

二阶 $P\text{-}\Delta$ 弹性分析就是仅考虑结构整体初始缺陷及几何非线性对结构内力和变形产生的影响，根据位移后的结构建立平衡条件，按弹性阶段分析结构内力及位移。

1）承受水平荷载作用的钢结构，且属于侧移敏感结构，按二阶 $P\text{-}\Delta$ 效应考虑。

2）二阶 $P\text{-}\Delta$ 效应可按近似的二阶理论对在水平荷载作用下结构产生的一阶弯矩进行放大来考虑，也称为放大系数法。

3）结构稳定性设计应考虑二阶效应。

## 5.3.3　直接分析

直接分析就是直接考虑对结构稳定性和强度性能有显著影响的初始几何缺陷、残余应力、材料非线性、节点连接刚度等因素，以整个结构体系为对象进行二阶非线性分析的设计方法。

以整体受拉或受压为主的大跨度钢结构的稳定性分析应采用直接分析。

## 5.3.4　三种分析的判别

### 1. 判别规则

应根据最大二阶效应系数 $\theta_{i,\max}^{\text{II}}$ 作为判别，选用合适的结构分析方法。

1）当 $\theta_{i,\max}^{\text{II}} \leqslant 0.1$ 时，采用一阶弹性分析。

最大二阶效应系数小于或等于 0.1 时，结构也称为侧移不敏感结构（层间位移角很小的结构）。

2）当 $0.1 < \theta_{i,\max}^{\text{II}} \leqslant 0.25$ 时，采用二阶 $P\text{-}\Delta$ 弹性分析。

最大二阶效应系数大于 0.1 时，结构称为侧移敏感结构，采用放大系数法进行计算。

3）当 $\theta_{i,\max}^{\text{II}} > 0.25$ 时，采用直接分析。也可以通过增大结构的侧移刚度来降低 $\theta_{i,\max}^{\text{II}}$ 值。

### 2. 规则框架结构的最大二阶效应系数 $\theta_{i,\max}^{\text{II}}$ 的计算

1）规则框架结构的二阶效应系数按下式计算：

$$\theta_i^{\text{II}} = \frac{\sum N_i \cdot \Delta u_i}{\sum H_i \cdot h_i} \tag{5.3.4-1}$$

式中：$\sum N_i$——所计算 $i$ 楼层各柱轴心压力设计值之和（N）；

　　　　$\sum H_i$——产生层间侧移 $\Delta u$ 的计算楼层及以上各层的水平力标准值之和（N）；

　　　　$h_i$——所计算 $i$ 楼层的高度（mm）；

　　　　$\Delta u_i$——$\sum H_i$ 作用下按一阶弹性分析求得的计算楼层的层间侧移（mm）。

2）一般结构的二阶效应系数按下式计算：

$$\theta_i^{\text{II}} = \frac{1}{\eta_{\text{cr}}} \tag{5.3.4-2}$$

式中：$\eta_{\text{cr}}$——整体结构最低弹性临界荷载与荷载设计值的比值。

### 3. 二阶 $P\text{-}\Delta$ 效应的放大系数法

放大系数法：对水平力产生的侧移对应的线性分析内力乘以放大系数以达到考虑二阶效应的影响。

1）框架结构和框架-剪切型支撑结构，内力和侧移的放大系数为 $\dfrac{1}{1-\theta_i}$。

2）单纯出弯曲型支撑框架组成的结构，内力和侧移的放大系数为 $\dfrac{1}{1-\theta}$。

3）无支撑框架结构杆件杆端的弯矩 $M_\Delta^{\text{II}}$ 可按两部分考虑，即竖向荷载作用下的一阶

弹性弯矩和水平荷载作用下的一阶弹性弯矩乘以放大系数,用下列近似公式进行计算:

$$M_\Delta^{II} = M_q + \alpha_i^{II} M_H \tag{5.3.4-3}$$

$$\alpha_i^{II} = \frac{1}{1 - \theta_i^{II}} \tag{5.3.4-4}$$

式中:$M_\Delta^{II}$——仅考虑 $P\text{-}\Delta$ 效应的二阶弯矩;

$\quad\quad M_q$——结构在竖向荷载作用下的一阶弹性弯矩;

$\quad\quad M_H$——结构在水平荷载作用下的一阶弹性弯矩;

$\quad\quad \alpha_i^{II}$——第 $i$ 层杆件的弯矩增大系数,当 $\alpha_i^{II} > 1.33$ 时,宜增大结构的侧移刚度。

# 第 6 章

# 连    接

## 6.1    焊接连接一般规定

### 6.1.1    焊缝质量等级与检测

1. 各种焊缝类型的适用范围

1）全熔透焊缝（一）：

（1）钢板、构件拼接（接长）焊缝；

（2）柱壁板间在柱节点区及上下各 600mm 范围内的组合焊缝；

（3）在工地进行上下柱拼接时，接头上下各 100mm 范围内箱形柱壁板间焊缝；

（4）柱内对应梁翼缘、钢支撑设置的水平加劲隔板与柱壁板的连接焊缝；

（5）钢柱、钢梁、支撑对接接头；

（6）扭曲箱形构件、弯扭构件、折线形构件、斜柱的组装焊缝。

2）全熔透焊缝（二）：

（1）柱单元所带悬臂梁段，梁翼缘与腹板的焊缝；

（2）梁变截面处加劲肋与翼缘、腹板的焊缝；

（3）焊接 H 型钢柱、焊接 H 型钢梁，当腹板厚度＞25mm 时，弧形或水平投影呈折线形的 H 型钢构件，翼缘与腹板间的焊缝。

3）全熔透对接与角接组合焊缝（加强焊脚尺寸应≥翼缘板厚的 1/4，但最大值≤10mm）：

（1）梁和支撑的翼缘、腹板与柱的连接焊缝；

（2）柱与柱脚底板的焊缝；

（3）悬挑梁根部，翼缘、腹板与支座或预埋件的焊缝。

4）部分熔透的对接与角接组合焊缝（焊缝厚度应≥腹板厚的 1/2，且≥14mm）：

焊接 H 型钢柱、焊接 H 型钢梁，当 14mm≤腹板厚度≤ 25mm 时，翼缘与腹板的焊缝，梁加劲肋与翼缘、腹板的焊缝。

5）部分熔透焊缝：

箱形柱壁板之间采用全熔透焊缝以外的其余组合焊缝。

6）角焊缝：

焊接 H 型钢柱、焊接 II 型钢梁，当腹板厚度≤12mm 时，翼缘与腹板的焊缝，梁加劲肋与翼缘、腹板的焊缝。

2. 焊缝质量等级

焊缝应根据结构的重要性、荷载特性、焊缝形式、工作环境以及应力状态等情况选用不同的质量等级，见表 6.1.1-1。

焊缝质量等级 表 6.1.1-1

| 焊缝质量等级 | 焊接要求 |
|---|---|
| 一级 | 全熔透焊缝(一)、全熔透对接与角接组合焊缝 |
| 二级 | 全熔透焊缝(二)、部分熔透焊缝、部分熔透的对接与角接组合焊缝 |
| 三级 | 角焊缝 |

3. 焊缝检测方法

所有焊缝均应进行检测，其检测方法及检测比例见表 6.1.1-2。

焊缝检测方法及检测比例 表 6.1.1-2

| 焊缝质量等级 | 检测方法 | 检测比例 |
|---|---|---|
| 一级 | 超声波 | 100% |
| 二级 | 超声波 | 20% |
| 三级 | 磁粉探伤 | 10% |

1）一级焊缝的合格等级不应低于现行《钢结构焊接规范》GB 50661 中 B 级检验的 II 级要求。

2）二级焊缝的合格等级不应低于现行《钢结构焊接规范》GB 50661 中 B 级检验的 III 级要求。

3）全部焊缝均应进行外观检查。焊缝应具有良好的外观质量，角焊缝应符合二级焊缝的外观要求。

4）当超声检测结果存在疑义时，采用射线检测验证。

5）当发现焊缝裂纹等疑点时，应采用磁粉探伤或着色渗透探伤进行复查，焊缝质量的检查及质量标准应符合《钢结构焊接规范》GB 50661 的要求。

6）焊缝检测尚应符合现行《焊缝无损检测 超声检测 技术、检测等级和评定》GB/T 11345 的规定。

7）焊接必须做好记录，施工结束后，应准备一切必要的资料以备检查。

4. 焊接工程对钢材和焊接材料的要求

钢结构焊接工程用钢材及焊接材料应符合设计文件的要求，并应具有钢厂和焊接材料厂出具的产品质量说明书或检验报告，其化学成分、力学性能和其他质量要求应符合国家现行有关标准的规定。

本条很重要，在设计中应严格执行。

## 6.1.2 焊缝截面类型

1. 对接焊缝截面类型

1）全熔透对接焊缝

全熔透对接焊缝是等强焊缝。图 6.1.2-1（a）所示为不开坡口的矩形，此外还有开坡口的 V 形、X 形、U 形及 K 形焊缝，如图 6.1.2-1（c）～（f）所示。对接焊缝的优点是：传力均匀，没有显著的应力集中（对于承受动力荷载作用的结构采用对接焊缝最为有利）。缺点是：杆件之间具有一定的间隙，板边切割要求较严，板件较厚时还需加工坡口。

2）部分熔透对接焊缝

如图 6.1.2-1（b）所示。

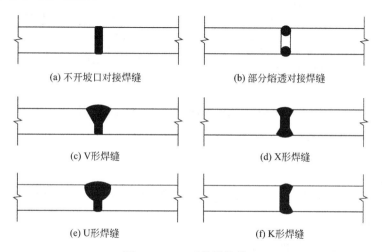

(a) 不开坡口对接焊缝      (b) 部分熔透对接焊缝

(c) V形焊缝      (d) X形焊缝

(e) U形焊缝      (f) K形焊缝

**图 6.1.2-1 对接焊缝截面**

2. 角焊缝截面类型

1）直角角焊缝截面如图 6.1.2-2 所示。

2）T 形连接的斜角角焊缝截面如图 6.1.2-3 所示。

3）T 形连接的根部间隙和焊缝截面如图 6.1.2-4 所示。

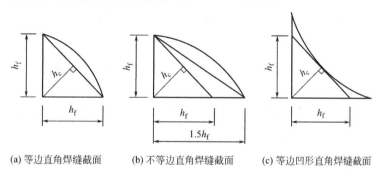

(a) 等边直角焊缝截面    (b) 不等边直角焊缝截面    (c) 等边凹形直角焊缝截面

**图 6.1.2-2 直角角焊缝截面**

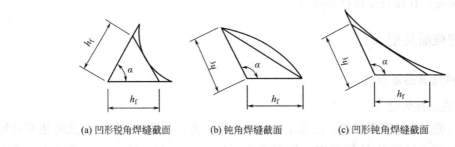

(a) 凹形锐角焊缝截面　　(b) 钝角焊缝截面　　(c) 凹形钝角焊缝截面

**图 6.1.2-3　T 形连接的斜角角焊缝截面**

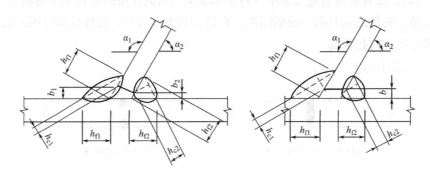

**图 6.1.2-4　T 形连接的根部间隙和焊缝截面**

## 6.1.3　焊接连接形式

常用的焊接连接有四种形式：平接连接、搭接连接、T 形连接和角接连接。各种连接形式的特点如下。

1. 平接连接（被连接的板件在同一平面内）

1）全熔透对接焊缝的平接连接

图 6.1.3-1（a）所示为对接焊缝的平接连接，焊缝为正焊缝，用于构件等强拼接，为充分发挥截面强度也可采用斜焊缝。

2）双面夹板角焊缝的平接连接

图 6.1.3-1（b）所示为用拼接板（夹板）和角焊缝形成的平接连接。

2. 搭接连接（被连接的板件或构件不在同一平面内，属于搭接传力连接）

1）单面搭接连接

图 6.1.3-1（c）所示为单面传力的搭接连接，焊缝对板件存在偏心。

2）双面搭接连接

图 6.1.3-1（d）所示为双面传力的搭接连接，焊缝对板件不存在偏心。

3. T 形连接（一板件垂直于另一板件的连接）

1）角焊缝的连接

图 6.1.3-1（e）所示为角焊缝的 T 形连接。

2）焊透焊缝的连接

图 6.1.3-1（f）所示为焊透焊缝的 T 形连接。

4. 角接连接

图 6.1.3-1（g）所示为角焊缝的角接连接；

图 6.1.3-1（h）所示为坡口焊缝的角接连接。

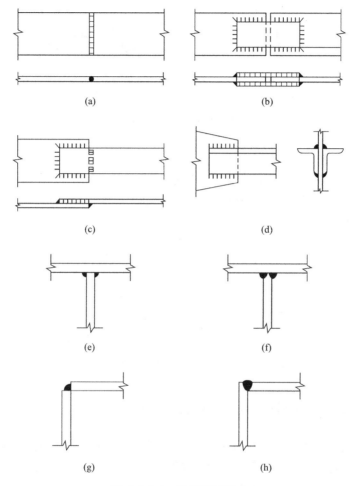

图 6.1.3-1 焊接连接形式

## 6.1.4 不同宽度和厚度的板件对接时的要求

1. 不同宽度和厚度的钢板对接

在全熔透对接焊缝的拼接处，当两侧钢板的宽度或厚度相差 4mm 以上时，应从板的一侧或两侧做成不大于 1：2.5 的坡度，如图 6.1.4-1 所示。

设计中一般不宜采用改变板厚的方法，这是由于会带来切削加工的困难。当两侧钢板的厚度相差不大于 4m 时，以下情况可以不用变坡度：

1）当较薄板件厚度＞12mm且　侧厚度相差≤4mm时，焊缝表面的斜度足以满足和缓传递的要求，可以不用变坡度。

2）当较薄板件厚度≤9mm且不采用斜角，一侧厚度差允许值为2mm时，可以不用变坡度。

3）其他情况下，一侧厚度差允许值为3mm时，可以不用变坡度。

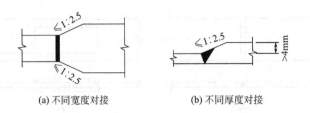

(a) 不同宽度对接　　　　　　(b) 不同厚度对接

**图 6.1.4-1　不同宽度或厚度的钢板对接**

2. 不同宽度和厚度的铸钢件对接

在全熔透对接焊缝的拼接处，当两侧铸钢件的宽度或厚度相差4mm以上时，应从板的一侧或两侧过渡100～200mm后再做成不大于1∶2.5的坡度，如图6.1.4-2所示。

简记：过渡段。

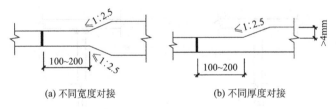

(a) 不同宽度对接　　　　　　(b) 不同厚度对接

**图 6.1.4-2　不同宽度或厚度的铸钢件对接**

## 6.1.5　防止熔透焊时板材产生层状撕裂的措施

在T形、十字形及角接接头设计中，当翼缘板厚度≥20mm时，为防止板材产生层状撕裂，应避免或减小母材厚方向承受较大的焊接收缩应力，并宜采取下列节点构造设计：

1）在满足焊透深度要求和焊缝致密性条件下，宜采用较小的焊接坡口角度及间隙，如图6.1.5-1（a）所示。

简记：间隙要小。

2）在角接接头中，宜采用对称坡口或偏向于侧板的坡口，如图6.1.5-1（b）所示。

简记：竖板坡口。

3）宜采用双面坡口对称焊接代替单面坡口非对称焊接，如图6.1.5-1（c）所示。

简记：双面好于单面。

4）在T形或角接接头中，板厚方向承受焊接应力的板材端头宜伸出接头焊缝区，如图6.1.5-1（d）所示。

简记：板探头。

5) 在 T 形、十字形接头中，宜采用铸钢或锻钢过渡段，并宜以对接接头取代 T 形、十字形接头，如图 6.1.5-1 (e)、(f) 所示。

简记：铸钢过渡。

6) 宜改变厚板接头受力方向，以降低厚度方向的应力，如图 6.1.5-2 所示。

7) 承受静荷载的节点，在满足接头强度计算要求的条件下，宜用部分熔透的对接与角接组合焊缝代替全熔透坡口焊缝，如图 6.1.5-3 所示。

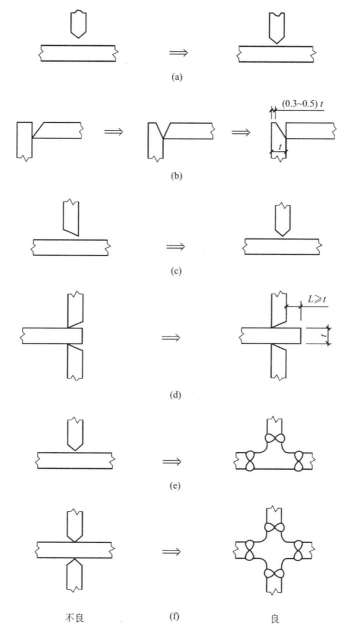

图 6.1.5-1 T 形、十字形、角接接头防止层状撕裂的节点构造设计

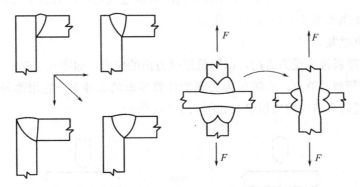

图 6.1.5-2  改善厚度方向焊接应力大小的措施

图 6.1.5-3  采用部分熔透对接与角接组合焊缝代替全熔透坡口焊缝

## 6.1.6  焊接箱形组合柱、梁纵向焊缝的焊接要求

焊接箱形组合柱、梁纵向焊缝,宜采用全熔透或部分熔透的对接焊缝,如图 6.1.6-1 所示。要求全熔透时,应采用衬垫单面焊,如图 6.1.6-1(b)所示。

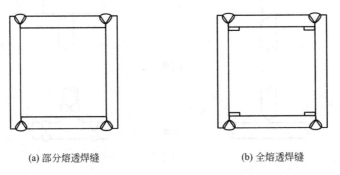

(a) 部分熔透焊缝　　　　　　　　　(b) 全熔透焊缝

图 6.1.6-1  焊接箱形组合柱、梁纵向焊缝

## 6.1.7  焊接 H 型柱、梁纵向焊缝的焊接要求

只承受静荷载的焊接组合 H 形柱、梁的纵向连接焊缝,当腹板厚度小于或等于 25mm 时,可采用角焊缝或部分熔透焊缝;当腹板厚度大于 25mm 时,宜采用全熔透或部分熔透焊缝。如图 6.1.7-1 所示。

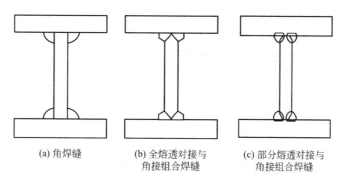

(a) 角焊缝          (b) 全熔透对接与          (c) 部分熔透对接与
                        角接组合焊缝              角接组合焊缝

**图 6.1.7-1　角焊缝、全熔透及部分熔透对接与角接组合焊缝**

## 6.1.8　箱形柱与内隔板的焊接要求

　　箱形柱与内隔板的焊接，应采用全熔透焊缝（电弧焊），如图 6.1.8-1（a）所示；对无法进行电弧焊焊接的焊缝，宜采用电渣焊焊接，且焊缝宜对称布置，如图 6.1.8-1（b）所示。

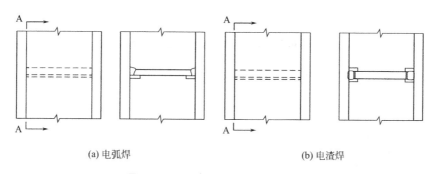

(a) 电弧焊                              (b) 电渣焊

**图 6.1.8-1　箱形柱与内隔板的焊接**

# 6.2　焊缝计算

## 6.2.1　全熔透对接焊缝或对接与角接组合焊缝

　　1. 直焊缝在轴心受拉或受压状态下的正应力计算

　　直焊缝受到轴心拉力或压力作用时的计算简图见图 6.2.1-1，垂直于焊缝方向的焊缝正应力计算式为：

$$\sigma = \frac{N}{l_w h_e} \leqslant f_t^w \text{ 或 } f_c^w \tag{6.2.1-1}$$

式中：$N$——轴心拉力或轴心压力（N）；

　　　　$l_w$——直焊缝计算长度（mm）；

$h_e$ 　对接焊缝的计算厚度（mm），对接连接节点中取连接件的较小厚度，T形连接节点中取腹板的厚度；

$f_t^w$、$f_c^w$——对接焊缝的抗拉、抗压强度设计值（N/mm²）。

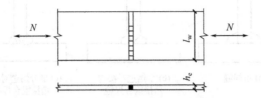

**图 6.2.1-1　直焊缝轴心受拉或受压**

2. 斜焊缝在轴心受拉或受压状态下的正应力、剪应力计算

斜焊缝受到轴心拉力或压力作用时的计算简图见图 6.2.1-2。

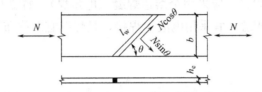

**图 6.2.1-2　斜焊缝轴心受拉或受压**

垂直于斜焊缝方向的焊缝正应力计算式为：

$$\sigma = \frac{N\sin\theta}{l_w h_e} \leqslant f_t^w \text{ 或 } f_c^w \qquad (6.2.1-2)$$

式中：$l_w$——斜焊缝计算长度（mm）；

　　　$h_e$——对接焊缝的计算厚度（mm）。

平行于斜焊缝方向的焊缝剪应力计算式为：

$$\tau = \frac{N\cos\theta}{l_w h_e} \leqslant f_v^w \qquad (6.2.1-3)$$

式中：$f_v^w$——对接焊缝的抗剪强度设计值（N/mm²）。

当 $\tan\theta \leqslant 1.5$ 且 $b \geqslant 50$mm 时可不进行焊缝计算。

3. 直焊缝在弯矩和剪力共同作用下的最大正应力、最大剪应力计算

直焊缝受到弯矩和剪力共同作用时的计算简图见图 6.2.1-3。

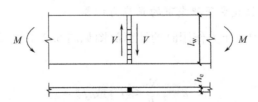

**图 6.2.1-3　直焊缝受弯矩和剪力共同作用**

垂直于焊缝方向的焊缝边缘最大正应力计算式为：

$$\sigma = \frac{6M}{l_w^2 h_e} \leqslant f_t^w \text{ 或 } f_c^w \tag{6.2.1-4}$$

平行于焊缝方向的焊缝最大剪应力计算式为：

$$\tau = \frac{VS_w}{I_w h_e} \leqslant f_v^w \tag{6.2.1-5}$$

式中：$S_w$、$I_w$——焊缝计算截面的毛截面面积矩、惯性矩。

4. 直焊缝在轴力、弯矩和剪力共同作用下的折算应力计算

直焊缝受到轴力、弯矩和剪力共同作用时的计算简图见图 6.2.1-4。

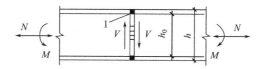

图 6.2.1-4　直焊缝受轴力、弯矩和剪力共同作用

焊缝边缘"1"处折算应力计算式为：

$$\sqrt{\sigma_1^2 + 3\tau_1^2} \leqslant 1.1 f_t^w \tag{6.2.1-6}$$

边缘处正应力计算式为：

$$\sigma_1 = \frac{N}{A_w} + \frac{M}{W_w} \leqslant f_t^w \text{ 或 } f_c^w \tag{6.2.1-7}$$

剪应力计算式为：

$$\tau_1 = \frac{VS_{w1}}{I_w h_e} \leqslant f_v^w \tag{6.2.1-8}$$

式中：$A_w$、$W_w$——焊缝截面面积、焊缝截面模量；

　　　　$S_{w1}$——焊缝计算截面在点"1"处的毛截面面积矩。

5. 每 1cm 长对接焊缝的承载力设计值

为便于设计时快速了解对接焊缝承载力情况，将每 1cm 长对接焊缝承载力计算列表，见表 6.2.1-1。例如，板件宽 5cm、厚 8mm，Q355，受拉，一级焊缝，查表 6.2.1-1 并计算：查 8mm 厚的焊件，对应的拉力值为 24.8kN/cm，则受压承载力最大值为 24.8×5＝124（kN）。

**每 1cm 长对接焊缝的承载力设计值**　　　　表 6.2.1-1

| 焊件的较小厚度（mm） | 采用自动焊、半自动焊和用 E43 型焊条的手工焊焊接 Q235 钢构件 | | | | 采用自动焊、半自动焊和用 E50 型焊条的手工焊焊接 Q355 钢构件 | | | |
|---|---|---|---|---|---|---|---|---|
| | 受压承载力设计值 $N_c^w$(kN) | 受拉承载力设计值 $N_t^w$(kN) | | 受剪承载力设计值 $N_v^w$(kN) | 受压承载力设计值 $N_c^w$(kN) | 受拉承载力设计值 $N_t^w$(kN) | | 受剪承载力设计值 $N_v^w$(kN) |
| | | 一、二级焊缝 | 三级焊缝 | | | 一、二级焊缝 | 三级焊缝 | |
| 4 | 8.6 | 8.6 | 7.4 | 5.0 | 12.4 | 12.4 | 10.6 | 7.2 |
| 6 | 12.9 | 12.9 | 11.1 | 7.5 | 18.6 | 18.6 | 15.9 | 10.8 |

续表

| 焊件的较小厚度（mm） | 采用自动焊、半自动焊和用 E43 型焊条的手工焊焊接 Q235 钢构件 | | | | 采用自动焊、半自动焊和用 E50 型焊条的手工焊焊接 Q355 钢构件 | | | |
|---|---|---|---|---|---|---|---|---|
| | 受压承载力设计值 $N_c^w$(kN) | 受拉承载力设计值 $N_t^w$(kN) | | 受剪承载力设计值 $N_v^w$(kN) | 受压承载力设计值 $N_c^w$(kN) | 受拉承载力设计值 $N_t^w$(kN) | | 受剪承载力设计值 $N_v^w$(kN) |
| | | 一、二级焊缝 | 三级焊缝 | | | 一、二级焊缝 | 三级焊缝 | |
| 8 | 17.2 | 17.2 | 14.8 | 10.0 | 24.8 | 24.8 | 21.2 | 14.4 |
| 10 | 21.5 | 21.5 | 18.5 | 12.5 | 31.0 | 31.0 | 26.5 | 18.0 |
| 12 | 25.8 | 25.8 | 22.2 | 15.0 | 37.2 | 37.2 | 31.8 | 21.6 |
| 14 | 30.1 | 30.1 | 25.9 | 17.5 | 43.4 | 43.4 | 37.1 | 25.2 |
| 16 | 34.4 | 34.4 | 29.6 | 20.0 | 49.6 | 49.6 | 42.4 | 28.8 |
| 18 | 36.9 | 36.9 | 31.5 | 21.6 | 53.1 | 53.1 | 45.0 | 30.6 |
| 20 | 41.0 | 41.0 | 35.0 | 24.0 | 59.0 | 59.0 | 50.0 | 34.0 |
| 22 | 45.1 | 45.1 | 38.5 | 26.4 | 64.9 | 64.9 | 55.0 | 37.4 |
| 24 | 49.2 | 49.2 | 42.0 | 28.8 | 70.8 | 70.8 | 60.0 | 40.8 |
| 25 | 51.3 | 51.3 | 43.8 | 30.0 | 73.8 | 73.8 | 62.5 | 42.5 |
| 26 | 53.3 | 53.3 | 45.5 | 31.2 | 76.7 | 76.7 | 65.0 | 44.2 |
| 28 | 57.4 | 57.4 | 49.0 | 33.6 | 82.6 | 82.6 | 70.0 | 47.6 |
| 30 | 61.5 | 61.5 | 52.5 | 36.0 | 88.5 | 88.5 | 75.0 | 51.0 |
| 32 | 65.6 | 65.6 | 56.0 | 38.4 | 94.4 | 94.4 | 80.0 | 54.4 |
| 34 | 69.7 | 69.7 | 59.5 | 40.8 | 100.3 | 100.3 | 85.0 | 57.8 |
| 36 | 73.8 | 73.8 | 63.0 | 43.2 | 106.2 | 106.2 | 90.0 | 61.2 |
| 38 | 77.9 | 77.9 | 66.5 | 45.6 | 112.1 | 112.1 | 95.0 | 64.6 |
| 40 | 82.0 | 82.0 | 70.0 | 48.0 | 118.0 | 118.0 | 100.0 | 68.0 |

注：受压承载力设计值 $N_c^w = h_e f_c^w / 100$；受拉承载力设计值 $N_t^w = h_e f_t^w / 100$；受剪承载力设计值 $N_v^w = h_e f_v^w / 100$。

## 6.2.2　直角角焊缝

### 1. 正面角焊缝正应力计算

正面角焊缝如图 6.2.2-1 所示，其特点为：

1）拉力、压力通过焊缝形心。

2）作用力垂直于焊缝长度方向。

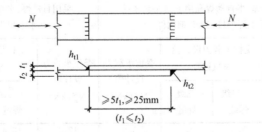

图 6.2.2-1　正面角焊缝

正应力计算式为：

$$\sigma_f = \frac{N}{(h_{e1}+h_{e2})l_w} \leqslant \beta_f f_f^w \qquad (6.2.2\text{-}1)$$

式中：$\sigma_f$——按焊缝有效截面（$h_e l_w$）计算，垂直于焊缝长度方向的正应力（N/mm²）；

$h_e$——直角角焊缝的计算厚度（mm），当两焊件间隙 $b \leqslant 1.5$mm 时，$h_e = 0.7 h_f$；1.5mm$< b \leqslant$5mm 时，$h_e = 0.7(h_f - b)$，$h_f$ 为焊脚尺寸（参见图 6.1.2-2）；

$l_w$——角焊缝的计算长度（mm），对每条焊缝取其实际长度减去 $2h_f$；

$f_f^w$——角焊缝的强度设计值（N/mm²）；

$\beta_f$——正面角焊缝的强度设计值增大系数，对承受静力荷载和间接承受动力荷载的结构，$\beta_f = 1.22$；对直接承受动力荷载的结构，$\beta_f = 1.0$。

2. 侧面角焊缝剪应力计算

侧面角焊缝如图 6.2.2-2 所示，其特点为：

1）拉力、压力通过焊缝形心。

2）作用力平行于焊缝长度方向。

3）无端部焊缝。

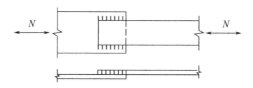

**图 6.2.2-2 侧面角焊缝**

剪应力计算式为：

$$\tau_f = \frac{N}{h_e \sum l_w} \leqslant f_f^w \qquad (6.2.2\text{-}2)$$

式中：$\tau_f$——按焊缝有效截面计算，沿焊缝长度方向的剪应力（N/mm²）。

3. 正面角焊缝和侧面角焊缝共存时的应力计算

正面角焊缝和侧面角焊缝共存如图 6.2.2-3 所示，其特点为：

1）拉力、压力通过焊缝形心。

2）作用力平行于焊缝长度方向。

3）平板构件三面焊缝，$N_1$ 为垂直于端部焊缝的拉力、压力；$N_2$ 为平行于侧向焊缝的拉力、压力。

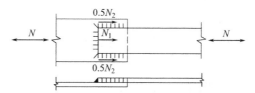

**图 6.2.2-3 正面角焊缝和侧面角焊缝共存**

　　此种情况下，一般设定 $h_{e1}$、$l_{w1}$ 为已知，先算出正面角焊缝承受的 $N_1$，再求出 $N_2$。应力计算式为：

$$N_1 = h_{e1} l_{w1} \beta_f f_f^w \tag{6.2.2-3}$$

$$N_2 = N - N_1 \tag{6.2.2-4}$$

$$\tau_f = \frac{N_2}{h_{e2} \sum l_{w2}} \leqslant f_f^w \tag{6.2.2-5}$$

　　4. T 形连接双面正面角焊缝正应力计算

　　T 形连接双面正面角焊缝如图 6.2.2-4 所示，其特点为：

　　1）拉力、压力通过焊缝形心，作用力垂直于焊缝长度方向。

　　2）剪力通过焊缝形心，作用力平行于焊缝长度方向。

　　3）弯矩通过焊缝形心。

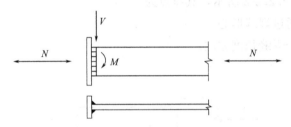

图 6.2.2-4　T 形连接双面正面角焊缝

　　正应力计算式为：

$$\sigma_f = \sqrt{\left(\frac{\sigma_M}{\beta_f} + \frac{\sigma_N}{\beta_f}\right)^2 + (\tau_V)^2} = \sqrt{\left(\frac{6M}{\beta_f \times 2h_e l_w^2} + \frac{N}{\beta_f \times 2h_e l_w}\right)^2 + \left(\frac{V}{2h_e l_w}\right)^2} \leqslant f_f^w$$

$$\tag{6.2.2-6}$$

式中：$\sigma_M$——角焊缝在弯矩 $M$ 作用下所产生的垂直于焊缝长度方向的正应力；

　　　　$\sigma_N$——角焊缝在轴力 $N$ 作用下所产生的垂直于焊缝长度方向的正应力；

　　　　$\tau_V$——角焊缝在剪力 $V$ 作用下所产生的沿焊缝长度方向的剪应力。

　　5. 正应力、剪应力共同作用下的综合应力计算

　　在 $\sigma_f$ 和 $\tau_f$ 共同作用处，综合应力为：

$$\sqrt{\left(\frac{\sigma_f}{\beta_f}\right)^2 + \tau_f^2} \leqslant f_f^w \tag{6.2.2-7}$$

　　6. 角钢与钢板之间焊接的规定

　　1）拉力、压力通过角钢形心轴。

　　2）单面连接的单角钢按轴心受力计算强度、连接和稳定时，强度设计值折减系数 $\alpha_y = 0.85$。

　　3）角钢类型与连接形式如图 6.2.2-5 所示。

　　4）实际计算长度（$l_w'$）与计算长度（$l_w$）的关系为：$l_w' = l_w + 2h_f$，其中，$h_f$ 为焊脚

尺寸。

5）角钢肢背和肢尖的角焊缝内力分配系数 $k_1$ 和 $k_2$ 取值见表 6.2.2-1。

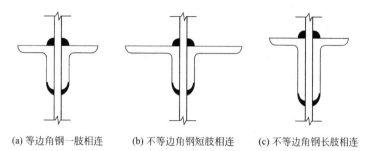

(a) 等边角钢一肢相连　(b) 不等边角钢短肢相连　(c) 不等边角钢长肢相连

**图 6.2.2-5　角钢类型与连接形式**

角钢肢背和肢尖的角焊缝内力分配系数 $k_1$ 和 $k_2$ 取值　　　　表 6.2.2-1

| 角钢类型与连接形式 | 分配系数 | |
|---|---|---|
| | $k_1$ | $k_2$ |
| 等边角钢一肢相连 | 0.70 | 0.30 |
| 不等边角钢短肢相连 | 0.75 | 0.25 |
| 不等边角钢长肢相连 | 0.65 | 0.35 |

**7. 双角钢与钢板两面侧焊计算**

双角钢两面侧焊如图 6.2.2-6 所示，其中，$N_1 = k_1 N$，$N_2 = k_2 N$。

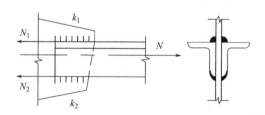

**图 6.2.2-6　双角钢两面侧焊**

假定侧面焊缝的焊脚尺寸 $h_f$ 为已知，焊缝的计算长度为：

$$l_{w1} = \frac{k_1 N}{2 \times 0.7 h_f f_f^w} \tag{6.2.2-8}$$

$$l_{w2} = \frac{k_2 N}{2 \times 0.7 h_f f_f^w} \tag{6.2.2-9}$$

【例题 6.2.2-1】　双角钢两面侧焊的焊缝计算。设计资料为：不等边角钢短肢相连，$2 \llcorner 125 \times 80 \times 8$，Q235；承受轴力 $N = 432$kN；节点板厚 14mm，Q235；采用角焊缝手工焊，$f_f^w = 160$N/mm²。分别计算角钢肢背和肢尖的角焊缝长度。

【解】　查表 6.2.2-1：$k_1 = 0.75$；$k_2 = 0.25$。

设定焊脚尺寸：$h_f = 8$mm。

角钢肢背的角焊缝计算长度为：

$$l_{w1} = \frac{N_1}{2 \times 0.7 h_f f_f^w} = \frac{k_1 N}{2 \times 0.7 h_f f_f^w} = \frac{0.75 \times 432 \times 1000}{2 \times 0.7 \times 8 \times 160} = 181 \text{mm}$$

角钢肢背的角焊缝实际长度为：

$$l'_{w1} = l_w + 2h_f = 181 + 2 \times 8 = 197 \text{mm}，实取 200 \text{mm}$$

角钢肢尖的角焊缝计算长度为：

$$l_{w2} = \frac{N_2}{2 \times 0.7 h_f f_f^w} = \frac{k_2 N}{2 \times 0.7 h_f f_f^w} = \frac{0.25 \times 432 \times 1000}{2 \times 0.7 \times 8 \times 160} = 60 \text{mm}$$

角钢肢尖的角焊缝实际长度为：

$$l'_{w2} = l_w + 2h_f = 60 + 2 \times 8 = 76 \text{mm}，实取 80 \text{mm}$$

8. 双角钢与钢板三面围焊计算

双角钢三面围焊如图 6.2.2-7 所示。

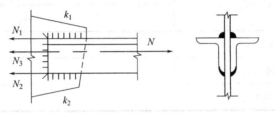

**图 6.2.2-7  双角钢三面围焊**

1）正面角焊缝承担的轴力

双角钢三面围焊中，首先假定正面角焊缝的焊脚尺寸 $h_{f3}$ 和长度 $l_{w3}$ 为已知，则正面角焊缝承担的轴力为：

$$N_3 = 2 \times 0.7 h_{f3} \beta_f f_f^w \qquad (6.2.2\text{-}10)$$

应用式（6.2.2-10）时需满足：$N_3 < 2k_2 N$。如该条件不满足，则要调小 $h_{f3}$，以使不等式成立。

2）两个侧面焊缝承担的轴力

两个侧面焊缝承担的轴力分别要按比例扣除正面角焊缝承担的轴力 $N_3$。

肢背角焊缝承担的轴力 $N_1$ 为：

$$N_1 = k_1 N - N_3/2 \qquad (6.2.2\text{-}11)$$

肢尖角焊缝承担的轴力 $N_2$ 为：

$$N_2 = k_2 N - N_3/2 \qquad (6.2.2\text{-}12)$$

特别注意：是先将轴力 $N$ 分配给肢背（$k_1 N$）和肢尖（$k_2 N$）再减去角钢端部焊缝所承担的力的一半（$N_3/2$），而不是先将轴力减去角钢端部焊缝所承担的力之后再进行肢背和肢尖的力的分配。

简记：先分后减。

3）两个侧面焊缝的计算

假定侧面焊缝的焊脚尺寸 $h_{f1}$ 和 $h_{f2}$ 为已知，焊缝的计算长度为：

$$l_{w1}=\frac{k_1 N-N_3/2}{2\times 0.7h_f f_f^w} \tag{6.2.2-13}$$

$$l_{w2}=\frac{k_2 N-N_3/2}{2\times 0.7h_f f_f^w} \tag{6.2.2-14}$$

【例题 6.2.2-2】 双角钢三面围焊的焊缝计算。设计资料为：钢材 Q235，承受轴力 $N=277$kN（静力荷载）；不等边角钢长肢相连，2∟$100\times80\times8$；节点板厚 14mm，Q235；采用角焊缝手工焊，$f_f^w=160$ N/mm²。先求出正面角焊缝分担的轴力 $N_3$，然后分别计算角钢肢背和肢尖的角焊缝长度。

【解】设定正面角焊缝的焊脚尺寸 $h_{f3}=5$mm；焊缝长度 $l_{w3}=100$mm。$\beta_f=1.22$。

查表 6.2.2-1：$k_1=0.65$；$k_2=0.35$。

正面角焊缝分担的轴力 $N_3$ 为：

$$N_3=2\times0.7h_{f3}l_{w3}\beta_f f_f^w=2\times0.7\times5\times100\times1.22\times160=136640\text{N}$$

角钢肢背和肢尖侧面角焊缝承担的轴力分别为：

$$N_1=k_1 N-N_3/2=0.65\times277\times1000-\frac{136640}{2}=111730\text{N}$$

$$N_2=k_2 N-N_3/2=0.35\times277\times1000-\frac{136640}{2}=28630\text{N}$$

验算 $N_3<2k_2 N$：

$$N_3=136640<2k_2 N=2\times0.35\times277000=193900\text{N}，可$$

角钢肢背的角焊缝计算长度为：

$$l_{w1}=\frac{N_1}{2\times0.7h_f f_f^w}=\frac{k_1 N-N_3/2}{2\times0.7h_f f_f^w}=\frac{0.65\times277\times1000-136640/2}{2\times0.7\times5\times160}=100\text{mm}$$

角钢肢背的角焊缝实际长度为：

$$l'_{w1}=l_w+2h_f=100+2\times5=110\text{mm}，实取 110mm$$

角钢肢尖的角焊缝计算长度为：

$$l_{w2}=\frac{N_2}{2\times0.7h_f f_f^w}=\frac{k_2 N-N_3/2}{2\times0.7h_f f_f^w}=\frac{0.35\times277\times1000-136640/2}{2\times0.7\times5\times160}=25\text{mm}$$

角钢肢尖的角焊缝实际长度为：

$$l'_{w2}=l_w+2h_f=25+2\times5=35\text{mm}，实取 40mm$$

9. 单角钢与钢板单面侧焊计算

单角钢单面侧焊如图 6.2.2-8 所示，其中，$N_1=k_1 N$ 及 $N_2=k_2 N$，假定侧面焊缝的焊脚尺寸 $h_f$ 为已知，焊缝计算长度为：

$$l_{w1}=\frac{k_1 N}{0.7h_f(0.85f_f^w)} \tag{6.2.2-15}$$

$$l_{w2}=\frac{k_2 N}{0.7h_f(0.85f_f^w)} \tag{6.2.2-16}$$

式中，0.85 为单面连接的单角钢在轴力作用下的焊缝强度折减系数。

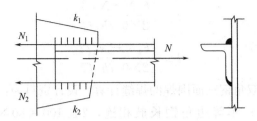

**图 6.2.2-8　单角钢单面侧焊**

【例题 6.2.2-3】　单角钢单面侧焊的焊缝计算。设计资料为：等边角钢一肢相连，L 63×5，Q235，承受轴力 $N=71$kN；节点板厚 14mm，Q235；采用角焊缝手工焊，$f_f^w=160$ N/mm²。分别计算角钢肢背和肢尖的角焊缝长度。

【解】　查表 6.2.2-1：$k_1=0.7$；$k_2=0.3$。

设定焊脚尺寸：$h_f=5$mm。

角钢肢背的角焊缝计算长度为：

$$l_{w1}=\frac{N_1}{0.7h_f(0.85f_f^w)}=\frac{k_1N}{0.7h_f(0.85f_f^w)}=\frac{0.7\times71\times1000}{0.7\times5\times0.85\times160}=104\text{mm}$$

角钢肢背的角焊缝实际长度为：

$$l'_{w1}=l_w+2h_f=104+2\times5=114\text{mm}，实取 120\text{mm}$$

角钢肢尖的角焊缝计算长度为：

$$l_{w2}=\frac{N_2}{0.7h_f(0.85f_f^w)}=\frac{k_2N}{0.7h_f(0.85f_f^w)}=\frac{0.3\times71\times1000}{0.7\times5\times0.85\times160}=44\text{mm}$$

角钢肢尖的角焊缝实际长度为：

$$l'_{w2}=l_w+2h_f=44+2\times5=54\text{mm}，实取 60\text{mm}$$

10. 每 1cm 长直角角焊缝的承载力设计值

为便于设计时快速了解直角角焊缝承载力情况，或者去现场处理问题时快速决定焊缝承载力，将每 1cm 长直角角焊缝承载力计算列表，见表 6.2.2-2。

**每 1cm 长直角角焊缝的承载力设计值**　　　　　　　　　　表 6.2.2-2

| 角焊缝的焊脚尺寸 $h_f$(mm) | 受压、受拉、受剪承载力设计值 $N_t^w$(kN/cm) | |
|---|---|---|
| | 采用自动焊、半自动焊和用 E43 型焊条的手工焊焊接 Q235 钢构件 | 采用自动焊、半自动焊和用 E50 型焊条的手工焊焊接 Q355 钢构件 |
| 3 | 3.36 | 4.20 |
| 4 | 4.48 | 5.60 |
| 5 | 5.60 | 7.00 |
| 6 | 6.72 | 8.40 |
| 8 | 8.96 | 11.20 |
| 10 | 11.20 | 14.00 |

续表

| 角焊缝的焊脚尺寸 $h_f$(mm) | 受压、受拉、受剪承载力设计值 $N_t^w$(kN/cm) | |
|---|---|---|
| | 采用自动焊、半自动焊和用 E43 型焊条的手工焊焊接 Q235 钢构件 | 采用自动焊、半自动焊和用 E50 型焊条的手工焊焊接 Q355 钢构件 |
| 12 | 13.44 | 16.80 |
| 14 | 15.68 | 19.60 |
| 16 | 17.92 | 22.40 |
| 18 | 20.16 | 25.20 |
| 20 | 22.40 | 28.00 |
| 22 | 24.64 | 30.80 |
| 24 | 26.88 | 33.60 |
| 26 | 29.12 | 36.40 |
| 28 | 31.36 | 39.20 |

注:对施工条件较差的高空安装焊缝,其承载力设计值应乘系数 0.9。

### 6.2.3 角焊缝的构造要求

角焊缝多用于角钢与钢板的连接焊接,在大跨度角钢桁架中全部采用角焊缝连接,其构造要求较多。角焊缝构造要求汇总见表 6.2.3-1。

**角焊缝的构造要求**
表 6.2.3-1

| 项次 | 内容(圆钢除外) | 构造要求 |
|---|---|---|
| 1 | 侧焊缝或端焊缝的最小计算长度 $l_w$ | $\geq 8h_f$ 和 $\geq 40$mm |
| 2 | 侧焊缝的最大计算长度 $l_w$ | 1)在静载下宜 $l_w \leq 60h_f$。<br>2)当 $l_w > 60h_f$,计算中可不予考虑超出部分。当需要考虑焊缝作用时,焊缝承载力设计值应乘以折减系数 $\alpha_f$,$\alpha_f = 1.5 - \dfrac{l_w}{120h_f}$,且 $\alpha_f \geq 0.5$,$\alpha_f$ 为双控。<br>3)在静载下 $l_w$ 不应超过 $180h_f$。<br>4)当内力沿侧面焊缝全长分布,其计算长度全部有效 |
| 3 | 间断焊缝的最小长度 | $\geq 8h_f$ 和 $\geq 40$mm |
| 4 | 间断焊缝的最大间距 | 焊缝长度:$\geq 10h_f$ 或 $\geq 50$mm。<br>间距:受压时,$\leq 15t$;受拉时,$\leq 30t$,$t$ 为较薄焊件的厚度 |
| 5 | 角焊缝最小焊脚尺寸 $h_f$,母材厚度为 $t$ | $t \leq 6$mm 时,3mm;<br>$6$mm$< t \leq 12$mm 时,5mm;<br>$12$mm$< t \leq 20$mm 时,6mm;<br>$t > 20$mm 时,8mm |
| 6 | 角焊缝最大焊脚尺寸 $h_f$,母材厚度为 $t$ | $h_f \leq 1.2t$($t$ 为较薄焊件的厚度),但尚应符合下列要求:<br>1)当 $t \leq 6$mm 时,$h_f \leq 6$mm;<br>2)当 $t > 6$mm 时,$h_f \leq t - (1 \sim 2)$mm |

| 项次 | 内容(圆钢除外) | 构造要求 |
|---|---|---|
| 7 | 搭接连接中的最小搭接长度 | 不得小于焊件较小厚度的 5 倍,且不得小于 25mm |
| 8 | 杆件与节点板的连接焊接方式 | 一般采用两面侧焊缝,也可采用三面围焊;围焊转角处必须连续施焊 |
| 9 | 角焊缝端部在构件转角处 | 当长度作为 $2h_f$ 绕角焊时,转角处必须连续施焊 |
| 10 | 较薄板的厚度≥25mm | 宜采用开局部剖口的角焊缝 |

## 6.2.4 T形连接的斜角角焊缝

1) 两焊脚边夹角（$\alpha$）的范围为：$60° \leqslant \alpha \leqslant 135°$，参见图 6.1.2-3。

2) 焊缝强度按式（6.2.2-1）、式（6.2.2-2）及式（6.2.2-6）计算，但取 $\beta_f = 1.0$。
计算厚度 $h_e$（参见图 6.1.2-4）的计算应符合下列规定：

(1) 当根部间隙 $b$、$b_1$ 或 $b_2 \leqslant 1.5mm$ 时：

$$h_e = h_f \cos \frac{\alpha}{2} \qquad (6.2.4\text{-}1)$$

(2) 当根部间隙 $b$、$b_1$ 或 $b_2 > 1.5mm$ 时，但 $\leqslant 5mm$ 时：

$$h_e = \left[ h_f - \frac{b(\text{或} b_1、b_2)}{\sin \alpha} \right] \cos \frac{\alpha}{2} \qquad (6.2.4\text{-}2)$$

3) 两焊脚边夹角（$\alpha$）的范围为 $30° \leqslant \alpha \leqslant 60°$ 或 $\alpha < 30°$ 时，$h_e$ 应按《钢结构焊接规范》GB 50661 的有关规定计算取值。

## 6.2.5 部分熔透对接焊缝

1) 部分熔透对接焊缝 [图 6.2.5-1 (a) ～ (e)] 或 T 形对接与角接组合焊缝 [图 6.2.5-1 (c)] 的强度，应按直角角焊缝计算式（6.2.2-1）～式（6.2.2-7）进行计算。

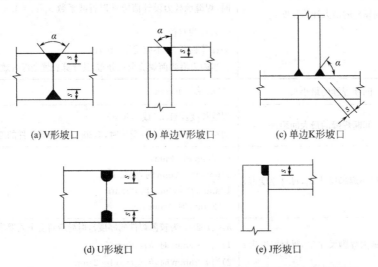

(a) V形坡口     (b) 单边V形坡口     (c) 单边K形坡口

(d) U形坡口     (e) J形坡口

**图 6.2.5-1 部分熔透的对接焊缝和 T 形对接与角接组合焊缝截面**

2）正面角焊缝的强度设计值增大系数 $\beta_f$ 的取值：

在垂直于焊缝长度方向的压力作用下，取 $\beta_f=1.22$；

其他受力情况下，取 $\beta_f=1.0$。

3）焊缝计算厚度（$h_e$）见表 6.2.5-1。

部分熔透对接焊缝形式及焊缝计算厚度 表 6.2.5-1

| 坡口形式 | 图号 | 两焊脚边夹角 $\alpha$ | 焊缝计算厚度 $h_e$ | 说明 |
|---|---|---|---|---|
| V 形 | 图 6.2.5-1(a) | $\alpha\geqslant60°$<br>$\alpha<60°$ | $h_e=s$<br>$h_e=0.75s$ | 当熔合线处焊缝截面边长等于或接近于最短距离 $s$ 时，抗剪强度设计值应按角焊缝的强度设计值乘以 0.9 |
| 单边 V 形、K 形 | 图 6.2.5-1(b)、(c) | $\alpha=45°+5°$ | $h_e=s-3$ | |
| U 形、J 形 | 图 6.2.5-1(d)、(e) | $\alpha=45°+5°$ | $h_e=s$ | |

## 6.2.6　小圆孔或小槽孔的塞焊

当圆孔或槽孔较小时（圆孔孔径或槽孔短向距离≤2 倍焊脚尺寸 $h_f$），若实施角焊缝，其焊缝已经接近或已经连在一起，就需要采取塞焊形式。塞焊就是用焊接方法将孔填满的一种连接方式。

塞焊缝强度计算为：

$$\tau_f=\frac{N}{A_w}\leqslant f_f^w \tag{6.2.6-1}$$

式中：$N$——平行于焊件的拉力或压力；

$A_w$——塞孔面积。

1. 应用

1）板件焊接中受连接区域尺寸限制，抗剪连接焊缝不能满足受力要求时进行的补充抗剪焊缝。

2）作为连接板尺寸较大时防止板件屈曲的一种约束连接。

2. 严禁使用的情况

在直接承受动力荷载作用并需要进行疲劳验算的焊接连接中，严禁使用塞焊。

3. 塞焊的尺寸要求

小圆孔或小槽孔的尺寸、间距（图 6.2.6-1）的要求如下：

1）圆孔孔径 $d$：$t+11$mm 与 $2.25t$ 的较大者（双控）$\geqslant d\geqslant t+8$mm；

2）槽孔孔长 $c$：$10t\geqslant c\geqslant t+8$mm；

3）洞边至板件边净距 $s$：$s\geqslant5t$ 及 $2d$ 的较大者（双控）；

4）圆洞或槽孔长边间净距 $e$：$e\geqslant4d$；

5）槽孔长方向之间净距 $b$：$b\geqslant2c$。

简记：小孔塞焊。

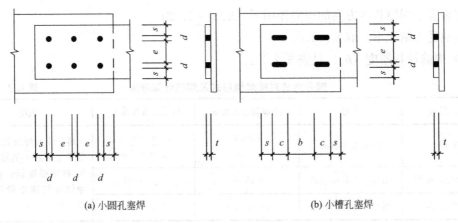

(a) 小圆孔塞焊             (b) 小槽孔塞焊

图 6.2.6-1 塞焊与槽焊

## 6.2.7 大圆孔或大槽孔的内角焊缝

当圆孔或槽孔较大时（圆孔孔径或槽孔短向距离＞2 倍焊脚尺寸 $h_f$），采用孔内角焊缝（槽焊）。

角焊缝的焊缝强度计算为：

$$\tau_f = \frac{N}{h_e l_w} \leqslant f_f^w \qquad (6.2.7\text{-}1)$$

式中：$h_e$——直角焊缝计算厚度；

$\qquad l_w$——圆孔内或槽孔内角焊缝的计算长度。

1. 应用

1）板件焊接中受连接区域尺寸限制，抗剪连接焊缝不能满足受力要求时进行的补充抗剪焊缝。

2）作为连接板尺寸较大时防止板件屈曲的一种约束连接。

2. 严禁使用的情况

在直接承受动力荷载作用并需要进行疲劳验算的焊接连接中，严禁使用槽焊。

3. 计算方法

孔内角焊缝的计算参照了角焊缝的抗剪计算方法。

简记：大孔槽缝。

## 6.2.8 圆钢与钢板、圆钢与圆钢之间的连接焊缝

圆钢与钢板（或型钢的平板部分）、圆钢与圆钢之间的连接焊缝主要用于以圆钢、角钢为杆件的轻型钢结构中。前者如图 6.2.8-1 所示，后者如图 6.2.8-2 所示。

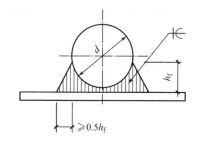

图 6.2.8-1 圆钢与钢板间的连接焊缝

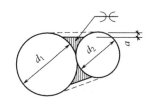

图 6.2.8-2 圆钢与圆钢间的连接焊缝

圆钢在轴力作用下，其焊缝抗剪强度计算为：

$$\tau_f = \frac{N}{h_e \sum l_w} \leqslant 0.95 f_f^w \qquad (6.2.8\text{-}1)$$

式中 $h_e$ 的取值如下：

圆钢与钢板（或型钢的平板部分）之间的连接：

$$h_e = 0.7 h_f \qquad (6.2.8\text{-}2)$$

圆钢与圆钢之间的连接：

$$h_e = 0.1(d_1 + d_2) - a \qquad (6.2.8\text{-}3)$$

# 6.3 焊缝的基本形式与尺寸

## 6.3.1 手工电弧焊（简称手工焊）

手工电弧焊，是以手工操作的焊条和被焊接的工件作为两个电极，利用焊条与焊件之间的电弧热量熔化金属进行焊接的方法。焊缝在工厂完成。手工电弧焊焊接接头的基本形式与尺寸见表 6.3.1-1。

手工电弧焊焊接接头的基本形式与尺寸（mm）　　表 6.3.1-1

| ① | | ② | | | ③ | | | |
|---|---|---|---|---|---|---|---|---|
| $t$ | ≤6 | $t$ | 6~9 | 10~16 | $t$ | 6~9 | 10~15 | 16~26 |
| $b$ | $t/2$ | $b$ | 1 | 2 | $b$ | 6 | 8 | 9 |

④

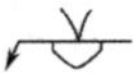

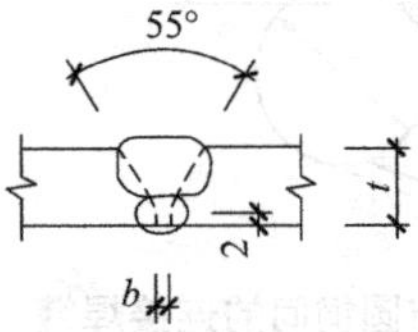

| $t$ | 6~9 | 10~16 |
|---|---|---|
| $b$ | 1 | 2 |

⑤

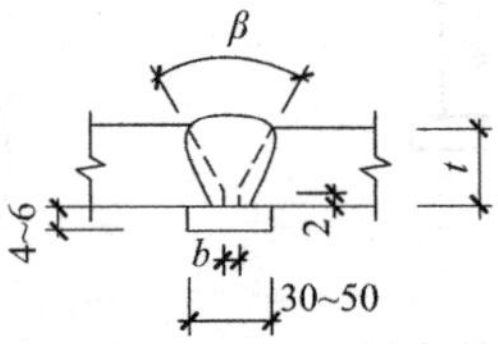

| $t$ | 6~12 | 13~26 |
|---|---|---|
| $\beta$ | 45° | 35° |
| $b$ | 6 | 9 |

⑥

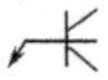

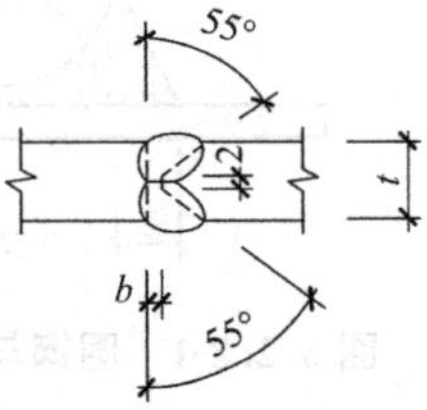

| $t$ | 12~30 |
|---|---|
| $b$ | 2 |

⑦

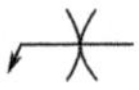

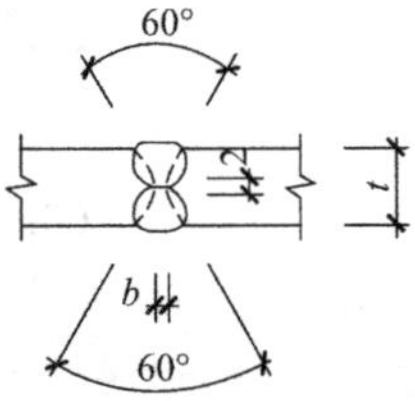

| $t$ | 16~60 |
|---|---|
| $b$ | 2 |

⑧

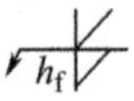

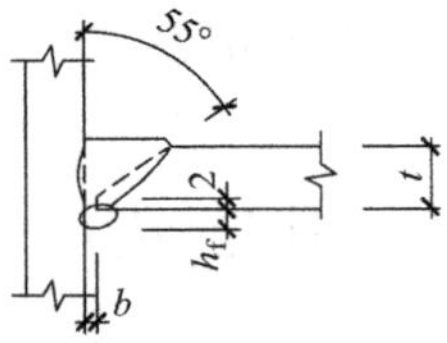

| $t$ | 6~10 | 11~20 |
|---|---|---|
| $b$ | 1 | 2 |
| $h_{\mathrm{fmin}}$ | 4 | 5 |

⑨

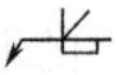

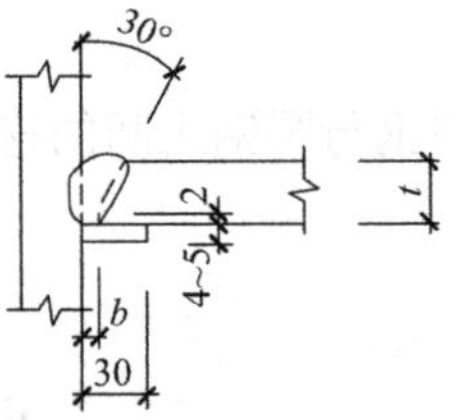

| $t$ | ≥12 |
|---|---|
| $b$ | 6~9 |

⑩

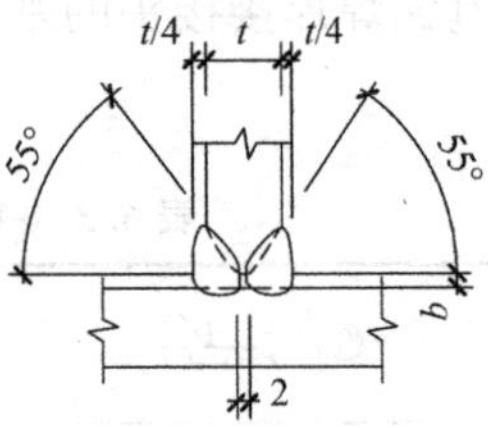

| $t$ | 12~40 |
|---|---|
| $b$ | 2 |

⑪

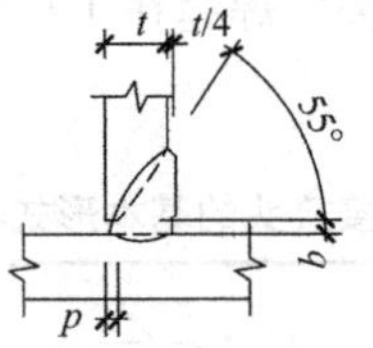

| $t$ | 6~10 | 11~17 | 18~30 |
|---|---|---|---|
| $b$ | 1 | 2 | 3 |

⑫

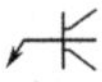

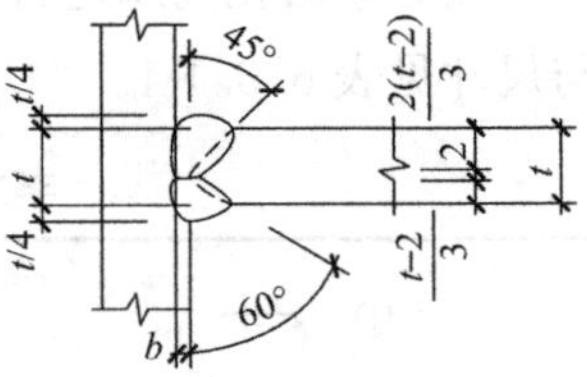

| $t$ | ≥16 |
|---|---|
| $b$ | 2 |

## 6.3.2 埋弧自动焊（简称埋弧焊）

埋弧自动焊工作原理是电弧在焊剂层下燃烧，用机械自动引燃电弧。焊缝在工厂完成。埋弧自动焊焊接接头的基本形式与尺寸见表 6.3.2-1。

埋弧自动焊焊接接头的基本形式与尺寸（mm） 表 6.3.2-1

| ㉑ | | | ㉒ | | | ㉓ | | | |
|---|---|---|---|---|---|---|---|---|---|

| $t$ | ≤12 | | $t$ | 10～16 | 17～20 | $t$ | 10～20 | 21～30 | 31～50 |
| $b$ | $0^{+1}$ | | $p$ | 6 | 7 | $b$ | 6 | 8 | 10 |

| ㉔ | | | ㉕ | | | | ㉖ | | |
|---|---|---|---|---|---|---|---|---|---|

| $t$ | 10～16 | 17～24 | $t$ | 16～20 | 21～30 | 31～50 | $t$ | 20～30 | |
| $\beta$ | 70° | 90° | $b$ | 6 | 8 | 10 | $\beta$ | 55° | |
| $p$ | 6 | 6 | | | | | | | |

| ㉗ | | | ㉘ | | | ㉙ | | |
|---|---|---|---|---|---|---|---|---|

| | | | | | | $t$ | 6～12 | ≥13 |
| $t$ | 20～40 | | $t$ | 10～15 | 16～20 | $\beta$ | 45° | 35° |
| $\beta$ | 80° | | $h_{fmin}$ | 4 | 6 | $b$ | 6 | 9 |

| ㉚ | | ㉛ | | ㉜ | |
|---|---|---|---|---|---|

| | | | | $t$ | 16～40 |
| | | | | $\beta$ | 60° |

续表

| ㉝ | ㉞ | |
|---|---|---|
| 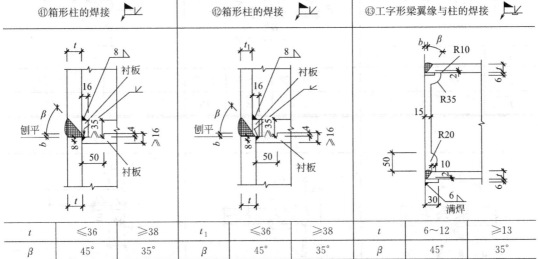 | 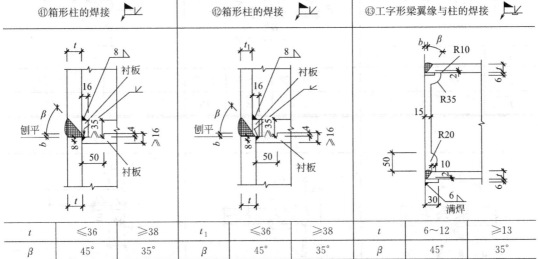 | — |
| $t$ | $\geqslant 19$ | $t$ | $\leqslant 22$ | $\geqslant 25$ |
| $\beta$ | 50° | $G$ | 22 | 25 |

## 6.3.3 工地焊（现场焊接）

工地焊焊接接头的基本形式与尺寸见表 6.3.3-1。

工地焊焊接接头的基本形式与尺寸（mm）      表 6.3.3-1

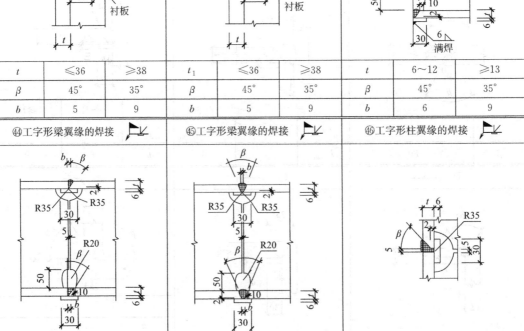

| ㊶箱形柱的焊接 | | ㊷箱形柱的焊接 | | ㊸工字形梁翼缘与柱的焊接 | |
|---|---|---|---|---|---|
| $t$ | $\leqslant 36$ | $\geqslant 38$ | $t_1$ | $\leqslant 36$ | $\geqslant 38$ | $t$ | 6～12 | $\geqslant 13$ |
| $\beta$ | 45° | 35° | $\beta$ | 45° | 35° | $\beta$ | 45° | 35° |
| $b$ | 5 | 9 | $b$ | 5 | 9 | $b$ | 6 | 9 |

| ㊹工字形梁翼缘的焊接 | ㊺工字形梁翼缘的焊接 | ㊻工字形柱翼缘的焊接 |
|---|---|---|

续表

| $t$ | 6～12 | ≥13 | $t$ | 6～12 | ≥13 | $t$ | ≤36 | ≥38 |
|---|---|---|---|---|---|---|---|---|
| $\beta$ | 45° | 35° | $\beta$ | 45° | 35° | $\beta$ | 45° | 35° |
| $b$ | 6 | 9 | $b$ | 6 | 9 | | | |

| ⑰工字形柱腹板的焊接  | ⑱工字形柱腹板的焊接  | ⑲梁与柱采用完全焊透的坡口对接焊缝连接时,其梁端需做引弧板的加工大样 |
|---|---|---|
| | | |

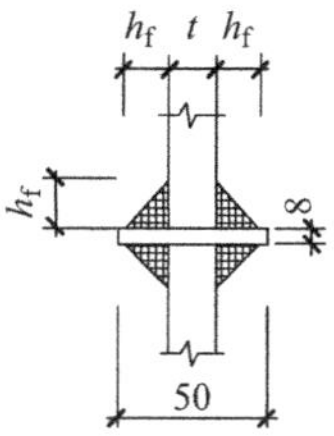

| $t$ | 6 | 9 | 12 | 14 | 16 | $t$ | ≥19 |
|---|---|---|---|---|---|---|---|
| $h_f$ | 5 | 7 | 10 | 11 | 13 | $b$ | D～2 |

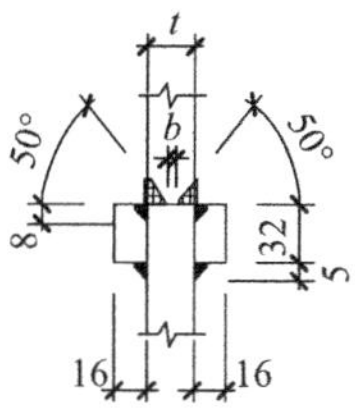

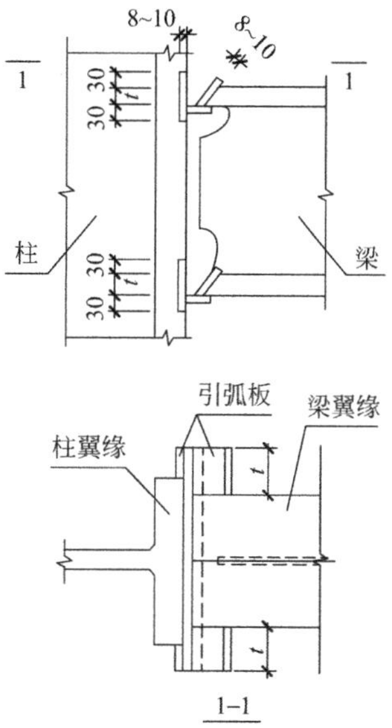

## 6.3.4　焊缝应用示例

民用建筑钢结构的框架结构或框架-支撑结构,其焊接连接主要有全熔透焊、部分熔透焊（亦称为半熔透焊）。

全熔透焊分为工厂手工熔透焊、工厂机械熔透焊和工地手工熔透焊。

部分熔透焊一般采用工厂机械半熔透焊。

焊接连接类型有四种:构件组焊、构件及板材拼接、构件节点区及肋板焊接和构件节点区及板焊接。图 6.3.4-1 所示为一个两节框架柱的组合构件,由两个梁柱节点区和一个完整的柱身及两段（上、下段）半截柱身组成,焊缝形式包括工厂手工熔透焊缝、工地手工熔透焊缝及工厂机械半熔透焊缝。

梁、柱节点采用的是全熔透焊,其中,隔板和悬臂梁段与柱子的连接均为手工全熔透焊;节点区四块壁板围成的节点域柱子为机械全熔透焊或手工全熔透焊,图 6.3.4-2 所示为箱形截面柱的工厂拼接及当框架梁与柱刚性连接时柱中设置水平加劲肋的构造。

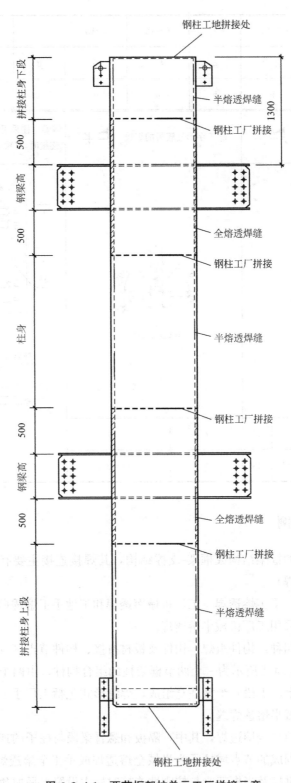

**图 6.3.4-1 两节框架柱单元工厂拼接示意**

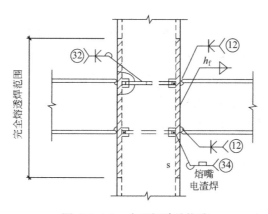

图 6.3.4-2　水平加劲肋构造

柱身四块壁板之间采用机械半熔透焊，有时根据设计需要也可采用机械熔透焊。运送到工地的柱单元现场拼接时，采用工地焊接全熔透焊，如图 6.3.4-3 所示。

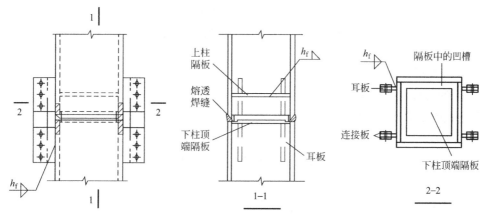

图 6.3.4-3　箱形柱工地焊接全熔透焊

四块壁板组成的柱身及上下翼缘与腹板组成的焊接 H 型钢梁的梁身一般采用工厂机械自动焊接的部分熔透焊缝。

在工程实际中，上述全熔透焊缝均为一级焊缝或二级焊缝，且为等强焊缝，所以不用进行全熔透焊缝计算。柱身及梁身的部分熔透焊缝也不需进行计算。

# 6.4　普通螺栓和高强度螺栓的连接

## 6.4.1　普通螺栓的连接

普通螺栓分为 A 级螺栓、B 级螺栓和 C 级螺栓。

A 级螺栓、B 级螺栓为精制普通螺栓，成孔为 I 类孔，螺栓直径与孔径相差 $0.3 \sim 0.5mm$，用于机械设备行业。精制螺栓的抗拉、抗剪性能良好，其制造费用较高，安装较复杂。

C级螺栓为粗制普通螺栓，成孔为Ⅱ类孔，螺栓直径与孔径相差 1.0~2.0mm，用于工业与民用建筑行业。粗制螺栓的抗剪性能较差，但其制造费用较低，主要用于民用建筑受拉连接或安装连接中的临时定位螺栓。C级螺栓性能等级有 4.6 级和 4.8 级两种，小数点前的"4"表示螺栓经热处理后的最低抗拉强度为 400N/mm²，".6"及".8"表示屈强比（屈服强度与抗拉强度之比）为 0.6 及 0.8。

普通螺栓的连接按受力情况分为受剪连接［图 6.4.1-1（a）］、受拉连接［图 6.4.1-1（b）］和同时受剪受拉连接［图 6.4.1-1（c）］三种形式。

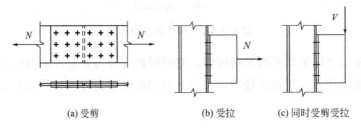

(a) 受剪      (b) 受拉      (c) 同时受剪受拉

**图 6.4.1-1　普通螺栓连接的受力形式**

1. 普通螺栓受剪连接

1）普通螺栓受剪连接的一般形式

普通螺栓受剪连接主要有单面受剪、双面受剪及四面受剪等几种形式。

单面受剪：

两块板件被紧固后，对螺杆形成一个剪切面，称为单面受剪［图 6.4.1-2（a）］。

双面受剪：

三块板件被紧固后，对螺杆形成两个剪切面，称为双面受剪［图 6.4.1-2（b）］。

四面受剪：

五块板件被紧固后，对螺杆形成四个剪切面，称为四面受剪［图 6.4.1-2（c）］。

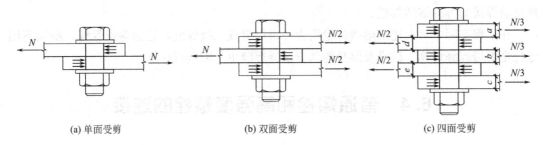

(a) 单面受剪      (b) 双面受剪      (c) 四面受剪

**图 6.4.1-2　普通螺栓受剪连接形式**

2）普通螺栓承受剪力时几种破坏形式及设计

（1）螺杆直径较小而板件较厚时，螺杆可能先被剪断，此种破坏形式称为螺杆的受剪破坏。这种情况需要进行螺栓的受剪承载力验算。

（2）螺杆直径较大而板件较薄时，板件可能先被挤坏，此种破坏形式称为孔壁承压破坏，也叫作螺栓承压破坏。这种情况需要进行螺栓的受压承载力验算。

（3）当一排螺栓较多，造成板件净截面因螺栓孔削弱太多时板件可能被拉断。这种情况需要通过验算构件净截面进行控制。

（4）螺栓距离板件边缘太小时，在端距范围内的板件有可能被螺杆冲剪而破坏。为了杜绝这种情况的发生，需要控制端距不小于 $2d$。

（5）当需要把三层及三层以上的板件进行螺栓受剪连接时，由于板件太厚，螺杆太长，可能使螺杆在叠加的板件层范围内发生弯曲破坏。为了避免发生这种情况，需要控制螺栓的夹紧长度不超过 $5d$（板件叠加的厚度越大，螺栓的直径就越大）。

3）普通螺栓受剪连接的计算

（1）单个普通螺栓的计算

根据受剪破坏的第一种形式，应进行抗剪计算。单个螺栓受剪承载力设计值按下式计算：

$$N_v^b = n_v \frac{\pi d^2}{4} f_v^b \tag{6.4.1-1}$$

根据受剪破坏的第二种形式，应进行承压计算。

单个螺栓受压承载力设计值按下式计算：

$$N_c^b = d \sum t f_c^b \tag{6.4.1-2}$$

在普通螺栓抗剪设计中，需要同时考虑第一种受剪破坏形式和第二种受剪破坏形式，将承载力较小的值作为控制值。

单个受剪螺栓连接的承载力设计值 $N_{min}^b$ 应取式（6.4.1-1）和式（6.4.1-2）计算值中的较小值，即：

$$N_{min}^b = \min\{N_v^b, \ N_c^b\} \tag{6.4.1-3}$$

简记：抗剪和抗压双控。

式中：$n_v$——受剪面数日，单面受剪 $n_v=1$，双面受剪 $n_v=2$，四面受剪 $n_v=4$；

　　　$d$——螺杆直径（mm）；

　　　$\sum t$——在不同受力方向中一个受力方向承压构件总厚度的较小值（mm），如图 6.4.1-2（c）中取（$a+b+c$）和（$d+e$）的较小值；

　　　$f_v^b$——普通螺栓的抗剪强度设计值（N/mm²）；

　　　$f_c^b$——普通螺栓的抗压强度设计值（N/mm²）。

（2）普通螺栓群轴心受剪时的螺栓个数

当连接长度 $l_1 \leqslant 15d_0$（$d_0$ 为螺栓孔直径）时，假定两个条件：

①外力通过螺栓群的中心；

②在螺栓群中每个普通螺栓承受的剪力相等。

于是，在外力 $N$ 的作用下，普通螺栓群抗剪所需的螺栓个数 $n$ 按下式计算：

$$n = \frac{N}{N_{min}^b} \tag{6.4.1-4}$$

构件由多排普通螺栓组成群栓时，基于计算的考虑，尽管假定每个螺栓承受的剪力相等，但沿外力作用方向传递剪力时实际上是不均匀的，其传力途径可理解为，当外力施加于螺栓群时，靠近外力的第一排螺栓（该排每个螺栓到外力作用点的距离相等）先承担一部分外力并达到极限承载力，第二排螺栓再承担一部分外力，以此类推，远离外力的最后一排螺栓承担剩余的最后一部分外力。针对这种逐次传力途径的情况，需要考虑剪力不均匀分布的影响，螺栓的承载力应考虑折减。

当连接长度 $60d_0 \geqslant l_1 > 15d_0$ 时，考虑折减后的普通螺栓群抗剪所需的螺栓个数 $n$ 按下式计算：

$$n = \frac{N}{\eta N_{\min}^b} \qquad (6.4.1\text{-}5)$$

折减系数 $\eta$ 按下式计算：

$$\eta = 1.1 - \frac{l_1}{150d_0} \qquad (6.4.1\text{-}6)$$

当连接长度 $l_1 > 60d_0$ 时，$\eta = 0.7$。

实际上，当连接长度 $l_1 \leqslant 15d_0$ 时，$\eta = 1.0$，也就是说不考虑折减系数，可理解为式（6.4.1-4）是式（6.4.1-5）的特殊情况。

折减系数 $\eta$ 与连接长度 $l_1$ 的关系曲线如图 6.4.1-3 所示（$l_1 \leqslant 15d_0$ 时，变化趋势一目了然）。

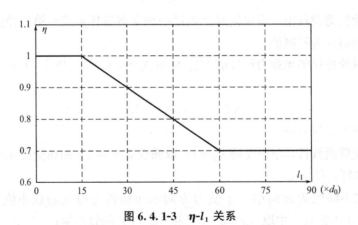

**图 6.4.1-3 $\eta\text{-}l_1$ 关系**

2. 普通螺栓受拉连接

1）单个普通螺栓受拉承载力计算

螺栓受拉时的破坏形式呈现为螺杆被拉断，传力过程为拉力通过螺母把力传给螺纹处的螺杆，所以，拉断的部位多发生在截面较薄弱的螺纹处。

单个普通螺栓或锚栓受拉承载力设计值应按下列公式计算：

普通螺栓：

$$N_t^b = A_e f_t^b = \frac{\pi d_e^2}{4} f_t^b \qquad (6.4.1\text{-}7)$$

锚栓：

$$N_t^a = A_e f_t^a = \frac{\pi d_e^2}{4} f_t^a \qquad (6.4.1\text{-}8)$$

式中：$d_e$——螺栓或锚栓在螺纹处的有效直径（mm）；

$A_e$——螺栓或锚栓在螺纹处的有效面积（mm²）；

$f_t^b$——普通螺栓的抗拉强度设计值（N/mm²）；

$f_t^a$——锚栓的抗拉强度设计值（N/mm²）。

螺栓有效直径、有效面积与直径的换算关系见表 6.4.1-1。

螺栓有效直径、有效面积与直径的换算关系　　　　　　　　　表 6.4.1-1

| 螺栓规格<br>（M 表示公制） | 螺栓直径<br>$d$（mm） | 螺纹间距<br>$P$（mm） | 螺栓有效直径<br>$d_e$（mm） | 螺栓有效面积<br>$A_e$（mm²） |
|---|---|---|---|---|
| M10 | 10 | 1.5 | 8.59 | 58 |
| M12 | 12 | 1.8 | 10.31 | 84 |
| M14 | 14 | 2.0 | 12.12 | 115 |
| M16 | 16 | 2.0 | 14.12 | 157 |
| M18 | 18 | 2.5 | 15.65 | 192 |
| M20 | 20 | 2.5 | 17.65 | 245 |
| M22 | 22 | 2.5 | 19.65 | 303 |
| M24 | 24 | 3.0 | 21.19 | 352 |
| M27 | 27 | 3.0 | 24.19 | 459 |
| M30 | 30 | 3.5 | 26.72 | 560 |
| M33 | 33 | 3.5 | 29.72 | 693 |
| M36 | 36 | 4.0 | 32.25 | 816 |
| M39 | 39 | 4.0 | 35.25 | 975 |
| M42 | 42 | 4.5 | 37.78 | 1120 |
| M45 | 45 | 4.5 | 40.78 | 1305 |
| M48 | 48 | 5.0 | 43.31 | 1472 |
| M52 | 52 | 5.0 | 47.31 | 1757 |
| M56 | 56 | 5.5 | 50.84 | 2029 |
| M60 | 60 | 5.5 | 54.84 | 2360 |

注：$d_e = \left(d - \frac{13}{24}\sqrt{3}P\right)$；$A_e = \frac{\pi d_e^2}{4}$。

2）普通螺栓群轴心受拉时的螺栓个数

假定两个条件：

①拉力通过螺栓群的中心；

②在螺栓群中每个普通螺栓承受的拉力相等。

于是，在外力 N 的作用下，普通螺栓群抗拉所需的螺栓个数 n 按下式计算：

$$n \geqslant \frac{N}{N_t^b} \qquad (6.4.1-9)$$

注意：一般情况下，普通螺栓群受拉连接形式的特点是每个螺栓到外力作用点的距离相等，即认为外力是一次性均匀地传给每个螺栓，这与普通螺栓群受剪连接的传力途径是不同的。因此，不考虑螺栓群承载力的折减。

3) 普通螺栓群在弯矩作用下螺栓受拉计算

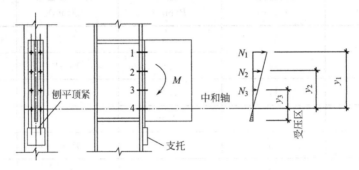

**图 6.4.1-4　普通螺栓群在弯矩作用下螺栓受拉简图**

普通螺栓群在弯矩作用下各排螺栓受到的拉力如图 6.4.1-4 所示，所有螺栓受力均在弹性范围内，最上排螺栓受到的拉力最大，可达到极限承载力，其他螺栓受到的拉力按比例递减。由于精确确定中和轴的位置比较复杂，采用简化计算的方法，通常假定中和轴在最下排螺栓的轴线上。

根据中和轴以上各排螺栓到中和轴的力矩总和与弯矩 M 相等的原则，按矩形排列（n 排，m 列）的螺栓，取其一列计算，则有：

$$\frac{M}{m} = \sum_{i=1}^{n} N_i \cdot y_i = \sum_{i=1}^{n} \left( \frac{y_i}{y_1} N_1 \right) \cdot y_i = \frac{N_1}{y_1} \sum_{i=1}^{n} y_i^2 \qquad (6.4.1-10)$$

其中，第 i 个螺栓受到的拉力 $N_i$，按等比例关系为：

$$N_i = \frac{y_i}{y_1} N_1 \qquad (6.4.1-11)$$

从式（6.4.1-10）导出螺栓 1 受到的最大拉力 $N_1$ 为：

$$N_1 = \frac{M \cdot y_1}{m \sum y_i^2} \qquad (6.4.1-12)$$

最大拉力 $N_1$ 需满足受拉承载力要求，即：

$$N_1 \leqslant N_t^b \qquad (6.4.1-13)$$

4) 普通螺栓群在弯矩和轴心拉力共同作用下螺栓受拉计算

普通螺栓群在弯矩和轴心拉力共同作用下各排螺栓受到的拉力如图 6.4.1-5 所示，螺栓 1 受到的总拉力是最大的。

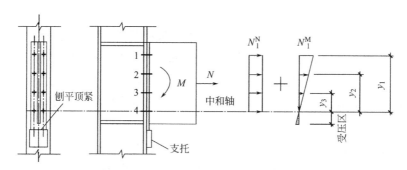

**图 6.4.1-5 普通螺栓群在弯矩和轴心拉力共同作用下螺栓受拉简图**

普通螺栓群（$n$ 排，$m$ 列）在拉力作用下，每个螺栓受到的拉力是相等的，即每个螺栓受到的拉力均为 $N_i^N$，即：

$$N_i^N = \frac{N}{n \cdot m} \tag{6.4.1-14}$$

螺栓 1 受到的总拉力 $N_1$ 可分解成两部分：螺栓群轴心受拉作用下的 $N_1^N$ 和弯矩作用下的 $N_1^M$。

普通螺栓群（$n$ 排，$m$ 列）在弯矩和轴心拉力共同作用下应满足受拉承载力的要求，即：

$$N_1 = \frac{N}{n \cdot m} + \frac{M \cdot y_1}{m \sum y_i^2} \leqslant N_t^b \tag{6.4.1-15}$$

3. 普通螺栓群同时受剪受拉连接

1）普通螺栓群同时受剪受拉连接的五种情况

普通螺栓群（$n$ 排，$m$ 列）同时受剪受拉连接有五种情况，如图 6.4.1-6 所示。

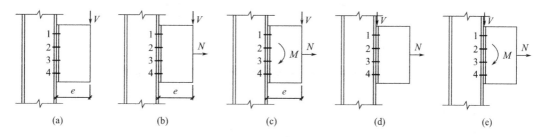

**图 6.4.1-6 普通螺栓群同时受剪受拉连接**

（1）剪力和弯矩（$V \cdot e$）共同作用 [图 6.4.1-6（a）]

剪力：螺栓群受到剪力 $V$ 的作用，并均匀地传给每一个螺栓。每个螺栓剪力 $N_V = V/(n \cdot m)$。

拉力：剪力 $V$ 至螺栓群剪切面的距离为 $e$，形成弯矩（$V \cdot e$），在其作用下螺栓群产生拉力，拉力分布参见图 6.4.1-4。螺栓拉力按受力最大的螺栓 1 取值：$N_t = N_1^M$。

（2）剪力、拉力和弯矩（$V \cdot e$）共同作用 [图 6.4.1-6（b）]

剪力：螺栓群受到剪力 $V$ 的作用，并均匀地传给每一个螺栓。每个螺栓剪力 $N_V =$

$V/(n \cdot m)$。

拉力：由弯矩（$V \cdot e$）产生的拉力，叠加上由轴心拉力 $N$ 均匀传递给每个螺栓的拉力，其拉力分布参见图 6.4.1-5。螺栓拉力按受力最大的螺栓 1 取值：$N_t = N_1^N + N_1^M$。

（3）剪力、拉力和弯矩（$V \cdot e + M$）共同作用〔图 6.4.1-6（c）〕

剪力：螺栓群受到剪力 $V$ 的作用，并均匀地传给每一个螺栓。每个螺栓剪力 $N_v = V/(n \cdot m)$。

拉力：由两部分弯矩（$V \cdot e + M$）产生的拉力，叠加上由轴心拉力 $N$ 均匀传递给每个螺栓的拉力，其拉力分布参见图 6.4.1-5。螺栓拉力按受力最大的螺栓 1 取值：$N_t = N_1^N + N_1^M$。

（4）剪力和拉力共同作用〔图 6.4.1-6（d）〕

剪力：螺栓群在剪切面直接受到剪力 $V$ 的作用，并均匀地传给每一个螺栓。每个螺栓剪力 $N_v = V/(n \cdot m)$。

拉力：轴心拉力 $N$ 均匀传递给每个螺栓的拉力。每个螺栓拉力 $N_t = N/(n \cdot m)$。

（5）剪力、拉力和弯矩共同作用〔图 6.4.1-6（e）〕

图 6.4.1-7 所示为普通螺栓群同时受剪受拉连接的典型受力简图，涵盖了前面四种受力情况。

剪力：螺栓群在剪切面直接受到剪力 $V$ 的作用，并均匀地传给每一个螺栓。每个螺栓剪力为：$N_v = V/(n \cdot m)$。

拉力：由弯矩 $M$ 产生的拉力，叠加上由轴心拉力 $N$ 均匀传递给每个螺栓的拉力，其拉力分布见图 6.4.1-7。螺栓拉力按受力最大的螺栓 1 取值：$N_t = N_1^N + N_1^M$。

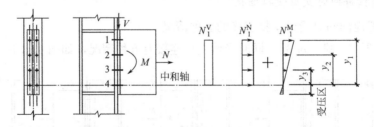

**图 6.4.1-7　普通螺栓群在弯矩、剪力和轴心拉力共同作用下螺栓受力简图**

2）普通螺栓群同时受剪受拉连接的计算

钢结构的一般研究方法有两种：一种是从经典力学出发，根据一些条件，建立力学方程式，得出钢结构公式，然后通过力学试验对公式进行验证；另一种是先做试验，然后根据试验结果进行数理统计得出钢结构公式。在后一种方法中，通常采用无量纲化的变量分析进行推演。

（1）两种可能的破坏形式

第一种是螺杆在剪力和拉力共同作用下的破坏；

第二种是在剪力作用下孔壁的受压破坏。

（2）普通螺栓群同时受剪受拉连接的计算

根据试验结果，螺栓在剪力和拉力共同作用下达到破坏时，拉力 $N_t$ 和剪力 $N_v$ 符合无量纲化的圆形相关曲线（图 6.4.1-8），即：

$$\left(\frac{N_{\mathrm{V}}}{N_{\mathrm{V}}^{\mathrm{b}}}\right)^2 + \left(\frac{N_{\mathrm{t}}}{N_{\mathrm{t}}^{\mathrm{b}}}\right)^2 = 1 \qquad (6.4.1\text{-}16)$$

《钢标》中采用对平方和再开方的表示方法，根据图 6.4.1-7 所示受力简图，则有：

$$\sqrt{\left(\frac{N_{\mathrm{V}}}{N_{\mathrm{V}}^{\mathrm{b}}}\right)^2 + \left(\frac{N_{\mathrm{t}}}{N_{\mathrm{t}}^{\mathrm{b}}}\right)^2} \leqslant 1 \qquad (6.4.1\text{-}17)$$

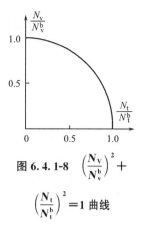

图 6.4.1-8 $\left(\dfrac{N_{\mathrm{V}}}{N_{\mathrm{V}}^{\mathrm{b}}}\right)^2 +$ $\left(\dfrac{N_{\mathrm{t}}}{N_{\mathrm{t}}^{\mathrm{b}}}\right)^2 = 1$ 曲线

式中：$N_{\mathrm{V}}$——某个螺栓所受的剪力（N）；

    $N_{\mathrm{t}}$——某个螺栓所受的拉力（N）；

    $N_{\mathrm{V}}^{\mathrm{b}}$——单个螺栓受剪承载力设计值（N）；

    $N_{\mathrm{t}}^{\mathrm{b}}$——单个螺栓受拉承载力设计值（N）。

螺杆承压（孔壁承压）的计算为：

$$N_{\mathrm{V}} = \frac{V}{n \cdot m} \leqslant N_{\mathrm{c}}^{\mathrm{b}} \qquad (6.4.1\text{-}18)$$

式中：$N_{\mathrm{V}}$——受剪最大的孔壁或螺杆的承压力（N）；

    $N_{\mathrm{c}}^{\mathrm{b}}$——单个螺栓受压承载力设计值（N）。

（3）工程中采用的连接方法

工程中常采用的连接方法如图 6.4.1-9 所示。

对于粗制螺栓（C 级普通螺栓），一般不宜受剪，为此，将剪力通过刨平顶紧的方式传递给焊接在钢柱上的支托，使支托焊缝承受剪力，螺栓不承受剪力只承受拉力。最大拉力按式（6.4.1-15）计算。

前文中的图 6.4.1-7 适用于剪力 V 较小或无法设置支托的情况。

简记：支托为佳。

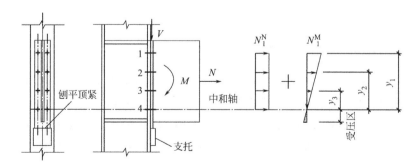

**图 6.4.1-9 有支托的连接**

**4. 普通螺栓连接的构造要求**

1）当一个构件借助填板或其他中间板与另一构件连接（图 6.4.1-10）时，螺栓数目应按计算增加 10%。当采用填板双面连接（图 6.4.1-10）时，拼接板最小厚度为较厚构件板厚的 0.7 倍。

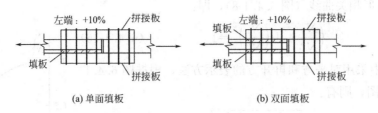

**图 6.4.1-10　采用填板双面连接**

2）当采用搭接或拼接板的单面连接传递轴力（图 6.4.1-11）时，因偏心引起连接部位发生弯曲，螺栓数目应按计算增加 10%。当采用拼接板单面连接［图 6.4.1-11（b）］时，拼接板最小厚度与构件的板厚相同。

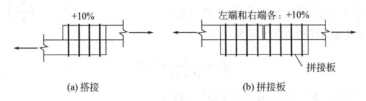

**图 6.4.1-11　单面连接**

3）在构件的端部连接中，当受力很大时，可利用辅助的短角钢连接型钢（角钢或槽钢）的外伸肢以缩短连接长度（图 6.4.1-12），在短角钢两肢中的一肢上，螺栓数目应按计算增加 50%。C 级普通螺栓的孔径 $d_0$ 较螺栓公称直径 $d$ 大 $1.0 \sim 1.5 \mathrm{mm}$。

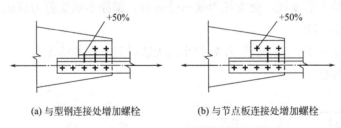

**图 6.4.1-12　短角钢连接**

【例题 6.4.1-1】　采用双面拼接板＋填板连接的螺栓计算。如图 6.4.1-13 所示，设计资料为：钢材 Q235B；主板件截面尺寸为 $200 \mathrm{mm} \times 12 \mathrm{mm}$（左）、$200 \mathrm{mm} \times 20 \mathrm{mm}$（右）；填板尺寸为 $200 \mathrm{mm} \times 8 \mathrm{mm} \times 300 \mathrm{mm}$（长）；上、下每块拼接板尺寸为 $200 \mathrm{mm} \times 14 \mathrm{mm} \times 540 \mathrm{mm}$；螺栓为 C 级普通螺栓 M20，直径 $d = 20 \mathrm{mm}$，孔径 $d_0 = 21.5 \mathrm{mm}$，$f_v^b = 140 \mathrm{N/mm^2}$，$f_c^b = 305 \mathrm{N/mm^2}$；轴心拉力设计值 $N = 520 \mathrm{kN}$。计算所需普通螺栓个数并设计螺栓连接。

【解】

（1）拼接右侧的螺栓计算

①一个螺栓受剪承载力设计值：

$$N_v^b = n_v \frac{\pi d^2}{4} f_v^b = 2 \times \frac{\pi \times 20^2}{4} \times 140 \times 10^{-3} = 87.96 \text{（kN）}$$

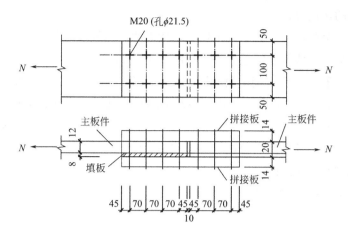

**图 6.4.1-13 采用双面拼接板＋填板连接**

②一个螺栓受压受载力设计值：

主板件厚度（20mm）小于双面拼接板总厚度（2×14mm），主板件为承压控制板，于是：

$$N_c^b = d \sum t f_c^b = 20 \times 20 \times 305 \times 10^{-3} = 122 \text{ (kN)}$$

一个螺栓受载力设计值按受剪、受压较小值取值，即：

$$N_{min}^b = \min\{N_v^b, N_c^b\} = \min\{87.96, 122\} = 87.96 \text{ (kN)}$$

③拼接右侧为受剪控制，所需螺栓数目为：

$$n = \frac{N}{N_{min}^b} = \frac{520}{87.96} = 5.91$$

实取 6 个螺栓。

（2）拼接左侧的螺栓计算

①一个螺栓受剪承载力设计值：$N_v^b = 87.96$kN

②一个螺栓受压承载力设计值：

两侧主板件厚度不相等时必须采用填板进行填充（图 6.4.1-13）。填板不传力，只起填充架空作用。

主板件厚度（12mm）小于双面拼接板总厚度（2×14mm），主板件为承压控制板，于是：

$$N_c^b = d \sum t f_c^b = 20 \times 12 \times 305 \times 10^{-3} = 73.2 \text{ (kN)}$$

一个螺栓承载力设计值按受剪、受压较小值取值，即：

$$N_{min}^b = \min\{N_v^b, N_c^b\} = \min\{87.96, 73.2\} = 73.2 \text{ (kN)}$$

③拼接左侧为承压控制。由于采用了填板连接，按照《钢标》的规定，需要的螺栓数目为计算数目的 1.1 倍，即：

$$n = 1.1 \frac{N}{N_{min}^b} = 1.1 \times \frac{520}{73.2} = 7.81$$

实取 8 个螺栓。

（3）拼接体的螺栓设计

拼接左侧为 8 个螺栓，右侧为 6 个螺栓，考虑两个主板件之间的间隙，并根据螺栓的间距要求，最终的拼接体普通螺栓群设计见图 6.4.1-13。

【例题 6.4.1-2】 采用角钢单面连接的螺栓计算。如图 6.4.1-14 所示，设计资料为：钢材 Q235B；主角钢规格为∟100×10；拼接角钢规格为∟100×10；螺栓为 C 级普通螺栓 M20，直径 $d=20\text{mm}$，孔径 $d_0=21.5\text{mm}$，$f_v^b=140\text{N/mm}^2$，$f_c^b=305\text{N/mm}^2$；轴心拉力设计值 $N=220\text{kN}$。计算所需普通螺栓个数并设计螺栓连接。

【解】（1）螺栓个数的计算

一个螺栓受剪承载力设计值：

$$N_v^b=n_v\frac{\pi d^2}{4}f_v^b=1\times\frac{\pi\times20^2}{4}\times140\times10^{-3}=43.98\ (\text{kN})$$

一个螺栓受压承载力设计值：

$$N_c^b=d\sum tf_c^b=20\times10\times305\times10^{-3}=61\ (\text{kN})$$

一个螺栓承载力设计值按受剪、受压较小值取值，即：

$$N_{min}^b=\min\{N_v^b,\ N_c^b\}=\min\{43.98,\ 61\}=43.98\ (\text{kN})$$

本题角钢拼接为单面连接，按照《钢标》的规定，拼接一侧需要的螺栓数目为计算数目的 1.1 倍，即：

$$n=1.1\frac{N}{N_{min}^b}=1.1\times\frac{220}{43.98}=5.5$$

实取 6 个螺栓。

（2）拼接体的螺栓设计

为便于紧固螺栓，角钢两肢的螺栓宜错开布置。考虑两个主角钢之间的间隙，并根据螺栓的间距要求，最终的拼接体普通螺栓群设计见图 6.4.1-14。

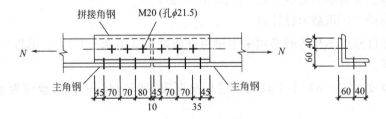

图 6.4.1-14　采用角钢单面连接

【例题 6.4.1-3】 柱与牛腿连接的螺栓计算。柱与牛腿连接如图 6.4.1-15 所示，设计资料为：钢材 Q235B；采用 C 级普通螺栓，4 排 2 列布置，且每个螺栓规格相同，$f_v^b=140\text{N/mm}^2$，$f_c^b=305\text{N/mm}^2$；偏心拉力设计值 $F=40\text{kN}$，至螺栓群中心的偏心距为 110mm；偏心剪力设计值 $P=180\text{kN}$，至螺栓群剪切面的偏心距为 200mm。求螺栓的最小直径。

【解】（1）将外力 $F$、$P$ 转化为螺栓群的轴心拉力 $N$、剪切面的剪力 $V$ 和弯矩 $M$

偏心拉力 $F$ 转化为轴心拉力 $N$ 和偏心距产生的弯矩 $M_F$ 分别为：

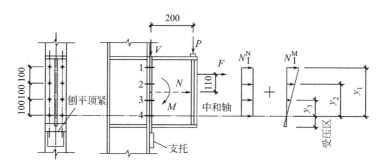

图 6.4.1-15 柱与牛腿连接的计算简图

$$N=F=40kN$$

$$M_F=Fe=40\times0.11=4.4 \text{（kN·m）}$$

偏心剪力 $P$ 转化为剪切面的剪力 $V$ 和偏心距产生的弯矩 $M_P$ 分别为：

$$V=P=180kN$$

$$M_P=Pe=180\times0.2=36 \text{（kN·m）}$$

综合弯矩为：

$$M=M_F+M_P=4.4+36=40.4 \text{（kN·m）}$$

（2）计算螺栓群中受力最大的螺栓

由于采用了有支托的连接方式，剪力 $V$ 不传给螺栓，而是通过支托传给了其焊缝，所以，螺栓群不考虑剪力的作用，只考虑拉力 $N$ 和弯矩 $M$ 的作用。受力简图见图 6.4.1-15。

螺栓 1 受力最大，其承载力设计值 $N_1$ 为：

$$N_1=N_1^N+N_1^M=\frac{N}{n\cdot m}+\frac{M\cdot y_1}{m\sum y_i^2}=\frac{40}{4\times2}+\frac{40.4\times0.3}{2\times(0.1^2+0.2^2+0.3^2)}=48.3 \text{（kN）}$$

（3）求螺栓的直径

单个螺栓受拉承载力极限值为：

$$N_t^b=\frac{\pi d_e^2}{4}f_t^b$$

于是有：

$$N_1=48300\leqslant N_t^b=\frac{\pi d_e^2}{4}\times170$$

可得螺栓在螺纹处的有效直径 $d_e$ 为：

$$d_e\geqslant19.02mm$$

选螺栓 M22（$d_e=19.65mm$）。

## 6.4.2 高强度螺栓的传力方式

高强度螺栓的连接计算按设计准则分为摩擦型连接和承压型连接两种类型（图 6.4.2-1）。

高强度螺栓的杆身、螺帽和垫圈都是用抗拉强度很高的钢材制成的。安装时把螺栓拧紧到使杆身达到预期的强大拉应力（接近钢材屈服强度），在板件之间产生摩擦阻力。

高强度螺栓与普通螺栓一样，既能传递剪力，又能传递拉力，但传递剪力的方式不同。普通螺栓只依靠螺栓杆身承压和抗剪切来传力（图6.4.2-2），而高强度螺栓可以依靠板件间接触面上的摩擦阻力进行传力。高强度螺栓有两种传力方式：一种是只依靠摩擦阻力来传力［图6.4.2-1（a）］，称为摩擦型连接传力；另一种是除了依靠摩擦阻力传力外还依靠杆身的承压和抗剪切来传力［图6.4.2-1（b）］，称为承压型连接传力。

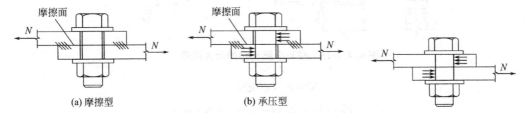

（a）摩擦型　　　　　　　　　（b）承压型

图6.4.2-1　高强度螺栓的传力方式　　　　　图6.4.2-2　普通螺栓的传力方式

### 6.4.3　高强度螺栓摩擦型连接计算

高强度螺栓摩擦型连接的特点是，拧紧后的高强度螺栓只承受预拉力，并不受压，也不受剪，只是将螺杆的拉力转换成了板件之间的摩擦阻力，并且，外力不得大于摩擦阻力。

1. 高强度螺栓摩擦型连接的抗剪计算

在受剪连接中，每个高强度螺栓的承载力设计值按下式计算：

$$N_v^b = 0.9kn_f\mu P \tag{6.4.3-1}$$

式中：$N_v^b$——一个高强度螺栓的受剪承载力设计值（N）；

　　　$k$——孔型系数，标准孔取1.0；大圆孔取0.85；内力与槽孔长向垂直时取0.7；内力与槽孔长向平行时取0.6；

　　　$n_f$——传力摩擦面数目；

　　　$\mu$——摩擦面的抗滑移系数，可按表6.4.3-1取值；

　　　$P$——一个高强度螺栓的预拉力设计值（N），按表6.4.3-2取值。

1）高强度螺栓摩擦型连接时是通过连接板件层间的抗滑力来传递内力，按板层间出现滑移作为其承载力的极限状态。

2）这种连接适用于重要结构、承受动力荷载和需要验算疲劳的结构。

3）无需进行承压计算。

钢材摩擦面的抗滑移系数 $\mu$　　　　　　　　　　表6.4.3-1

| 连接处构件接触面的处理方法 | 构件的钢材牌号 | | |
|---|---|---|---|
| | Q235钢 | Q355钢或Q390钢 | Q420钢或Q460钢 |
| 喷硬质石英砂或铸钢棱角砂 | 0.45 | 0.45 | 0.45 |
| 抛丸(喷砂) | 0.40 | 0.40 | 0.40 |

| 连接处构件接触面的处理方法 | 构件的钢材牌号 | | |
|---|---|---|---|
| | Q235 钢 | Q355 钢或 Q390 钢 | Q420 钢或 Q460 钢 |
| 钢丝刷清除浮锈或未经处理的干净轧制面 | 0.300 | 0.35 | — |

注：1. 钢丝刷除锈方向应与受力方向垂直；

　　2. 当连接构件采用不同钢材牌号时，$\mu$ 按相应较低强度者取值；

　　3. 采用其他方法处理时，其处理工艺及抗滑移系数值均需经试验确定。

**一个高强度螺栓的预拉力设计值 $P$ （kN）**　　　　　表 6.4.3-2

| 螺栓的承载性能等级 | 螺栓公称直径(mm) | | | | | |
|---|---|---|---|---|---|---|
| | M16 | M20 | M22 | M24 | M27 | M30 |
| 8.8 级 | 80 | 125 | 150 | 175 | 230 | 280 |
| 10.9 级 | 100 | 155 | 190 | 225 | 290 | 355 |

2. 高强度螺栓摩擦型连接的抗拉计算

试验证明，当外拉力 $N$ 过大时，高强度螺栓会发生松弛现象，这样就丧失了高强度螺栓摩擦型连接的优势。为避免螺栓松弛并保留一定的余量，《钢标》规定，在螺栓杆轴方向受拉的连接中，每个高强度螺栓的外拉力的设计值不得大于 $0.8P$，即：

$$N_t^b \leqslant 0.8P \qquad\qquad (6.4.3-2)$$

3. 高强度螺栓摩擦型连接同时承受摩擦面间的剪力和螺栓杆轴方向的外拉力计算

此时，承载力采用了钢结构研究中常用的双项变量相关公式的表示方法，应符合下式要求：

$$\frac{N_v}{N_v^b} + \frac{N_t}{N_t^b} \leqslant 1.0 \qquad\qquad (6.4.3-3)$$

式中：$N_v$——某个高强度螺栓所承受的剪力（N）；

　　　$N_t$——某个高强度螺栓所承受的拉力（N）；

　　　$N_v^b$——某个高强度螺栓的受剪承载力设计值（N）；

　　　$N_t^b$——某个高强度螺栓的受拉承载力设计值（N）。

4. 高强度螺栓连接副

高强度螺栓在生产上全称为高强度螺栓连接副，一般简称为高强螺栓。

每一个连接副均包括一个螺栓、一个螺母，同一批生产，并且是在同一热处理工艺中加工的产品。

根据安装特点，主要有两种高强度螺栓连接副：大六角高强度螺栓连接副和扭剪型高强度螺栓连接副。这两种高强度螺栓的性能都是可靠的，在设计中可以通用。

5. 高强度螺栓性能等级

1）性能等级分为两种：8.8 级、10.9 级。8.8 级表示螺栓杆的抗拉强度不小于800MPa，屈强比为 0.8；10.9 级表示螺栓杆的抗拉强度不小于 1000MPa，屈强比为 0.9。

2）大六角高强度螺栓属于承压型的，有8.8级、10.9级两种性能等级。扭剪型高强度螺栓只有10.9级一种性能等级。

3）民用钢结构中采用的是10.9级。

6. 高强度螺栓摩擦型连接的孔型尺寸及排列要求

高强度螺栓摩擦型连接可采用标准孔、大圆孔和槽孔。孔型尺寸可按表6.4.3-3采用。采用扩大孔连接时，同一连接面只能在盖板和芯板其中之一的板上采用大圆孔或槽孔，其余仍采用标准孔。

高强度螺栓连接的孔型尺寸（mm）                                   表 6.4.3-3

| 孔型 | | 螺栓公称直径 | | | | | |
|---|---|---|---|---|---|---|---|
| | | M16 | M20 | M22 | M24 | M27 | M30 |
| 标准孔 | 直径 | 17.5 | 22 | 24 | 26 | 30 | 33 |
| 大圆孔 | 直径 | 20 | 24 | 28 | 30 | 35 | 38 |
| 槽孔 | 短向 | 17.5 | 22 | 24 | 26 | 30 | 33 |
| | 长向 | 30 | 37 | 40 | 45 | 50 | 55 |

腹板中螺栓的排列如图6.4.3-1所示，其要求为：

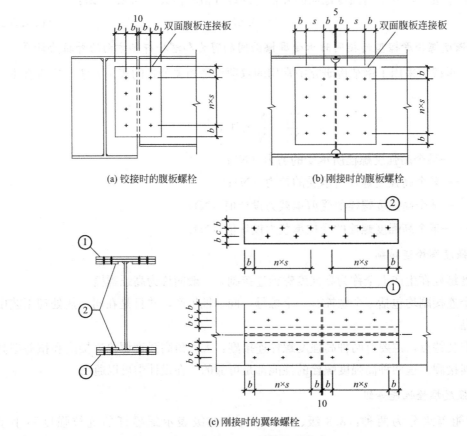

(a) 铰接时的腹板螺栓        (b) 刚接时的腹板螺栓

(c) 刚接时的翼缘螺栓

图 6.4.3-1    螺栓排列要求

1）螺栓中心至螺栓中心的距离 $s\geqslant 3$ 倍孔径。

2）螺栓中心至连接板边缘的距离 $b\geqslant 2$ 倍孔径，$e\geqslant 1.5$ 倍孔径。

3）翼缘宽度 $\geqslant 300\mathrm{mm}$ 时，两排螺栓中心线距离 $c\geqslant 40\mathrm{mm}$；翼缘宽度为 200mm 或 250mm 时，$c=0$。

**7. 一个高强度螺栓的预拉力设计值**

高强度螺栓的预拉力设计值考虑了四个因素：

1）钢材由于以抗拉强度为准，为安全起见，引入安全系数 0.9。

2）考虑螺栓材料抗力的变异性，引入折减系数 0.9。

3）为补偿预拉力损失超张拉 5%～10%，引入折减系数 0.9。

4）在扭紧螺栓时，扭矩使螺栓产生的剪力将降低螺栓的受拉承载力，引入折减系数 1/1.2。

将上面四个因素全部考虑后，高强度螺栓的预拉力设计值 $P$ 为：

$$P=\frac{0.9\times 0.9\times 0.9}{1.2}f_\mathrm{u}\cdot A_\mathrm{e}=0.608f_\mathrm{u}\cdot A_\mathrm{e} \qquad (6.4.3\text{-}4)$$

式中：$A_\mathrm{e}$——高强度螺栓的有效截面积（$\mathrm{mm}^2$）；

$f_\mathrm{u}$——高强度螺栓经热处理后的最低抗拉强度（$\mathrm{N/mm}^2$），对 8.8 级螺栓，$f_\mathrm{u}=830\mathrm{N/mm}^2$；对于 10.9 级，$f_\mathrm{u}=1040\mathrm{N/mm}^2$。

常用的高强度螺栓规格为 M16～M30，其预拉力设计值 $P$ 见表 6.4.3-2。

### 6.4.4 高强度螺栓承压型连接计算

高强度螺栓承压型连接的受力形态是以螺栓杆被剪断或被孔壁挤压破坏为承载能力的极限状态，可能的破坏形式与普通螺栓相同。

**1. 受剪**

在受剪连接中，高强度螺栓承压型连接的承载力设计值的计算方法与普通螺栓相同（即，高强度螺栓承受孔壁对螺栓杆身的挤压力和板件对螺栓杆的剪力），只是采用了高强度螺栓的受剪、受压承载力设计值。但当计算剪切面在螺纹处时，其受剪承载力设计值应按螺纹处的有效截面积进行计算。

简记：受剪同普通螺栓。

**2. 受拉**

在受拉连接中，高强度螺栓承压型连接的承载力设计值的计算方法与普通螺栓相同，只是采用了高强度螺栓的受拉承载力设计值。

简记：受拉同普通螺栓。

**3. 同时受剪和受压**

高强度螺栓同时承受剪力和杆轴方向拉力的承压型连接，承载力应按下列公式计算：

$$\sqrt{\left(\frac{N_\mathrm{v}}{N_\mathrm{v}^\mathrm{b}}\right)^2+\left(\frac{N_\mathrm{t}}{N_\mathrm{t}^\mathrm{b}}\right)^2}\leqslant 1.0 \qquad (6.4.4\text{-}1)$$

$$N_v \leqslant N_c^b / 1.2 \qquad (6.4.4-2)$$

式中：$N_v$——所计算的某个高强度螺栓所承受的剪力（N）；

$\quad\quad N_t$——所计算的某个高强度螺栓所承受的拉力（N）；

$\quad\quad N_v^b$——一个高强度螺栓按普通螺栓计算时的受剪承载力设计值（N）；

$\quad\quad N_t^b$——一个高强度螺栓按普通螺栓计算时的受拉承载力设计值（N）；

$\quad\quad N_c^b$——一个高强度螺栓按普通螺栓计算时的受压承载力设计值（N）；

$\quad\quad 1.2$——折减系数，高强度螺栓承压型连接在施加预拉力后，板孔有较高的三向压应力，使板的局部挤压强度大大提高，因此 $N_c^b$ 比普通螺栓要高，但当施加外拉力后，板件间的局部挤压力随外拉力增大而减小，螺栓的 $N_c^b$ 也随之降低且随外力变化；为计算简便，取固定值 1.2 考虑其影响。

## 6.4.5 高强度螺栓连接的构造要求

1）高强度螺栓连接均应按表 6.4.3-2 施加预拉力。

2）采用承压型连接时，连接处构件接触面应清除油污及浮锈；仅承受拉力的高强度螺栓连接，不要求对接触面进行抗滑移处理。

3）高强度螺栓承压型连接不应用于直接承受动力荷载的结构，受剪承压型连接在正常使用极限状态下应符合摩擦型连接的设计要求。

4）当高强度螺栓连接的环境温度为 100～150℃时，其承载力应降低 10%。

5）当型钢构件拼接采用高强度螺栓时，其拼接件宜采用钢板。

## 6.4.6 工地接头对承载力计算的要求及截面规定

**1. 工地接头对承载力计算的要求**

1）铰接：螺栓个数按母材板件毛截面受剪满应力确定（等强连接）。

2）刚接：螺栓个数按母材板件毛截面受拉、受压满应力确定（等强连接）。

**2. 工地接头对截面的规定**

按母材板件采用毛截面。

## 6.4.7 常用 H 型钢腹板及翼缘的高强度螺栓计算

1. 腹板受剪高强度螺栓计算示例

【例题 6.4.7-1】　铰接连接时，腹板高强度螺栓个数的计算。H 型钢截面如图 6.4.7-1 所示，设计资料为：HM400×300（390×10×300×16），Q235（$f_v$=125N/mm²）；高强度螺栓 M20，10.9级（$P$=155kN），双夹板，标准孔，$\mu$=0.45。求螺栓个数。

【解】腹板满应力时能承受的最大剪力 $V$：

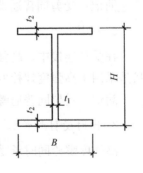

**图 6.4.7-1　H 型钢截面**

$$V = t_1 (H - 2t_2) f_v = 10 \times (390 - 2 \times 16) \times 125 = 447500 \text{ (N)} = 447.5 \text{ (kN)}$$

一个高强度螺栓 M20 承载力设计值 $N_v^b$：

$$N_v^b = 0.9kn_f\mu P = 0.9 \times 1.0 \times 2 \times 0.45 \times 155 = 125.55 \text{ (kN)}$$

腹板螺栓个数：$n = V/N_v^b = 447.5/125.55 = 3.6$

实取 4 个。故，腹板一端所需高强度螺栓为 4M20。一列排列方式参见图 6.4.3-1（a）。

2. 腹板受拉、受压高强度螺栓计算示例

【例题 6.4.7-2】 刚接连接时，腹板高强度螺栓个数的计算。

设计资料为：HM400×300（390×10×300×16），Q355（$f = 305\text{N/mm}^2$）；高强度螺栓 M22，10.9 级（$P = 190\text{kN}$），双夹板，标准孔，$\mu = 0.45$。此梁为柱间支撑的框架梁，腹板按轴向力（受拉或受压）考虑。求螺栓个数。

【解】腹板满应力时能承受的最大拉力或压力 $N$：

$$N = t_1 (H - 2t_2) f = 10 \times (390 - 2 \times 16) \times 305 = 1091900 \text{ (N)} = 1091.9 \text{ (kN)}$$

一个高强度螺栓 M22 承载力设计值 $N_v^b$：

$$N_v^b = 0.9kn_f\mu P = 0.9 \times 1.0 \times 2 \times 0.45 \times 190 = 153.9 \text{ (kN)}$$

腹板螺栓个数：$n = N/N_v^b = 1091.9/153.9 = 7.1$

实取 8 个。故，腹板一端所需高强度螺栓为 8M22。两列排列方式参见图 6.4.3-1（b）。

3. 翼缘受拉、受压高强度螺栓计算示例

【例题 6.4.7-3】 刚接连接时，翼缘高强度螺栓个数的计算。设计资料为：HW400×400（400×13×400×21），Q235（$f = 205\text{N/mm}^2$）；高强度螺栓 M24，10.9 级（$P = 225\text{kN}$），双夹板，标准孔，$\mu = 0.45$。求螺栓个数。

【解】翼缘满应力时能承受的最大拉力或压力 $N$：

$$N = t_2 \cdot B \cdot f = 21 \times 400 \times 205 = 1722000 \text{ (N)} = 1722 \text{ (kN)}$$

一个高强度螺栓 M24 承载力设计值 $N_v^b$：

$$N_v^b = 0.9kn_f\mu P = 0.9 \times 1.0 \times 2 \times 0.45 \times 225 = 182.25 \text{ (kN)}$$

翼缘螺栓个数：$n = N/N_v^b = 1722/182.25 = 9.4$

实取 10 个。故，所需高强度螺栓为 10M24。四列以腹板对称排列方式参见图 6.4.3-1（c）。

4. Q235 钢材常用 H 型钢腹板及翼缘的高强度螺栓计算

1）钢梁铰接时腹板（受剪）螺栓个数计算结果见表 6.4.7-1。

**Q235 钢材常用 H 型钢腹板受剪高强度螺栓个数** 表 6.4.7-1

| H 型钢 | 截面尺寸(mm) | | | | | 梁腹板（受剪）螺栓个数 | | |
|---|---|---|---|---|---|---|---|---|
| | $H$ | $B$ | $t_1$ | $t_2$ | $f_v$ | $n_{(M20)}$ | $n_{(M22)}$ | $n_{(M24)}$ |
| HW200×200 | 200 | 200 | 8 | 12 | 125 | 1.4 | 1.1 | 1.0 |
| HW300×300 | 300 | 300 | 10 | 15 | 125 | 2.7 | 2.2 | 1.9 |
| HW350×350 | 350 | 350 | 12 | 19 | 125 | 3.7 | 3.0 | 2.6 |
| HW400×400 | 400 | 400 | 13 | 21 | 125 | 4.6 | 3.8 | 3.2 |

续表

| H型钢 | 截面尺寸(mm) | | | | 梁腹板(受剪)螺栓个数 | | | |
|---|---|---|---|---|---|---|---|---|
| | $H$ | $B$ | $t_1$ | $t_2$ | $f_v$ | $n_{(M20)}$ | $n_{(M22)}$ | $n_{(M24)}$ |
| HM300×200 | 294 | 200 | 8 | 12 | 125 | 2.2 | 1.8 | 1.5 |
| HM350×250 | 340 | 250 | 9 | 14 | 125 | 2.8 | 2.3 | 1.9 |
| HM400×300 | 390 | 300 | 10 | 16 | 125 | 3.6 | 2.9 | 2.5 |
| HM450×300 | 440 | 300 | 11 | 18 | 125 | 4.4 | 3.6 | 3.0 |
| HM500×300 | 488 | 300 | 11 | 18 | 125 | 5.0 | 4.0 | 3.4 |
| HM600×300 | 588 | 300 | 12 | 20 | 125 | 6.5 | 5.3 | 4.5 |
| HN400×200 | 400 | 200 | 8 | 13 | 125 | 3.0 | 2.4 | 2.1 |
| HN450×200 | 450 | 200 | 9 | 14 | 125 | 3.8 | 3.1 | 2.6 |
| HN500×200 | 500 | 200 | 10 | 16 | 125 | 4.7 | 3.8 | 3.2 |
| HN600×200 | 600 | 200 | 11 | 17 | 125 | 6.2 | 5.1 | 4.3 |
| HN700×300 | 700 | 300 | 13 | 24 | 125 | 8.4 | 6.9 | 5.8 |
| HN800×300 | 800 | 300 | 14 | 26 | 125 | 10.4 | 8.5 | 7.2 |
| HN900×300 | 900 | 300 | 16 | 28 | 125 | 13.4 | 11.0 | 9.3 |
| H550×200(非标) | 550 | 200 | 12 | 18 | 125 | 6.1 | 5.0 | 4.2 |
| H550×300(非标) | 550 | 300 | 12 | 20 | 125 | 6.1 | 5.0 | 4.2 |
| H650×200(非标) | 650 | 200 | 14 | 20 | 125 | 8.5 | 6.9 | 5.9 |
| H650×300(非标) | 650 | 300 | 14 | 25 | 125 | 8.4 | 6.8 | 5.8 |
| H750×300(非标) | 750 | 300 | 14 | 25 | 125 | 9.8 | 8.0 | 6.7 |
| H850×300(非标) | 850 | 300 | 16 | 30 | 125 | 12.6 | 10.3 | 8.7 |
| H950×300(非标) | 950 | 300 | 20 | 30 | 120 | 17.0 | 13.9 | 11.7 |
| H1000×400(非标) | 1000 | 400 | 20 | 30 | 120 | 18.0 | 14.7 | 12.4 |

注：高强度螺栓为10.9级；$\mu=0.45$；连接板为双面夹板；标准孔；腹板受剪截面为$t_1(H-2t_2)$。

2）钢梁刚接时腹板（受拉、受压）螺栓个数计算结果见表6.4.7-2。

**Q235钢材常用H型钢腹板受拉、受压高强度螺栓个数**　　　　表6.4.7-2

| H型钢 | 截面尺寸(mm) | | | | 梁腹板(受拉、受压)螺栓个数 | | | |
|---|---|---|---|---|---|---|---|---|
| | $H$ | $B$ | $t_1$ | $t_2$ | $f$ | $n_{(M20)}$ | $n_{(M22)}$ | $n_{(M24)}$ |
| HW200×200 | 200 | 200 | 8 | 12 | 215 | 2.4 | 2.0 | 1.7 |
| HW300×300 | 300 | 300 | 10 | 15 | 215 | 4.6 | 3.8 | 3.2 |
| HW350×350 | 350 | 350 | 12 | 19 | 215 | 6.4 | 5.2 | 4.4 |
| HW400×400 | 400 | 400 | 13 | 21 | 215 | 8.0 | 6.5 | 5.5 |
| HM300×200 | 294 | 200 | 8 | 12 | 215 | 3.7 | 3.0 | 2.5 |

续表

| H 型钢 | 截面尺寸(mm) | | | | 梁腹板(受拉、受压)螺栓个数 | | | |
|---|---|---|---|---|---|---|---|---|
| | $H$ | $B$ | $t_1$ | $t_2$ | $f$ | $n_{(M20)}$ | $n_{(M22)}$ | $n_{(M24)}$ |
| HM350×250 | 340 | 250 | 9 | 14 | 215 | 4.8 | 3.9 | 3.3 |
| HM400×300 | 390 | 300 | 10 | 16 | 215 | 6.1 | 5.0 | 4.2 |
| HM450×300 | 440 | 300 | 11 | 18 | 215 | 7.6 | 6.2 | 5.2 |
| HM500×300 | 488 | 300 | 11 | 18 | 215 | 8.5 | 6.9 | 5.9 |
| HM600×300 | 588 | 300 | 12 | 20 | 215 | 11.3 | 9.2 | 7.8 |
| HN400×200 | 400 | 200 | 8 | 13 | 215 | 5.1 | 4.2 | 3.5 |
| HN450×200 | 450 | 200 | 9 | 14 | 215 | 6.5 | 5.3 | 4.5 |
| HN500×200 | 500 | 200 | 10 | 16 | 215 | 8.0 | 6.5 | 5.5 |
| HN600×200 | 600 | 200 | 11 | 17 | 215 | 10.7 | 8.7 | 7.3 |
| HN700×300 | 700 | 300 | 13 | 24 | 215 | 14.5 | 11.8 | 10.0 |
| HN800×300 | 800 | 300 | 14 | 26 | 215 | 17.9 | 14.6 | 12.4 |
| HN900×300 | 900 | 300 | 16 | 28 | 215 | 23.1 | 18.9 | 15.9 |
| H550×200(非标) | 550 | 200 | 12 | 18 | 215 | 10.6 | 8.6 | 7.3 |
| H550×300(非标) | 550 | 300 | 12 | 20 | 215 | 10.5 | 8.5 | 7.2 |
| H650×200(非标) | 650 | 200 | 14 | 20 | 215 | 14.6 | 11.9 | 10.1 |
| H650×300(非标) | 650 | 300 | 14 | 25 | 215 | 14.4 | 11.7 | 9.9 |
| H750×300(非标) | 750 | 300 | 14 | 25 | 215 | 16.8 | 13.7 | 11.6 |
| H850×300(非标) | 850 | 300 | 16 | 30 | 215 | 21.6 | 17.7 | 14.9 |
| H950×300(非标) | 950 | 300 | 20 | 30 | 205 | 29.1 | 23.7 | 20.0 |
| H1000×400(非标) | 1000 | 400 | 20 | 30 | 205 | 30.7 | 25.0 | 21.1 |

注:高强度螺栓为 10.9 级;$\mu=0.45$;连接板为双面夹板;标准孔;腹板受拉、受压截面为 $t_1(H-2t_2)$。

3) 钢梁刚接时翼缘（受拉、受压）螺栓个数计算结果见表 6.4.7-3。

**Q235 钢材常用 H 型钢翼缘受拉、受压高强度螺栓个数**　　表 6.4.7-3

| H 型钢 | 截面尺寸(mm) | | | | 梁翼缘(受拉、受压)螺栓个数 | | | |
|---|---|---|---|---|---|---|---|---|
| | $H$ | $B$ | $t_1$ | $t_2$ | $f$ | $n_{(M20)}$ | $n_{(M22)}$ | $n_{(M24)}$ |
| HW200×200 | 200 | 200 | 8 | 12 | 215 | 4.1 | 3.4 | 2.8 |
| HW300×300 | 300 | 300 | 10 | 15 | 215 | 7.7 | 6.3 | 5.3 |
| HW350×350 | 350 | 350 | 12 | 19 | 205 | 10.9 | 8.9 | 7.5 |
| HW400×400 | 400 | 400 | 13 | 21 | 205 | 13.7 | 11.2 | 9.4 |
| HM300×200 | 294 | 200 | 8 | 12 | 215 | 4.1 | 3.4 | 2.8 |
| HM350×250 | 340 | 250 | 9 | 14 | 215 | 6.0 | 4.9 | 4.1 |

| H 型钢 | 截面尺寸(mm) | | | | 梁翼缘(受拉、受压)螺栓个数 | | | |
|---|---|---|---|---|---|---|---|---|
| | $H$ | $B$ | $t_1$ | $t_2$ | $f$ | $n_{(M20)}$ | $n_{(M22)}$ | $n_{(M24)}$ |
| HM400×300 | 390 | 300 | 10 | 16 | 215 | 8.2 | 6.7 | 5.7 |
| HM500×300 | 488 | 300 | 11 | 18 | 205 | 8.8 | 7.2 | 6.1 |
| HM600×300 | 588 | 300 | 12 | 20 | 205 | 9.8 | 8.0 | 6.7 |
| HN400×200 | 400 | 200 | 8 | 13 | 215 | 4.5 | 3.6 | 3.1 |
| HN450×200 | 450 | 200 | 9 | 14 | 215 | 4.8 | 3.9 | 3.3 |
| HN500×200 | 500 | 200 | 10 | 16 | 215 | 5.5 | 4.5 | 3.8 |
| HN600×200 | 600 | 200 | 11 | 17 | 205 | 5.6 | 4.5 | 3.8 |
| HN700×300 | 700 | 300 | 13 | 24 | 205 | 11.8 | 9.6 | 8.1 |
| HN800×300 | 800 | 300 | 14 | 26 | 205 | 12.7 | 10.4 | 8.8 |
| HN900×300 | 900 | 300 | 16 | 28 | 205 | 13.7 | 11.2 | 9.4 |
| H550×200(非标) | 550 | 200 | 12 | 18 | 205 | 5.9 | 4.8 | 4.0 |
| H550×300(非标) | 550 | 300 | 12 | 20 | 205 | 9.8 | 8.0 | 6.7 |
| H650×200(非标) | 650 | 200 | 14 | 20 | 205 | 6.5 | 5.3 | 4.5 |
| H650×300(非标) | 650 | 300 | 14 | 25 | 205 | 12.2 | 10.0 | 8.4 |
| H850×300(非标) | 850 | 300 | 16 | 30 | 205 | 14.7 | 12.0 | 10.1 |
| H1000×400(非标) | 1000 | 400 | 20 | 30 | 205 | 19.6 | 16.0 | 13.5 |

注:1. 高强度螺栓为 10.9 级;$\mu=0.45$;连接板为双面夹板;标准孔;翼缘受拉、受压截面为 $B \cdot t_2$。

    2. 刚接条件下,翼缘栓接是与腹板栓接配套使用的,简称为全栓连接。

    3. 需进行疲劳验算的结构、斜杆宜采用工地全栓连接。

    4. 全栓连接中,杆件之间的缝隙宽度为 10mm。

5. Q355 钢材常用 H 型钢腹板及翼缘的高强度螺栓计算

1) 钢梁铰接时腹板(受剪)螺栓个数计算结果见表 6.4.7-4。

**Q355 钢材常用 H 型钢腹板受剪高强度螺栓个数**　　　　表 6.4.7-4

| H 型钢 | 截面尺寸(mm) | | | | 梁腹板(受剪)螺栓个数 | | | |
|---|---|---|---|---|---|---|---|---|
| | $H$ | $B$ | $t_1$ | $t_2$ | $f_v$ | $n_{(M20)}$ | $n_{(M22)}$ | $n_{(M24)}$ |
| HW200×200 | 200 | 200 | 8 | 12 | 175 | 2.0 | 1.6 | 1.4 |
| HW300×300 | 300 | 300 | 10 | 15 | 175 | 3.8 | 3.1 | 2.6 |
| HW350×350 | 350 | 350 | 12 | 19 | 175 | 5.2 | 4.3 | 3.6 |
| HW400×400 | 400 | 400 | 13 | 21 | 175 | 6.5 | 5.3 | 4.5 |
| HM300×200 | 294 | 200 | 8 | 12 | 175 | 3.0 | 2.5 | 2.1 |
| HM350×250 | 340 | 250 | 9 | 14 | 175 | 3.9 | 3.2 | 2.7 |
| HM400×300 | 390 | 300 | 10 | 16 | 175 | 5.0 | 4.1 | 3.4 |

续表

| H 型钢 | 截面尺寸(mm) | | | | 梁腹板(受剪)螺栓个数 | | | |
|---|---|---|---|---|---|---|---|---|
| | $H$ | $B$ | $t_1$ | $t_2$ | $f_v$ | $n_{(M20)}$ | $n_{(M22)}$ | $n_{(M24)}$ |
| HM450×300 | 440 | 300 | 11 | 18 | 175 | 6.2 | 5.1 | 4.3 |
| HM500×300 | 488 | 300 | 11 | 18 | 175 | 6.9 | 5.7 | 4.8 |
| HM600×300 | 588 | 300 | 12 | 20 | 175 | 9.2 | 7.5 | 6.3 |
| HN400×200 | 400 | 200 | 8 | 13 | 175 | 4.2 | 3.4 | 2.9 |
| HN450×200 | 450 | 200 | 9 | 14 | 175 | 5.3 | 4.3 | 3.6 |
| HN500×200 | 500 | 200 | 10 | 16 | 175 | 6.5 | 5.3 | 4.5 |
| HN600×200 | 600 | 200 | 11 | 17 | 175 | 8.7 | 7.1 | 6.0 |
| HN700×300 | 700 | 300 | 13 | 24 | 175 | 11.8 | 9.6 | 8.1 |
| HN800×300 | 800 | 300 | 14 | 26 | 175 | 14.6 | 11.9 | 10.1 |
| HN900×300 | 900 | 300 | 16 | 28 | 175 | 18.8 | 15.4 | 13.0 |
| H550×200(非标) | 550 | 200 | 12 | 18 | 175 | 8.6 | 7.0 | 5.9 |
| H550×300(非标) | 550 | 300 | 12 | 20 | 175 | 8.5 | 7.0 | 5.9 |
| H650×200(非标) | 650 | 200 | 14 | 20 | 175 | 11.9 | 9.7 | 8.2 |
| H650×300(非标) | 650 | 300 | 14 | 25 | 175 | 11.7 | 9.6 | 8.1 |
| H750×300(非标) | 750 | 300 | 14 | 25 | 175 | 13.7 | 11.1 | 9.4 |
| H850×300(非标) | 850 | 300 | 16 | 30 | 175 | 17.6 | 14.4 | 12.1 |
| H950×300(非标) | 950 | 300 | 20 | 30 | 170 | 24.1 | 19.7 | 16.6 |

注:高强度螺栓为 10.9 级;$\mu=0.45$;连接板为双面夹板;标准孔;腹板受剪截面为 $t_1(H-2t_2)$。

2) 钢梁刚接时腹板（受拉、受压）螺栓个数计算结果见表 6.4.7-5。

**Q355 钢材常用 H 型钢腹板受拉、受压高强度螺栓个数**　　　　表 6.4.7-5

| H 型钢 | 截面尺寸(mm) | | | | 梁腹板(受拉、受压)螺栓个数 | | | |
|---|---|---|---|---|---|---|---|---|
| | $H$ | $B$ | $t_1$ | $t_2$ | $f$ | $n_{(M20)}$ | $n_{(M22)}$ | $n_{(M24)}$ |
| HW200×200 | 200 | 200 | 8 | 12 | 305 | 3.4 | 2.8 | 2.4 |
| HW300×300 | 300 | 300 | 10 | 15 | 305 | 6.6 | 5.4 | 4.5 |
| HW350×350 | 350 | 350 | 12 | 19 | 305 | 9.1 | 7.4 | 6.3 |
| HW400×400 | 400 | 400 | 13 | 21 | 305 | 11.3 | 9.2 | 7.8 |
| HM300×200 | 294 | 200 | 8 | 12 | 305 | 5.2 | 4.3 | 3.6 |
| HM350×250 | 340 | 250 | 9 | 14 | 305 | 6.8 | 5.6 | 4.7 |
| HM400×300 | 390 | 300 | 10 | 16 | 305 | 8.7 | 7.1 | 6.0 |
| HM450×300 | 440 | 300 | 11 | 18 | 305 | 10.8 | 8.8 | 7.4 |
| HM500×300 | 488 | 300 | 11 | 18 | 305 | 12.1 | 9.9 | 8.3 |

| H 型钢 | 截面尺寸(mm) | | | | | 梁腹板(受拉、受压)螺栓个数 | | |
|---|---|---|---|---|---|---|---|---|
| | $H$ | $B$ | $t_1$ | $t_2$ | $f$ | $n_{(M20)}$ | $n_{(M22)}$ | $n_{(M24)}$ |
| HM600×300 | 588 | 300 | 12 | 20 | 305 | 16.0 | 13.0 | 11.0 |
| HN400×200 | 400 | 200 | 8 | 13 | 305 | 7.3 | 5.9 | 5.0 |
| HN450×200 | 450 | 200 | 9 | 14 | 305 | 9.2 | 7.5 | 6.4 |
| HN500×200 | 500 | 200 | 10 | 16 | 305 | 11.4 | 9.3 | 7.8 |
| HN600×200 | 600 | 200 | 11 | 17 | 305 | 15.1 | 12.3 | 10.4 |
| HN700×300 | 700 | 300 | 13 | 24 | 305 | 20.6 | 16.8 | 14.2 |
| HN800×300 | 800 | 300 | 14 | 26 | 305 | 25.4 | 20.8 | 17.5 |
| HN900×300 | 900 | 300 | 16 | 28 | 305 | 32.8 | 26.8 | 22.6 |
| H550×200(非标) | 550 | 200 | 12 | 18 | 305 | 15.0 | 12.2 | 10.3 |
| H550×300(非标) | 550 | 300 | 12 | 20 | 305 | 14.9 | 12.1 | 10.2 |
| H650×200(非标) | 650 | 200 | 14 | 20 | 305 | 20.7 | 16.9 | 14.3 |
| H650×300(非标) | 650 | 300 | 14 | 25 | 305 | 20.4 | 16.6 | 14.1 |
| H750×300(非标) | 750 | 300 | 14 | 25 | 305 | 23.8 | 19.4 | 16.4 |
| H850×300(非标) | 850 | 300 | 16 | 30 | 305 | 30.7 | 25.1 | 21.2 |
| H950×300(非标) | 950 | 300 | 20 | 30 | 295 | 41.8 | 34.1 | 28.8 |
| H1000×400(非标) | 1000 | 400 | 20 | 30 | 295 | 44.2 | 36.0 | 30.4 |

注:高强度螺栓为10.9级;$\mu=0.45$;连接板为双面夹板;标准孔;腹板受拉、受压截面为 $t_1(H-2t_2)$。

3)钢梁刚接时翼缘(受拉、受压)螺栓个数计算结果见表6.4.7-6。

**Q355 钢材常用 H 型钢翼缘受拉、受压高强度螺栓个数**　　　表 6.4.7-6

| H 型钢 | 截面尺寸(mm) | | | | | 梁翼缘(受拉、受压)螺栓个数 | | |
|---|---|---|---|---|---|---|---|---|
| | $H$ | $B$ | $t_1$ | $t_2$ | $f$ | $n_{(M20)}$ | $n_{(M22)}$ | $n_{(M24)}$ |
| HW200×200 | 200 | 200 | 8 | 12 | 305 | 5.8 | 4.8 | 4.0 |
| HW300×300 | 300 | 300 | 10 | 15 | 305 | 10.9 | 8.9 | 7.5 |
| HW350×350 | 350 | 350 | 12 | 19 | 295 | 15.6 | 12.7 | 10.8 |
| HW400×400 | 400 | 400 | 13 | 21 | 295 | 19.7 | 16.1 | 13.6 |
| HM350×250 | 340 | 250 | 9 | 14 | 305 | 8.5 | 6.9 | 5.9 |
| HM400×300 | 390 | 300 | 10 | 16 | 305 | 11.7 | 9.5 | 8.0 |
| HM450×300 | 440 | 300 | 11 | 18 | 295 | 12.7 | 10.4 | 8.7 |
| HM500×300 | 488 | 300 | 11 | 18 | 295 | 12.7 | 10.4 | 8.7 |
| HM600×300 | 588 | 300 | 12 | 20 | 295 | 14.1 | 11.5 | 9.7 |
| HN400×200 | 400 | 200 | 8 | 13 | 305 | 6.3 | 5.2 | 4.4 |

续表

| H 型钢 | 截面尺寸(mm) | | | | 梁翼缘(受拉、受压)螺栓个数 | | | |
|---|---|---|---|---|---|---|---|---|
| | $H$ | $B$ | $t_1$ | $t_2$ | $f$ | $n_{(M20)}$ | $n_{(M22)}$ | $n_{(M24)}$ |
| HN450×200 | 450 | 200 | 9 | 14 | 305 | 6.8 | 5.5 | 4.7 |
| HN500×200 | 500 | 200 | 10 | 16 | 305 | 7.8 | 6.3 | 5.4 |
| HN600×200 | 600 | 200 | 11 | 17 | 295 | 8.0 | 6.5 | 5.5 |
| HN700×300 | 700 | 300 | 13 | 24 | 295 | 16.9 | 13.8 | 11.7 |
| HN800×300 | 800 | 300 | 14 | 26 | 295 | 18.3 | 15.0 | 12.6 |
| HN900×300 | 900 | 300 | 16 | 28 | 295 | 19.7 | 16.1 | 13.6 |
| H550×200(非标) | 550 | 200 | 12 | 18 | 295 | 8.5 | 6.9 | 5.8 |
| H550×300(非标) | 550 | 300 | 12 | 20 | 295 | 14.1 | 11.5 | 9.7 |
| H650×200(非标) | 650 | 200 | 14 | 20 | 295 | 9.4 | 7.7 | 6.5 |
| H650×300(非标) | 650 | 300 | 14 | 25 | 295 | 17.6 | 14.4 | 12.1 |
| H850×300(非标) | 850 | 300 | 16 | 30 | 295 | 21.1 | 17.3 | 14.6 |
| H1000×400(非标) | 1000 | 400 | 20 | 30 | 295 | 28.2 | 23.0 | 19.4 |

注:1. 高强度螺栓为 10.9 级;$\mu=0.45$;连接板为双面夹板;标准孔;翼缘受拉、受压截面为 $B \cdot t_2$。

2. 刚接条件下,翼缘栓接是与腹板栓接配套使用的,简称为全栓连接。

3. 需进行疲劳验算的结构、斜杆宜采用工地全栓连接。

4. 全栓连接中,杆件之间的缝隙宽度为 10mm。

## 6.4.8 螺栓排列和施工操作要求

### 1. 螺栓的排列和允许距离

普通螺栓和高强度螺栓的排列和允许距离应符合表 6.4.8-1 的规定。

**螺栓的排列和允许距离** 表 6.4.8-1

| 名称 | 位置和方向 | | | 最大允许距离<br>(取两者的较小值) | 最小允许距离 |
|---|---|---|---|---|---|
| 中心间距 | 外排(垂直内力方向或顺内力方向) | | | $8d_0$ 或 $12t$ | $3d_0$ |
| | 中间排 | 垂直内力方向 | | $16d_0$ 或 $24t$ | |
| | | 顺内力方向 | 构件受压力 | $12d_0$ 或 $18t$ | |
| | | | 构件受拉力 | $16d_0$ 或 $24t$ | |
| | 沿对角线方向 | | | — | |
| 中心至构件<br>边缘距离 | 顺内力方向 | | | $4d_0$ 或 $8t$ | $2d_0$ |
| | 垂直内力方向 | 剪切边或手工气割边 | | | $1.5d_0$ |
| | | 轧制边、自动气<br>割或锯割边 | 高强度螺栓 | | $1.5d_0$ |
| | | | 其他螺栓 | | $1.2d_0$ |

注:1. $d_0$ 为螺栓的孔径,$t$ 为外层较薄板件的厚度。

2. 钢板边缘与刚性构件(如角钢、槽钢等)相连的高强度螺栓或普通螺栓的最大间距,可按中间排的数值采用。

3. 当有试验依据时,螺栓的允许间距可适当调整,但应按相关标准执行。

## 2. 高强度螺栓安装要求

设计、布置高强度螺栓时，应考虑工地可操作的空间，相关要求见表 6.4.8-2。

施工扳手操作空间参考尺寸 表 6.4.8-2

| 扳手种类 | | 参考尺寸(mm) | | 示意图 |
|---|---|---|---|---|
| | | $a$ | $b$ | |
| 手动定扭矩扳手 | | $1.5d_0$ 且不小于 45 | $140+c$ | |
| 扭剪型电动扳手 | | 65 | $530+c$ | |
| 大六角电动扳手 | M24 及以下 | 50 | $450+c$ | |
| | M24 以上 | 60 | $500+c$ | |

### 6.4.9 现场安装高强度螺栓出现小偏差的对策

#### 1. 错位误差的允许值

在高强度螺栓摩擦型连接中，标准孔的孔径比高强度螺栓公称直径大 1.5～3mm。

现场安装钢梁时经常发生孔位错位现象，当孔径误差在有限的允许范围内时，可以采用扩孔方法进行安装。将标准孔径扩大后，由于螺头、螺帽及垫圈与板的接触面变小，就会降低高强度螺栓的预拉力，所以，扩孔范围要加以限制，也就是说错位误差要控制在一定的范围内。

表 6.4.9-1 为安装过程中孔位最大错位误差（一级孔位差和二级孔位差）的允许值，当超过该值时，应进行构件制作返工及重新安装（表中列入了标准孔位差，仅作对比用）。

孔位错位是指安装过程中拼接连接板和构件之间（图 6.4.9-1）或构件与构件之间（主梁横向支撑加劲肋与次梁直接采用高强度螺栓连接）的螺栓孔中心线产生了一定的距离。当孔位错位距离超出了螺栓标准孔允许的误差值（标准孔位差）时，安装就不能继续下去了。

最大错位误差是指安装过程中先将图 6.4.9-1 所示的一端（如左端）用双面连接板和螺栓固定住而在另一端（如右端）产生的最大错位误差值。

安装过程孔位最大错位误差的允许值 $\Delta$ (mm) 表 6.4.9-1

| 螺栓公称直径 | M16 | M20 | M22 | M24 | M27 | M30 |
|---|---|---|---|---|---|---|
| 标准孔位差 | 1.5 | 2 | 2 | 2 | 3 | 3 |
| 一级孔位差 | 4 | 4 | 6 | 6 | 8 | 8 |
| 二级孔位差 | 14 | 17 | 18 | 21 | 23 | 25 |

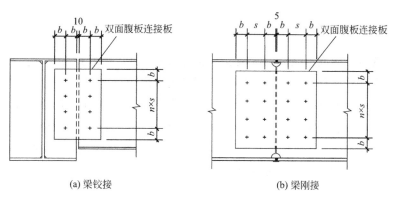

(a) 梁铰接　　　　　　　　　　　　　(b) 梁刚接

**图 6.4.9-1　钢梁采用高强度螺栓连接的节点**

2. 一级孔位差的扩孔要求

一级孔位差适用于框架梁［图 6.4.9-1（b）］的扩孔，可采用扩大圆孔法。当次梁［图 6.4.9-1（a）］偏差属于一级孔位差范围内时，也可采用扩大圆孔法。框架梁最大扩圆孔直径见表 6.4.9-2（表中列入了标准孔直径，仅作对比用）。

**框架梁最大扩圆孔直径（mm）**　　　　　　　　　　　　表 6.4.9-2

| 螺栓公称直径 | M16 | M20 | M22 | M24 | M27 | M30 |
|---|---|---|---|---|---|---|
| 标准孔直径 | 17.5 | 22 | 24 | 26 | 30 | 33 |
| 扩圆孔直径 | 20 | 24 | 28 | 30 | 35 | 38 |

3. 二级孔位差的扩孔要求

二级孔位差相对于一级孔位差放松了条件，适用于次梁铰接［图 6.4.9-1（a）］的扩孔，可采用扩槽孔法。次梁最大扩槽孔长向尺寸见表 6.4.9-3（表中列入了标准孔直径，仅作对比用）。通常，孔位误差都发生在沿梁长度方向，所以孔槽长方向与梁长度方向一致。

**次梁最大扩槽孔长向尺寸（mm）**　　　　　　　　　　　表 6.4.9-3

| 螺栓公称直径 | M16 | M20 | M22 | M24 | M27 | M30 |
|---|---|---|---|---|---|---|
| 标准孔直径 | 17.5 | 22 | 24 | 26 | 30 | 33 |
| 扩槽孔长向 | 30 | 37 | 40 | 45 | 50 | 55 |

4. 扩孔后高强度螺栓承载力的复核

当采用扩大圆孔法时，考虑承载能力的降低，式（6.4.3-1）中的孔型系数取 0.85。

当采用扩孔槽法时，由于次梁梁端的剪力方向与孔槽长方向垂直，故孔型系数取 0.7。

5. 扩孔操作要求

由于在现场对钢梁或横向支撑加劲肋扩孔难以保证精度，一般是将连接板拿到工厂进行扩孔。

6. 预拼装

对于重要的钢结构或框架梁的腹板和翼缘均采用高强度螺栓连接（全栓连接）的钢结构，为了保证安装精度和避免返工，应在工厂采用预拼装。

以山东广播电视中心项目为例，其中，演播楼采用钢结构，平面尺寸为 99.25m×15.1m，悬挂在 5 个混凝土楼梯筒上（图 6.4.9-2），框架梁和斜杆均采用全栓连接（图6.4.9-3）。该项目采用了工厂预拼装工序，工地安装过程中，15.3 万颗螺栓一次性准确安装就位，创造了钢结构安装的优异成绩。

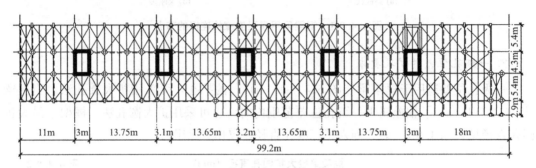

**图 6.4.9-2　悬挂钢结构二层平面图**

**图 6.4.9-3　框架梁和斜杆采用全栓连接**

# 6.5　销轴连接

## 6.5.1　销轴连接的适用条件及材料要求

1. 销轴连接的适用条件

销轴连接适用于铰接柱脚或拱脚以及拉索、拉杆端部的连接。

2. 销轴连接的材料要求

1）销轴与耳板常用结构钢材宜采用 Q355、Q390 及 Q420，荷载较小时可采用 Q235。非常用结构钢材可采用 45 号钢、35CrMo 或 40Cr 等。

2）常用销轴公称直径范围为 3～100mm，其规定见《销轴》GB/T 882。

3）直径大于 100mm 的销轴，目前没有标准的规格。当荷载较大，需要用到大直径销轴时，应注明对销轴和耳板销轴孔精度、表面质量和销轴表面处理的要求。

4）当直径大于 120mm 时，宜采用锻造加工工艺制作。

## 6.5.2　销轴连接的构造规定

耳板（图 6.5.2-1）的构造应符合下列规定：

1）耳板对称设置，销轴孔中心位于耳板中心线上。孔径与销轴直径相差不应大于 1mm。

2）耳板两侧宽厚比（$b/t$）及几何尺寸应符合下列公式规定：

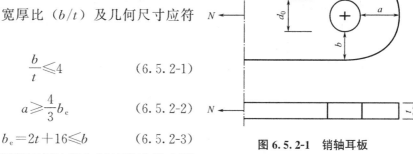

$$\frac{b}{t} \leqslant 4 \qquad (6.5.2\text{-}1)$$

$$a \geqslant \frac{4}{3} b_e \qquad (6.5.2\text{-}2)$$

$$b_e = 2t + 16 \leqslant b \qquad (6.5.2\text{-}3)$$

**图 6.5.2-1　销轴耳板**

式中：$b$——连接耳板两侧边缘与销轴孔边缘净距（mm）；

$t$——耳板厚度（mm）；

$a$——顺受力方向，销轴孔边至板边缘最小距离（mm）；

$b_e$——有效宽度（mm）。

## 6.5.3　耳板的四种承载力极限状态及其计算

耳板被破坏时可能产生的四种承载力极限状态如图 6.5.3-1 所示。

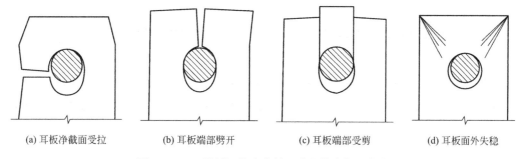

(a) 耳板净截面受拉　　(b) 耳板端部劈开　　(c) 耳板端部受剪　　(d) 耳板面外失稳

**图 6.5.3-1　耳板可能产生的四种承载力极限状态**

1. 耳板拉裂

耳板在轴力 $N$ 作用下达到承载力极限状态（即将破坏）时，销孔一侧的截面有些小的缺陷，或轴力有些微小偏差时，就会在较薄弱的一侧产生拉裂，见图 6.5.3-1（a），这种拉裂应力为正应力。

耳板孔净截面处的抗拉强度（正应力）为：

$$\sigma = \frac{N}{2tb_1} \leqslant f \qquad (6.5.3-1)$$

$$b_1 = \min\left(2t + 16,\ b - \frac{d_0}{3}\right) \qquad (6.5.3-2)$$

式中：$N$——杆件轴向拉力设计值（N）；

$b_1$——计算宽度（mm）；

$f$——耳板抗拉强度设计值（N/mm²）。

当耳板抗拉强度不满足要求时，首选方法是加大耳板厚度。

适当加大净截面宽度 $b$ 是可以的，当 $b$ 加大到一定尺度时，就会由耳板厚度 $t$ 起控制作用，同时也会带来面外失稳的不利因素。

$b_1$ 可理解为对净截面宽度 $b$ 进行了折减。例如，《钢标》条文说明中提到，在公路桥涵钢结构中：

$$\sigma = k_1 \frac{N}{2tb} \leqslant f$$

式中：$k_1 = 1.4$。

令上式与式（6.5.3-1）相等，得出：$b_1 = b/k_1 = b/1.4 = 0.714b$。相当于净截面宽度 $b$ 乘以 0.714 的系数。

2. 耳板劈裂

耳板在轴力 $N$ 作用下，与销轴的接触点会产生很大的集中力（应力集中现象）达到撕裂破坏，见图 6.5.3-1（b）。其承载力极限状态时产生的劈裂拉应力垂直于轴力 $N$ 的方向。耳板端部抗拉（劈开）强度（劈裂应力）为：

$$\sigma = \frac{N}{2t\left(a - \frac{2d_0}{3}\right)} \leqslant f \qquad (6.5.3-3)$$

当耳板抗劈裂强度不满足要求时，应加大耳板厚度或增大 $a$ 值。

3. 耳板剪断

耳板在轴力 $N$ 作用下，与销轴接触的半个圆孔范围内，销轴杆件会对耳板产生双剪力，达到剪切破坏，见图 6.5.3-1（c）。双剪切破坏面之间的距离为销轴的直径（$d$），$d_0 - d \leqslant 1\text{mm}$。

耳板抗剪强度为：

$$\tau = \frac{N}{2tZ} \leqslant f_v \qquad (6.5.3-4)$$

$$Z = \sqrt{(a + d_0/2)^2 - (d_0/2)^2} \qquad (6.5.3-5)$$

式中：$Z$——耳板端部抗剪截面宽度（图 6.5.3-2）（mm）；

$f_v$——耳板钢材抗剪强度设计值（N/mm²）；

$d_0$——销轴孔径（mm）。

4. 耳板失稳

耳板在轴力 $N$ 作用下，与销轴接触的半圆形范围内承受着压力。板件受压时也就存在面外失稳的可能性，见图 6.5.3-1 （d）。为了避免连接耳板端部在平面外失稳，耳板的刚度应能限制其平面外的局部变形（表面凹陷）。

耳板两侧宽厚比应满足式（6.5.2-1）的要求。

耳板构造应满足式（6.5.2-2）、式（6.5.2-3）的要求。

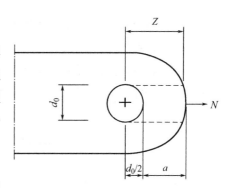

**图 6.5.3-2 销轴连接耳板受剪面示意**

### 6.5.4 销轴抗压、抗剪及抗弯计算

销轴承受耳板传来的力 $N$，需要进行抗压、抗剪及抗弯计算。

1）销轴轴身在耳板厚度范围内抗压强度（压应力）计算：

$$\sigma_c = \frac{N}{dt} \leqslant f_c^b \tag{6.5.4-1}$$

2）销轴在耳板表面处抗剪强度（剪应力）计算：

$$\tau_b = \frac{N}{n_v \pi \dfrac{d^2}{4}} \leqslant f_v^b \tag{6.5.4-2}$$

3）销轴的抗弯强度（正应力）计算：

$$\sigma_b = \frac{M}{15 \dfrac{\pi d^3}{32}} \leqslant f^b \tag{6.5.4-3}$$

$$M = \frac{N}{8}(2t_e + t_m + 4s) \tag{6.5.4-4}$$

4）计算截面同时受弯、受剪时组合强度应按下式验算：

$$\sqrt{\left(\frac{\sigma_b}{f^b}\right)^2 + \left(\frac{\tau_b}{f_v^b}\right)^2} \leqslant 1.0 \tag{6.5.4-5}$$

组合强度可理解为对销轴正应力和剪应力两个应力比的综合控制。

式中：$d$——销轴直径（mm）；

$f_c^b$——销轴连接中，耳板的抗压强度设计值（N/mm²）；

$n_v$——受剪面数目；

$f_v^b$——销轴的抗剪强度设计值（N/mm²）；

$M$——销轴计算截面弯矩设计值（N·mm）；

$f^b$——销轴的抗弯强度设计值（N/mm²）；

$t_e$——两端耳板厚度（mm）；

$t_m$——中间耳板厚度（mm）；

$s$——端耳板和中间耳板的间距（mm）。

5）构造要求：

（1）不约束被连接件之间的转动。

（2）销轴有防止其脱出销轴孔的防脱装置。

# 6.6　钢管法兰连接

法兰是英文"flange"的音译，意译为"凸缘"，即连接管子、设备等带螺栓孔的向外扩张部分。

法兰连接是钢管结构主要连接方式之一，广泛应用于钢塔、旅游观光塔、跨公路钢管桁架和钢管钢架等。尤其在偏远地区，如通信塔、气象监测塔等不易现场焊接的钢管结构普遍采用法兰连接。

## 6.6.1　刚接法兰与半刚接法兰的特点

### 1. 刚接法兰

杆件刚接的必要条件是在法兰连接处有足够的抗弯刚度和连续抗弯刚度。

为了达到连续抗弯刚度的目的，就要采用高强度螺栓连接，对法兰施加预压力，使法兰板之间在受力过程中不开缝，这样，抗弯刚度就连续了。

下列三种情况的法兰应采用刚性法兰，用高强度螺栓连接：

1）按空间刚架计算的钢管结构的法兰。法兰位置一般为离开节点 3 倍直径以上。

2）按空间桁架计算的钢管结构杆件中段的法兰。桁架需要按运输单元被加工成若干段，到工地进行拼接。拼接处的法兰连接原则上也要刚接，否则相当于在一根压杆中间加了一个半铰，其整体稳定承载力就会降低。

3）二力构件中段的法兰。原因同上。

简记：刚接，高强度螺栓连接。

### 2. 半刚接法兰

半刚接是指在法兰连接处出现铰或半铰。为了能出现铰或半铰，不需要对法兰施加预压力，所以采用普通螺栓连接。尽管在法兰连接处可以做到传递拉力、压力，甚至也可以抗弯，但在受弯时法兰板出现局部脱离接触，只能做半刚接。

按空间桁架计算的钢管结构，因为构件长细比较大（30 以上），杆件抗弯影响较小，用空间桁架计算既简单又准确。既然是空间桁架，在节点附近出现铰或半铰也就符合整体计算模式。

简记：半刚接，普通螺栓连接。

## 6.6.2　有加劲肋法兰和无加劲肋法兰的适用情况

法兰分为有加劲肋法兰和无加劲肋法兰两种形式，如图 6.6.2-1 所示。

1. 有加劲肋法兰

非标准或大直径钢管结构的连接可采用有加劲肋法兰。有加劲肋法兰受力合理，用钢量较省，设计也相对灵活。

2. 无加劲肋法兰

标准化或小直径钢管结构的连接可采用无加劲肋法兰。无加劲肋法兰焊缝少，用于标准化钢结构或重复率高的钢结构连接，模具成本低，有一定的成本优势。

(a) 有加劲肋法兰　　　　　　　　　　　　(b) 无加劲肋法兰

**图 6.6.2-1　有加劲肋法兰和无加劲肋法兰实物**

### 6.6.3　刚接法兰连接的计算

1. 高强螺栓计算

刚接法兰中摩擦型高强度螺栓群同时受弯矩 $M$ 和轴向拉力 $N$ 作用时，单个螺栓最大拉力应按下式计算：

$$N_{max}^b = \frac{My_n}{\sum y_i^2} + \frac{N}{n_0} \leqslant N_t^b \qquad (6.6.3\text{-}1)$$

式中：$y_i$——第 $i$ 个螺栓到法兰中性轴的距离（mm）；

　　　　$y_n$——离法兰中性轴最远的螺栓到法兰中性轴的距离（mm）；

　　　　$n_0$——法兰盘上螺栓总数；

　　　　$N_t^b$——一个摩擦型高强度螺栓受拉承载力设计值（N）。

2. 法兰板计算

刚接法兰中法兰板厚度应按下式计算：

$$t \geqslant \sqrt{\frac{5M_{max}}{f}} \qquad (6.6.3\text{-}2)$$

式中：$M_{max}$——按单个螺栓最大拉力均布到法兰板对应区域时计算得到的法兰板单位板宽最大弯矩（N·mm）；无加劲肋法兰时，按悬臂板计算；有加劲肋法兰时，按两边沿加劲板边固结，一边沿管壁铰接按弹性薄板近似计算弯矩；

　　　　$f$——钢材抗拉强度设计值（N/mm²）。

单位板宽法兰板最大弯矩 $M_{\text{max}}$（N·mm/mm）应按下列公式计算：

$$M_{\text{max}} = m_{\text{b}} q b^2 \qquad (6.6.3\text{-}3)$$

$$q = \frac{N_{\text{tmax}}}{ba} \qquad (6.6.3\text{-}4)$$

式中：$a$——固结边长度（mm）；

$b$——简支边平均长度（图 6.6.3-1，实际取扇形区域的平均宽度）（mm），$b = \dfrac{b_1 + b_2}{2}$；

$N_{\text{tmax}}$——单个螺栓最大拉力设计值（N）；

$m_{\text{b}}$——弯矩计算系数，按表 6.6.3-1 取值。

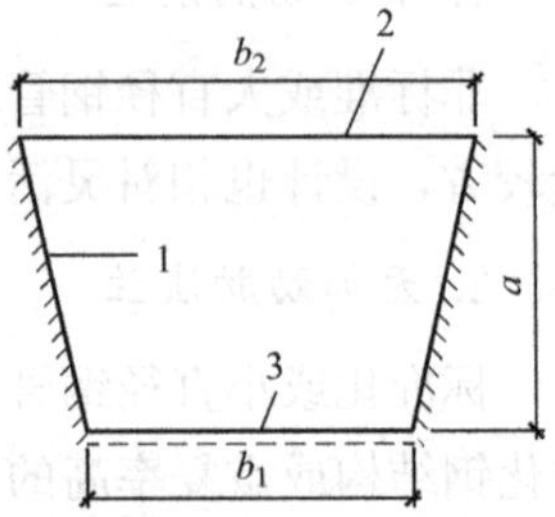

1—固定边（靠加劲板）；

2—自由边；3—简支边（靠钢管）

**图 6.6.3-1　法兰板受弯计算简图**

**均布荷载作用下有加劲肋法兰（一边简支，两边固结板）**

**弯矩计算系数 $m_{\text{b}}$ 和加劲板反力比 $\alpha$**　　　　　　　　　　　　**表 6.6.3-1**

| $a/b$ | 0.35 | 0.40 | 0.45 | 0.50 | 0.55 | 0.60 | 0.65 | 0.70 | 0.75 | 0.80 | 0.85 |
|---|---|---|---|---|---|---|---|---|---|---|---|
| $m_{\text{b}}$ | 0.0785 | 0.0834 | 0.0874 | 0.0895 | 0.0900 | 0.0901 | 0.0900 | 0.0897 | 0.0892 | 0.0884 | 0.0872 |
| $\alpha$ | 0.67 | 0.71 | 0.73 | 0.74 | 0.76 | 0.79 | 0.80 | 0.80 | 0.81 | 0.82 | 0.83 |
| $a/b$ | 0.90 | 0.95 | 1.00 | 1.10 | 1.20 | 1.30 | 1.40 | 1.50 | 1.75 | 2.00 | >2.00 |
| $m_{\text{b}}$ | 0.0860 | 0.0848 | 0.0843 | 0.0840 | 0.0838 | 0.0836 | 0.0835 | 0.0834 | 0.0833 | 0.0833 | 0.0833 |
| $\alpha$ | 0.83 | 0.84 | 0.85 | 0.86 | 0.87 | 0.88 | 0.89 | 0.90 | 0.91 | 0.92 | 1.00 |

3. 加劲板计算

刚接法兰的加劲板强度按平面内拉、弯计算，拉力大小按三边支撑板的两固结边支撑反力计，拉力中心与螺栓对齐。加劲板与法兰板的焊缝、加劲板与筒壁的焊缝按上述受力分别验算。法兰加劲肋板焊缝（图 6.6.3-2）应进行如下计算。

加劲板受力 $F = \alpha N_{\text{tmax}}$，其中，$\alpha$ 按表 6.6.3-1 取值。

加劲板与筒壁的竖向对接焊缝验算：

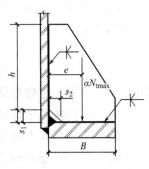

$$\tau_{\text{f}} = \frac{\alpha N_{\text{tmax}}}{t(h - s_1 - 2t)} \leqslant f_{\text{v}}^{\text{w}} \qquad (6.6.3\text{-}5)$$

**图 6.6.3-2　外法兰肋板焊缝计算简图**

$$\sigma_{\text{f}} = \frac{6\alpha N_{\text{tmax}} e}{t(h - s_1 - 2t)^2} \leqslant f_{\text{t}}^{\text{w}} \qquad (6.6.3\text{-}6)$$

$$\sqrt{\sigma_{\text{f}}^2 + 3\tau_{\text{f}}^2} \leqslant 1.1 f_{\text{t}}^{\text{w}} \qquad (6.6.3\text{-}7)$$

加劲板与法兰板的水平对接焊缝验算：

$$\sigma_{\text{f}} = \frac{\alpha N_{\text{tmax}}}{t(B - s_2 - 2t)} \leqslant f_{\text{t}}^{\text{w}} \qquad (6.6.3\text{-}8)$$

式中：$\sigma_{\text{f}}$——垂直于焊缝长度方向的正应力（拉应力）（N/mm²）；

$\tau_f$——平行于焊缝长度方向的剪应力（N/mm²）；

$B$——加劲板宽度（mm）；

$t$——加劲板（肋板）的厚度（mm）；

$e$—— $N_{tmax}$ 偏心距，取螺栓中心到钢管外壁的距离（mm）；

$\alpha$——加劲板承担反力的比例，按表 6.6.3-1 取值，加劲板受力为 $F=\alpha N_{tmax}$；

$h$——加劲板（肋板）的高度（mm）；

$s_1$——加劲板（肋板）下端切角高度（mm）；

$s_2$——加劲板（肋板）横向切角尺寸（mm）；

$f_t^w$、$f_v^w$——对接焊缝抗拉、抗剪强度设计值（N/mm²）。

4. 抗剪验算

刚接法兰抗剪按高强度螺栓抗剪验算，即高强度螺栓抗剪能力不低于钢管壁全截面抗剪能力，按钢管壁全截面抗剪满应力进行高强度螺栓设计。

### 6.6.4　半刚接法兰连接的计算

为了使半刚接法兰连接节点在连接处出现铰或半铰，不需要对法兰施加预压力，所以采用普通螺栓连接。在荷载频遇值作用下，法兰不宜开缝。在承载能力极限状态下，法兰可开缝，并绕特定的转动中心轴转动。

1. 普通螺栓计算

1）受压、受拉计算

（1）半刚接法兰既可能承受轴压又可能承受轴拉时，轴压力通过钢管与法兰板之间的焊缝直接传递，应保证法兰板的熔透焊缝与钢管壁等强。拉力 $N$ 则通过普通螺栓传递。

（2）有加劲肋法兰单个普通螺栓拉力应按下式计算：

$$N_{max}^b=\frac{N}{n_0}\leqslant N_t^b \qquad (6.6.4\text{-}1)$$

无加劲肋法兰（图 6.6.4-1）单个普通螺栓拉力应按下式计算：

$$N_{t,max}^b=mT_b\frac{a+b}{a}\leqslant N_t^b \qquad (6.6.4\text{-}2)$$

式中：$T_b$——一个普通螺栓对应的筒壁拉力（N）；

$m$——工作条件系数，取 0.65；

$N_{t,max}^b$——单个螺栓受力（N）。

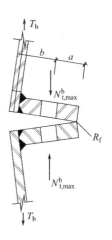

**图 6.6.4-1　无加劲肋法兰受力**

2）受弯计算

（1）半刚接法兰主要受弯矩作用时，有加劲肋外法兰、有加劲肋内法兰（图 6.6.4-2）螺栓最大拉力应按下式计算：

$$N_{max}^b=\frac{My_n}{\sum(y_i)^2} \qquad (6.6.4\text{-}3)$$

式中：$M$——法兰板所受的弯矩（N·mm）；

    $y_i$——螺栓群转动中心轴到第 $i$ 个螺栓的距离（mm）；

    $y_n$——离螺栓群转动中心轴最远的螺栓到中心轴的距离（mm）。

（2）半刚接法兰主要受弯矩作用时，无加劲肋法兰螺栓最大拉力应按下式计算：

$$N_{t,max}^b = \frac{2mM}{nR} \cdot \frac{a+b}{a} \leqslant N_t^b \quad (6.6.4\text{-}4)$$

式中：$R$——钢管的外半径（mm）；

    $n$——法兰板上螺栓总数。

2. 半刚接法兰板厚度的计算

半刚接法兰板厚度按刚接法兰连接的法兰板厚度进行计算。

3. 半刚接法兰加劲板的计算

半刚接法兰连接的加劲板按刚接法兰连接的加劲板进行计算。

4. 半刚接法兰抗剪验算

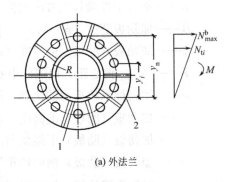

(a) 外法兰

(b) 内法兰

1—外焊缝；2—外法兰受压区形心轴；
3—内法兰；4—内法兰受压区形心轴

**图 6.6.4-2　法兰螺栓群计算**

半刚接法兰所受剪力不应大于螺栓拉力在法兰板内产生的压力对应的摩擦力。

## 6.6.5　法兰连接的构造

1）螺栓排列和距离应符合表 6.4.8-1 的规定。

2）普通螺栓应采用双螺母，防止松动。

3）钢管壁厚不应小于 4mm。

4）连接法兰盘的螺栓数目不应少于 3 个。

5）加劲肋与法兰盘及钢管壁焊接的焊缝强度不应低于母材强度。

6）法兰连接中，加劲肋的厚度除应满足支撑法兰板的受力要求及焊缝传力要求外，不宜小于肋长的 1/15，并不宜小于 5mm。加劲肋与法兰板及钢管交汇处应切除直角边长不小于 20mm 的三角，避免三向焊缝交叉。

## 6.6.6　刚接法兰连接计算示例

【例题 6.6.6-1】　刚接法兰连接时，高强度螺栓、加劲板和法兰盘的计算。设计资料为：桁架采用有加劲肋的刚接法兰连接，连接位置如图 6.6.6-1 所示；杆件均为二力构件，等强连接，依据如下具体资料，对下弦杆件"1"进行高强度螺栓、加劲板和法兰盘的计算。

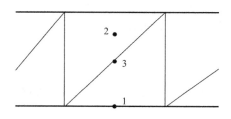

**图 6.6.6-1 桁架法兰连接位置**

钢管截面：直径 $d=152$mm、壁厚 $t=7$mm、截面积 $A=3189$mm$^2$；钢材 Q235，$f=215$N/mm$^2$。

高强度螺栓：M24，10.9 级（$P=225$kN），一个高强度螺栓受拉承载力设计值 $N_t^b=0.8P=0.8\times225=180$kN。

加劲板：Q235。

法兰盘：Q235。

传力途径为：钢管通过一级对接焊缝均匀传力给加劲板，加劲板通过一级对接焊缝均匀传力给法兰盘，法兰盘之间通过高强度螺栓最终连接在一起。

【解】1) 计算高强度螺栓个数

在等强连接中，高强度螺栓群承受的最小拉力为钢管壁全截面时满应力的抗拉力，即：

$$N=A \cdot f=3189\times215=685635 \text{（N）}=685.635 \text{（kN）}$$

图 6.6.6-1 中杆件 1 为二力构件，所以 $M=0$。单个螺栓最大拉力表达式为：

$$N_{max}^b=\frac{My_n}{\sum y_i^2}+\frac{N}{n_0}=\frac{N}{n_0}\leqslant N_t^b$$

即：

$$n_0\geqslant\frac{N}{N_t^b}=\frac{685.635}{180}=3.8$$

实取 $n_0=4$。杆件 1 需要的高强度螺栓为 4M24，加劲板为 4 块，均匀布置。

2) 计算加劲板尺寸

设定加劲板厚度 $t=6$mm，根部切角 $s_1=s_2=20$mm，焊缝 $f_v^w=125$N/mm$^2$、$f_t^w=215$N/mm$^2$。

（1）计算加劲板高度 $h$：

在等强连接中，钢管壁通过对接焊缝传给 4 块加劲肋的剪力为钢管壁全截面时满应力的抗拉力，即：

$$4t(h-s_1-2t)f_v^w=A \cdot f=3189\times215=685635 \text{（N）}$$

可得：$h=261$mm，实取加劲板高度 $h=300$mm。

（2）计算加劲板宽度 $B$：

在等强连接中，4 块加劲肋通过对接焊缝传给法兰板的拉力等于钢管壁全截面时满应力的抗拉力，即：

$$4t\ (B-s_2-2t)\ f_t^w-\Lambda \cdot f\ -3189\times215-685635\ (N)$$

可得加劲板宽度：$B=165mm$，实取 $B=165mm$。

3）计算法兰盘尺寸

（1）法兰盘平面尺寸：

法兰盘为圆环板，内环直径 $d_1=d=152mm$；外环直径 $d_2=d+2B=152+2\times165=482mm$。

（2）求解法兰板厚度 $t$：

4 块加劲肋将圆环状法兰盘分成 4 等份。

固定边（加劲板宽度）尺寸：$a=B=165mm$

简支边（靠钢管）尺寸：

$$b_1=\frac{\pi d_1}{4}=\frac{3.1416\times152}{4}=119\ (mm)$$

自由边尺寸：

$$b_2=\frac{\pi d_2}{4}=\frac{3.1416\times482}{4}=379\ (mm)$$

简支边平均长度：

$$b=\frac{b_1+b_2}{2}=\frac{119+379}{2}=249\ (mm)$$

根据 $a/b=165/249=0.66$，查表 6.6.3-1 可得：$m_b=0.0900$，$\alpha=0.80$。

单个高强度螺栓按与钢管壁等强，实际最大拉力设计值（略小于 $0.8P$）：

$$N_{tmax}=\frac{N}{h_0}=\frac{685635}{4}=171409\ (N/mm^2)$$

$$q=\frac{N_{tmax}}{ba}=\frac{171409}{249\times165}=4.17\ (N/mm^2)$$

单位板宽法兰板最大弯矩：

$$M_{max}=m_b qb^2=0.09\times4.17\times249^2=23269\ (N\cdot mm/mm)$$

法兰板厚度：

$$t\geqslant\sqrt{\frac{5M_{max}}{f}}=\sqrt{\frac{5\times23269}{215}}=23\ (mm)$$

实取法兰盘厚度：$t=25mm$。

4）加劲板与钢管壁和法兰盘之间对接焊缝的验算

竖向对接焊缝验算：

$$\tau_f=\frac{\alpha N_{tmax}}{t(h-s_1-2t)}=\frac{0.8\times171409}{6\times(300-20-2\times6)}=85<f_v^w=125\ (N/mm^2)$$

$$\sigma_f=\frac{6\alpha N_{tmax}e}{t(h-s_1-2t)^2}=\frac{6\times0.8\times171409\times(165/2)}{6\times(300-20-2\times6)^2}=158<f_t^w=215\ (N/mm^2)$$

$$\sqrt{\sigma_f^2+3\tau_f^2}=\sqrt{158^2+3\times85^2}=216<1.1f_t^w=1.1\times215=236.5\ (N/mm^2)$$

水平对接焊缝验算：

$$\sigma_{\mathrm{f}} = \frac{\alpha N_{\mathrm{tmax}}}{t(B - s_2 - 2t)} = \frac{0.8 \times 171409}{6 \times (165 - 20 - 2 \times 6)} = 172 < f_{\mathrm{t}}^{\mathrm{w}} = 215 \ (\mathrm{N/mm}^2)$$

竖向和水平对接焊缝均满足要求。

# 第 7 章

# 楼板设计

## ▰▰▰ **7.1 楼板的基本要求** ▰▰▰

### 7.1.1 板厚和板跨

1. 板厚

1）整浇板

铺设在钢梁上的混凝土楼板不宜过薄，否则会产生犹如行走在钢结构过街天桥上的振颤的感觉。国外钢结构房屋中，楼板厚度一般不小于 150mm。我国这十几年来钢结构发展很快，项目层出不穷，一般的楼板厚度介于 110～150mm 之间。从使用的舒适度角度考虑，建议选择楼板厚度时按表 7.1.1-1 考虑建筑面层的做法。

楼板最小厚度与建筑面层厚度      表 7.1.1-1

| 建筑面层厚度(mm) | 0～30 | 30～50 | 50～100 | 无人员活动房间 |
|---|---|---|---|---|
| 楼板最小厚度(mm) | 140 | 130 | 120 | 110 |

2）叠合板

叠合板就是在预制板上面二次浇筑一层混凝土板（图 7.1.1-1）。预制板不能太薄，要有一定的刚度和承载能力，最小厚度不能小于 60mm；后浇筑板也不能太薄，要满足走线的要求，最小厚度不能小于 70mm。最小总厚度为 130mm。

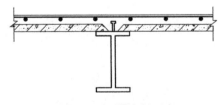

**图 7.1.1-1 叠合板示意**

3）楼梯踏步板

采用弯折钢板的钢楼梯踏步，对振颤问题更为敏感，应在弯折钢板的顶面和侧面现浇一层构造钢筋混凝土折板，厚度为 50mm，构造配筋。在楼梯设计中，楼梯板也可采用钢筋混凝土梯板的形式（见第 11.4.2 节），梯梁按钢梁设计。

4）斜屋面现浇混凝土板

对于斜屋面现浇混凝土板，由于不能振捣混凝土，导致实际强度远低于设计强度，所以板厚应不小于 150mm，并采用双层双向配筋。其混凝土强度等级应不小于 C30，并按 C15 进行承载力复核。如果在计算中没有将混凝土强度进行折减，应在图纸中说明：采用双面模板，并振捣混凝土。

5）承受较大荷载的楼板

对于承受较大荷载的楼板，最小板厚可取 150mm。

2. 板跨

钢结构房屋不宜采用大跨度厚板结构，因为板太厚，地震作用随质量增大而变大，而钢结构抗侧力刚度远比混凝土小，会造成钢框架用钢量增大。由于混凝土楼板是铺设在钢梁上的，楼板太厚，势必影响房间的净高，建议楼板跨度控制在 3.0m 以内。

## 7.1.2 伸缩后浇带的设置

1）后浇带的间距：每隔 40m 左右设置一道伸缩后浇带，解决浇筑混凝土时产生的水化热问题。

2）后浇带的宽度：800mm。

3）后浇带的浇筑时间：2 个月后用高一强度等级的无收缩混凝土进行浇筑。

4）后浇带的防护措施：浇筑混凝土前应清扫进入后浇带中的建筑垃圾，清除浮浆、松动的石子、松弱的混凝土层，并将结合面处洒水湿润，但不得积水。

## 7.1.3 楼板开大洞的具体措施

钢结构楼板开大洞的加强措施与混凝土结构是不同的。混凝土结构中，楼板开大洞的加强措施是将旁边楼板加厚，将配筋加强，通过厚板将水平地震力传给相连的混凝土梁，再通过混凝土梁传递给竖向抗侧力构件。钢结构中，楼板通过栓钉传递水平力给钢梁，楼板开大洞的情况下，加强楼板厚度和配筋并不能显著提高洞边薄弱处传递水平地震力的能力，只有设置水平支撑才能有效地将水平力直接在钢梁平面内传给竖向抗侧力构件。

1. 加强措施

楼板开大洞时，应在大洞两侧钢梁平面内设置水平支撑，如图 7.1.3-1 所示。

2. 水平支撑的构造要求

水平支撑需传递往复的水平地震力，所以，不能按厂房中拉杆工作制的设计方法来设计水平支撑，只能按构造压杆的方法设计水平支撑。

简记：构造压杆。

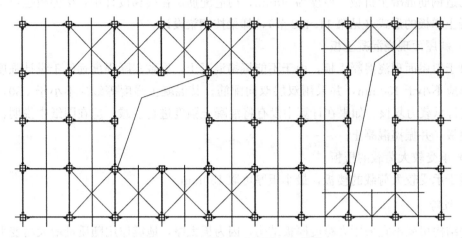

图 7.1.3-1 楼板开大洞的加强措施

## 7.1.4 楼板与竖向构件相连接的构造措施

混凝土楼板是铺设在钢梁上的，框架梁的宽度小于柱截面对应的宽度，造成钢梁端部的外侧有一部分楼板在钢柱部位没有支撑。解决楼板与钢柱之间支撑楼板的构造措施如图 7.1.4-1 所示。

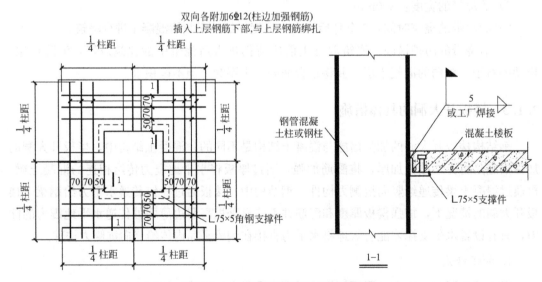

图 7.1.4-1 楼板与钢柱的构造措施

## 7.1.5 连续楼板的设计原则

铺设在 H 型钢梁上的连续楼板应按弹性计算，而不能按混凝土梁、板结构中考虑塑性内力重分布的方法计算。

在混凝土梁、板结构中，连续板在支座处存在一个混凝土梁宽或混凝土墙宽范围内的较宽的刚域（图 7.1.5-1），在该刚域内，板在支座处的最大负弯矩被混凝土梁消化了，板的负弯矩可按梁边缘处弯矩经过一定的放大后进行设计，即，按板净跨通过放大系数得到板的计算跨度，支座处按计算跨度算出的弯矩比弹性设计中梁的中线到中线跨度产生的弯矩要小，这种方法就是混凝土梁、板结构中考虑塑性内力重分布的计算方法。

然而，在钢结构梁上的混凝土板结构中，连续板在支座处存在一个钢梁腹板厚度范围内的很窄的刚域（图 7.1.5-2），已经没有调整计算跨度的余地了，只能按钢梁中心线中到中的跨度进行弹性设计。

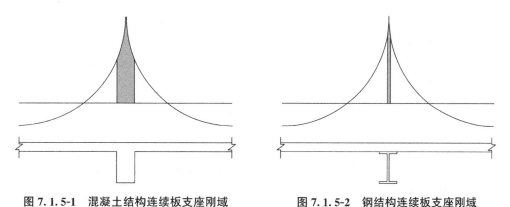

图 7.1.5-1　混凝土结构连续板支座刚域　　　　图 7.1.5-2　钢结构连续板支座刚域

### 7.1.6　楼板栓钉

1. 栓钉设置

为了保证楼板与钢梁顶面的可靠连接和传递水平力，应在钢梁顶面设置栓钉（Q235）。

2. 栓钉直径 $d$

栓钉直径分为 16mm 和 19mm，可根据楼板跨度 $L$ 采用：

$$L < 3\text{m 时，} d = 16\text{mm}$$
$$L = 3 \sim 6\text{m 时，} d = 16\text{mm 或 } d = 19\text{mm}$$
$$L > 6\text{m 时，} d = 19\text{mm}$$

3. 栓钉间距 $s$

栓钉沿梁轴线方向：$s \geqslant 5d$，一般为 $150 \sim 200\text{mm}$

栓钉沿垂直于梁轴线方向：$s \geqslant 4d$

栓钉至钢梁翼缘边的边距：$s \geqslant 35\text{mm}$

4. 栓钉顶面混凝土保护层厚度

栓钉顶面混凝土保护层厚度应不小于 15mm。

### 7.1.7 局部降板或升板的做法

**1. 仅降板不降梁**

需要局部降板的区域不大且较规则时，仅降板不降梁的构造做法如图 7.1.7-1 所示。

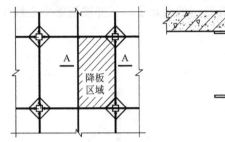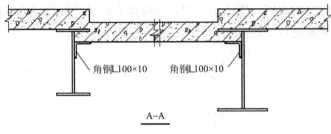

角钢L100×10　　角钢L100×10

A–A

**图 7.1.7-1　仅降板不降梁**

**2. 既降板又降梁**

需要局部降板的区域较大且不规则时，横跨降板区域的钢梁也需要随之降低（既降板又降梁），其构造做法如图 7.1.7-2 所示。

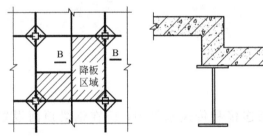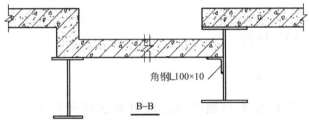

角钢L100×10

B–B

**图 7.1.7-2　既降板又降梁**

**3. 仅升板不升梁**

仅升板不升梁的构造做法如图 7.1.7-3 所示。

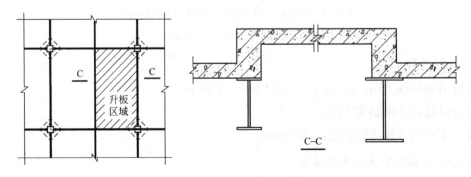

C–C

**图 7.1.7-3　仅升板不升梁**

### 4. 既升板又升梁

需要局部升板的区域较大或不规则时，横跨升板区域的钢梁也需要随之升起（既升板又升梁），其构造做法如图 7.1.7-4 所示。当升起的梁截面编号不改变时，应将升高的梁加以区别，在梁编号右上角标注"＊"。

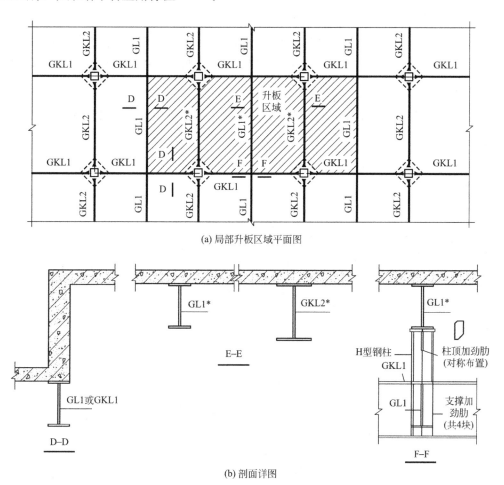

(a) 局部升板区域平面图

(b) 剖面详图

**图 7.1.7-4 既升板又升梁**

# 7.2 楼板类型

钢结构中的楼板主要有四种类型：楼承板、叠合板、现浇板和组合板。

## 7.2.1 楼承板

### 1. 楼承板形式

楼承板就是在工厂将三角形钢筋桁架固定在薄钢板（Q235）上，运至工地安装就位，焊上栓钉后再现浇混凝土形成的楼板。

薄钢板采用 Q235 镀锌薄板，板厚 0.4～0.6mm。

楼承板中的三角形钢筋桁架在施工时作为受力骨架（图 7.2.1-1），施工后作为楼板受力钢筋。

2. 适用条件

适用于除钢梁上翼缘为高强度螺栓连接外的情形，即钢梁工地节点为栓焊的形式（腹板采用高强度螺栓连接，翼缘采用等强对接焊）和全焊形式（腹板和翼缘均采用对接焊）。

3. 使用情况

楼承板的推出已经有十几年的历史，目前在钢结构楼板中得到了最广泛的使用。

4. 施工特点

现场不需支模，大部分钢筋已固定在钢板上，只需焊栓钉和绑扎少量附加上铁，相对施工速度最快。

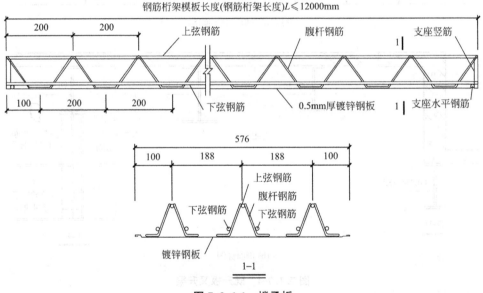

图 7.2.1-1　楼承板

## 7.2.2　叠合板

1. 叠合板形式

叠合板由预制板和后浇混凝土叠合而成（图 7.2.2-1），由于省去了薄钢板底模，具有一定的经济性。

预制板不能太薄，要有一定的刚度和承载能力，最小厚度不能小于 60mm；后浇筑板也不能太薄，要满足机电专业走线的最小厚度的要求，最小厚度不能小于

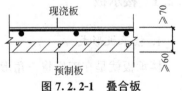

图 7.2.2-1　叠合板

70mm。装配式楼板总厚度不能小于 130mm。

栓钉在工厂被安装就位在钢梁上，省去了工地的焊栓时间，焊接质量优于工地焊接。

叠合板要进行两次设计：一是后浇层达到混凝土强度后的使用阶段承载力的设计，二是施工阶段预制板承受浇筑混凝土时承载力的设计。

2. 适用条件

适用于除钢梁上翼缘为高强度螺栓连接外的情形，即钢梁工地节点为栓焊形式（腹板采用高强度螺栓连接，翼缘采用等强对接焊）和全焊形式（腹板和翼缘均采用对接焊）。

3. 使用情况

由于预制板需要专门的制作、养护和放置场地，而钢结构厂家一般不具备生产条件，所以要单独委托专业厂家进行生产，一定程度上影响了使用性。由于叠合板结构省去了薄钢板底模，具有很好的经济性。

叠合板兼顾了施工速度和经济性，工程中也常采用。

4. 施工特点

现场不需支模，不需焊栓钉，但要绑扎所有的楼板上铁，施工较快。

### 7.2.3 现浇板

1. 现浇板形式

现浇板与混凝土结构楼板类似，需要在板下支模，然后绑扎所有钢筋，浇筑完混凝土后形成楼板。

混凝土楼板支模是由下向上逐层推进的，而钢结构中现浇板支模灵活且方便，钢结构安装完毕后可以在任意层或任意区域进行支模，即，利用 H 型钢梁上、下翼缘间的空间进行支模（图 7.2.3-1）。

栓钉在工厂被安装就位在钢梁上，省去了工地的焊栓时间，焊接质量优于工地焊接。

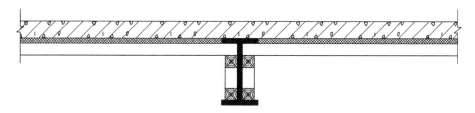

图 7.2.3-1 现浇板

2. 适用条件

适用于所有钢梁连接形式，即钢梁工地节点为栓焊形式（腹板采用高强度螺栓连接，翼缘采用等强对接焊）、全栓形式（腹板和翼缘均采用高强度螺栓连接）和全焊形式（腹板和翼缘均采用对接焊）。

3. 使用情况

混凝土与钢梁顶面紧密接触，受力性能在各种楼板中是最好的，且省去了薄钢板底模，具有很好的经济性。尽管现浇板体系中使用了模板，但相比叠合板中的预制板需要专门委托及运输，经济性还是更好一些。

综合来看，现浇板受力好，也最为经济，是设计人员和业主方愿意使用的。

4. 施工特点

现场不需要焊栓钉，但需要支模、绑扎所有的楼板钢筋，施工速度是几种楼板中最慢的。

### 7.2.4 组合板

1. 组合板

组合板是"压型钢板-混凝土组合楼板"的简称，是指将压型钢板与混凝土组合成整体而共同工作的受力构件（图 7.2.4-1）。

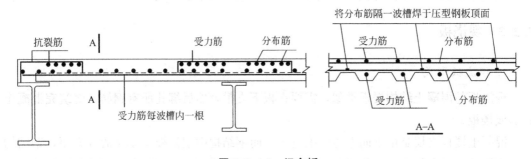

图 7.2.4-1　组合板

2. 适用条件

适用于除钢梁上翼缘为高强度螺栓连接外的情形，即钢梁工地节点为栓焊形式（腹板采用高强度螺栓连接，翼缘采用等强对接焊）和全焊形式（腹板和翼缘均采用对接焊）。

3. 使用情况

组合板中没有钢筋三角桁架，需要现场绑扎所有的楼板钢筋及焊栓钉，与楼承板相比经济性有一定的优势，但与现浇板相比经济性较差。近年来，国内组合板基本上被楼承板取代了。

4. 施工特点

现场不需支模，但要绑扎所有楼板钢筋和焊栓钉，施工速度较快。

# 第 8 章

# 受弯构件设计

## 8.1 受弯构件的强度和刚度

钢梁为受弯构件，强度计算分为四个方面：正应力、剪应力、局部压应力和折算应力。

### 8.1.1 正应力计算

1. 单向受弯时的正应力

在钢结构中，大部分钢梁都是单向受弯构件。钢梁在弯矩作用下，可视为理想弹塑性体，截面中的应变始终符合平截面假定，弯曲应力随弯矩的增加而变化，截面正应力发展过程可以分为弹性、弹塑性和塑性三个阶段，如图 8.1.1-1 所示。

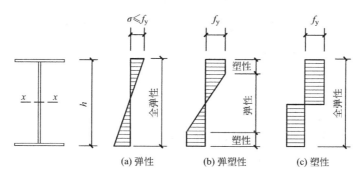

图 8.1.1-1 梁受荷时各阶段正应力分布

1) 弹性工作阶段

当作用于梁上的弯矩 $M_x$ 较小时，正应力 $\sigma$ 呈三角形直线分布，如图 8.1.1-1（a）所示，其边缘纤维最大正应力 $\sigma = M_x / W_{nx}$，随着弯矩 $M_x$ 的增大而逐渐增大，直至梁截面最外边缘纤维正应力达到屈服点 $f_y$ 为止，这一阶段钢梁始终处于弹性工作阶段。

2) 弹塑性工作阶段

当作用弯矩继续增加，在梁截面边缘区域出现塑性变形，中间部分仍保持弹性，梁截面正应力呈折线分布，如图 8.1.1-1（b）所示。《钢标》把此阶段作为钢梁抗弯强度计算的依据。考虑的塑性区域采用截面塑性发展系数 $\gamma_x$ 来表示，正应力的表达方式不变，只

是将截面模量乘以 $\gamma_x$。

考虑截面塑性发展肯定能节省钢材。

3）塑性工作阶段

当作用弯矩继续增大，钢梁截面的塑性区域不断由外向内发展，直至弹性区几乎完全消失。这种状态为极限状态，其应力分布由两个矩形组成，如图8.1.1-1（c）所示，可看作钢梁在弯矩作用方向绕该截面中和轴形成自由转动，即形成"塑性铰"，达到了承载能力的极限状态。

我国从节省钢材角度出发，考虑截面塑性发展系数后，受弯的实腹式钢梁在主平面内的正应力（单向受弯强度）应按下式计算：

$$\sigma = \frac{M_x}{\gamma_x W_{nx}} \leqslant f \tag{8.1.1-1}$$

2. 双向受弯时的正应力

在钢结构中，也有一部分钢梁为双向受弯构件，如斜屋面檩条或平行于檩条方向的钢梁（腹板与地面不垂直）、空旷的厂房或演播厅的边框梁（无楼板支撑，承受幕墙的重力荷载和水平风荷载）等，其在主平面内受弯的实腹式钢梁的正应力（双向受弯强度）应按下式计算：

$$\sigma = \frac{M_x}{\gamma_x W_{nx}} + \frac{M_y}{\gamma_y W_{ny}} \leqslant f \tag{8.1.1-2}$$

式中：$M_x$、$M_y$——同一截面处绕 $x$ 轴和 $y$ 轴的弯矩设计值（N·mm）；

$\quad\quad$ $W_{nx}$、$W_{ny}$——对 $x$ 轴和 $y$ 轴的净截面模量，当截面板件宽厚比等级为S1、S2、S3或S4级时，应取全截面模量；当截面板件宽厚比等级为S5级时，应取有效截面模量。均匀受压翼缘有效外伸宽度可取 $15\varepsilon_k$，腹板有效截面可按《钢标》第8.4.2条的规定采用；

$\quad\quad$ $\gamma_x$、$\gamma_y$——对 $x$ 轴和 $y$ 轴的截面发展系数（见第5.1.7节推导），按下文所述规定取值；

$\quad\quad$ $f$——钢材的抗弯强度设计值（N/mm²）。

3. 截面塑性发展系数的取值

1）对工字形和箱形截面，当截面板件宽厚比等级为S4级或S5级时，截面塑性发展系数应取为1.0；当截面板件宽厚比等级为S1、S2及S3级时，截面塑性发展系数应按下列规定取值：

工字形截面（$x$ 轴为强轴，$y$ 轴为弱轴）：$\gamma_x = 1.05$，$\gamma_y = 1.20$。

箱形截面：$\gamma_x = \gamma_y = 1.05$。

2）其他截面的塑性发展系数可按表5.1.7-1采用。

3）对需要计算疲劳的钢梁，宜取 $\gamma_x = \gamma_y = 1.0$。

## 8.1.2 剪应力计算

除受纯弯曲的钢梁外，一般情况下钢梁受到线荷载或集中荷载作用时，梁截面产生弯矩的同时还伴随着剪力。工字形截面和槽形截面的剪力分布如图 8.1.2-1 所示，最大剪应力在腹板的中和轴处。《钢标》规定以截面最大剪应力达到抗剪屈服极限作为受剪承载力极限状态。

在主平面内绕强轴（$x$ 轴）受弯的实腹钢梁，除考虑腹板屈曲后强度者外，腹板剪应力（受剪强度）应按下式计算：

$$\tau = \frac{VS}{It_w} \leqslant f_v \qquad (8.1.2\text{-}1)$$

式中：$V$——计算截面沿腹板平面作用的剪力设计值（N）；

　　　$S$——计算剪应力处以上（或以下）毛截面对中和轴的面积矩（$mm^3$）；

　　　$I$——构件的毛截面惯性矩（$mm^4$）；

　　　$t_w$——构件的腹板厚度（mm）；

　　　$f_v$——钢材的抗剪强度设计值（$N/mm^2$）。

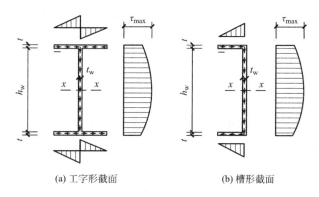

(a) 工字形截面　　　　　　　　(b) 槽形截面

**图 8.1.2-1　梁剪应力分布**

从图 8.1.2-1 可以看出，腹板是承受剪力的主要板件，提高钢梁抗剪强度最有效的方法是增大腹板的截面积，即增大腹板的高度 $h_w$ 和厚度 $t_w$。

## 8.1.3　局部压应力计算

### 1. 钢梁局部承压的三种形式

一般情况下钢梁在集中力作用处（如支座处、次梁处），都会在腹板两侧设置加劲肋。局部承压指的是未设置加劲肋情况下，集中力作用下腹板在与受压翼缘结合处承受的局部压力。

作用在腹板平面内的集中力是通过翼缘传递给腹板的，在与翼缘接触的腹板边缘处，会产生很大的局部横向压应力，甚至可能达到抗压屈服极限，所以要进行局部承压强度的验算。

局部承压分为三种形式：支座处局部承压（图 8.1.3-1）、一般梁跨中上翼缘局部承压（图 8.1.3-2）和吊车梁上翼

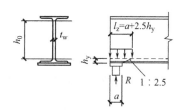

**图 8.1.3-1　支座处局部承压**

缘局部承压 (图 8.1.3-3)。

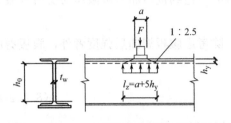
图 8.1.3-2　一般梁跨中上翼缘局部承压

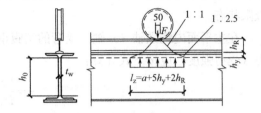
图 8.1.3-3　吊车梁上翼缘局部承压

2. 腹板局部承压长度 $l_z$

1) 局部承压扩散角

《钢标》规定，集中力在受压翼缘中的扩散角度按 1∶2.5 坡度计算 (图 8.1.3-1～图 8.1.3-3)，吊车轮压在钢轨中的扩散角度按 1∶1 坡度 (45°角) 计算 (图 8.1.3-3)。

2) 腹板局部承压长度 $l_z$ 的取值

腹板局部承压长度 $l_z$ 在《钢标》中定义为集中荷载在腹板计算高度上边缘的假定分布长度。在支座处局部承压情况下 (图 8.1.3-1)，$l_z$ 应为在受压翼缘处腹板边缘的假定分布长度。

一般情况下，集中荷载通过垫板再传给受压翼缘，如图 8.1.3-1、图 8.1.3-2 所示。

支座处按一侧扩散传力 (图 8.1.3-1)，其假定分布长度 $l_z$ 为：

$$l_z = a + 2.5 h_y \qquad (8.1.3-1)$$

在梁跨中区域，集中力处按双侧扩散传力 (图 8.1.3-2)，其假定分布长度 $l_z$ 为：

$$l_z = a + 5 h_y \qquad (8.1.3-2)$$

在吊车轮压处按双侧扩散传力 (图 8.1.3-3)，其假定分布长度 $l_z$ 为：

$$l_z = 3.25 \sqrt[3]{\frac{I_R + I_f}{t_w}} \qquad (8.1.3-3)$$

$$l_z = a + 5 h_y + 2 h_R \qquad (8.1.3-4)$$

式 (8.1.3-4) 为工程设计中常用的简化公式，是由式 (8.1.3-2) 引进并拟合而成。

式中：$a$——集中荷载沿梁跨度方向 (即腹板长度方向) 的支撑长度 (mm)，对钢轨上的轮压可取 50mm；关于式 (8.1.3-4) 中轮压的支撑长度采用定数 50mm 的解读为：吊车轮与钢轨之间的真正接触面长度应该在 20～30mm 之间，式 (8.1.3-4) 是从式 (8.1.3-3) 引进的，为了拟合式 (8.1.3-3) 而取 $a = 50$mm，这样就不易被理解为轮与轨道的接触面长度；

　　　$h_y$——自梁顶面至腹板计算高度上边缘的距离 (mm)；对焊接梁为上翼缘厚度，对轧制工字形截面梁为梁顶面至腹板过渡完成点的距离；对于支座处则为梁底面至腹板的计算高度下边缘的距离；

　　　$h_R$——轨道高度 (mm)，对梁顶为轨道的梁取为 0，正好与式 (8.1.3-2) 相一致；

　　　$I_R$——轨道绕自身形心轴的惯性矩 (mm⁴)；

$I_f$——梁上翼缘绕翼缘中面的惯性矩（$mm^4$）；

$t_w$——腹板的厚度（mm）。

3. 局部压应力计算

1）局部压应力的性质

首先，集中荷载是通过受压翼缘扩散后作用在腹板边缘上的（即作用在腹板上）；其次，作用方向与腹板局部受压面是垂直关系。所以，局部压应力应该为正应力，钢材应采用抗拉强度设计值 $f$。

2）局部压应力的计算

（1）跨中集中荷载处

当钢梁支座处或上翼缘受沿腹板平面作用的集中荷载且该荷载处又未设置支撑加劲肋时，腹板在支座处下翼缘边缘或腹板计算高度上边缘的局部压应力（局部承压强度）按照正应力的定义为集中力除以受压面积，其计算式为：

$$\sigma_c = \frac{F}{t_w l_z} \leqslant f \tag{8.1.3-5}$$

（2）吊车梁轮压处

集中荷载为动力荷载，应考虑动力系数（$F$ 包含荷载规范中规定的 1.05~1.1 的动力系数）；同时还要考虑增大系数。于是，吊车梁移动轮压处的局部压应力（局部承压强度）计算式在式（8.1.3-5）的基础上增加了集中荷载的增大系数 $\Psi$ 和 $F$ 中包含的动力系数，为：

$$\sigma_c = \frac{\Psi F}{t_w l_z} \leqslant f \tag{8.1.3-6}$$

式中：$F$——集中荷载设计值，对吊车梁上的动力荷载应考虑动力系数（N）；

$\Psi$——集中荷载的增大系数；对重级工作制吊车梁，$\Psi = 1.35$；其他梁，$\Psi = 1.0$；

$f$——钢材的抗压强度设计值（$N/mm^2$）。

（3）钢梁支座处

当支座处不设置支撑加劲肋时，也应按式（8.1.3-5）计算腹板计算高度下边缘的局部压应力，但取 $\Psi = 1.0$。支座集中反力的假定分布长度，应根据支座具体尺寸按式（8.1.3-1）计算。

## 8.1.4　折算应力计算

折算应力也称为复杂应力。在钢梁的腹板计算高度边缘处，若同时承受较大的正应力、剪应力和局部压应力，或同时承受较大的正应力和剪应力时，其折算应力应按下列公式计算：

$$\sqrt{\sigma^2 + \sigma_c^2 - \sigma\sigma_c + 3\tau^2} \leqslant \beta_1 f \tag{8.1.4-1}$$

$$\sigma = \frac{M}{I_n} y_1 \tag{8.1.4-2}$$

式中：$\sigma$、$\tau$、$\sigma_c$——腹板计算高度边缘同　点上同时产生的正应力、剪应力和局部压应力（N/mm²），$\tau$ 和 $\sigma_c$ 应按式（8.1.2-1）和式（8.1.3-5）计算，$\sigma$ 应按式（8.1.4-2）计算，$\sigma$ 和 $\sigma_c$ 以拉应力为正，压应力为负值；

$\quad\quad\quad I_n$——钢梁净截面惯性矩（mm⁴）；

$\quad\quad\quad y_1$——所计算点至钢梁中和轴的距离（mm）；

$\quad\quad\quad \beta_1$——强度增大系数，当 $\sigma$ 和 $\sigma_c$ 异号时，取 $\beta_1=1.2$；当 $\sigma$ 和 $\sigma_c$ 同号或 $\sigma=0$ 时，取 $\beta_1=1.1$。

折算应力的验算是根据能量强度理论保证钢材在复杂受力状态下处于弹性状态的条件。

在公式中取强度增大系数 $\beta_1$ 大于 1.0，是因为折算应力的部位只是梁的局部区域，在复杂应力的作用下允许应力在该区域少量放大，但是不应理解为钢材屈服强度的增大，而应理解为钢梁在该区域允许塑性发展。这是因为最大应力出现在个别部位时，即使出现塑性发展，但通过强度增大系数的方法，基本不影响钢梁的整体稳定性。

如果考虑腹板屈曲后强度，则不进行折算应力的验算；反之，如果进行折算应力的计算，则不考虑腹板屈曲后强度。

### 8.1.5　变截面梁构造要求

1. 翼缘沿梁长度方向变宽度

有时为了开板洞或走竖向立管，需要将梁端部翼缘变窄，如图 8.1.5-1 所示。

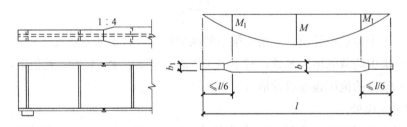

**图 8.1.5-1　梁翼缘变宽度**

焊接梁的翼缘变截面时，一般是仅改变翼缘的宽度，而不改变其厚度，因厚度改变处应力集中较严重，不利于梁的工作。

较窄翼缘的宽度 $b_1$ 应由截面改变处的 $M_1$ 进行确定。

翼缘变截面处的对接焊缝采用双面坡口熔透焊。

2. 腹板沿梁长度方向变高度

有时为了在吊顶中横向布置通风管道或其他设备管线，需要在焊接简支梁靠近支座处减小梁的高度，如图 8.1.5-2 所示，但翼缘截面一般保持不变。

梁端部高度应根据抗剪强度确定，但不宜小于跨中高度的 1/2。

梁端变高度的范围为（1/6~1/5）$l$，$l$ 为梁的跨度。

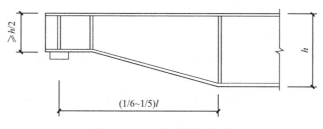

**图 8.1.5-2　梁腹板变高度**

## 8.1.6　梁的刚度

1．变形规定

梁的刚度用荷载作用下的挠度大小来衡量，所以梁的刚度也称为梁的挠度。刚度验算应根据梁的实际受力情况计算最大挠度或最大相对挠度，使其不超过规范规定的限值。

《钢标》规定，梁的挠度分别不能超过下列限值：

$$\upsilon_{\mathrm{T}} \leqslant [\upsilon_{\mathrm{T}}] \tag{8.1.6-1}$$

$$\upsilon_{\mathrm{Q}} \leqslant [\upsilon_{\mathrm{Q}}] \tag{8.1.6-2}$$

式中：$\upsilon_{\mathrm{T}}$——永久和可变荷载标准值产生的最大挠度（如有起拱应减去拱度）；

$\upsilon_{\mathrm{Q}}$——可变荷载标准值产生的最大挠度；

$[\upsilon_{\mathrm{T}}]$——永久和可变荷载标准值产生的挠度（如有起拱应减去拱度）的容许值；

$[\upsilon_{\mathrm{Q}}]$——可变荷载标准值产生的挠度的容许值。

计算挠度时，不考虑荷载分项系数和动力系数。

计算结构或构件变形时，采用毛截面（不考虑螺栓孔引起的截面削弱）。

2．挠度计算

1）等截面简支梁，跨中最大弯矩 $M$ 处的挠度 $\upsilon_{\mathrm{T}}$ 或 $\upsilon_{\mathrm{Q}}$ 应满足下式要求：

$$\begin{cases} \upsilon_{\mathrm{T}} \\ \upsilon_{\mathrm{Q}} \end{cases} = \frac{5Ml^2}{48EI_x} \leqslant \begin{cases} [\upsilon_{\mathrm{T}}] \\ [\upsilon_{\mathrm{Q}}] \end{cases} \tag{8.1.6-3}$$

2）等截面简支梁在均布荷载 $q$ 作用下，跨中最大挠度 $\upsilon_{\mathrm{T}}$ 或 $\upsilon_{\mathrm{Q}}$ 应满足下式要求：

$$\begin{cases} \upsilon_{\mathrm{T}} \\ \upsilon_{\mathrm{Q}} \end{cases} = \frac{5ql^4}{384EI_x} \leqslant \begin{cases} [\upsilon_{\mathrm{T}}] \\ [\upsilon_{\mathrm{Q}}] \end{cases} \tag{8.1.6-4}$$

3）翼缘截面改变的简支梁（图 8.1.5-1），跨中最大弯矩 $M$ 处的挠度 $\upsilon_{\mathrm{T}}$ 或 $\upsilon_{\mathrm{Q}}$ 应满足下式要求：

$$\begin{cases} \upsilon_{\mathrm{T}} \\ \upsilon_{\mathrm{Q}} \end{cases} = \frac{5Ml^2}{48EI_x}\left(1 + \frac{3}{25} \cdot \frac{I_x - I'_x}{I_x}\right) \leqslant \begin{cases} [\upsilon_{\mathrm{T}}] \\ [\upsilon_{\mathrm{Q}}] \end{cases} \tag{8.1.6-5}$$

式中：$l$——简支梁的跨度；

$E$——钢材的弹性模量；

$I_x$——跨中毛截面惯性矩；

$I'_x$——支座附近毛截面惯性矩。

3. 受弯构件的挠度允许值

正常使用情况下，应对结构或构件的挠度规定相应的限值，见表 8.1.6-1。

受弯构件的挠度容许值 表 8.1.6-1

| 项次 | 构件类别 | 挠度容许值 | |
|---|---|---|---|
| | | $[v_T]$ | $[v_Q]$ |
| 1 | 吊车梁和电车桁架(按自重和起重量最大的一台吊车计算挠度)<br>1)手动起重机和单梁起重机(含悬挂起重机)<br>2)轻级工作制桥式起重机<br>3)中级工作制桥式起重机<br>4)重级工作制桥式起重机 | $l/500$<br>$l/750$<br>$l/900$<br>$l/1000$ | —— |
| 2 | 手动或电动葫芦的轨道梁 | $l/400$ | —— |
| 3 | 有重轨(重量等于或大于 38kg/m)轨道的工作平台梁<br>有轻轨(重量等于或小于 24kg/m)轨道的工作平台梁 | $l/600$<br>$l/400$ | —— |
| 4 | 楼(屋)盖梁或桁架、工作平台梁(第 3 项除外)和平台板<br>1)主梁或桁架(包括设有悬挂起重设备的梁和桁架)<br>2)仅支撑压型金属板屋面和冷弯型钢檩条<br>3)除支撑压型金属板屋面和冷弯型钢檩条外,尚有吊顶<br>4)抹灰顶棚的次梁<br>5)除第 1)~4)款外的其他梁(包括楼梯梁)<br>6)屋盖檩条<br>支撑压型金属板屋面者<br>支撑其他屋面材料者<br>有吊顶<br>7)平台板 | $l/400$<br>$l/180$<br>$l/240$<br>$l/250$<br>$l/250$<br><br>$l/150$<br>$l/200$<br>$l/240$<br>$l/150$ | $l/500$<br><br>$l/500$<br>$l/350$<br>$l/300$<br><br>——<br>——<br>——<br>—— |

# 8.2 受弯构件的整体稳定

## 8.2.1 梁整体稳定的概念

### 1. 梁整体失稳的过程

工字形钢梁（含 H 型钢梁）的截面特点是高而窄，受弯方向刚度很大，但侧向刚度较小，这样既可以提高受弯承载力，又可以节省钢材。其受力特点是，当弯矩较小时，梁的弯曲平衡状态是稳定的，当荷载继续增大时，由于梁的侧向支撑较弱，在弯曲应力尚未达到钢材屈服点之前，没有明显征兆的情况下就会突然发生梁的侧向弯曲和扭转变形，使梁丧失继续承载的能力，造成梁的整体失稳。

梁的整体失稳其实就是梁的侧向弯扭屈曲。弯扭屈曲表现为受压翼缘发生较大侧向变形及受拉翼缘发生较小侧向变形的整体弯扭变形。所以，提高梁整体稳定性的有效方法就是增强梁受压翼缘的侧向稳定性。

　　2. 梁整体稳定的临界弯矩

　　梁维持平衡状态所承受的最大荷载或最大弯矩称为临界荷载或临界弯矩。为了保证梁的稳定性，梁的弯矩不得大于临界弯矩 $M_{cr}$。对于两端铰支的双轴对称工字形截面梁，按弹性稳定理论采用二阶分析方法可导出临界弯矩：

$$M_{cr} = \beta \cdot \frac{\sqrt{EI_y GI_t}}{l} \tag{8.2.1-1}$$

　　其中，$\beta$ 为梁的侧扭曲系数与梁的侧向抗弯刚度 $EI_y$、自由扭转刚度 $GI_t$、荷载沿梁轴的分布情况、荷载在截面高度方向作用点的位置、梁的跨度 $l$ 和高度 $h$ 以及梁的支撑情况等因素有关。

## 8.2.2　单轴受弯构件整体稳定性计算

　　在最大刚度主平面内受弯（绕强轴单轴受弯）的构件，其整体稳定性应按下式计算：

$$\frac{M_x}{\varphi_b W_x f} \leqslant 1.0 \tag{8.2.2-1}$$

式中：$M_x$——绕强轴作用的最大弯矩设计值（N・mm）；

　　　　$W_x$——按受压最大纤维确定的梁毛截面模量（mm³），当截面板件宽厚比等级为 S1、S2、S3、S4 级时，应取全截面模量；当截面板件宽厚比等级为 S5 级时，应取有效截面模量，均匀受压翼缘有效外伸宽度可取 $15\varepsilon_k$，腹板有效截面可按《钢标》第 8.4.2 条的规定采用；

　　　　$\varphi_b$——梁的整体稳定性系数，应按《钢标》附录 C 确定，梁的整体稳定性系数实质就是临界应力与屈服强度的比值，即 $\varphi_b = \sigma_{cr}/f_y$；

　　　　$f$——钢梁翼缘的钢材抗压强度设计值（N/mm²）。

【说明】

　　1）钢梁的整体稳定性针对的是受压翼缘：当钢梁上翼缘受压时，$W_x = W_x^{上}$；当钢梁下翼缘受压时，$W_x = W_x^{下}$。

　　2）当受压翼缘有可靠的侧向约束时，可不计算钢梁的整体稳定性。

　　3）绕强轴的毛截面不考虑塑性发展系数（$\gamma_x$）。

## 8.2.3　双轴受弯构件整体稳定性计算

　　在两个主平面内受弯（绕强轴和弱轴受弯）的 H 型钢截面或工字形截面构件，其整体稳定性应按下式计算：

$$\frac{M_x}{\varphi_b W_x f} + \frac{M_y}{\gamma_y W_y f} \leqslant 1.0 \tag{8.2.3-1}$$

式中：$M_y$——绕弱轴作用的最大弯矩设计值（N・mm）；

　　　　$W_y$——按受压最大纤维确定的对 $y$ 轴的毛截面模量（mm³）；

$\varphi_b$——绕强轴弯曲所确定的梁整体稳定性系数，应按《钢标》附录 C 计算；

$f$——钢梁翼缘的钢材抗压强度设计值（N/mm²）。

**【说明】**

1）当钢梁为 $y$ 轴对称时，计算受压翼缘（$b \cdot t$）对 $y$ 轴的毛截面模量为 $W_y = tb^2/6$。

2）当受压翼缘有可靠的侧向约束时，可不计算钢梁的整体稳定性。

3）绕强轴的毛截面不考虑塑性发展系数（$\gamma_x$）。

## 8.2.4 受弯构件的整体稳定系数

1. 等截面焊接工字形和轧制 H 型钢简支梁的整体稳定系数 $\varphi_b$

等截面焊接工字形和轧制 H 型钢简支梁的截面形式如图 8.2.4-1 所示。

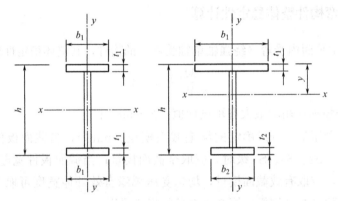

(a) 双轴对称焊接工字形截面　　　(b) 加强受压翼缘焊接工字形截面

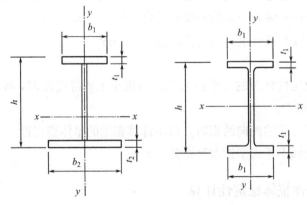

(c) 加强受拉翼缘焊接工字形截面　　　(d) 轧制 H 型钢截面

**图 8.2.4-1　焊接工字形和轧制 H 型钢简支梁截面形式**

1）双轴对称焊接工字形截面

双轴对称焊接工字形截面多用于框架梁，当建筑专业限定梁高在一定的范围内，采用轧制 H 型钢截面不能满足钢梁受弯承载力的要求时，只能采用双轴对称焊接工字形截面，通过对称加大上、下翼缘的截面面积（加大翼缘宽、厚度）增大截面惯性矩达到抗弯设计要求。

简记：焊接，双轴对称。

2）加强受压翼缘焊接工字形截面

加强受压翼缘焊接工字形截面属于单轴对称截面，一般用于简支吊车梁，原因是上翼缘需要固定钢轨。

简记：焊接，单轴对称。

3）加强受拉翼缘焊接工字形截面

加强受拉翼缘焊接工字形截面属于单轴对称截面，较少使用，可用于梁高受到限制时的悬臂梁，或对简支次梁进行用钢量优化时考虑混凝土楼板的组合效用，将上翼缘截面减小，形成下翼缘为加强受拉翼缘。

简记：焊接，单轴对称。

4）轧制 H 型钢截面

轧制 H 型钢截面因加工制作简单快捷，被广泛用于次梁，当条件允许时框架梁应该尽量采用成品 H 型钢。

简记：轧制，双轴对称。

等截面焊接工字形和轧制 H 型钢简支梁的整体稳定系数 $\varphi_b$ 应按下列公式计算：

$$\varphi_b = \beta_b \frac{4320}{\lambda_y^2} \cdot \frac{Ah}{W_x} \left[ \sqrt{1 + \left( \frac{\lambda_y t_1}{4.4h} \right)^2} + \eta_b \right] \varepsilon_k \tag{8.2.4-1}$$

$$\lambda_y = \frac{l_1}{i_y} \tag{8.2.4-2}$$

截面不对称影响系数 $\eta_b$ 应按下列公式计算。

对双轴对称截面 [图 8.2.4-1（a）、(d)]：$\eta_b = 0$

对单轴对称工字形截面 [图 8.2.4-1（b）、(c)]：

加强受压翼缘　　　　　　　$\eta_b = 0.8(2\alpha_b - 1)$ （8.2.4-3）

加强受拉翼缘　　　　　　　$\eta_b = 2\alpha_b - 1$ （8.2.4-4）

$$\alpha_b = \frac{I_1}{I_1 + I_2} \tag{8.2.4-5}$$

当按式（8.2.4-1）算出的 $\varphi_b$ 值大于 0.6 时，应按下式计算的 $\varphi_b'$ 代替 $\varphi_b$：

$$\varphi_b' = 1.07 - \frac{0.282}{\varphi_b} \leqslant 1.0 \tag{8.2.4-6}$$

简记：$\varphi_b'$ 代替 $\varphi_b$。

式中：$\beta_b$——梁整体稳定的等效弯矩系数，按表 8.2.4-1 采用；

　　$\lambda_y$——梁在侧向支撑点间对截面弱轴 $y$-$y$ 的长细比；

　　$A$——梁的毛截面面积（$mm^2$）；

　　$h$——梁截面的全高（mm）；

　　$t_1$——梁截面受压翼缘厚度（对铆接和高强度螺栓连接截面，应包括翼缘角钢厚度）（mm）；

$l_1$——梁受压翼缘侧向支撑点之间的距离（mm）；

$i_y$——梁毛截面对 $y$ 轴的回转半径（mm）；

$I_1$——梁受压翼缘对 $y$ 轴的惯性矩（mm$^4$）；

$I_2$——梁受拉翼缘对 $y$ 轴的惯性矩（mm$^4$）。

等截面工字形和 H 型钢简支梁的等效弯矩系数$\beta_b$

表 8.2.4-1

| 项次 | 侧向支撑 | 荷载 | | $\xi=\dfrac{l_1 t_1}{b_1 h}$ | | 适用范围 |
| --- | --- | --- | --- | --- | --- | --- |
| | | | | $\xi \leqslant 2.0$ | $\xi > 2.0$ | |
| 1 | 跨中无侧向支撑 | 均布荷载作用在 | 上翼缘 | $0.69+0.1\xi$ | 0.95 | 图 8.2.4-1(a)、(b)和(d)所示截面 |
| 2 | | | 下翼缘 | $1.73-0.20\xi$ | 1.33 | |
| 3 | | 集中荷载作用在 | 上翼缘 | $0.73+0.18\xi$ | 1.09 | |
| 4 | | | 下翼缘 | $2.23-0.28\xi$ | 1.67 | |
| 5 | 跨度中点有一个侧向支撑点 | 均布荷载作用在 | 上翼缘 | 1.15 | | 图 8.2.4-1 中的所有截面 |
| 6 | | | 下翼缘 | 1.40 | | |
| 7 | | 集中荷载作用在截面高度的任意位置 | | 1.75 | | |
| 8 | 跨中有不少于两个等距离侧向支撑点 | 任意荷载作用在 | 上翼缘 | 1.20 | | |
| 9 | | | 下翼缘 | 1.40 | | |
| 10 | 梁端有弯矩,但跨中无荷载作用 | | | $1.75-1.05\dfrac{M_2}{M_1}+0.3\left(\dfrac{M_2}{M_1}\right)^2$ 但$\leqslant 2.3$ | | |

注:1. $b_1$ 为受压翼缘的宽度。

2. $M_1$ 和 $M_2$ 为梁端弯矩,使梁产生同向曲率时 $M_1$ 和 $M_2$ 取同号,产生反向曲率时取异号,$[M_1] \geqslant [M_2]$。

3. 表中项次 3、4 和 7 的集中荷载是指一个或少数几个集中荷载位于跨中央附近的情况;对其他情况的集中荷载,应按表中项次 1、2、5、6 内的数值采用。

4. 当集中荷载作用在侧向支撑点处时,表中项次 8、9 取 $\beta_b=1.20$。

5. 荷载作用在上翼缘指荷载作用点在上翼缘表面,方向指向截面形心;荷载作用在下翼缘指荷载作用点在下翼缘表面,方向背向截面形心。

6. 对 $\alpha_b>0.8$ 的加强受压翼缘工字形截面,下列情况的 $\beta_b$ 值应乘以相应的系数:

项次 1:当 $\xi \leqslant 1.0$ 时,乘以 0.95;

项次 3:当 $\xi \leqslant 0.5$ 时,乘以 0.90;当 $0.5<\xi \leqslant 1.0$ 时,乘以 0.95。

2. 轧制普通工字形简支梁的整体稳定系数 $\varphi_b$

轧制双轴对称普通工字形简支梁的整体稳定系数 $\varphi_b$ 应按表 8.2.4-2 采用,当所得 $\varphi_b$ 值大于 0.6 时,应取 $\varphi_b'$ 代替 $\varphi_b$,按式（8.2.4-6）计算。

轧制双轴对称普通工字形简支梁由于绕 $y$ 轴（弱轴）惯性矩较小,在民用建筑钢结构中很少采用。

简记:轧制,双轴对称。

**轧制普通工字形简支梁的整体稳定系数 $\varphi_b$** 　　　　　表 8.2.4-2

| 项次 | 荷载情况 | | | 工字钢型号 | 自由长度 $l_1$(m) | | | | | | | | |
|---|---|---|---|---|---|---|---|---|---|---|---|---|---|
| | | | | | 2 | 3 | 4 | 5 | 6 | 7 | 8 | 9 | 10 |
| 1 | 跨中无侧向支撑点的梁 | 集中荷载作用 | 上翼缘 | 10～20 | 2.00 | 1.30 | 0.99 | 0.80 | 0.68 | 0.58 | 0.53 | 0.48 | 0.43 |
| | | | | 22～32 | 2.40 | 1.48 | 1.09 | 0.86 | 0.72 | 0.62 | 0.54 | 0.49 | 0.45 |
| | | | | 36～63 | 2.80 | 1.60 | 1.07 | 0.83 | 0.68 | 0.56 | 0.50 | 0.45 | 0.40 |
| 2 | | | 下翼缘 | 10～20 | 3.10 | 1.95 | 1.34 | 1.01 | 0.82 | 0.69 | 0.63 | 0.57 | 0.52 |
| | | | | 22～40 | 5.50 | 2.80 | 1.84 | 1.37 | 1.07 | 0.86 | 0.73 | 0.64 | 0.56 |
| | | | | 45～63 | 7.30 | 3.60 | 2.30 | 1.62 | 1.20 | 0.96 | 0.80 | 0.69 | 0.60 |
| 3 | | 均布荷载作用 | 上翼缘 | 10～20 | 1.70 | 1.12 | 0.84 | 0.68 | 0.57 | 0.50 | 0.45 | 0.41 | 0.37 |
| | | | | 22～40 | 2.10 | 1.30 | 0.93 | 0.73 | 0.60 | 0.51 | 0.45 | 0.40 | 0.36 |
| | | | | 45～63 | 2.60 | 1.45 | 0.97 | 0.73 | 0.59 | 0.50 | 0.44 | 0.38 | 0.35 |
| 4 | | | 下翼缘 | 10～20 | 2.50 | 1.55 | 1.08 | 0.83 | 0.68 | 0.56 | 0.52 | 0.47 | 0.42 |
| | | | | 22～40 | 4.00 | 2.20 | 1.45 | 1.10 | 0.85 | 0.70 | 0.60 | 0.52 | 0.46 |
| | | | | 45～63 | 5.60 | 2.80 | 1.80 | 1.25 | 0.95 | 0.78 | 0.65 | 0.55 | 0.49 |
| 5 | 跨中有侧向支撑点的梁(不区分荷载作用点在截面高度上的位置) | | | 10～20 | 2.20 | 1.39 | 1.01 | 0.79 | 0.66 | 0.57 | 0.52 | 0.47 | 0.42 |
| | | | | 22～40 | 3.00 | 1.80 | 1.24 | 0.96 | 0.76 | 0.65 | 0.56 | 0.49 | 0.43 |
| | | | | 45～63 | 4.00 | 2.20 | 1.38 | 1.01 | 0.80 | 0.66 | 0.56 | 0.49 | 0.43 |

注:1. 与表 8.2.4-1 的注 3、注 5 相同。

2. 表中的 $\varphi_b$ 适用于 Q235 钢,对其他钢号,表中数值应乘以 $\varepsilon_k^2$。

3. 轧制槽钢简支梁的整体稳定系数 $\varphi_b$

轧制槽钢为单轴对称截面,翼缘窄,截面高度有限（≤400mm）,可用在洞边梁或楼板封边梁。

简记:轧制,单轴对称。

轧制槽钢简支梁的整体稳定系数 $\varphi_b$,不论荷载的形式和荷载作用点在截面高度上的位置,均可按下式计算:

$$\varphi_b = \frac{570bt}{l_1 h} \cdot \varepsilon_k^2 \qquad (8.2.4-7)$$

式中:$h$、$b$、$t$——槽钢截面高度、翼缘宽度、翼缘平均厚度。

当按式（8.2.4-7）算得的 $\varphi_b$ 值大于 0.6 时,应按式（8.2.4-6）算得相应的 $\varphi_b'$ 代替 $\varphi_b$。

4. 双轴对称工字形等截面悬臂梁的整体稳定系数 $\varphi_b$

双轴对称工字形等截面悬臂梁既可以是焊接工字形钢,也可以是轧制工字形钢。其悬臂梁的整体稳定系数 $\varphi_b$ 可按式（8.2.4-1）计算,其中系数 $\beta_b$ 应按表 8.2.4-3 查得。当按式（8.2.4-2）计算长细比 $\lambda_y$ 时,$l_1$ 为悬臂梁的悬伸长度。当求得的 $\varphi_b$ 值大于 0.6 时,应按式（8.2.4-6）算得的 $\varphi_b'$ 代替 $\varphi_b$。

双轴对称工字形等截面悬臂梁的等效弯矩系数$\beta_b$    表 8.2.4 3

| 项次 | 荷载形式 | | $0.6 \leqslant \xi \leqslant 1.24$ | $1.24 \leqslant \xi \leqslant 1.96$ | $1.96 \leqslant \xi \leqslant 3.10$ |
|------|----------|----------|----------|----------|----------|
| 1 | 自由端一个集中 | 上翼缘 | $0.21+0.67\xi$ | $0.72+0.26\xi$ | $1.17+0.03\xi$ |
| 2 | 荷载作用在 | 下翼缘 | $2.94-0.65\xi$ | $2.64-0.40\xi$ | $2.15-0.15\xi$ |
| 3 | 均布荷载作用在上翼缘 | | $0.62+0.82\xi$ | $1.25+0.31\xi$ | $1.66+0.10\xi$ |

注:1. 本表按支撑端固定的情况确定,当用于由临跨延伸出来的伸臂梁时,应在构造上采取措施加强支撑处的抗扭能力。

2. 表中 $\xi$ 的定义见表 8.2.4-1。

5. 当 $\lambda_y \leqslant 120\varepsilon_k$ 时整体稳定系数 $\varphi_b$ 的近似公式

均匀弯曲的受弯构件,当 $\lambda_y \leqslant 120\varepsilon_k$ 时,其整体稳定系数 $\varphi_b$ 可按下列近似公式计算。

1) 工字形截面

双轴对称:

$$\varphi_b = 1.07 - \frac{\lambda_y^2}{44000\varepsilon_k^2} \qquad (8.2.4\text{-}8)$$

单轴对称:

$$\varphi_b = 1.07 - \frac{W_x}{(2\alpha_b+0.1)Ah} \cdot \frac{\lambda_y^2}{14000\varepsilon_k^2} \qquad (8.2.4\text{-}9)$$

当按式(8.2.4-8)和式(8.2.4-9)算得的 $\varphi_b$ 值大于 1.0 时,取 $\varphi_b = 1.0$。

式中:$W_x$——绕强轴($x$轴)的毛截面模量(mm³);

$\quad A$——工字钢截面积(mm²);

$\quad h$——工字钢截面高度(mm)。

2) 弯矩作用在对称轴平面,绕 $x$ 轴的 T 形截面

(1) 弯矩使翼缘受压时:

双角钢 T 形截面

$$\varphi_b = 1 - 0.0017\lambda_y/\varepsilon_k \qquad (8.2.4\text{-}10)$$

部分 T 形钢和两板组合 T 形截面

$$\varphi_b = 1 - 0.0022\lambda_y/\varepsilon_k \qquad (8.2.4\text{-}11)$$

(2) 弯矩使翼缘受拉且腹板宽度比不大于 $18\varepsilon_k$ 时:

$$\varphi_b = 1 - 0.0005\lambda_y/\varepsilon_k \qquad (8.2.4\text{-}12)$$

## 8.2.5  可不考虑整体稳定性的几种情况

1. 简支梁(H 型钢、工字钢)

1) 简支梁上翼缘受压,当有混凝土楼板或钢板等与其牢固相连,能阻止受压上翼缘的侧向位移时,可不考虑梁的整体稳定性。

2) 简支梁上翼缘铺设檩条或预制楼板与其牢固相连,受压翼缘的自由长度 $l_1$ 与翼缘

宽度 $b_1$ 之比不超过表 8.2.5-1 所规定的数值时，建议可不考虑梁的整体稳定性。

简支梁不需计算整体稳定性的最大 $l_1/b_1$ 值 表 8.2.5-1

| 钢号 | 跨中无侧向支撑点的梁 | | 跨中受压翼缘有侧向支撑点的梁（不论荷载作用于何处） |
|---|---|---|---|
| | 荷载作用于上翼缘 | 荷载作用于下翼缘 | |
| Q235 | 13.0 | 20.0 | 16.0 |
| Q355 | $10.5\varepsilon_k$ | $16.5\varepsilon_k$ | $13.0\varepsilon_k$ |
| Q390 | $10.0\varepsilon_k$ | $15.5\varepsilon_k$ | $12.5\varepsilon_k$ |
| Q420 | $9.5\varepsilon_k$ | $15.0\varepsilon_k$ | $12.0\varepsilon_k$ |

受压翼缘的自由长度 $l_1$ 按下列规定采用：

（1）对跨中无侧向支撑点的简支梁，$l_1$ 取为跨度。

（2）对跨中有侧向支撑点的简支梁，$l_1$ 为受压翼缘侧向支撑点间的距离（梁的支座处视为有侧向支撑）。当简支梁仅腹板与相邻构件相连，进行钢梁稳定性计算时，侧向支撑点间距离应取实际距离的 1.2 倍。

为了减小受压翼缘的自由长度，需要构造上增设侧向支撑构件，计算时将简支梁受压翼缘视为轴心压杆，其支撑构件的轴力按《钢标》第 7.5.1 条计算。

3）幕墙的墙梁檩条是一种特殊的简支梁，在竖向面内为桁架系统的弦杆，承担重力荷载作用下产生的轴力，而在抵抗风荷载时则为简支梁，可不考虑整体稳定性。

4）对连续次梁，应将每一跨次梁设计成简支梁（有悬挑梁的一跨次梁除外）。

2. 悬挑梁

1）悬挑梁下翼缘受压，当设置下翼缘隅撑时，可不考虑梁的整体稳定性。

2）沿悬挑梁长度方向设置间距不大于 2 倍梁高并与梁宽等宽的横向加劲肋时，可不考虑梁的整体稳定性。

3. 一端简支、一端与悬臂梁刚接的次梁

1）与悬挑梁相连的下翼缘受压，当设置下翼缘隅撑时，可不考虑梁的整体稳定性。

2）下翼缘受压区沿梁长设置间距不大于 2 倍梁高并与梁宽等宽的横向加劲肋时，可不考虑梁的整体稳定性。

3）上翼缘受压区域有楼板约束可不考虑梁的整体稳定性的情况同简支梁。

4. 框架梁

1）与钢柱相连的梁端下翼缘受压，当设置下翼缘隅撑时，可不考虑梁的整体稳定性。

2）梁端下翼缘受压区沿梁长设置间距不大于 2 倍梁高并与梁宽等宽的横向加劲肋时，可不考虑梁的整体稳定性。

3）上翼缘受压区域可不考虑梁的整体稳定性的情况同简支梁。

5. 箱形截面简支梁

当箱形截面简支梁的截面尺寸（图 8.2.5-1）满足 $h/b_0 \leqslant 6$，$l_1/b_0 \leqslant 95\varepsilon_k^2$ 时，可不

计算梁的整体稳定性，其中 $l_1$ 为受压翼缘侧向支撑点间的距离（梁的支座处视为有侧向支撑）。

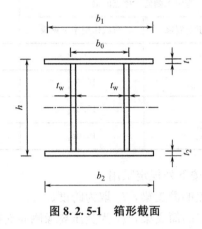

图 8.2.5-1 箱形截面

# 8.3 焊接截面梁的局部稳定

局部稳定针对的是焊接截面钢梁。所有的成品型钢（H 型钢、工字钢、槽钢等）都自然满足局部稳定的要求。

## 8.3.1 梁局部稳定的概念

### 1. 钢梁受压翼缘局部稳定的概念

焊接截面梁一般由翼缘和腹板组成。为了提高梁的整体稳定性，一般使用较宽的翼缘。如果受压翼缘较薄（宽厚比较大），当钢梁在较大荷载作用下，翼缘平面会产生局部波状翘曲，称为翼缘丧失局部稳定 [图 8.3.1-1 (a)]。

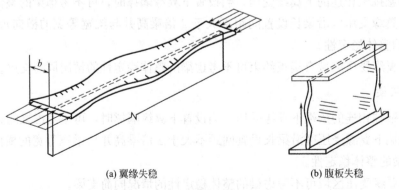

(a) 翼缘失稳         (b) 腹板失稳

图 8.3.1-1 钢梁失稳变形

2. 钢梁腹板局部稳定的概念

为了提高梁的抗弯强度和刚度，一般使用高而薄的腹板，以加大上下翼缘之间的距离（加大梁高），从而增大翼缘产生抵抗弯矩的力偶矩，达到提高钢梁抗弯强度和挠曲变形的要求。如果腹板较薄（宽厚比较大），当钢梁在较大荷载作用下，腹板平面会产生局部波状翘曲，称为腹板丧失局部稳定 [图 8.3.1-1 (b)]。

腹板的受力与翼缘不同，除承受弯曲应力 $\sigma$ 作用外，还有剪应力 $\tau$ 和局部压应力 $\sigma_c$ 的作用。

为了提高腹板的稳定性，一般采取两种措施：一是加大腹板厚度；二是设置合适的加劲肋将腹板分隔为若干矩形小板块，将加劲肋作为腹板分块后的支撑，以提高腹板的临界应力。后者是比较经济的。

由于腹板的高度尺寸通常比翼缘的宽度尺寸要大，如果仅采用腹板高厚比限值来保证局部稳定，当不满足限值时，只能采用加厚腹板的措施，这显然是不经济的。为了提升经济性，焊接截面梁的腹板通常由加劲肋将其分割成若干矩形板块（图 8.3.1-2），每块板的四周有加劲肋和翼缘作为支撑，在不加大板厚的情况下，可有效提高腹板的临界应力，使局部稳定得到保证。

横向加劲肋主要防止由剪应力 $\tau$ 可能引起的腹板失稳；纵向加劲肋主要防止由弯曲压应力 $\sigma$ 可能引起的腹板失稳；短加劲肋主要防止由局部压应力 $\sigma_c$ 可能引起的腹板失稳。

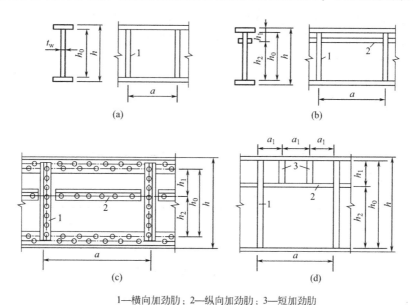

1—横向加劲肋；2—纵向加劲肋；3—短加劲肋

**图 8.3.1-2　加劲肋布置**

3. 梁腹板配置加劲肋

当翼缘或腹板发生局部失稳时，一般不会使构件立即丧失整体稳定性，只是发生局部失稳的板件退出工作，无法承担荷载，从而降低构件的整体稳定承载能力。

为了不降低梁的整体稳定性，保证梁的局部稳定性，需要控制翼缘宽厚比。工程设计中，钢梁首先要提供足够的抗弯能力，梁的翼缘不能太小，所以，通常采用加大翼缘厚度的方法来保证翼缘的宽厚比。

不降低梁的整体稳定性的同时，也要保证梁腹板的局部稳定性。钢梁首先要有较大的抗弯强度，因此，腹板高度往往很大。当腹板不能满足高厚比要求时，采取增大板厚的措施是不经济的，因此需要在腹板两侧对称设置加劲肋（图 8.3.1-2）。

4. 局部稳定的临界应力公式

欧拉临界应力公式是分析板件稳定的基本公式。

根据弹性理论，可以建立板件发生屈曲时的平衡微分方程式，求解出板件的临界应力。临界应力与板件的宽（高）厚比、板件支撑情况（图 8.3.1-3）、材料性质等因素有关。

单向均匀受压矩形板件的临界应力 $\sigma_{cr}$ 的形式为：

$$\sigma_{cr} = \chi \frac{k\pi^2 E}{12(1-\nu^2)} \cdot \left(\frac{t}{b}\right)^2 \tag{8.3.1-1}$$

式中：$\chi$——嵌固系数，反映翼缘对腹板的弹性嵌固作用时：在纯剪应力作用下，梁的翼缘对腹板有一定的约束作用，但并非完全固定，可取 1.23；在纯弯曲应力作用下取 1.61；在局部压应力作用下取 1.69。反映腹板对翼缘的弹性嵌固作用时：对受压翼缘取 1.0；

$\quad\quad k$——弹性屈曲系数，腹板视作四边简支板，两平行边均匀受压时 $k=4.0$，两平行边受弯时 $k=23.9$；翼缘视作三边简支、一边自由板，$k=0.425$。根据支撑情况和应力状态，弹性屈曲系数 $k$ 取值见表 8.3.1-1；

$\quad\quad \nu$——钢材泊松比；

$\quad\quad E$——弹性模量；

$\quad\quad t$——板件厚度；

$\quad\quad b$——板件宽度。

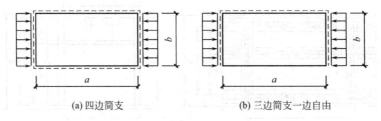

(a) 四边简支　　　　　　　　　(b) 三边简支一边自由

**图 8.3.1-3　板件均匀受压模型**

板的屈曲系数 $k$　　　　　　　　　　　　　　　表 8.3.1-1

| 项次 | 支撑情况 | 应力状态 | $k$ | 说明 |
|---|---|---|---|---|
| 1 | 四边简支 | 两平行边均匀受压 | $k_{min}=4$ | |
| 2 | 三边简支，一边自由 | 两平行简支边受压 | $k_{min}=0.425+\left(\frac{b}{a}\right)^2$ | $a$、$b$ 见图 8.3.1-3(b) 用于受压翼缘 |
| 3 | 四边简支 | 两平行边受弯 | $k_{min}=23.9$ | 用于腹板纯弯 |

| 项次 | 支撑情况 | 应力状态 | $k$ | 说明 |
|---|---|---|---|---|
| 4 | 两平行边简支另两边固定 | 两平行简支边受弯 | $k_{min} = 39.6$ | |
| 5 | 四边简支 | 一边局部受压 | 当$\frac{b}{a} \leqslant 1.5, k = (4.5 \frac{b}{a} + 7.4)\frac{b}{a}$<br>当$\frac{b}{a} > 1.5, k = (11 - 0.9 \frac{b}{a})\frac{b}{a}$ | $a$、$b$ 见图 8.3.1-3(b)<br>用于受压翼缘 |
| 6 | 四边简支 | 四边均匀受剪 | 当$\frac{b}{a} \leqslant 1.0, k = 4.0 + 5.34\left(\frac{b}{a}\right)^2$<br>当$\frac{b}{a} > 1.0, k = 4.0\left(\frac{b}{a}\right)^2 + 5.34$ | $a$ 为长边,$b$ 为短边<br>$a$ 与压应力方向垂直 |

注:设计时取 $k = k_{min}$ 趋于安全。

从式 (8.3.1-1) 可以看出,增大板件临界力的有效办法就是增大板件厚度 ($t$) 或减小板件宽度 ($b$)。

焊接截面梁的局部稳定就是保证在荷载作用下,组成构件的板件不能因为有较大的宽厚比而先于整体失稳前产生板件的局部失稳,从而降低钢梁整体稳定承载能力。所以,保证板件宽 (高) 厚比,就是要求钢梁不能出现局部失稳。

**5. 梁腹板正则化宽厚比 (通用宽厚比、通用高厚比) 概念**

《钢标》中计算梁腹板的局部稳定时,引入了正则化宽厚比的参数。正则化宽厚比 (也称为正则化高厚比) 就是材料屈服强度与临界应力比值的平方根。

在腹板单独受弯、受剪和受局部压力时,正则化宽厚比分别为:

$$\lambda_{n,b} = \sqrt{f_y / \sigma_{cr}} \tag{8.3.1-2}$$

$$\lambda_{n,s} = \sqrt{f_y / \tau_{cr}} \tag{8.3.1-3}$$

$$\lambda_{n,c} = \sqrt{f_y / \sigma_{c \cdot cr}} \tag{8.3.1-4}$$

式中:$\lambda_{n,b}$——用于腹板受弯计算时的正则化宽厚比 (通用高厚比);

$\qquad \lambda_{n,s}$——用于腹板受剪计算时的正则化宽厚比 (通用高厚比);

$\qquad \lambda_{n,c}$——用于腹板受局部压力计算时的正则化宽厚比 (通用高厚比);

$\qquad f_y$——钢材抗拉、抗压、抗剪、抗弯的屈服强度;

$\qquad \sigma_{cr}$——在弯曲应力 $\sigma$ 单独作用下腹板的临界应力 (弹塑性);

$\qquad \tau_{cr}$——在纯剪应力 $\tau$ 单独作用下腹板的临界应力 (弹塑性);

$\qquad \sigma_{c,cr}$——在局部压应力 $\sigma_c$ 单独作用下腹板的临界应力 (弹塑性)。

【例题 8.3.1-1】纯弯曲应力作用下计算腹板正则化宽厚比 $\lambda_{n,b}$。基本条件为:弹性模量 $E = 206 \times 10^3 N/mm^2$,钢材泊松比 $\nu = 0.3$,弹性屈曲系数 $k = k_{min} = 23.9$,嵌固系数 $\chi = 1.61$。

【解】先求弯曲临界应力 $\sigma_{cr}$。将 $E$、$\nu$、$k$、$\chi$ 代入式 (8.3.1-1),其临界应力为:

$$\sigma_{cr} = \chi \frac{k\pi^2 E}{12(1-\nu^2)} \cdot \left(\frac{t_w}{h_0}\right)^2 = 1.61 \times \frac{23.9 \times \pi^2 \times 206 \times 10^3}{12 \times (1-0.3^2)}\left(\frac{t_w}{h_0}\right)^2 = 7.15 \times 10^6 \left(\frac{t_w}{h_0}\right)^2 \ (N/mm^2)$$

$$\tag{8.3.1-5}$$

由钢号修正系数表达式 $\varepsilon_k=\sqrt{235/f_y}$ 导出：

$$\sqrt{f_y}=\frac{\sqrt{235}}{\varepsilon_k} \tag{8.3.1-6}$$

将式（8.3.1-5）和式（8.3.1-6）代入式（8.3.1-2），得出腹板纯弯时正则化宽厚比：

$$\lambda_{n,b}=\sqrt{\frac{f_y}{\sigma_{cr}}}=\frac{\sqrt{235}}{\sqrt{7.15\times10^6}}\left(\frac{h_0}{t_w}\right)\cdot\frac{1}{\varepsilon_k}=\frac{h_0/t_w}{177}\cdot\frac{1}{\varepsilon_k} \tag{8.3.1-7}$$

与受压翼缘相邻的腹板弯曲受压区高度为 $h_c$，对于双轴对称截面，$h_0=2h_c$。将 $h_0$ 代式（8.3.1-7），得到腹板纯弯时最终的正则化宽厚比式为：

$$\lambda_{n,b}=\frac{2h_c/t_w}{177}\cdot\frac{1}{\varepsilon_k} \tag{8.3.1-8}$$

式（8.3.1-8）为《钢标》中腹板仅配置横向加劲肋，且梁受压翼缘有可靠的支撑，能阻止梁截面扭转时的板格在纯弯作用下的正则化宽厚比的表达式。

### 8.3.2 梁翼缘纯弯时的局部稳定

**1. 钢梁受压翼缘局部稳定的推导**

以工字形截面为例，按弹塑性阶段 S3 级要求，允许截面出现部分塑性铰（$\gamma_x>1.0$）的情况进行局部稳定的推导。

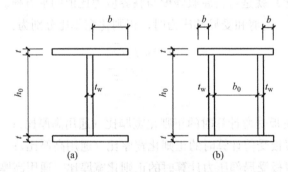

**图 8.3.2-1　工字形和箱形截面**

1）基本参数取值

（1）嵌固系数：腹板对翼缘的约束较弱，$\chi$ 取 1.0。

（2）弹性屈曲系数 $k$ 的取值：工字形截面视为三边支撑、一面自由的约束形式，查表 8.3.1-1，$k=0.425$（忽略 $b/a$ 项）。

（3）弹性模量 $E$ 的取值：考虑截面塑性发展（$\gamma_x>1.0$）按弹塑性阶段设计，并考虑残余应力等影响，弹性模量 $E$ 降至 $0.5E$，其中，$E=206\times10^3 N/mm^2$。

（4）钢材泊松比 $\nu$ 取值：$\nu=0.3$。

（5）临界应力的要求：为了充分发挥材料强度，必须保证钢梁在发生强度破坏之前受压翼缘不发生局部失稳。因此，要求临界应力 $\sigma_{cr}\geq f_y$。

2）推导局部稳定的宽厚比公式

将上述（1）～（5）项数据代入式（8.3.1-1），得到：

$$\sigma_{cr} = 1.0 \times \frac{0.425 \times \pi^2 \times 0.5E}{12(1-\nu^2)} \cdot \left(\frac{t}{b}\right)^2 \geqslant f_y$$

导出：

$$\frac{b}{t} \leqslant 13\varepsilon_k \qquad\qquad (8.3.2\text{-}1)$$

式中：$b$——翼缘板的自由外伸宽度；

$t$——翼缘板的厚度。

2. 工字形和箱形截面受压翼缘宽厚比的规定

翼缘主要承受弯曲应力 $\sigma$，采用宽厚比限值可保证局部稳定性。

工字形和箱形截面（图 8.3.2-1）受压翼缘板件宽厚比根据等级 S1～S5 要求按表 8.3.2-1 执行。

焊接截面梁翼缘最大宽厚比限值　　　表 8.3.2-1

| 宽厚比等级 | S1 级 | S2 级 | S3 级 | S4 级 | S5 级 |
|---|---|---|---|---|---|
| 工字形截面翼缘 $b/t$ | $9\varepsilon_k$ | $11\varepsilon_k$ | $13\varepsilon_k$ | $15\varepsilon_k$ | 20 |
| 箱形截面翼缘 $b_0/t$ | $25\varepsilon_k$ | $32\varepsilon_k$ | $37\varepsilon_k$ | $42\varepsilon_k$ | — |

3. 钢梁受压翼缘不满足局部稳定的对策

1）加大翼缘厚度

加大翼缘厚度是最直接的方法，也是在电算过程中最常用的方法。当翼缘宽厚比不满足局部稳定要求时，为了减小宽厚比的数值，要么减小翼缘宽度，要么加大翼缘厚度。钢梁的抗弯性能是第一位的，如果减小翼缘宽度，就会降低梁的抗弯性能及整体稳定性，因此，一般采用加大翼缘厚度的方法。

增大翼缘厚度的原则是：重新计算翼缘的宽厚比，使其满足表 8.3.2-1 的限值。

【例题 8.3.2-1】焊接工字形截面梁［图 8.3.2-1（a）］，受压上翼缘的自由外伸宽度 $b=145\text{mm}$，翼缘板的厚度 $t=12\text{mm}$，按弹塑性设计，截面允许出现塑性铰（$\gamma_x > 1.0$），钢号为 Q355，$f_y=355\text{N/mm}^2$。验算受压上翼缘的 S3 级的宽厚比。

【解】先算出钢号修正系数 $\varepsilon_k$，然后再验算宽厚比。

Q355 钢号修正系数：

$$\varepsilon_k = \sqrt{235/355} = 0.81$$

查表 8.3.2-1，S3 级翼缘宽厚比限值为 $13\varepsilon_k$。

翼缘的宽厚比为：

$$b/t = 145/12 = 12.08 > 13\varepsilon_k = 10.53$$

翼缘不满足局部稳定要求。

将翼缘厚度增大到 $t=14\text{mm}$，重新验算宽厚比：

$$b/t = 145/14 = 10.36 < 13\varepsilon_k = 10.53$$

满足局部稳定的要求。

结论：通过增大受压翼缘厚度至 14mm 后，能满足翼缘宽厚比要求。

2）降低钢号法

当钢梁承受的荷载不大，截面应力比有较大的提高空间，且降低一个钢号还能满足整体稳定承载能力时，可以考虑降低钢梁的钢号来达到提高局部稳定的数值要求，一般是降低一个钢号，如 Q355 降至 Q235、Q390 降至 Q355 等。降低钢号后，还要重新验算钢梁的整体稳定性、强度及局部稳定性。

【例题 8.3.2-2】两端简支的焊接工字形截面梁［图 8.3.2-1（a）］，受压上翼缘的自由外伸宽度 $b=145$mm，翼缘板的厚度 $t=12$mm，按弹塑性设计，截面允许出现塑性铰（$\gamma_x>1.0$），钢号为 Q355，$f_y=355$N/mm$^2$。钢梁受力情况为：上翼缘铺设混凝土板，受弯应力比为 0.56。采用降低钢号法验算翼缘宽厚比（S3 级）。

【解】先算出钢号修正系数 $\varepsilon_k$，然后验算宽厚比。

Q355 钢号修正系数：

$$\varepsilon_k=\sqrt{235/355}=0.81$$

查表 8.3.2-1，S3 级翼缘宽厚比限值为 $13\varepsilon_k$。

翼缘的宽厚比为：

$$b/t=145/12=12.08>13\varepsilon_k=10.53$$

翼缘不满足局部稳定要求。

当采用钢号 Q235 时，其钢号修正系数为：

$$\varepsilon_k=\sqrt{235/235}=1.0$$

降低钢号后，翼缘的宽厚比为：

$$b/t=145/12=12.08<13\varepsilon_k=13$$

满足局部稳定的要求。

由于钢号的降低，钢材抗拉强度设计值也随之降低，需要重新验算钢梁的整体稳定性和强度。

由于钢梁上翼缘有混凝土板，约束了梁的扭转，故不需验算梁的整体稳定性，只验算强度。

钢号为 Q355 时，$f_y=305$N/mm$^2$；钢号为 Q235 时，$f_y=215$N/mm$^2$。

查表 5.1.16-1，应力比控制值为 0.95。只要应力比满足要求，强度也就满足要求。

降低钢号为 Q235 后，应力比为：

$$0.56\times（305/215）=0.79<0.95$$

故，强度满足要求。

结论：采用 Q355 时，不满足翼缘宽厚比要求；而采用 Q235 时，既满足翼缘宽厚比要求，也能满足钢梁整体稳定性和强度的要求。

## 8.3.3 梁腹板纯剪时的局部稳定

腹板在纯剪应力作用下可视为四边简支均匀分布剪应力（$\tau$）的薄板（图 8.3.3-1）。

由于是纯剪状况，腹板中产生的主应力（$\sigma_1$、$\sigma_2$）呈 45°方向。主拉应力和主压应力在数值上与剪应力相等。在主压应力（$\sigma_2$）作用下，腹板失稳时呈现大约 45°方向的波形凹凸状。

研究腹板纯剪屈曲时，临界剪应力公式可以采用与式（8.3.1-1）相同的形式，即，$\tau_{cr}$ 代替 $\sigma_{cr}$；$h_0$ 代替 $b$；$t_w$ 代替 $t$。

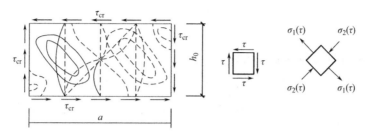

**图 8.3.3-1 梁腹板纯剪时的失稳**

1. 钢梁受剪腹板局部稳定的推导

腹板临界剪应力为：

$$\tau_{cr} = \chi \frac{k\pi^2 E}{12(1-\nu^2)} \cdot \left(\frac{t_w}{h_0}\right)^2 \tag{8.3.3-1}$$

式中：$\chi$——嵌固系数，反映翼缘对腹板的弹性嵌固作用时，在纯剪应力作用下，梁的翼缘对腹板有一定的约束作用，但并非完全固定，可取 1.23；

$k$——弹性屈曲系数，腹板视作四边简支板，两平行边均匀受压时 $k=4.0$，舍去了次要项；

$\nu$——钢材泊松比；

$E$——弹性模量；

$t_w$——腹板厚度；

$h_0$——腹板计算高度。

按弹性分析式（8.3.3-1）求出的结果与实际情况出入较大，在纯剪作用下腹板的实际失稳状态属于弹塑性屈曲，根据试验结果分析，其临界应力 $\tau_{cr,p}$ 为：

$$\tau_{cr,p} = \sqrt{\tau_{cr} \cdot \tau_p} \tag{8.3.3-2}$$

式中，$\tau_p$ 为材料达到比例极限时的剪应力，其值为：

$$\tau_p = 0.8 f_{vy} \tag{8.3.3-3}$$

式中，$f_{vy}$ 为非弹性抗剪屈服强度，与弹性抗剪屈服强度 $f_y$ 的关系为：

$$f_{vy} = \frac{f_y}{\sqrt{3}} \tag{8.3.3-4}$$

将 $E=206\times10^3 \text{N/mm}^2$，$\chi=1.23$，$\nu=0.3$，$k=5.34$（舍去次要项）代入式（8.3.3-2），得出：

$$\tau_{cr} = 123\left(\frac{100t_w}{h_0}\right)^2$$

为了保证钢梁在发生强度破坏之前腹板不丧失局部稳定，要求腹板的临界应力 $\tau_{cr,p} \geqslant f_{vy} = f_y / \sqrt{3}$，即：

$$\tau_{cr,p} = \sqrt{123 \times \left(\frac{100t_w}{h_0}\right)^2 \times \frac{0.8f_y}{\sqrt{3}}} \geqslant \frac{f_y}{\sqrt{3}}$$

整理上式后得出：

$$\frac{h_0}{t_w} \leqslant 85\varepsilon_k$$

2. 钢梁受剪腹板局部稳定的规定

在工程设计中，支座处和有局部压应力处（如支撑次梁处）宜按构造配置横向加劲肋；当局部压应力较小时可不配置加劲肋。《钢标》规定，腹板不配置横向加劲肋时应满足下式要求：

$$\frac{h_0}{t_w} \leqslant 80\varepsilon_k \tag{8.3.3-5}$$

式（8.3.3-5）比上面按理论推导出来的公式要严一些。

3. 钢梁受剪腹板不满足局部稳定的对策

当腹板高厚比 $h_0/t_0 > 80\varepsilon_k$ 时，不满足腹板抗剪局部稳定的要求，需采取以下任一措施后，重新满足局部稳定。

1）设置横向加劲肋

由于梁腹板较高且较薄，当不满足局部稳定时，设置横向加劲肋，比起加大腹板厚度来更为经济。设置横向加劲肋的原则如下：

（1）横向加劲肋的间距 $a$ 应满足：

$$0.5h_0 \leqslant a \leqslant 2h_0 \tag{8.3.3-6}$$

（2）构造上设置加劲肋的间距 $a$ 应满足式（8.3.3-5）的要求，即：

$$0.5h_0 \leqslant a \leqslant 80t_w \cdot \varepsilon_k \tag{8.3.3-7}$$

（3）当加劲肋属于下式范围，应按仅配置横向加劲肋的区格进行局部稳定计算：

$$80t_w \cdot \varepsilon_k < a \leqslant 2h_0 \tag{8.3.3-8}$$

【例题 8.3.3-1】焊接工字形截面［图 8.3.2-1（a）］，腹板的计算高度 $h_0 = 672$mm，腹板的厚度 $t_w = 10$mm，按弹塑性设计，截面允许出现塑性铰（$\gamma_x > 1.0$），钢号为 Q355，$f_y = 355$N/mm²。验算腹板在剪应力作用下的局部稳定。

【解】先算出钢号修正系数 $\varepsilon_k$，然后验算高厚比。

Q355 钢号修正系数：

$$\varepsilon_k = \sqrt{235/355} = 0.81$$

腹板的高厚比为：

$$\frac{672}{10} = 67.2 > 80\varepsilon_k = 64.8$$

腹板抗剪不满足局部稳定要求，需按构造配置横向加劲肋。

由式（8.3.3-7）求出：

$$a \leqslant 80t_w \cdot \varepsilon_k = 80 \times 10 \times 0.81 = 648\text{mm}$$

实取加劲肋间距 $a = 600\text{mm}$。

结论：通过配置横向加劲肋（@600）后，能满足腹板局部稳定的要求。

2）加大腹板厚度

加大腹板厚度是一种直接的方法。当腹板高厚比不满足局部稳定要求时，为了减小高厚比的数值，要么减小腹板高度，要么加大腹板厚度。钢梁的抗弯性能是第一位的，如果减小腹板高度，就会降低梁的抗弯性能及整体稳定性，因此，一般采用加大腹板厚度的方法。

加大腹板厚度的原则是：重新计算腹板的高厚比，使其满足式（8.3.3-5）的限值。

【例题 8.3.3-2】焊接工字形截面［图 8.3.2-1（a）］，腹板的计算高度 $h_0 = 672\text{mm}$，腹板的厚度 $t_w = 10\text{mm}$，按弹塑性设计，截面允许出现塑性铰（$\gamma_x > 1.0$），钢号为 Q355，$f_y = 355\text{N/mm}^2$。验算腹板在剪应力作用下的高厚比。

【解】先算出钢号修正系数 $\varepsilon_k$，然后验算宽厚比。

Q355 钢号修正系数：

$$\varepsilon_k = \sqrt{235/355} = 0.81$$

腹板的高厚比为：

$$\frac{672}{10} = 67.2 > 80\varepsilon_k = 64.8$$

腹板抗剪不满足局部稳定要求，需加大腹板的厚度。

设定腹板加厚至 12mm，则腹板的高厚比为：

$$\frac{672}{12} = 56 \leqslant 80\varepsilon_k = 64.8$$

满足腹板高厚比要求。

结论：将腹板由 10mm 加厚至 12mm 后，能满足腹板高厚比的要求。

3）降低钢号法

当钢梁承受的荷载不大，截面应力比有较大的提高空间，且降低一个钢号还能满足整体稳定承载能力时，可以考虑降低钢梁的钢号来达到提高局部稳定的数值要求，一般是降低一个钢号，如 Q355 降至 Q235、Q390 降至 Q355 等。降低钢号后，还要重新验算钢梁的整体稳定性、强度及局部稳定性。

【例题 8.3.3-3】焊接工字形截面［图 8.3.2-1（a）］，腹板的计算高度 $h_0 = 672\text{mm}$，腹板的厚度 $t_w = 10\text{mm}$，按弹塑性设计，截面允许出现塑性铰（$\gamma_x > 1.0$），钢号为 Q355，$f_y = 355\text{N/mm}^2$。钢梁受力情况为：上翼缘铺设混凝土板，受弯应力比为 0.56，降低一级钢号后能满足钢梁强度和整体稳定性要求。采用降低钢号法验算腹板高宽比。

【解】先算出钢号修正系数 $\varepsilon_k$，然后验算宽厚比。

Q355 钢号修正系数：

$$\varepsilon_k = \sqrt{235/355} = 0.81$$

腹板的高厚比为：

$$\frac{672}{10} = 67.2 > 80\varepsilon_k = 64.8$$

腹板抗剪不满足高宽比要求，需考虑降低钢号重新验算腹板高厚比。

当采用钢号为 Q235 时，其钢号修正系数为：

$$\varepsilon_k = \sqrt{235/235} = 1.0$$

降低钢号后：

腹板的高宽比为：

$$\frac{672}{10} = 67.2 < 80\varepsilon_k = 80$$

满足局部稳定的要求。

结论：采用 Q355 时，不能满足腹板高宽比要求；采用 Q235 时，能满足腹板高宽比要求。

### 8.3.4　梁腹板纯弯时的局部稳定

腹板在纯弯曲应力作用下，由于弯曲应力在梁高度上有一部分为压应力，因而可能使腹板发生局部屈曲。腹板失稳时沿梁高方向为一个半波，沿梁长度方向一般为多个半波。

腹板可视为四边简支形式，拉应力和压应力分布如图 8.3.4-1 所示。

研究腹板纯弯屈曲时，临界应力计算式可以采用与式（8.3.1-1）相同的形式，即，$h_0$ 代替 $b$；$t_w$ 代替 $t$。

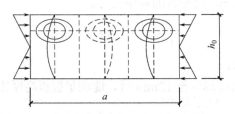

**图 8.3.4-1　梁腹板纯弯时的失稳**

1. 钢梁在弯曲应力作用下腹板局部稳定的推导

腹板临界弯曲应力 $\sigma_{cr}$ 为：

$$\sigma_{cr} = \chi \frac{k\pi^2 E}{12(1-\nu^2)} \cdot \left(\frac{t_w}{h_0}\right)^2 \tag{8.3.4-1}$$

式中：$\chi$——嵌固系数，反映翼缘对腹板的弹性嵌固作用时，在弯曲应力作用下，梁的翼缘对腹板有一定的约束作用，但并非完全固定，可取 1.61；

$k$——弹性屈曲系数，腹板视作四边简支板，两边平行受弯，$k=23.9$；

$\nu$——钢材泊松比；

$E$——弹性模量；

$t_w$——腹板厚度；

$h_0$——腹板计算高度。

将 $E=206\times10^3 \text{N/mm}^2$，$\chi=1.61$，$\nu=0.3$，$k=23.9$ 代入式（8.3.4-1），得出临界应力：

$$\sigma_{cr}=\chi\frac{k\pi^2 E}{12(1-\nu^2)}\cdot\left(\frac{t_w}{h_0}\right)^2=1.61\times\frac{23.9\times\pi^2\times206\times10^3}{12\times(1-0.3^2)}\cdot\left(\frac{t_w}{h_0}\right)^2=716\left(\frac{100t_w}{h_0}\right)^2 \text{(N/mm}^2)$$

为了保证钢梁在发生强度破坏之前腹板不丧失局部稳定，要求腹板的临界弯曲应力 $\sigma_{cr}\geqslant f_y$。

即：

$$716\left(\frac{100t_w}{h_0}\right)^2\geqslant f_y$$

由上式解出腹板在弯曲应力作用下的腹板高厚比为：

$$\frac{h_0}{t_w}\leqslant174\varepsilon_k$$

2. 钢梁在弯曲应力作用下腹板局部稳定的规定

为了防止弯曲应力可能引起的腹板失稳，在工程设计中，应按《钢标》的规定控制腹板的高厚比。腹板不配置纵向加劲肋时应满足下列要求。

1）受压翼缘扭转受到约束（如连有刚性铺板、檩条等）时：

$$\frac{h_0}{t_w}\leqslant170\varepsilon_k \tag{8.3.4-2}$$

2）受压翼缘扭转未受到约束时：

$$\frac{h_0}{t_w}\leqslant150\varepsilon_k \tag{8.3.4-3}$$

对单轴对称截面，当要配置纵向加劲肋时，$h_0$ 应取受压区高度 $h_c$ 的 2 倍。

3）$h_0/t_w$ 不宜超过 250。

3. 钢梁在弯曲应力作用下腹板不满足局部稳定的对策

当腹板高厚比不满足式（8.3.4-2）和式（8.3.4-3）时，则不满足腹板抗弯局部稳定的要求，应在腹板受压区设置纵向加劲肋，以达到满足局部稳定的要求。

设置纵向加劲肋的原则如下：

1）首先要设置横向加劲肋。

2）纵向加劲肋至腹板计算高度受压边缘的间距 $h_1$ 应满足：

$$\frac{h_c}{2.5}\leqslant h_1\leqslant\frac{h_c}{2} \tag{8.3.4-4}$$

【例题 8.3.4-1】焊接工字形截面［图 8.3.2-1（a）］，腹板的计算高度 $h_0=1650\text{mm}$，腹板的厚度 $t_w=12\text{mm}$，梁跨度 18m，每隔 3m 有一根次梁与其连接，受压翼缘扭转未受到约束，按弹塑性设计，截面允许出现塑性铰（$\gamma_x>1.0$），钢号为 Q355，$f_y=355\text{N/mm}^2$。验算腹板在弯曲应力作用下的局部稳定。

【解】先算出钢号修正系数 $\varepsilon_k$，然后验算高厚比。

Q355 钢号修正系数：$\varepsilon_k = \sqrt{235/355} = 0.81$

腹板的高厚比为：

$$\frac{h_0}{t_w} = \frac{1650}{12} = 137.5 > \begin{cases} 80\varepsilon_k = 80 \times 0.81 = 64.8 \\ 150\varepsilon_k = 150 \times 0.81 = 121.5 \end{cases}$$

腹板抗剪和抗弯均不满足局部稳定要求，需配置横向加劲肋和纵向加劲肋。

设置横向加劲肋：

在次梁处配置横向加劲肋，其间距 $a = 3000\text{mm} < 2h_0 = 3300\text{mm}$，满足横向加劲肋构造要求。

设置纵向加劲肋：

对于双轴对称截面，$h_0 = 2h_c$。纵向加劲肋至腹板计算高度受压边缘的间距 $h_1$ 为：

$$h_1 = \frac{h_c}{2.5} \sim \frac{h_c}{2} = \frac{h_0}{5} \sim \frac{h_0}{4} = 330 \sim 412.5 \text{ （mm）}$$

实取 $h_1 = 350\text{mm}$。

### 8.3.5 钢梁在局部压应力作用下的腹板局部稳定

如果钢梁上翼缘有较大的集中力，而腹板厚度较小、横向加劲肋间距又较大时，则腹板受到的挤压应力就比较大，可能发生竖向屈曲，在纵、横两个方向均产生一个半波形状（图 8.3.5-1）。腹板靠近集中力的一个边缘受压，属于单侧受压板。

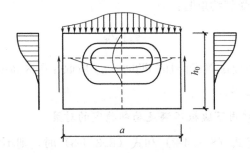

**图 8.3.5-1 梁腹板局压时的失稳**

1. 钢梁在局部压应力作用下腹板局部稳定的推导

腹板临界局压应力 $\sigma_{c,cr}$ 为：

$$\sigma_{c,cr} = \chi \frac{k\pi^2 E}{12(1-\nu^2)} \cdot \left(\frac{t_w}{h_0}\right)^2 \tag{8.3.5-1}$$

式中：$\chi$——嵌固系数，反映翼缘对腹板的弹性嵌固作用时；在局部压应力作用下，梁的翼缘对腹板有一定的约束作用，但并非完全固定，可取 1.69；

$k$——弹性屈曲系数，腹板视作四边简支板，在局部压应力作用下，按表 8.3.1-1 第 5 项取值；

$\nu$——钢材泊松比；

$E$——弹性模量；

$t_w$——腹板厚度；

$h_0$——腹板计算高度。

集中力通过上翼缘在腹板平面内按 45°角扩散，在腹板内的最大影响范围为 $a=2h_0$，以 $h_0$ 代替 $b$，查表 8.3.1-1 第 5 项，则 $a/b=2h_0/h_0=2>1.5$，$k$ 值为：

$$k=\left(11-0.9\frac{h_0}{a}\right)\frac{h_0}{a}=5.275$$

将 $E=206\times10^3\,\mathrm{N/mm^2}$，$\chi=1.69$，$\nu=0.3$，$k=5.275$ 代入式（8.3.5-1），得出临界应力：

$$\sigma_{cr}=\chi\,\frac{k\pi^2E}{12(1-\nu^2)}\cdot\left(\frac{t_w}{h_0}\right)^2=1.69\times\frac{5.275\times\pi^2\times206\times10^3}{12\times(1-0.3^2)}\cdot\left(\frac{t_w}{h_0}\right)^2=166\left(\frac{100t_w}{h_0}\right)^2\ (\mathrm{N/mm^2})$$

为了保证钢梁在发生强度破坏之前腹板不丧失局部稳定，要求腹板的临界弯曲应力 $\sigma_{c,cr}\geqslant f_y$。

即：

$$166\left(\frac{100t_w}{h_0}\right)^2\geqslant f_y$$

由上式解出腹板在局部压应力作用下的腹板高厚比为：

$$\frac{h_0}{t_w}\leqslant84\varepsilon_k$$

2. 钢梁在局部压应力作用下对于腹板局部稳定的规定

根据临界应力推导的结果，腹板在局部压应力作用下的临界应力与腹板在纯剪应力作用下的临界应力相同，所以设计中，腹板不配置横向加劲肋时，其高厚比应满足下式要求：

$$\frac{h_0}{t_w}\leqslant80\varepsilon_k \tag{8.3.5-2}$$

式（8.3.5-2）很适合于验算吊车梁上有移动集中荷载的局部稳定。但是，一般情况下，在集中力作用处都应成对设置横向加劲肋。式（8.3.5-2）与式（8.3.3-5）完全一致。

3. 钢梁在局部压应力作用下腹板不满足局部稳定的对策

对策同第 8.3.3 节第 3 条。

## 8.3.6　梁腹板配置加劲肋后各区格的局部稳定

设置合适的加劲肋将腹板划分成若干个四边支撑的矩形板区格，使加劲肋成为腹板的支撑，以提高腹板的临界应力，这种做法较为经济。然而，各种加劲肋所起的作用是不同的。三种加劲肋的作用如下：

横向加劲肋对腹板抗剪局部稳定起着主要作用，但对防止弯曲失稳作用不大。

纵向加劲肋对抗弯稳定起着主要作用。

短加劲肋主要是防止由局部压应力可能引起的腹板屈曲。

在前面讲的梁腹板纯剪时的局部稳定中，根据腹板的临界应力推导出腹板的高厚比限值，设置横向加劲肋的最大间距是要满足腹板高厚比的限值，这时就不需要再验算腹板的稳定性了。

为了追求经济性，横向加劲肋的间距 $a$ 可以大过限值，但要在有限的范围内（$80\varepsilon_k < a \leqslant 2h_0$）增大。加劲肋可以按一定的分格来布置（见图8.3.1-2），每一个矩形板区格板在加劲肋和翼缘的约束下可以显著地提高腹板的局部稳定性，在这种情况下，需要对区格板进行局部稳定验算。

### 1. 仅配置横向加劲肋

仅配置横向加劲肋的腹板（图8.3.6-1），各区格的腹板可能同时承受弯曲正应力 $\sigma$、剪应力 $\tau$，或上翼缘传来的作用于腹板上边缘的局部压应力。区格板的局部稳定应按下列公式验算：

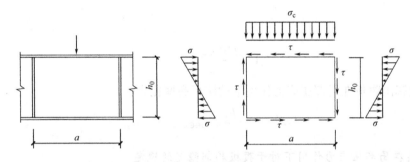

图 8.3.6-1 配置横向加劲肋的腹板

$$\left(\frac{\sigma}{\sigma_{cr}}\right)^2 + \left(\frac{\tau}{\tau_{cr}}\right)^2 + \frac{\sigma_c}{\sigma_{c,cr}} \leqslant 1.0 \qquad (8.3.6\text{-}1)$$

计算腹板区格内，由平均弯矩 $M$ 产生的腹板计算高度边缘的弯曲压应力 $\sigma$ 为：

$$\sigma = \frac{M \cdot (h_0/2)}{I} \qquad (8.3.6\text{-}2)$$

计算腹板区格内，由平均剪力 $V$ 产生的腹板平均剪应力 $\tau$ 为：

$$\tau = \frac{V}{h_w t_w} \qquad (8.3.6\text{-}3)$$

式中：$h_w$——腹板高度。

梁上翼缘作用集中荷载 $F$ 时，腹板计算高度边缘的局部压应力 $\sigma_c$ 为：

$$\sigma_c = \frac{F}{t_w l_z} \qquad (8.3.6\text{-}4)$$

式中：$l_z$——集中荷载在腹板计算高度上边缘的假定分布长度。

腹板在弯矩作用下的临界应力 $\sigma_{cr}$ 计算见表8.3.6-1。

仅配置横向加劲肋时 $\sigma_{cr}$ 的计算　　　　表 8.3.6-1

| 计算式 | | 说明 |
|---|---|---|
| 当 $\lambda_{n,b} \leqslant 0.85$ 时：$\qquad \sigma_{cr} = f$ | (8.3.6-5) | |
| 当 $0.85 < \lambda_{n,b} \leqslant 1.25$ 时：$\quad \sigma_{cr} = [1 - 0.75(\lambda_{n,b} - 0.85)]f$ | (8.3.6-6) | |
| 当 $\lambda_{n,b} > 1.25$ 时：$\qquad \sigma_{cr} = 1.1f/\lambda_{n,b}^2$ | (8.3.6-7) | $f$——钢材抗弯强度设计值（N/mm²）；$\lambda_{n,b}$——梁腹板受弯计算的正则化宽厚 |
| 当梁受压翼缘扭转受到约束时：$$\lambda_{n,b} = \frac{2h_c/t_w}{177} \cdot \frac{1}{\varepsilon_k}$$ | (8.3.6-8) | 比；推导见【例题 8.3.1-1】；扭转受到约束是指受压翼缘连有刚性铺板等 |
| 当梁受压翼缘扭转未受到约束时：$$\lambda_{n,b} = \frac{2h_c/t_w}{138} \cdot \frac{1}{\varepsilon_k}$$ | (8.3.6-9) | |

腹板在剪力作用下的临界应力 $\tau_{cr}$ 计算见表 8.3.6-2。

仅配置横向加劲肋时 $\tau_{cr}$ 的计算　　　　表 8.3.6-2

| 计算式 | | 说明 |
|---|---|---|
| 当 $\lambda_{n,s} \leqslant 0.8$ 时：$\qquad \tau_{cr} = f_v$ | (8.3.6-10) | |
| 当 $0.8 < \lambda_{n,s} \leqslant 1.2$ 时：$$\tau_{cr} = [1 - 0.59(\lambda_{n,s} - 0.8)]f_v$$ | (8.3.6-11) | |
| 当 $\lambda_{n,s} > 1.2$ 时：$\qquad \tau_{cr} = 1.1f_v/\lambda_{n,s}^2$ | (8.3.6-12) | $f_v$——钢材抗剪强度设计值（N/mm²）；$\lambda_{n,s}$——梁腹板受剪计算的正则化宽厚比； |
| 当 $a/h_0 \leqslant 1$ 时：$$\lambda_{n,s} = \frac{h_0/t_w}{37\eta\sqrt{4 + 5.34(h_0/a)^2}} \cdot \frac{1}{\varepsilon_k}$$ | (8.3.6-13) | $\eta$——简支梁取 1.11，框架梁梁端最大应力区取 1.0 |
| 当 $a/h_0 > 1$ 时：$$\lambda_{n,s} = \frac{h_0/t_w}{37\eta\sqrt{5.34 + 4(h_0/a)^2}} \cdot \frac{1}{\varepsilon_k}$$ | (8.3.6-14) | |

腹板在局部压力作用下的临界应力 $\sigma_{c,cr}$ 计算见表 8.3.6-3。

仅配置横向加劲肋时 $\sigma_{c,cr}$ 的计算　　　　表 8.3.6-3

| 计算式 | | 说明 |
|---|---|---|
| 当 $\lambda_{n,c} \leqslant 0.9$ 时：$\qquad \sigma_{c,cr} = f$ | (8.3.6-15) | |
| 当 $0.9 < \lambda_{n,c} \leqslant 1.2$ 时：$\quad \sigma_{c,cr} = [1 - 0.79(\lambda_{n,c} - 0.9)]f$ | (8.3.6-16) | |
| 当 $\lambda_{n,c} > 1.2$ 时：$\qquad \sigma_{c,cr} = 1.1f/\lambda_{n,c}^2$ | (8.3.6-17) | $f$——钢材抗压强度设计值（N/mm²）；$\lambda_{n,c}$——梁腹板受局部压应力计算的正则 |
| 当 $0.5 \leqslant a/h_0 \leqslant 1.5$ 时：$$\lambda_{n,c} = \frac{h_0/t_w}{28\sqrt{10.9 + 13.4(1.83 - a/h_0)^3}} \cdot \frac{1}{\varepsilon_k}$$ | (8.3.6-18) | 化宽厚比 |
| 当 $1.5 < a/h_0 \leqslant 2.0$ 时：$\quad \lambda_{n,c} = \dfrac{h_0/t_w}{28\sqrt{18.9 - 5a/h_0}} \cdot \dfrac{1}{\varepsilon_k}$ | (8.3.6-19) | |

**2. 同时配置横向加劲肋和纵向加劲肋**

同时配置横向加劲肋和纵向加劲肋时，横向加劲肋贯通，纵向加劲肋分段设置在腹板受压区，与横向加劲肋焊接。

纵向加劲肋将横向加劲肋分成上下两个区格（图 8.3.6-2），上区格高度为 $h_1$，下区

格高度为 $h_2$。受压翼缘与纵向加劲肋之间的区格为区格 $\mathrm{I}$，受拉翼缘与纵向加劲肋之间的区格为区格 $\mathrm{II}$。

由于区格 $\mathrm{I}$ 和区格 $\mathrm{II}$ 的受力情况不同，故应按下列公式分别计算腹板局部稳定。

1）区格 $\mathrm{I}$ 的局部稳定性应按下列公式计算：

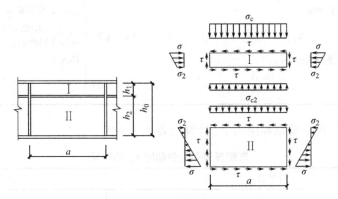

图 8.3.6-2　同时配置横向加劲肋和纵向加劲肋的腹板

$$\frac{\sigma}{\sigma_{\mathrm{cr1}}}+\left(\frac{\sigma_{\mathrm{c}}}{\sigma_{\mathrm{c,cr1}}}\right)^2+\left(\frac{\tau}{\tau_{\mathrm{cr1}}}\right)^2\leqslant1.0 \tag{8.3.6-20}$$

区格 $\mathrm{I}$ 腹板在各种荷载作用下的临界应力 $\sigma_{\mathrm{cr1}}$、$\tau_{\mathrm{cr1}}$、$\sigma_{\mathrm{c,cr1}}$ 计算见表 8.3.6-4～表 8.3.6-6。

| 区格 $\mathrm{I}$ 内 $\pmb{\sigma}_{\mathrm{cr1}}$ 的计算 | 表 8.3.6-4 |
|---|---|
| 计算式 | 说明 |
| $\sigma_{\mathrm{cr1}}$ 应按式(8.3.6-5)～式(8.3.6-7)计算<br>当梁受压翼缘扭转受到约束时：<br>$$\lambda_{\mathrm{n,b1}}=\frac{h_1/t_{\mathrm{w}}}{75\varepsilon_{\mathrm{k}}}\qquad(8.3.6\text{-}21)$$<br>当梁受压翼缘扭转受未到约束时：<br>$$\lambda_{\mathrm{n,b1}}=\frac{h_1/t_{\mathrm{w}}}{64\varepsilon_{\mathrm{k}}}\qquad(8.3.6\text{-}22)$$ | 式(8.3.6-5)～式(8.3.6-7)中的 $\lambda_{\mathrm{n,b}}$ 改用 $\lambda_{\mathrm{n,b1}}$<br>$\lambda_{\mathrm{n,b1}}$——区格 $\mathrm{I}$ 腹板受弯计算的正则化宽厚比 |

| 区格 $\mathrm{I}$ 内 $\pmb{\tau}_{\mathrm{cr1}}$ 的计算 | 表 8.3.6-5 |
|---|---|
| 计算式 | 说明 |
| $\tau_{\mathrm{cr1}}$ 应按式(8.3.6-10)～式(8.3.6-14)计算 | 式(8.3.6-10)～式(8.3.6-14)中的 $h_0$ 改用 $h_1$ |

| 区格 $\mathrm{I}$ 内 $\pmb{\sigma}_{\mathrm{c,cr1}}$ 的计算 | 表 8.3.6-6 |
|---|---|
| 计算式 | 说明 |
| $\sigma_{\mathrm{c,cr1}}$ 应按式(8.3.6-5)～式(8.3.6-7)计算<br>当梁受压翼缘扭转受到约束时：<br>$$\lambda_{\mathrm{n,c1}}=\frac{h_1/t_{\mathrm{w}}}{56\varepsilon_{\mathrm{k}}}\qquad(8.3.6\text{-}23)$$<br>当梁受压翼缘扭转受未到约束时：<br>$$\lambda_{\mathrm{n,c1}}=\frac{h_1/t_{\mathrm{w}}}{40\varepsilon_{\mathrm{k}}}\qquad(8.3.6\text{-}24)$$ | 式(8.3.6-5)～式(8.3.6-7)中的 $\lambda_{\mathrm{n,b}}$ 改用 $\lambda_{\mathrm{n,c1}}$。<br>$h_1$——纵向加劲肋至腹板计算高度受压边缘的距离(mm) |

2）区格Ⅱ的局部稳定性应按下列公式计算：

$$\left(\frac{\sigma_2}{\sigma_{cr2}}\right)^2+\left(\frac{\tau}{\tau_{cr2}}\right)^2+\frac{\sigma_{c2}}{\sigma_{c,cr2}}\leqslant1.0 \quad (8.3.6\text{-}25)$$

式中：$\sigma_2$——所计算区格内平均弯矩产生的腹板在纵向加劲肋处的弯曲压应力（N/mm²）；

$\sigma_{c2}$——腹板在纵向加劲肋处的横向压应力（N/mm²），取 $0.3\sigma_c$。

区格Ⅱ腹板在弯矩作用下的临界应力 $\sigma_{cr2}$ 计算见表8.3.6-7。

区格Ⅱ内 $\sigma_{cr2}$ 的计算　　　　　　　表 8.3.6-7

| 计算式 | 说明 |
| --- | --- |
| $\sigma_{cr2}$ 应按式(8.3.6-5)～式(8.3.6-7)计算<br>$$\lambda_{n,b2}=\frac{h_2/t_w}{194\varepsilon_k} \quad (8.3.6\text{-}26)$$ | 式(8.3.6-5)～式(8.3.6-7)中的 $\lambda_{n,b}$ 改用 $\lambda_{n,b2}$ |

区格Ⅱ腹板在剪力作用下的临界应力 $\tau_{cr2}$ 计算见表8.3.6-8。

区格Ⅱ内 $\tau_{cr2}$ 的计算　　　　　　　表 8.3.6-8

| 计算式 | 说明 |
| --- | --- |
| $\tau_{cr2}$ 应按式(8.3.6-10)～式(8.3.6-14)计算 | 式(8.3.6-10)～式(8.3.6-14)中的 $h_0$ 改为 $h_2(h_2=h_0-h_1)$ |

区格Ⅱ腹板在局部压力作用下的临界应力 $\sigma_{c,cr2}$ 计算见表8.3.6-9。

区格Ⅱ内 $\sigma_{c,cr2}$ 的计算　　　　　　　表 8.3.6-9

| 计算式 | 说明 |
| --- | --- |
| $\sigma_{c,cr2}$ 应按式(8.3.6-15)～式(8.3.6-19)计算 | 式(8.3.6-15)～式(8.3.6-19)中的 $h_0$ 改为 $h_2$，当 $a/h_2>2$ 时，取 $a/h_2=2$ |

3. 配置短加劲肋

在受压翼缘与纵向加劲肋之间设有短加劲肋的区格［见图8.3.1-2（d）］，其局部稳定性应按式（8.3.6-20）计算。

$\sigma_{cr1}$ 应按式（8.3.6-5）～式（8.3.6-7）计算。

$\tau_{cr1}$ 应按式（8.3.6-10）～式（8.3.6-14）计算，但将 $h_0$ 改为 $h_1$，$a$ 改为 $a_1$，$a_1$ 为短加劲肋间距。

$\sigma_{c,cr1}$ 应按式（8.3.6-5）～式（8.3.6-7）计算，但式中 $\lambda_{n,b}$ 改用下列 $\lambda_{n,c1}$ 代替。

当梁受压翼缘扭转受到约束时：

$$\lambda_{n,c1}=\frac{a_1/t_w}{87\varepsilon_k} \quad (8.3.6\text{-}27)$$

当梁受压翼缘扭转未受到约束时：

$$\lambda_{n,c1}=\frac{a_1/t_w}{73\varepsilon_k} \quad (8.3.6\text{-}28)$$

对 $a_1/h_1>1.2$ 的区格，式（8.3.6-27）或式（8.3.6-28）右侧应乘以：$\dfrac{1}{\sqrt{0.4+0.5a_1/h_1}}$。

### 8.3.7　加劲肋

**1. 支撑加劲肋的计算**

**1）支撑加劲肋的类型**

梁的支撑加劲肋是指承受较大支座反力或较大集中力的横向加劲肋，其三种类型为：平板支座处加劲肋［图 8.3.7-1（a）］、凸缘支座处加劲肋［图 8.3.7-1（b）］和集中力处加劲肋［图 8.3.7-1（c）］。

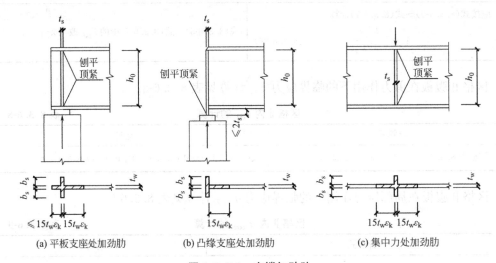

(a) 平板支座处加劲肋　　(b) 凸缘支座处加劲肋　　(c) 集中力处加劲肋

**图 8.3.7-1　支撑加劲肋**

**2）支撑加劲肋的规定**

（1）支撑加劲肋应在腹板两侧成对、对称布置。

（2）平板支座处加劲肋上、下两端分别与翼缘刨平顶紧，以传递支座反力。

（3）凸缘支座处加劲肋下端与支座接触面处刨平顶紧，以传递支座反力。

（4）集中力处加劲肋上、下两端分别与翼缘刨平顶紧，以传递集中力。

（5）支撑加劲肋截面要比中间横向加劲肋大。

（6）应进行整体稳定和端面承压验算。

**3）支撑加劲肋的计算原则**

（1）稳定性计算原则

应按承受梁支座反力或固定集中力的轴心受压构件计算其在腹板平面外的稳定性。计算受压构件稳定性的截面应包括加劲肋和加劲肋每侧 $15t_w\varepsilon_k$ 范围内的腹板面积（图 8.3.7-1 中的阴影面积）。计算长度取 $h_0$。

简记：平面外稳定。

（2）加劲肋承压计算原则

①当平板支座处加劲肋和集中力处加劲肋的端部为刨平顶紧时，应按其所承受的支座反力或固定集中荷载计算其端面承压应力。

②当凸缘支座处加劲肋下端与支座接触面处刨平顶紧时，凸缘加劲肋向下伸出长度不得大于其厚度的 2 倍；当端部为焊接时，应按传力情况计算其焊缝应力。

4）支撑加劲肋的计算式

（1）稳定性计算

支撑加劲肋在腹板平面外的稳定按下式计算：

$$\frac{F}{\varphi A} \leqslant f \tag{8.3.7-1}$$

式中：$F$——支座反力或固定集中力；

$\varphi$——由长细比 $\lambda_z = h_0/i_z$ 决定的轴心受压构件的稳定系数，$\lambda_z$、$i_z$ 分别为图 8.3.7-1 阴影区域面积绕腹板中心轴（$z$ 轴）的长细比和回转半径；

$A$——图 8.3.7-1 中阴影区域的毛截面积；

$f$——钢材的抗压强度设计值。

简记：阴影面积。

（2）加劲肋端面压应力计算

支座反力 $F$ 或固定集中力 $F$ 通过支撑加劲肋的端部刨平顶紧与梁翼缘或柱顶传力时，按全部力 $F$ 仅传给加劲肋计算加劲肋端面承压应力 $\sigma_{ce}$：

$$\sigma_{ce} = \frac{F}{A_{ce}} \tag{8.3.7-2}$$

式中：$A_{ce}$——加劲肋端面承压面积，即支撑加劲肋与下翼缘或柱顶面接触处的净面积。

简记：刨平顶紧。

平板支座处加劲肋和集中力处加劲肋考虑端部切圆弧的净面积：

$$A_{ce} = 2(b_s - 30)t_s \tag{8.3.7-3}$$

凸缘支座处加劲肋的净面积：

$$A_{ce} = (2b_s + t_w)t_s \tag{8.3.7-4}$$

式中：$b_s$——加劲肋外伸宽度（mm）；

$t_s$——加劲肋厚度（mm）；

$t_w$——腹板厚度（mm）。

简记：加劲肋净面积。

（3）支撑加劲肋与腹板的连接计算

支撑加劲肋与腹板采用焊接连接，其连接焊缝应按作用力需要进行计算。

**2. 加劲肋的配置**

加劲肋宜在腹板两侧对称配置，特殊情况下也可单侧配置，但支撑加劲肋、重级工作制吊车梁的加劲肋不应单侧配置。

简记：对称配置加劲肋。

**3. 加劲肋的间距**

1）横向加劲肋的间距

横向加劲肋的间距 $a$ 应为 $0.5h_0 \leqslant a \leqslant 2h_0$（对无局部压应力的梁，当 $h_0/t_w \leqslant 100$ 时，最大间距可采用 $2.5h_0$）。

2）纵向加劲肋的距离

纵向加劲肋至腹板计算高度受压边缘的距离应为 $h_1 = h_c/(2.0 \sim 2.5)$，$h_c$ 为腹板受压区高度，对于双轴对称工形截面，$h_0 = 2h_c$。

3）短加劲肋的间距

短加劲肋的最小间距 $a_{min1} = 0.75h_1$。

**4. 横向加劲肋的尺寸**

1）横向对称配置加劲肋的尺寸

在腹板两侧成对配置的钢板横向加劲肋，其截面尺寸应符合下列规定：

外伸宽度 $b_s$（mm）：

$$b_s \geqslant \frac{h_0}{30} + 40 \qquad (8.3.7\text{-}5)$$

厚度 $t_s$（mm）：

　　承压加劲肋

$$t_s \geqslant \frac{b_s}{15} \qquad (8.3.7\text{-}6)$$

　　不受力（构造）加劲肋

$$t_s \geqslant \frac{b_s}{19} \qquad (8.3.7\text{-}7)$$

2）横向单侧配置加劲肋的尺寸

外伸宽度 $b_s$（mm）：

$$b_s > 1.2\left(\frac{h_0}{30} + 40\right) \qquad (8.3.7\text{-}8)$$

厚度 $t_s$（mm）应符合式（8.3.7-6）和式（8.3.7-7）的规定。

**5. 纵向对称配置加劲肋的尺寸**

当腹板高厚比 $h_0/t_w \geqslant 170$（受压翼缘有约束）或 $h_0/t_w \geqslant 150$（受压翼缘无约束）时，除配置横向加劲肋外，还需要配置纵向加劲肋。此情况下钢梁的高度很大，翼缘宽度也较大。为了保证横向加劲肋和纵向加劲肋截面惯性矩的要求，横向加劲肋的外伸宽度 $b_s$（mm）最小值和纵向加劲肋的外伸宽度 $b_1$（mm）最小值应符合表 8.3.7-1 的要求。

**横向和纵向加劲肋的最小宽度 $b_s$ 与 $b_1$（mm）**　　　　　　表 8.3.7-1

| 腹板高度 $h_0$ (mm) | 腹板高厚比 $h_0/t_w$ | | | | | | | |
|---|---|---|---|---|---|---|---|---|
| | 160 | | 180 | | 200 | | 220 | |
| | $b_s$ | $b_1$ | $b_s$ | $b_1$ | $b_s$ | $b_1$ | $b_s$ | $b_1$ |
| 1600 | 107 | 86 | 98 | 79 | 91 | 73 | 86 | 69 |
| 1800 | 120 | 96 | 110 | 88 | 103 | 83 | 97 | 78 |

续表

| 腹板高度 $h_0$ (mm) | 腹板高厚比 $h_0/t_w$ | | | | | | | |
|---|---|---|---|---|---|---|---|---|
| | 160 | | 180 | | 200 | | 220 | |
| | $b_s$ | $b_1$ | $b_s$ | $b_1$ | $b_s$ | $b_1$ | $b_s$ | $b_1$ |
| 2000 | 134 | 107 | 123 | 99 | 114 | 92 | 108 | 87 |
| 2200 | 148 | 118 | 135 | 108 | 125 | 100 | 119 | 95 |
| 2500 | 167 | 134 | 154 | 124 | 142 | 114 | 135 | 108 |
| 2800 | 187 | 150 | 170 | 138 | 160 | 128 | 150 | 120 |
| 3000 | 200 | 160 | 184 | 147 | 171 | 137 | 161 | 129 |
| 3200 | 213 | 171 | 196 | 157 | 182 | 146 | 172 | 138 |
| 3500 | 233 | 187 | 215 | 172 | 200 | 160 | 188 | 151 |
| 3800 | 253 | 203 | 233 | 187 | 216 | 173 | 205 | 164 |
| 4000 | 267 | 213 | 245 | 196 | 228 | 182 | 215 | 172 |

注：本表系假定加劲肋厚度 $t_s \cong 0.6t_w$ 推导而得。当 $t_s \cong 0.7t_w$ 时，误差约 5%。

当 $a/h_0 \leqslant 0.85$（$a$ 为横向加劲肋间距）时：

$$b_1 = 0.8b_s \qquad (8.3.7\text{-}9)$$

纵向加劲肋厚度 $t_s$（mm）按 $t_s \cong 0.6t_w$ 取值，并应满足纵向加劲肋截面惯性矩 $I_y$ 的要求。

简记：先定宽度，后定厚度。

6. **短加劲肋的尺寸**

外伸宽度 $b_{ss}$（mm）：

$$b_{ss} = (0.7 \sim 1.0)b_s \qquad (8.3.7\text{-}10)$$

厚度 $t_{ss}$（mm）：

$$t_{ss} \geqslant \frac{b_{ss}}{15} \qquad (8.3.7\text{-}11)$$

7. **同时采用横向加劲肋和纵向加劲肋时对截面惯性矩的要求**

横向加劲肋截面惯性矩 $I_z$ 应符合下式要求：

$$I_z \geqslant 3h_0 t_w^3 \qquad (8.3.7\text{-}12)$$

纵向加劲肋截面惯性矩 $I_y$，应符合下列公式要求：

当 $a/h_0 \leqslant 0.85$ 时

$$I_y \geqslant 1.5h_0 t_w^3 \qquad (8.3.7\text{-}13)$$

当 $a/h_0 > 0.85$ 时

$$I_y \geqslant \left(2.5 - 0.45\frac{a}{h_0}\right)\left(\frac{a}{h_0}\right)^2 h_0 t_w^3 \qquad (8.3.7\text{-}14)$$

在腹板两侧成对配置的加劲肋，其截面惯性矩应按梁腹板中心线为轴线进行计算。

在腹板一侧配置的加劲肋，其截面惯性矩应按与加劲肋相连的腹板边缘为轴线进行计算。

8. 加劲肋切角要求

焊接工字形梁的横向加劲肋与翼缘、腹板相接处应切角，当作为焊接工艺孔时（以让开翼缘与腹板之间的贯通焊缝），切角宜采用 $R=30mm$ 的 1/4 圆弧。

### 8.3.8 焊接截面梁腹板考虑屈曲后强度的利用

1. 梁腹板屈曲后的受力状态

焊接截面梁腹板在支座处、集中荷载处及中间一些部位设置横向加劲肋后，当受压区腹板的局部应力大于临界应力后会发生局部屈曲，但由于板件受到周围其他板件的约束，使得板件在屈曲后具有能够继续承担更大荷载的能力，这一现象称为梁腹板屈曲后强度。

前几节关于腹板局部稳定性的计算方法是基于临界状态为小挠度的理论建立的，故高厚比不能太大，也就是说，腹板不能太薄。

当腹板较薄时，腹板失稳后产生平面外的挠度较大，形成薄膜拉应力（薄膜效应），这种情况称为斜张力场作用（图 8.3.8-1）。将张力场视为桁架的斜拉杆，上、下翼缘类似于桁架的上、下弦，横向加劲肋类似于桁架的竖向腹杆（压杆），三者在梁腹板发生屈曲后形成一个桁架而共同工作。

简记：张力场。

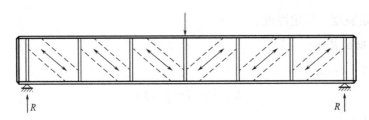

图 8.3.8-1　腹板屈曲后的张力场作用

2. 利用腹板屈曲后强度的条件

1）不在腹板受压区设置纵向加劲肋，仅设置横向加劲肋。即使腹板高厚比超过 $170\varepsilon_k$，也只设置横向加劲肋，但腹板高厚比不应超过 250（不考虑钢号修正系数 $\varepsilon_k$）。

简记：不设纵向加劲肋。

2）横向加劲肋的间距 $a$ 应满足腹板考虑屈曲后强度计算的要求，同时，应满足构造要求，可采用 $a=(1.0\sim1.5)h_0$。

3）腹板高厚比>$170\varepsilon_k$ 且不设置纵向加劲肋，不能保证局部稳定，故腹板在弯曲正应力（压应力）的作用下，在受压区产生屈曲的部分截面将退出工作。

简记：屈曲的腹板退出工作。

4）由于腹板高厚比较大，腹板较薄，故不再采用基于临界状态为小挠度理论推导出的高厚比限值，而采用梁腹板考虑屈曲后强度的计算公式进行验算。

3. 腹板屈曲后的受压区有效高度系数 $\rho$

腹板因弯曲正应力的作用发生屈曲后，腹板受压区的部分区域退出工作，减小了腹板受压区的有效截面。由于腹板发生屈曲前后，其厚度没有发生变化，所以，腹板受压区的有效截面转化成了腹板受压区的有效高度。

腹板屈曲前，截面应力呈线性分布［图 8.3.8-2（a）］。

腹板屈曲后，梁仍可继续承受更大的弯矩，此时受压区由于部分截面产生凹凸变形退出工作而呈非线性分布，此时，中和轴略有下移［图 8.3.8-2（b）］。

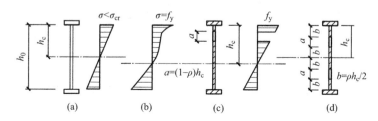

**图 8.3.8-2　腹板屈曲前后的应力分布和有效高度**

实际计算时，考虑腹板受压区发生屈曲的部分截面退出工作，受压区高度为 $h_c$，则继续参与工作的有效高度为 $\rho h_c$，其中 $\rho$ 为腹板发生屈曲后受压区的有效高度系数。有效截面和应力分布按图 8.3.8-2（c）采用。

有效高度系数 $\rho$ 与腹板受弯曲应力作用时的临界应力 $\sigma_{cr}$ 有关，也即与腹板受弯计算时的正则化宽厚比（高厚比）$\lambda_{n,b}$ 有关。$\lambda_{n,b}$ 按式（8.3.6-8）或式（8.3.6-9）计算。

按《钢标》规定，有效高度系数 $\rho$ 与正则化宽厚比 $\lambda_{n,b}$ 分成三段计算：

$$\begin{cases} \rho = 1.0, & \lambda_{n,b} \leqslant 0.85 \\ \rho = 1 - 0.82\ (\lambda_{n,b} - 0.85), & 0.85 < \lambda_{n,b} \leqslant 1.25 \\ \rho = \dfrac{1}{\lambda_{n,b}} \Big(1 - \dfrac{0.2}{\lambda_{n,b}}\Big), & \lambda_{n,b} > 1.25 \end{cases} \tag{8.3.8-1}$$

三段计算公式的关系如图 8.3.8-3 所示。从图中可以直观地看到：

1）当 $\lambda_{n,b} \leqslant 0.85$ 时，相对于 $h_0/t_w$ 很小，$\rho = 1.0$，表明受压区截面全部处于工作状态，没有发生屈曲。

2）当 $0.85 < \lambda_{n,b} \leqslant 1.25$ 时，在该区间内，$\rho$ 随着 $\lambda_{n,b}$ 的递增（腹板的减薄）呈线性快速下降。

3）当 $\lambda_{n,b} > 1.25$ 时，$\rho$ 随着 $\lambda_{n,b}$ 的递增，下降趋势有所减缓，呈现曲线下降。

简记：受压区有效高度比值。

4. 梁截面模量考虑腹板有效高度的折减系数 $\alpha_e$

推导公式前，先将图 8.3.8-2（c）作如下简化处理［图 8.3.8-2（d）］：

1）腹板屈曲前后，中和轴不变，即 $h_c = h_0/2$。

2）退出工作的区域 $(1-\rho)h_c$ 位于受压区中央。

3）为了保证中和轴不变，在受拉区对称地扣除 $(1-\rho)h_c$ 高度。

4）略去退出工作的截面绕自身形心的惯性矩。

5）按双轴对称截面，且截面塑性发展系数 $\gamma_x = 1.0$ 推导近似公式。

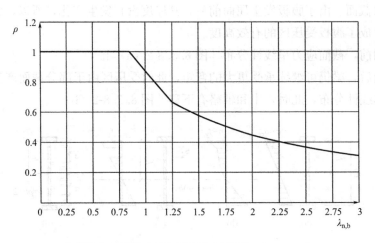

图 8.3.8-3  $\rho$-$\lambda_{\mathrm{n,b}}$ 关系

腹板屈曲前的截面惯性矩为 $I_x$，腹板受压区退出工作后的截面惯性矩和受拉区对称扣除的区域的惯性矩均为 $at_{\mathrm{w}}(h_{\mathrm{c}}/2)^2$。于是，梁有效截面惯性矩 $I_{xe}$ 为：

$$I_{xe}=I_x-2at_{\mathrm{w}}\left(\frac{h_{\mathrm{c}}}{2}\right)^2=I_x-2(1-\rho)h_{\mathrm{c}}t_{\mathrm{w}}\left(\frac{h_{\mathrm{c}}}{2}\right)^2=I_x-\frac{1}{2}(1-\rho)h_{\mathrm{c}}^3t_{\mathrm{w}}$$

考虑腹板有效高度的梁截面模量折减系数 $\alpha_{\mathrm{e}}$ 为：

$$\alpha_{\mathrm{e}}=\frac{W_{xe}}{W_x}=\frac{I_{xe}}{I_x}=1-\frac{(1-\rho)h_{\mathrm{c}}^3t_{\mathrm{w}}}{2I_x} \tag{8.3.8-2}$$

式中：$W_{xe}$——考虑腹板屈曲后部分区域退出工作后的截面模量；

　　　$W_x$——腹板屈曲前梁的毛截面模量；

　　　$h_{\mathrm{c}}$——腹板受压区高度（可取 $h_{\mathrm{c}}=h_0/2$）；

　　　$t_{\mathrm{w}}$——腹板厚度。

简记：受压区中央退出工作，模量折减。

5. 腹板屈曲后梁的受剪承载力设计值 $V_{\mathrm{u}}$

根据理论分析和试验研究，《钢标》规定腹板屈曲后梁的受剪承载力设计值 $V_{\mathrm{u}}$ 采用下列三段公式计算：

$$\begin{cases}V_{\mathrm{u}}=h_{\mathrm{w}}t_{\mathrm{w}}f_{\mathrm{v}}, & \lambda_{\mathrm{n,s}}\leqslant0.8\\ V_{\mathrm{u}}=h_{\mathrm{w}}t_{\mathrm{w}}f_{\mathrm{v}}[1-0.5(\lambda_{\mathrm{n,s}}-0.8)], & 0.8<\lambda_{\mathrm{n,s}}\leqslant1.2\\ V_{\mathrm{u}}=h_{\mathrm{w}}t_{\mathrm{w}}f_{\mathrm{v}}/\lambda_{\mathrm{n,s}}^{1.2}, & \lambda_{\mathrm{n,s}}>1.2\end{cases} \tag{8.3.8-3a}$$

采用剪应力 $\tau_{\mathrm{u}}=V_{\mathrm{u}}/h_{\mathrm{w}}t_{\mathrm{w}}$ 或 $V_{\mathrm{u}}=h_{\mathrm{w}}t_{\mathrm{w}}\tau_{\mathrm{u}}$ 后，表达式为：

$$\begin{cases}\tau_{\mathrm{u}}=f_{\mathrm{v}}, & \lambda_{\mathrm{n,s}}\leqslant0.8\\ \tau_{\mathrm{u}}=f_{\mathrm{v}}[1-0.5(\lambda_{\mathrm{n,s}}-0.8)], & 0.8<\lambda_{\mathrm{n,s}}\leqslant1.2\\ \tau_{\mathrm{u}}=f_{\mathrm{v}}/\lambda_{\mathrm{n,s}}^{1.2}, & \lambda_{\mathrm{n,s}}>1.2\end{cases} \tag{8.3.8-3b}$$

式中：$h_{\mathrm{w}}$——腹板的高度（mm）；

　　　$t_{\mathrm{w}}$——腹板的厚度（mm）；

$f_v$——钢材的抗剪强度设计值（N/mm²）;

$\lambda_{n,s}$——用于腹板受剪计算时的正则化宽厚比，按式（8.3.6-13）或式（8.3.6-14）计算，当焊接截面梁仅配置支座加劲肋时（横向加劲肋间距 $a$ 很大），取式（8.3.6-14）中的 $h_0/a=0$。

采用无量纲化的三段计算公式的关系如图 8.3.8-4 所示。从图中可以直观地看到:

1) 当 $\lambda_{n,s} \leqslant 0.8$ 时，相对于 $h_0/t_w$ 或 $a/h_0$ 很小，$V_u/h_w t_w f_v = 1.0$，表明受压区截面全部处于工作状态，没有发生屈曲，故不存在考虑腹板屈曲后强度的问题。

2) 当 $0.8 < \lambda_{n,s} \leqslant 1.2$ 时，在该区间内，$V_u/h_w t_w f_v$ 随着 $\lambda_{n,s}$ 的递增（腹板的减薄）呈线性下降。

3) 当 $\lambda_{n,s} > 1.2$ 时，$V_u/h_w t_w f_v$ 随着 $\lambda_{n,s}$ 的递增，仍为下降趋势，并呈曲线形快速下降。

简记:屈曲抗剪能力。

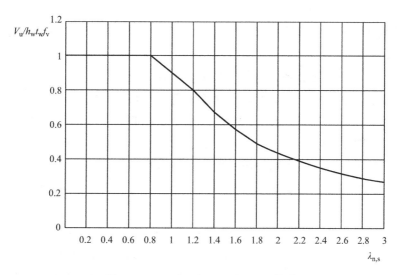

**图 8.3.8-4**　$(V_u/h_w t_w f_v)$ -$\lambda_{n,s}$ 关系

**6. 腹板屈曲后梁的受弯承载力设计值 $M_{eu}$**

考虑腹板屈曲后梁的腹板宽厚比一般较大（即腹板较薄），在张力场的作用下，受剪承载力比按弹性理论计算出的承载力有所增加，但受弯承载力却会降低。降低的原因在于，在弯矩的作用下受压区腹板屈曲后，一部分区域退出了工作，导致梁截面模量有所减小，即 $W_{xe} = \alpha_e W_x$，其中 $\alpha_e$ 为截面模量折减系数。于是按受弯强度计算公式，腹板屈曲后梁的受弯承载力设计值 $M_{eu}$ 为:

$$M_{eu} = \gamma_x W_{xe} f = \gamma_x \alpha_e W_x f \tag{8.3.8-4}$$

简记:屈曲抗弯能力。

**7. 腹板考虑屈曲后强度的计算公式**

在钢结构研究中，经常采用无量纲化的计算式来描述十分复杂的精确计算。在《钢

标》中，采用 $V$、$M$ 和 $V_u$、$M_{eu}$ 互相匹配的无量纲化的计算式作为腹板考虑屈曲后强度的计算式：

$$\left(\frac{V}{0.5V_u}-1\right)^2+\frac{M-M_f}{M_{eu}-M_f}\leqslant 1 \qquad (8.3.8-5)$$

当 $V\leqslant 0.5V_u$ 时：

$$V=0.5V_u \qquad (8.3.8-6)$$

当 $M\leqslant M_f$ 时：

$$M=M_f \qquad (8.3.8-7)$$

式中：$V$、$M$——所计算同一截面上梁的剪力设计值（N）和弯矩设计值（N·mm）；

$M_f$——梁上、下翼缘的弯矩承载力设计值（N·mm）。

对式（8.3.8-5）应记住一点，当梁截面没有变化时，$V_u$、$M_{eu}$ 和 $M_f$ 沿梁长为恒值。

式（8.3.8-5）～式（8.3.8-7）中的 $(V/V_u)$-$(M/M_{eu})$ 相关曲线如图 8.3.8-5 所示。

对图 8.3.8-5 的解释：

1）当 $M\leqslant M_f$ 时，梁受到的弯矩 $M$ 较小，不超过上、下翼缘所能承担的弯矩 $M_f$，所以，腹板不需要参与承担弯矩 $M$ 的任务，只需按腹板承受的剪力 $V$ 满足屈曲后受剪承载力 $V_u$ 即可。将式（8.3.8-7）代入式（8.3.8-5）得出 $V\leqslant V_u$ 或 $V/V_u\leqslant 1.0$。在同一截面处，如果弯矩最

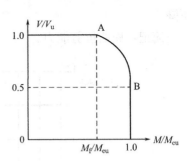

图 8.3.8-5　$(V/V_u)$-$(M/M_{eu})$ 相关曲线

小，则对应的剪力应该是最大的，这时候可取 $V=V_u$ 或 $V/V_u=1.0$，在图中呈现为一条水平线。

2）当 $V\leqslant 0.5V_u$ 时，梁受到的剪力 $V$ 较小，求解腹板屈曲后受弯极限承载力 $M_{eu}$ 时，是以腹板边缘正应力 $\sigma$ 达到屈服强度 $f$ 作为极限状态。此时，腹板不仅承受正应力，同时还承受着约 $0.6V$ 的剪力。《钢标》从安全角度出发，取 $0.5V$ 作为腹板能够承受的剪力。故当 $V\leqslant 0.5V_u$ 时，只需按腹板承受的弯矩 $M$ 满足屈曲后受弯承载力 $M_{eu}$ 即可。将式（8.3.8-6）代入式（8.3.8-5）得出 $M\leqslant M_{eu}$ 或 $M/M_{eu}\leqslant 1.0$。在同一截面处，如果剪力最小，则对应的弯矩应该是最大的，这时候可取 $M=M_{eu}$ 或 $M/M_{eu}=1.0$，在图中呈现为一条竖直线。

3）当 $M>M_f$ 和 $V>0.5V_u$ 时，在 $M$ 和 $V$ 共同作用下，式（8.3.8-5）在图中呈现出的是 A、B 两点间的二次抛物线。

8. 梁上、下翼缘所能承担的弯矩设计值 $M_f$

对双轴对称工字形截面：

$$M_f=A_f h_m f \qquad (8.3.8-8)$$

对单轴对称工字形截面：

$$M_f=\left(A_{f1}\frac{h_{m1}^2}{h_{m2}}+A_{f2}h_{m2}\right)f \qquad (8.3.8-9)$$

式中：$A_{f1}$——较大翼缘的截面积（$mm^2$）；

$h_{m1}$——较大翼缘的截面积形心至梁形心轴的距离；

$A_{f2}$——较小翼缘的截面积（$mm^2$）；

$h_{m2}$——较小翼缘的截面积形心至梁形心轴的距离；

$A_f$——上翼缘或下翼缘的截面积（$mm^2$）；

$h_m$——上、下翼缘的截面积形心间的距离。

实际上，式（8.3.8-8）是式（8.3.8-9）的特例，即 $A_{f1}=A_{f2}$ 及 $h_{m1}=h_{m2}=h_m/2$。

简记：翼缘抗弯。

【例题 8.3.8-1】焊接工字形截面梁受力及截面尺寸如图 8.3.8-6 所示，受压翼缘扭转未受到约束，按弹塑性设计，截面允许出现塑性铰（$\gamma_x=1.05$），钢号为 Q235，$f_v=125N/mm^2$，$f=205N/mm^2$。验算腹板考虑屈曲后强度的剪力 $V$ 和弯矩 $M$。

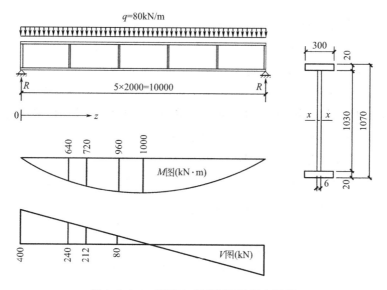

图 8.3.8-6  焊接工字形截面梁受力简图

【解】

1）截面几何特性和腹板高厚比

截面惯性矩：

$$I_x=\frac{1}{12}\left[30\times107^3-(30-0.6)\times103^3\right]=385426\ （cm^4）$$

截面模量：

$$W_x=\frac{I_x}{h/2}=\frac{385426}{107/2}=7204\ （cm^3）$$

腹板高厚比：

$$\frac{h_0}{t_w} = \frac{1030}{6} = 171.7 \begin{cases} > 80\varepsilon_k = 80 \\ > 150\varepsilon_k = 150 \\ < 250 \end{cases}$$

根据腹板局部稳定要求，不仅要设置横向加劲肋，还要设置纵向加劲肋。但按照题目要求，利用腹板考虑屈曲后的强度，容许腹板发生局部屈曲，故不设置纵向加劲肋。

2）梁受力简图

根据受力和支撑情况，计算出的梁内力图（剪力 $V$ 和弯矩 $M$）见图 8.3.8-6。

3）确定是否设置中间横向加劲肋

仅有支座加劲肋，而不设置中间加劲肋时，加劲肋的间距 $a = L = 10000\text{mm}$。由于 $a/h_0 = 10000/1030 > 1$，腹板受剪时正则化宽厚比 $\lambda_{n,s}$ 为：

$$\lambda_{n,s} = \frac{h_0/t_w}{37\eta\sqrt{5.34 + 4(h_0/a)^2}} \cdot \frac{1}{\varepsilon_k} = \frac{1030/6}{37 \times 1.11\sqrt{5.34 + 4 \times (1030/10000)^2}} \times \frac{1}{1} = 1.81 > 1.2$$

腹板屈曲后梁的受剪承载力（剪应力）设计值 $\tau_u$ 为：

$$\tau_u = f_v/\lambda_{n,s}^{1.2} = 125/1.81^{1.2} = 61.3 \ (\text{N/mm}^2)$$

腹板屈曲后梁的受剪承载力（剪力）设计值 $V_u$ 为：

$$V_u = h_w t_w \tau_u = 1030 \times 6 \times 61.3 = 378834 \ (\text{N}) = 378.3 \ (\text{kN}) < V_{max} = 400\text{kN}$$

计算结果表明，梁受到的最大剪力 $V$ 超过受剪承载力 $V_u$，故需设置横向加劲肋。经试算，取加劲肋间距 $a = 2000\text{mm}$，如图 8.3.8-6 所示。

4）确定腹板受压区有效高度系数 $\rho$

当梁受压翼缘扭转未受到约束时，腹板受弯正则化宽厚比 $\lambda_{n,b}$ 为：

$$\lambda_{n,b} = \frac{2h_c/t_w}{138} \cdot \frac{1}{\varepsilon_k} = \frac{h_0/t_w}{138} \cdot \frac{1}{\varepsilon_k} = \frac{171.7}{138} \times \frac{1}{1} = 1.24 \begin{cases} < 1.25 \\ > 0.85 \end{cases}$$

腹板受压区有效高度系数 $\rho$ 为：

$$\rho = 1 - 0.82(\lambda_{n,b} - 0.85) = 1 - 0.82 \times (1.24 - 0.85) = 0.68$$

5）梁截面模量考虑腹板有效高度的折减系数 $\alpha_e$

$$\alpha_e = 1 - \frac{(1-\rho)h_c^3 t_w}{2I_x} = 1 - \frac{(1-\rho)(h_0/2)^3 t_w}{2I_x} = 1 - \frac{(1-0.68) \times (1030/2)^3 \times 6}{2 \times 385426 \times 10^4} = 0.97$$

6）腹板屈曲后梁截面的受剪承载力设计值 $V_u$ 和临界屈曲应力 $\tau_{cr}$

当 $a/h_0 = 2000/1030 > 1.0$ 时，受剪腹板的正则化宽厚比 $\lambda_{n,s}$ 为：

$$\lambda_{n,s} = \frac{h_0/t_w}{37\eta\sqrt{5.34 + 4(h_0/a)^2}} \cdot \frac{1}{\varepsilon_k} = \frac{171.7}{37 \times 1.11\sqrt{5.34 + 4 \times (1030/2000)^2}} \times \frac{1}{1} = 1.65 > 1.2$$

腹板屈曲后梁的受剪承载力（剪力）设计值 $V_u$ 为：

$$V_u = \frac{h_w t_w f_v}{\lambda_{n,s}^{1.2}} = \frac{1030 \times 6 \times 125}{1.65^{1.2}} = 423562 \ (\text{N}) = 423.6 \ (\text{kN})$$

腹板屈曲后梁的受剪承载力（剪应力）设计值 $\tau_u$ 为：

$$\tau_u = \frac{f_v}{\lambda_{n,s}^{1.2}} = \frac{125}{1.65^{1.2}} = 68.5 \ (\text{N/mm}^2)$$

剪应力单独作用下的腹板屈曲临界应力 $\tau_{cr}$ 按式（8.3.6-12）为：

$$\tau_{cr} = \frac{1.1 f_v}{\lambda_{n,s}^2} = \frac{1.1 \times 125}{1.65^2} = 50.5 \ (N/mm^2)$$

对比可知，考虑腹板屈曲后梁的受剪承载力（剪应力）设计值 $\tau_u$ 大于腹板屈曲临界应力 $\tau_{cr}$，即 $\tau_u > \tau_{cr}$，证明可以利用腹板屈曲后的强度。

7）腹板屈曲后梁的受弯承载力设计值 $M_{eu}$

$$M_{eu} = \gamma_x \alpha_e W_x f = 1.05 \times 0.97 \times 7204 \times 10^3 \times 205 \times 10^{-6} = 1504 \ (kN \cdot m)$$

8）梁上、下翼缘承受的弯矩设计值 $M_f$

$$M_f = A_f h_m f = (300 \times 20) \times (1030 + 20) \times 205 \times 10^{-6} = 1292 \ (kN \cdot m)$$

各关键截面处承载力的验算如下。

（1）确定剪力 $V = 0.5V_u$ 的截面位置及其弯矩 $M_{0.5}$：

距支座 $z$ 处界面上的剪力：

$$V = \frac{1}{2}qL - qz = \frac{1}{2} \times 80 \times 10 - 80z$$

$$0.5V_u = 0.5 \times 423.6 = 211.8 \ (kN)$$

由 $V = 0.5V_u$ 解出 $z = 2.3525m$，该截面处的弯矩 $M_{2.3525}$ 为：

$$M_{2.3525} = \frac{1}{2}qLz - \frac{1}{2}qz^2 = \frac{1}{2} \times 80 \times 10 \times 2.3525 - \frac{1}{2} \times 80 \times 2.3525^2 = 720 \ (kN \cdot m)$$

（2）在 $z = 0 \sim 2.3525m$ 范围内，最大弯矩 $M_{max}$ 位于 $z = 2.3525m$ 处，于是有：

$$M_{max} = M_{2.3525} = 720kN \cdot m < M_f = 1292kN \cdot m$$

即 $M < M_f$，梁受到的弯矩 $M$ 较小，不超过上、下翼缘所能承担的弯矩 $M_f$，所以，腹板不需要参与承担弯矩 $M$ 的任务，只需按腹板受到的最大剪力 $V_{max}$ 满足屈曲后受剪承载力 $V_u$ 要求即可。

由于支座处剪力最大，于是：

$$V_{max} = 400kN < V_u = 423.6kN$$

故，在 $z = 0 \sim 2.3525m$ 范围内，腹板考虑屈曲后强度的剪力和弯矩满足要求。

（3）在 $z = 2.3525 \sim 5m$（跨中）范围内，最大剪力 $V_{max}$ 为：

$$V_{max} = V_{2.3525} = 80 \times (5 - 2.3525) = 211.8 \ (kN) = 0.5V_u$$

即 $V \leqslant 0.5V_u$，这种情况下只需按腹板承受的弯矩 $M$ 满足屈曲后受弯承载力 $M_{eu}$ 要求即可。

由于跨中处弯矩最大，于是：

$$M_{max} = 1000kN \cdot m < M_{eu} = 1504kN \cdot m$$

故，在 $z = 2.3525 \sim 5m$（跨中）范围内，腹板考虑屈曲后强度的剪力和弯矩也满足要求。

9. 中间横向加劲肋的设计

1）构造上：

腹板考虑屈曲后强度的中间横向加劲肋尺寸应满足式（8.3.7-5）和式（8.3.7-7）的要求。

2）计算 $N_s$：

中间横向加劲肋在腹板屈曲后起着类似于桁架中受压竖杆的作用，承受张力场剪力产生的竖向分力 $N_s$。《钢标》中规定 $N_s$ 值按下式计算：

$$N_s = V_u - h_w t_w \tau_{cr} \tag{8.3.8-10}$$

公式右边第二项为腹板屈曲时的临界剪力，即 $V_{cr} = h_w t_w \tau_{cr}$。

实际上，$N_s$ 就是腹板屈曲后的极限剪力 $V_u$ 减去腹板屈曲时的临界剪力 $V_{cr}$。

式中：$V_u$——按式（8.3.8-3）计算（N）；

$\tau_{cr}$——按式（8.3.6-10）~式（8.3.6-12）计算（N/mm²）；

$h_w$——腹板高度（mm）；

$t_w$——腹板厚度（mm）。

中间横向加劲肋的计算方法为，按加劲肋与腹板组成的十字形截面 [图 8.3.7-1（c）中的阴影面积] 承受 $N_s$ 时的轴心压杆计算十字形截面在腹板平面外的稳定性。

【例题 8.3.8-2】题目条件同 [例题 8.3.8-1]。要求：设计中间横向加劲肋。

【解】

1）确定加劲肋的截面尺寸

加劲肋宽度（即外伸宽度）：

$$b_s = \frac{h_0}{30} + 40 = \frac{1030}{30} + 40 = 74.3 \text{（mm）}$$

实取 $b_s = 80$mm。

加劲肋厚度：

$$b_s \geq \frac{b_s}{19} = \frac{80}{19} = 4.2 \text{（mm）}$$

实取 $b_s = 6$mm。

故，加劲肋截面尺寸为 80mm×6mm。

2）确定十字形截面特性

十字形截面尺寸如图 8.3.8-7 所示。

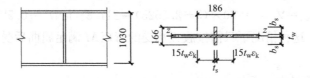

**图 8.3.8-7 十字形截面尺寸**

加劲肋每侧腹板的范围：$15t_w \varepsilon_k = 15 \times 6 \times 1 = 90$（mm）

截面积：

$$A = 2 \times 80 \times 6 + (2 \times 90 + 6) \times 6 = 2076 \text{（mm}^2\text{）}$$

绕腹板轴（$z$ 轴）惯性矩：

$$I_z = \frac{1}{12} \times 6 \times 166^3 + \frac{1}{12} \times 180 \times 6^3 = 2.29 \times 10^6 \text{（mm}^4\text{）}$$

回转半径：

$$i_z = \sqrt{\frac{I_z}{A}} = \sqrt{\frac{2.29 \times 10^6}{2076}} = 33.2 \ (\text{mm})$$

长细比：

$$\lambda_z = \frac{h_0}{i_z} = \frac{1030}{33.2} = 31$$

稳定系数：

按 b 类截面，查《钢标》附录 D 表 D.0.2，得 $\varphi = 0.932$。

3）十字形截面轴心压力

[例题 8.3.8-1] 中已求出 $V_u = 423.6$kN、$\tau_{cr} = 50.5$N/mm²，于是轴心压力为：

$$N_s = V_u - h_w t_w \tau_{cr} = 423.6 \times 10^3 - 1030 \times 6 \times 50.5 = 111510 \ (\text{N})$$

4）稳定性验算

$$\frac{N_s}{\varphi A f} = \frac{111510}{0.932 \times 2076 \times 215} = 0.27 < 1.0$$

故，中间横向支撑处十字形截面满足腹板平面外的稳定性要求。

**10. 中间支撑加劲肋的设计**

1）构造上

腹板考虑屈曲后强度的中间支撑加劲肋尺寸应满足式（8.3.7-5）和式（8.3.7-6）的要求。

注意：此处应满足的第二个公式与中间横向加劲肋应满足的第二个公式是不同的。

2）计算上

中间支撑加劲肋与中间横向加劲肋一样，在腹板屈曲后起着类似于桁架中受压竖杆的作用，承受张力场剪力产生的竖向分力 $N_s$，唯一的区别是在加劲肋处作用一个集中力 $F$。《钢标》中规定 $N_s$ 值按下式计算：

$$N_s = V_u - h_w t_w \tau_{cr} + F \tag{8.3.8-11}$$

中间支撑加劲肋的计算方法为，按加劲肋与腹板组成的十字形截面 [图 8.3.7-1（c）中的阴影面积] 承受 $N_s$ 时的轴心压杆计算十字形截面在腹板平面外的稳定性。

**11. 腹板考虑屈曲后强度的支座加劲肋的设计**

1）构造上

腹板考虑屈曲后强度的支座加劲肋尺寸应满足式（8.3.7-5）和式（8.3.7-6）的要求。封头肋板尺寸应满足式（8.3.7-5）和式（8.3.7-7）的要求。

梁端支座加劲肋构造如图 8.3.8-8 所示。

2）计算上

当利用支座旁腹板区格的屈曲强度时，支座处支撑加劲肋除承受支座反力 $R$ 外，还承受张力场斜拉力引起的水平分力 $H$（见图 8.3.8-8）。

（1）水平分力 $H$ 的计算

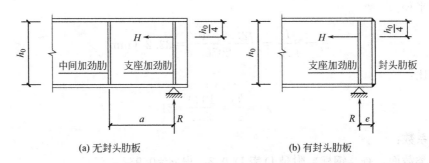

(a) 无封头肋板　　　　　　　　　　　(b) 有封头肋板

**图 8.3.8-8　梁端支座加劲肋构造**

《钢标》规定，水平力 $H$ 的作用点在距腹板计算高度上边缘 $h_0/4$ 处，其值为：

$$H = (V_u - \tau_{cr} h_w t_w) \sqrt{1 + (a/h_0)^2} \qquad (8.3.8\text{-}12)$$

式中：$V_u$——按式（8.3.8-3）计算（N）；

　　　$\tau_{cr}$——按式（8.3.6-10）～式（8.3.6-12）计算（N/mm$^2$）；

　　　$h_w$——腹板高度（mm）；

　　　$t_w$——腹板厚度（mm）；

　　　$h_0$——腹板计算高度（mm）；

　　　$a$——对设中间横向加劲肋的梁，取支座端区格的加劲肋间距 [图 8.3.8-8（a）]；

　　　　　对不设中间加劲肋的腹板，取梁支座至跨内剪力为零点的距离（mm）。

（2）无封头肋板的支座加劲肋的设计

无封头肋板的支座加劲肋如图 8.3.8-8（a）所示，按支座反力 $R$ 和水平分力 $H$ 进行压弯构件计算和加劲肋端面压应力计算，并验算腹板平面外的稳定性。

（3）有封头肋板的支座加劲肋的设计

当支座加劲肋采用图 8.3.8-8（b）的构造形式时，可简化为：将支座加劲肋作为承受支座反力 $R$ 的轴心压杆进行计算和加劲肋端面压应力计算，并验算腹板平面外的稳定性。封头肋板承担由水平分力 $H$ 产生的弯矩，其截面积 $A_c$ 不应小于按下式计算的数值：

$$A_c = \frac{3h_0 H}{16ef} \qquad (8.3.8\text{-}13)$$

式中：$h_0$——腹板计算高度（mm）；

　　　$H$——张力场斜拉力引起的水平分力（N）；

　　　$e$——封头肋板与支座加劲肋之间的距离（mm）；

　　　$f$——钢材抗压强度设计值（N/mm$^2$）。

式（8.3.8-13）推导如下：

将图 8.3.8-8（b）逆时针转 90°，如图 8.3.8-9 所示，阴影部分的腹板由封头肋板、支座加劲肋和上、下翼缘围合而成。封头肋板、支座加劲肋和阴影部分的腹板形成一个小梁，上、下翼缘作为阴影部分腹板的支座。

上翼缘与腹板结合处的剪力 $V_1$ 为：

$$V_1 = \frac{3}{4} H$$

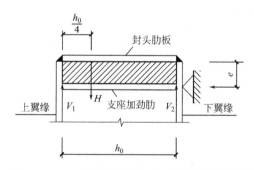

**图 8.3.8-9 带封头肋板的支座加劲肋计算简图**

下翼缘与腹板结合处的剪力 $V_2$ 为：

$$V_2 = \frac{1}{4}H$$

最大弯矩 $M$ 为：

$$M = \frac{3H}{4} \cdot \frac{h_0}{4} = \frac{3}{16}h_0 H$$

假定弯矩 $M$ 完全由封头肋板和支座加劲肋承受，按小梁为双轴对称考虑，其承受弯矩的最大能力为：

$$M_{\max} = (A_c f) e$$

由 $M \leqslant M_{\max}$ 导出：

$$A_c \geqslant \frac{3h_0 H}{16ef}$$

（4）封头肋板与支座加劲肋之间的距离 $e$ 的推导

小梁的最大剪力为 $V_1$，其剪应力 $\tau$ 为：

$$\tau = \frac{V_1}{et_w} = \frac{3H}{4et_w}$$

由 $\tau \leqslant f_v$ 导出：

$$e \geqslant \frac{3H}{4t_w f_v} \tag{8.3.8-14}$$

式中：$H$——张力场斜拉力引起的水平分力（N）；

$t_w$——腹板的厚度（mm）；

$f_v$——钢材抗剪强度设计值（N/mm²）。

【例题 8.3.8-3】题目条件同 [例题 8.3.8-1]。要求：设计带封头肋板的支座加劲肋。

【解】

1）设计封头肋板

【例题 8.3.8-1】中已求出 $V_u = 423.6$ kN、$\tau_{cr} = 50.5$ N/mm²。

张力场斜拉力引起的水平分力 $H$ 为：

$$H = (V_u - \tau_{cr} h_w t_w)\sqrt{1 + (a/h_0)^2} = (423600 - 50.5 \times 1030 \times 6)\sqrt{1 + (2000/1030)^2} = 243551\text{(N)}$$

封头肋板与支座加劲肋之间的距离 $e$ 为：

$$e \geqslant \frac{3H}{4t_w f_v} = \frac{3 \times 243551}{4 \times 6 \times 125} = 244 \text{ （mm）}$$

实取 $e = 250\text{mm}$。

根据抗弯条件，封头肋板最小截面积 $A_c$ 为：

$$A_c = \frac{3h_0 H}{16ef} = \frac{3 \times 1030 \times 243551}{16 \times 250 \times 215} = 875 \text{ （mm}^2\text{）}$$

取封头板的宽度 $b_c$ 与翼缘同宽，即 $b_c = 300\text{mm}$。为了保证封头肋板的局部稳定，要求其厚度 $t_c$ 满足：

$$t_c \geqslant \frac{b_s}{15} = \frac{(300-6)/2}{15} = 9.8 \text{ （mm）}$$

实取 $t_c = 10\text{mm}$。

封头肋板的截面积为：

$$A = b_c t_c = 300 \times 10 = 3000 \text{ （mm}^2\text{）} > A_c = 875\text{mm}^2$$

故，选取的封头肋板截面—$300 \times 10$ 满足局部稳定要求和抗弯要求。

2）设计支座加劲肋

（1）按局部稳定计算支座加劲肋

设计上一般取支座加劲肋外边缘与翼缘一致，于是支座加劲肋的宽度（即外伸宽度）为：

$$b_s = \frac{b_c - t_w}{2} = \frac{300 - 6}{2} = 147 \text{ （mm）}$$

满足局部稳定的要求下，支座加劲肋的厚度为：

$$t_s \geqslant \frac{b_s}{15} = \frac{147}{15} = 9.8 \text{ （mm）}$$

实取 $t_s = 10\text{mm}$。

一侧的加劲肋截面积为：—$147 \times 10$。

（2）按局部承压计算支座加劲肋

端面承压（刨平顶紧）的强度设计值为：$f_{ce} = 320\text{N/mm}^2$

支座反力的设计值为：$R = V_{max} = 400\text{kN}$

端面承压（刨平顶紧）所需要的面积为：

$$A_{ce} \geqslant \frac{R}{f_{ce}} = \frac{400 \times 10^3}{320} = 1250 \text{ （mm}^2\text{）}$$

考虑端部顶紧部位的加劲肋需要切去半径为 30mm 的圆弧，其净面积的加劲肋壁厚应为：

$$t_{ce} \geqslant \frac{A_{ce}}{2(b_s - 30)} = \frac{1250}{2 \times (147 - 30)} = 5.3\text{mm}$$

（3）确定加劲肋的壁厚

加劲肋的壁厚在 $t_s$ 和 $t_{ce}$ 中取大值为 10mm。

结论：支座两侧的加劲肋尺寸均为—$147 \times 10$，满足局部稳定和端面承压要求。

### 8.3.9 钢梁强度、整体稳定、局部稳定的综合例题

【例题 8.3.9-1】6m 跨 10t 吊车梁计算（厂房跨度 24m）。设计资料为：吊车梁置于钢柱牛腿上，采用平板支座，设有 2 台起重量 10t 吊车，跨度 6m，厂房轴线跨度 24m，无制动结构。钢材为 Q235B，焊条为 E43 型。采用北京起重运输机械研究所 1～10t、吊钩 LDB 电动（地面操纵）单梁起重机，其各项参数见表 8.3.9-1；吊车轮距及宽度见图 8.3.9-1。

**吊车梁参数**  表 8.3.9-1

| 起重量 $Q$ (t) | 工作制度 | 跨度 $S$ (m) | 基本尺寸(mm) | | | 轨道型号 | 总重量(t) | 轮压(kN) | |
|---|---|---|---|---|---|---|---|---|---|
| | | | $B$ | $W$ | $b$ | | | $P_{max}$ | $P_{min}$ |
| 10 | A3～A5 | 22.5 | 3500 | 3000 | 120 | 38g/m | 8.84 | 74.95 | 19.23 |

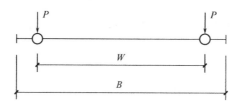

**图 8.3.9-1 吊车轮距及宽度**

【解】

1. 吊车荷载计算

根据《建筑结构荷载规范》GB 50009—2012 对于吊车荷载的规定，吊车荷载的动力系数 $\mu$ 为 1.05（悬挂吊车），吊车荷载的分项系数 $\gamma$ 为 1.4。

每个吊车轮竖向荷载设计值为：

$$P = \mu\gamma P_{max} = 1.05 \times 1.4 \times 74.95 = 110.18 \ (kN)$$

软钩吊车横向水平荷载标准值的百分数为 12%，起重量 $Q=10t$，无横行小车（$P_1 = 0$），$\gamma$ 为 1.4。

每个吊车轮横向荷载设计值为：

$$H = \gamma 0.12g(Q + P_1)/2 = 1.4 \times 0.12 \times 9.8 \times (10 + 0)/2 = 8.2 \ (kN)$$

2. 内力计算

1）吊车梁的最大弯矩

产生最大弯矩的荷载位置为图 8.3.9-2 中的 C 点。各尺寸为：

$$a_1 = a_3 = W = 3000 \ (mm)$$

$$a_2 = B - W = 3500 - 3000 = 500 \ (mm)$$

四个轮子作用于梁上时，最大弯矩点（C 点）的位置为：

$$a_4 = \frac{2a_2 + a_3 - a_1}{8} = \frac{2 \times 500 + 2500 - 2500}{8} = 125 \ (mm)$$

C 点处最大弯矩为：

$$M_{\max}^{c}=\frac{\sum P\left(\dfrac{L}{2}-a_4\right)^2}{L}-Pa_1=\frac{4\times110.18\times\left(\dfrac{6}{2}-0.125\right)^2}{6}-110.18\times3=276.6\ (\text{kN}\cdot\text{m})$$

自重荷载增大系数 $k_a$ 按《钢结构设计手册》（上册）表 11.3-8 为 1.03，最大弯矩为：

$$M_{\max}=k_a M_{\max}^{c}=1.03\times276.6=284.9\ (\text{kN}\cdot\text{m})$$

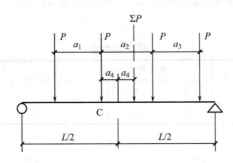

**图 8.3.9-2　2 台吊车时吊车梁最大弯矩计算简图**

C 点处剪力为：

$$V^{c}=\frac{\sum P\left(\dfrac{L}{2}-a_4\right)}{L}-P=\frac{4\times110.18\times\left(\dfrac{6}{2}-0.125\right)}{6}-110.18=101\ (\text{kN})$$

$$V=k_a V^{c}=1.03\times101=104.03\ (\text{kN})$$

2）最大剪力

剪力最大时一个轮子作用于支座处，如图 8.3.9-3 所示。

A 点处最大剪力为：

$$V_{\max}=R_A=k_a\left(P+P\frac{L-a_1}{L}+P\frac{L-a_1-a_2}{L}+P\frac{L-a_1-a_2-a_3}{L}\right)$$

$$=1.03\times110.18\times\left(1+\frac{6-3}{6}+\frac{6-3-0.5}{6}+\frac{6-3-0.5-3}{6}\right)=208.06\ (\text{kN})$$

由水平荷载产生的最大弯矩：

当为轻、中级工作制（A1～A5）吊车梁的制动梁时，按吊车轮在同一跨、同一点，集中力与弯矩成正比的关系计算：

$$M_H=\frac{H}{P}M_{\max}=\frac{8.2}{110.18}\times284.9=21.2\ (\text{kN}\cdot\text{m})$$

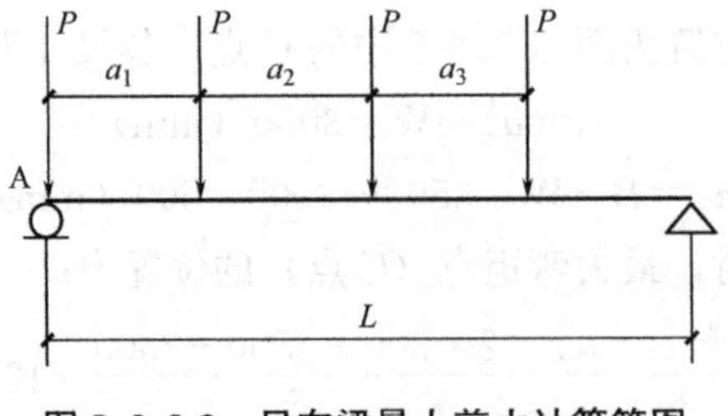

**图 8.3.9-3　吊车梁最大剪力计算简图**

3. 截面选择

1）腹板的确定

吊车梁经济高度按《钢结构设计手册》（上册）式（11.3-42）计算为：

$$h_{ec} = 7\sqrt[3]{W} - 300$$

吊车梁的截面模量可取：$W = 1.2 M_{max}/f$

于是：

$$h_{ec} = 7\sqrt[3]{W} - 300 = 7 \times \sqrt[3]{1.2 M_{max}/f} - 300 = 7 \times \sqrt[3]{1.2 \times 284.9 \times 10^6/215} - 300 = 517 \text{（mm）}$$

实取梁高 $h = 550$mm。

腹板按构造要求取最小厚度 8mm。

2）确定上翼缘的宽度

上翼缘固定轨道需要一侧的外伸尺寸为 180～200mm。

故选上翼缘宽度为 400mm。

吊车梁不考虑塑性发展系数，完全工作在弹性范围内，截面板件宽厚比为 S4 级。

3）确定上翼缘的厚度

工字形截面翼缘外伸部分板件宽厚比限值为 15，上翼缘的最小厚度 $t_1$ 为：

$$t_1 = \frac{(400-8)/2}{15} = 13.1 \text{（mm）}$$

实选上翼缘厚度为 18mm。

4）确定下翼缘宽度

下翼缘宽度按梁高的合理比例值为 250mm。

5）确定下翼缘的厚度

$$t_2 = \frac{(250-8)/2}{15} = 8.1 \text{（mm）}$$

实选下翼缘厚度为 12mm。

吊车梁截面如图 8.3.9-4 所示，支座构造如图 8.3.9-5 所示。

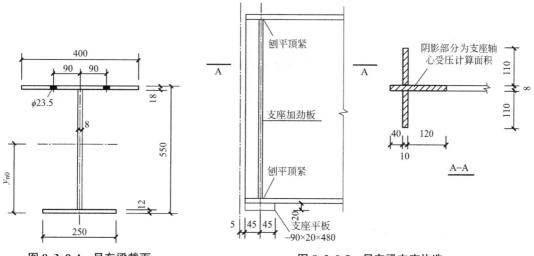

图 8.3.9-4　吊车梁截面　　　　图 8.3.9-5　吊车梁支座构造

4. 截面特性

1）吊车梁绕 $x$ 轴（中和轴）毛截面及净截面特性

吊车梁绕 $x$ 轴（中和轴）毛截面特性见表 8.3.9-2。

绕 $x$ 轴吊车梁毛截面特性        表 8.3.9-2

| 毛截面面积 $A$ | 截面特性($x$-$x$ 轴) | | | |
|:---:|:---:|:---:|:---:|:---:|
| ($\text{cm}^2$) | $y_0$(cm) | $I_x$($\text{cm}^4$) | $W_x$($\text{cm}^3$) | $S_x$($\text{cm}^3$) |
| 143.6 | 35.2 | 73497 | 3712 | 1490 |

表 8.3.9-2 中各项数据计算如下。

毛截面面积：

$$A = 40 \times 1.8 + 25 \times 1.2 + (55 - 1.8 - 1.2) \times 0.8 = 143.6 \ (\text{cm}^2)$$

下翼缘底边至中和轴的距离：

$$y_0 = \frac{40 \times 1.8 \times (55 - 0.9) + 25 \times 1.2 \times 0.6 + (55 - 1.8 - 1.2) \times 0.8 \times 55 \times 0.5}{143.6} = 35.2 \ (\text{cm})$$

绕 $x$ 轴（中和轴）毛截面惯性矩：

$$I_x = \frac{40 \times 1.8^3}{12} + 40 \times 1.8 \times (55 - 35.2 - 0.9)^2 + \frac{25 \times 1.2^3}{12} + 25 \times 1.2 \times (35.2 - 0.6)^2$$

$$+ \frac{0.8 \times (55 - 1.8 - 1.2)^3}{12} + 0.8 \times (55 - 1.8 - 1.2) \times \left(35.2 - \frac{55}{2}\right)^2$$

$$= 73497 \ (\text{cm}^4)$$

绕 $x$ 轴（中和轴）以上毛截面模量：

$$W_x = \frac{73497}{55 - 35.2} = 3712 \ (\text{cm}^3)$$

绕 $x$ 轴（中和轴）以上毛截面面积矩：

$$S_x = 40 \times 1.8 \times (55 - 35.2 - 0.9) + (55 - 35.2 - 1.8)^2 \times \frac{0.8}{2} = 1490 \ (\text{cm}^3)$$

吊车梁绕 $x$ 轴净截面特性见表 8.3.9-3。

绕 $x$ 轴吊车梁净截面特性        表 8.3.9-3

| 净截面面积 $A_n$ | 截面特性($x$-$x$ 轴) | | | |
|:---:|:---:|:---:|:---:|:---:|
| ($\text{cm}^2$) | $y_{n0}$(cm) | $I_{nx}$($\text{cm}^4$) | $W_{nx}^{\text{上}}$($\text{cm}^3$) | $W_{nx}^{\text{下}}$($\text{cm}^3$) |
| 135.14 | 34.0 | 70290 | 3347 | 2067 |

表 8.3.9-3 中各项数据计算如下。

净截面面积：

$$A_n = (40 - 2 \times 2.35) \times 1.8 + 25 \times 1.2 + (55 - 1.8 - 1.2) \times 0.8 = 135.14 \ (\text{cm}^2)$$

下翼缘底边至中和轴的距离：

$$y_{n0} = \frac{35.3 \times 1.8 \times (55 - 0.9) + 25 \times 1.2 \times 0.6 + (55 - 1.8 - 1.2) \times 0.8 \times 55 \times 0.5}{135.14} = 34.0 (\text{cm})$$

绕 $x$ 轴（中和轴）净截面惯性矩：

$$I_{nx} = \frac{35.3 \times 1.8^3}{12} + 35.3 \times 1.8 \times (55-34.0-0.9)^2 + \frac{25 \times 1.2^3}{12} + 25 \times 1.2 \times (34.0-0.6)^2$$

$$+ \frac{0.8 \times (55-1.8-1.2)^3}{12} + 0.8 \times (55-1.8-1.2) \times \left(34.0 - \frac{55}{2}\right)^2 = 70290 \ (cm^4)$$

绕 $x$ 轴（中和轴）以上净模量：

$$W_{nx}^{上} = \frac{70290}{55-34.0} = 3347 \ (cm^3)$$

绕 $x$ 轴（中和轴）以下净模量：

$$W_{nx}^{下} = \frac{70290}{34.0} = 2067 \ (cm^3)$$

2）吊车梁绕 $y$ 轴上翼缘毛截面及净截面特性

吊车梁绕 $y$ 轴时上翼缘水平向边缘处应力最大，所以只考虑上翼缘毛截面及净截面特性，见表 8.3.9-4。

绕 $y$ 轴吊车梁上翼缘毛截面和净截面特性　　　　表 8.3.9-4

| 毛截面面积 | 净截面面积 | 截面特性($y$-$y$ 轴) | | | |
| --- | --- | --- | --- | --- | --- |
| | | 上翼缘毛截面 | | 上翼缘净截面 | |
| $A$(cm$^2$) | $A_n$(cm$^2$) | $I_y$(cm$^4$) | $W_y$(cm$^3$) | $I_{ny}$(cm$^4$) | $W_{ny}$(cm$^3$) |
| 72.00 | 63.54 | 9600 | 480 | 8911 | 446 |

表 8.3.9-4 中各项数据计算如下。

毛截面面积：

$$A = 40 \times 1.8 = 72.00 \ (cm^2)$$

净截面面积：

$$A_n = (40 - 2 \times 2.35) \times 1.8 = 63.54 \ (cm)^2$$

绕 $y$ 轴（中和轴）毛截面惯性矩：

$$I_y = \frac{1.8 \times 40^3}{12} = 9600 \ (cm^4)$$

绕 $y$ 轴（中和轴）毛截面模量：

$$W_y = \frac{9600}{20} = 480 \ (cm^3)$$

绕 $y$ 轴（中和轴）净截面惯性矩：

$$I_{ny} = 9600 - 2 \times \left(\frac{1.8 \times 2.35^3}{12} + 1.8 \times 2.35 \times 9^2\right) = 8911 \ (cm^4)$$

绕 $y$ 轴（中和轴）净截面模量：

$$W_{ny} = \frac{8911}{20} = 446 \ (cm^3)$$

5. 强度计算

1）正应力

吊车梁承受动力荷载作用，不考虑截面塑性发展系数。

吊车梁上翼缘受到吊车轮竖向荷载和横向荷载共同作用时，采用净截面的正应力为：

$$\sigma = \frac{M_{max}}{W_{nx}^{上}} + \frac{M_H}{W_{ny}} = \frac{284.9 \times 10^6}{3347 \times 10^3} + \frac{21.2 \times 10^6}{446 \times 10^3} = 132.7(\text{N/mm}^2) < f = 205\text{N/mm}^2$$

下翼缘正应力为：

$$\sigma = \frac{M_{max}}{W_{nx}^{下}} = \frac{284.9 \times 10^6}{2067 \times 10^3} = 137.83(\text{N/mm}^2) < f = 215\text{N/mm}^2$$

上、下翼缘最大边缘处均满足正应力要求。

2）剪应力

支座处剪力最大，其剪应力为：

$$\tau = \frac{V_{max}S_x}{I_x t_w} = \frac{208.06 \times 10^3 \times 1490 \times 10^3}{73497 \times 10^4 \times 8} = 52.72(\text{N/mm}^2) < f_v = 125\text{N/mm}^2$$

支座处剪应力满足强度要求。

C 点处剪应力为：

$$\tau_c = \frac{VS_x}{I_x t_w} = \frac{104.03 \times 10^3 \times 1490 \times 10^3}{73497 \times 10^4 \times 8} = 26.36(\text{N/mm}^2) < f_v = 125\text{N/mm}^2$$

C 点处剪应力满足强度要求。

3）腹板局部压应力

采用轨道型号为 38kg/m 的钢轨，轨高 $h_R = 134\text{mm}$。按式（8.1.3-4），吊车轮压分布长度为：

$$l_z = a + 5h_y + 2h_R = 50 + 5 \times 18 + 2 \times 134 = 408（\text{mm}）$$

集中荷载增大系数 $\Psi = 1.0$，$F = P = 110.18\text{kN}$。

按式（8.1.3-6）计算腹板局部压应力为：

$$\sigma_c = \frac{\Psi F}{t_w l_z} = \frac{1.0 \times 110.18 \times 10^3}{8 \times 408} = 33.76(\text{N/mm}^2) < f = 215\text{N/mm}^2$$

局部压应力满足强度要求。

4）腹板计算高度边缘处的折算应力

按式（8.1.4-1）计算折算应力为：

$$\sqrt{\sigma^2 + \sigma_c^2 - \sigma\sigma_c + 3\tau^2} = \sqrt{132.7^2 + 33.76^2 - 132.7 \times 33.76 + 3 \times 26.36^2} = 127.88(\text{N/mm}^2)$$
$$< \beta_1 f = 1.1 \times 215 = 236.5(\text{N/mm}^2)$$

折算应力满足强度要求。

6. 梁的整体稳定验算

吊车梁上翼缘受压，但没有侧向约束，应进行整体稳定性计算。

1）求焊接工字形吊车梁的稳定系数

按第 8.2.4 节所述（受弯构件的整体稳定系数），先求出参数 $\xi$：

$$\xi = \frac{l_1 t_1}{b_1 h} = \frac{600 \times 1.8}{40 \times 55} = 0.49 < 2.0$$

按跨中无侧向支撑，集中荷载作用在上翼缘，查表 8.2.4-1，可得系数 $\beta_b$：
$$\beta_b = 0.73 + 0.18\xi = 0.73 + 0.18 \times 0.49 = 0.82$$

受压上翼缘对 $y$ 轴的毛截面惯性矩 $I_1$：
$$I_1 = 1.8 \times 40^3/12 = 9600 \ （\text{cm}^4）$$

受拉下翼缘对 $y$ 轴的毛截面惯性矩 $I_2$：
$$I_2 = 1.2 \times 25^3/12 = 1563 \ （\text{cm}^4）$$

腹板对 $y$ 轴的毛截面惯性矩 $I_3$：
$$I_3 = (55 - 1.8 - 1.2) \times 0.8^3 = 27 \ （\text{cm}^4）$$

参数 $\alpha_b$：
$$\alpha_b = \frac{I_1}{I_1 + I_2} = \frac{9600}{9600 + 1563} = 0.86 > 0.8$$

又因 $\xi = 0.49 < 0.5$，系数 $\beta_b$ 值应乘以系数 0.90，即修正后的 $\beta_b$ 为：
$$\beta_b = 0.82 \times 0.9 = 0.738$$

吊车梁上翼缘为"加强受压翼缘"，截面不对称影响系数 $\eta_b$ 为：
$$\eta_b = 0.8(2\alpha_b - 1) = 0.8 \times (2 \times 0.86 - 1) = 0.576$$

梁毛截面对 $y$ 轴的回转半径 $i_y$ 为：
$$i_y = \sqrt{\frac{I_1 + I_2 + I_3}{A}} = \sqrt{\frac{9600 + 1563 + 27}{143.6}} = 8.83 \ （\text{cm}）$$

吊车梁在侧向支撑点间（支座到支座之间）对截面弱轴（$y$ 轴）的长细比 $\lambda_y$ 为：
$$\lambda_y = \frac{l_1}{i_y} = \frac{600}{8.83} = 68$$

梁整体稳定系数 $\varphi_b$ 按式（8.2.4-1）计算为：
$$\varphi_b = \beta_b \frac{4320}{\lambda_y^2} \cdot \frac{Ah}{W_x} \left[ \sqrt{1 + \left(\frac{\lambda_y t_1}{4.4h}\right)^2} + \eta_b \right] \varepsilon_k$$
$$= 0.738 \times \frac{4320}{68^2} \times \frac{143.6 \times 55}{3712} \times \left[ \sqrt{1 + \left(\frac{68 \times 1.8}{4.4 \times 55}\right)^2} + 0.576 \right] \times 1.0 = 2.49$$

由于 $\varphi_b = 2.49 > 0.6$，用式（8.2.4-6）计算的 $\varphi_b'$ 代替 $\varphi_b$ 值：
$$\varphi_b' = 1.07 - \frac{0.282}{\varphi_b} = 1.07 - \frac{0.282}{2.49} = 0.957 < 1.0$$

2）计算吊车梁的整体稳定性

采用毛截面模量，且吊车梁不考虑塑性发展系数（$\gamma_y = 1.0$），受压上翼缘整体稳定性验算为：

$$\frac{M_{\max}}{\varphi_b' W_x f} + \frac{M_H}{\gamma_y W_y f} = \frac{284.9 \times 10^6}{0.957 \times 3712 \times 10^3 \times 205} + \frac{21.2 \times 10^6}{1.0 \times 480 \times 10^3 \times 205} = 0.61 < 1.0$$

吊车梁满足整体稳定性要求。

7. 腹板的局部稳定验算

腹板的局部稳定性：

$$l_0/t_w = (550-18-12) /8 = 65 < 80\varepsilon_k = 80$$

腹板满足局部稳定要求，但吊车梁有局部压应力（移动轮压），按构造配置横向加劲肋。

取加劲肋间距 $a=1000$mm，加劲肋宽 $b_s$ 为：

$$b_s = \frac{h_0}{30}+40 = \frac{550-18-12}{30}+40 = 105 \text{（mm）}$$

加劲肋厚度 $t_s$ 为：

$$t_s = \frac{b_s}{15} = \frac{105}{15} = 7 \text{（mm）}$$

实取 $t_s=8$mm。

8. 挠度计算

根据《钢标》附录 B 表 B.1.1 项次 1 的规定，吊车梁按 1 台吊车标准荷载值计算吊车梁挠度。产生最大弯矩的荷载位置为图 8.3.9-6 中的 C 点。

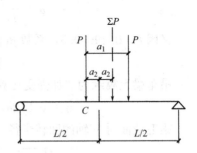

图 8.3.9-6　1 台吊车时吊车梁最大弯矩计算简图

其中：$a_1=W=3000$mm，$a_2=a_1/43000/4=750$mm。

每个吊车轮竖向荷载标准值为：

$$P = \mu P_{max} = 1.05 \times 74.95 = 78.7 \text{（kN）}$$

两个轮子作用于吊车梁上时，最大弯矩位置为 C 点，其弯矩 $M_0^c$ 为：

$$M_0^c = \frac{\sum P \left(\frac{L}{2}-a_2\right)^2}{L} = \frac{2\times 78.7 \times \left(\frac{6}{2}-0.75\right)^2}{6} = 132.8 \text{（kN·m）}$$

自重荷载增大系数 $k_a$ 按《钢结构设计手册》（上册）表 11.3-8 取为 1.03，最大弯矩为：

$$M_0 = k_a M_0^c = 1.03 \times 132.8 = 136.8 \text{（kN·m）}$$

等截面吊车梁的挠度可按《钢结构设计手册》（上册）式（11.3-61）计算，即：

$$v = \frac{M_0 l^2}{10EI_x} = \frac{136.8 \times 10^6 \times 6000^2}{10 \times 206 \times 10^3 \times 73497 \times 10^4} = 3.25 \text{（mm）}$$

单梁起重机的吊车梁的挠度允许值 $[v_T]$ 为：

$$[v_T] = l/500 = 6000/500 = 12 \text{（mm）}$$

于是：

$$v = 3.25\text{mm} < [v_T] = 12\text{mm}$$

挠度满足要求。

9. 支座加劲肋计算

1）支座端面承压计算

取支座加劲肋为 $2-110\times 10$mm，下端刨平顶紧，扣除与腹板及下翼缘切去的 1/4 圆弧（圆弧半径 30mm），加劲肋下端刨平顶紧的承压面积（不考虑腹板）$A_{ce}$ 为：

$$A_{ce} = 2\times(110-30)\times 10 = 1600 \text{（mm}^2\text{）}$$

支座处反力：$R_A = 208.06$kN

端面承压（刨平顶紧）强度设计值：$f_{ce} = 320$N/mm$^2$

按《钢结构设计手册》（上册）式（11.3-57）核算支座加劲肋的面积：

$$A_{ce} = 1600\text{mm}^2 > \frac{R_A}{f_{ce}} = \frac{208.06 \times 10^3}{320} = 650 \ (\text{mm}^2)$$

支座加劲肋满足端面承压计算要求。

2）支座稳定计算

支座加劲肋的稳定按受压短柱计算。端加劲肋计算面积 $A_s$（包括加劲肋每侧 $15\varepsilon_k$ 范围内的腹板面积）为图 8.3.9-5（A-A 剖面）中的阴影面积：

$$A_s = (40 + 10 + 120) \times 8 + 2 \times 110 \times 10 = 3560 \ (\text{mm}^2)$$

按下列过程计算中心压杆稳定系数 $\varphi$。

绕腹板轴计算截面惯性矩 $I_z$：

$$I_z = \frac{1}{12} \times 10 \times (2 \times 110 + 8)^3 + \frac{1}{12} \times (40 + 10 + 120) \times 8^3 = 9.88 \times 10^6 \ (\text{mm}^4)$$

绕腹板轴回转半径 $i_z$：

$$I_z = \sqrt{\frac{I_z}{A_s}} = \sqrt{\frac{9.88 \times 10^6}{3560}} = 52.7 \ (\text{mm})$$

绕腹板轴长细比 $\lambda_z$：

$$\lambda_z = \frac{h_0}{i_z} = \frac{550 - 18 - 12}{52.7} = 9.9$$

按《钢标》附录 D 表 D.0.2 "b 类截面轴心受压构件的稳定系数 $\varphi$"，查得 $\varphi = 0.992$。

按《钢结构设计手册》（上册）式（11.3-56）核算支座加劲肋的轴心受压：

$$A_s = 3560\text{mm}^2 > \frac{R_A}{\varphi f} = \frac{208.06 \times 10^3}{0.992 \times 215} = 975.5 \ (\text{mm}^2)$$

支座加劲肋满足轴心受压构件稳定性要求。

10. 焊缝计算

（略）

# 第 9 章

# 轴心受力构件设计

## 9.1 轴心受力构件概述

### 9.1.1 轴心受力构件的类型

1. 轴心受拉构件

当构件承受通过其轴心线的轴向拉力时，称为轴心受拉构件。轴心线为构件各处截面形心连成的一条直线。

2. 轴心受压构件

当构件承受通过其轴心线的轴向压力时，称为轴心受压构件。

3. 轴心受力构件的应用场所

钢结构中的平面桁架、立体桁架、网架、网壳、塔架等由杆件组成的构件，一般采用铰接节点，且仅承受节点力，组成构件的所有杆件均为轴心受力构件。

支撑楼盖、屋盖或工作平台的竖向受压构件，由于截面较大，通常称为柱。当一根柱的柱顶采用铰接时，称为轴心受压柱。当一根柱的柱顶与框架梁的连接采用刚接时，称为轴心压弯柱（多了一个弯矩的组合）。

### 9.1.2 轴心受力构件的截面形式

轴心受力构件的几种截面形式如图 9.1.2-1 所示。

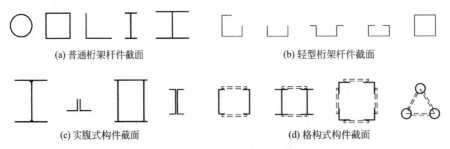

(a) 普通桁架杆件截面    (b) 轻型桁架杆件截面

(c) 实腹式构件截面    (d) 格构式构件截面

图 9.1.2-1 轴心受力构件的截面形式

1. 实腹式构件

实腹式构件是指截面 ［图 9.1.2-1（a）、（b）、（c）］ 连为一体的构件，其构造简单、制作方便。

2. 格构式构件

格构式构件是指由两个或多个分肢用缀材相连组成的构件 ［图 9.1.2-1（d）］，其特点是可以通过调整分肢间距实现两个主轴方向的等稳定性，刚度较大，抗扭性能较好，用钢量较省，但整体性和抗剪性能较实腹式构件差一些。

3. 常用的轴心受力构件的截面形式

1）成品型钢截面

成品型钢也称为热轧型钢，其截面形式 ［图 9.1.2-1（a）］ 有圆钢、圆管、方管、矩形管、热轧等边角钢、热轧不等边角钢、热轧普通工字钢、热轧轻型工字钢、热轧普通槽钢、热轧轻型槽钢、热轧 H 型钢、热轧 T 型钢、普通高频焊接薄壁 H 型钢等。

2）薄壁型钢截面

薄壁型钢也称为冷弯薄壁型钢，其截面形式 ［图 9.1.2-1（b）］ 有卷边和不卷边的角钢、槽钢或方管等，可用于轻型桁架、厂房檩条和墙梁等。

3）型钢或钢板组合截面

组合截面分为两种：一种是实腹式构件的截面 ［图 9.1.2-1（c）中的焊接 H 型钢截面和焊接箱形截面］；另一种是格构式构件的截面 ［图 9.1.2-1（d）］。

## 9.1.3　轴心受拉构件的计算内容

轴心受拉构件的计算内容包括：强度和刚度计算。强度计算属于承载力极限状态的要求；刚度计算属于正常使用极限状态的要求，主要指构件的长细比不应超过规定的容许长细比。

## 9.1.4　轴心受压构件的计算内容

轴心受压构件分为两种类型：实腹式轴心受压构件和格构式轴心受压构件。轴心受压构件的计算内容包括：强度、整体稳定、局部稳定和刚度计算。其强度计算属性和刚度计算属性与轴心受拉构件相同。

# 9.2　轴心受力构件的强度计算

## 9.2.1　轴心受拉构件的强度计算

1. 轴心受拉构件的类型

轴心受拉构件分为无孔受拉构件（无孔拉杆）和有孔受拉构件（有孔拉杆）两种

类型。

简记：无孔和有孔。

2. 轴心受拉构件的传力要求

1）初始弯曲和残余应力的影响

制造和安装产生的初始弯曲和残余应力不会降低轴心受拉构件的承载能力，因为初始弯曲会在构件受拉后拉直，而残余应力在截面上总是相互平衡，当拉力使整个截面达到屈服时，拉、压应力会自行抵消。

简记：初始缺陷无影响。

2）传力要求

结构体系中的轴心受拉构件在端部连接处及中部拼接处由连接件将杆件组装而成，连接件要直接把外力传给杆件。设计中，受拉构件端部的节点连接要使全部板件直接传力。

简记：连接件直接传力。

3）轴心受拉构件的极限状态

轴心受拉构件的极限状态分为两种：一种是无孔受拉构件，称之为毛截面屈服；另一种是有孔受拉构件，称之为净截面断裂。

3. 端部为焊接连接的毛截面（无孔受拉）屈服

轴心受拉杆件的承载力以杆件截面的平均拉应力达到钢材的屈服点 $f_y$ 为依据。达到屈服点时，即使不再增大拉力，杆件的塑性变形还会继续增加，致使杆件变形过大，不满足使用上的变形要求。考虑抗力分项系数 $\gamma_R$ 后，平均拉应力为：

$$\sigma \leqslant \frac{f_y}{\gamma_R} = f$$

无孔拉杆一般是连接处为焊接的拉杆，其截面强度（平均拉应力）应按下式计算：

$$\sigma = \frac{N}{A} \leqslant f \tag{9.2.1-1}$$

简记：无孔毛截面，焊接连接。

4. 端部为焊接连接的净截面（有孔受拉）断裂

有孔拉杆一般也是连接处为焊接的拉杆。

有孔洞的轴心受拉构件，在弹性阶段孔洞处会出现应力集中的现象，在孔洞边缘处的最大应力 $\sigma_{max}$ 可达到构件毛截面平均应力 $\sigma_0$ 的 3～4 倍，如图 9.2.1-1（a）所示。

当孔洞边缘处最大应力达到屈服强度后，应力不再增加，而塑性变形持续发展，最终净截面应力均匀地达到屈服强度，如图 9.2.1-1（b）所示。

当拉力在屈服强度的基础上继续增大，孔洞净截面处的平均应力达到钢材的抗拉强度 $f_u$ 时，孔洞附近首先出现裂缝，构件达到最大承载能力的极限状态，其值为钢材应力-应变曲线（$\sigma$-$\varepsilon$ 曲线）的最高点（见图 2.1.1-1 中的 c 点）。有孔拉杆的孔洞边缘拉裂以抗拉强度 $f_u$ 为依据，考虑钢材拉断的抗力分项系数 $\gamma_{uR}$ 后，孔洞处最不利的平均拉应力为：

$$\sigma \leqslant \frac{f_u}{\gamma_{uR}} = 0.7 f_u$$

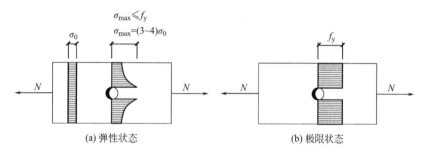

图 9.2.1-1　轴心受拉构件孔洞处截面应力分布

考虑断裂的严重性比杆件屈服时大得多，因此，钢材拉断的抗力分项系数 $\gamma_{uR}$ 比钢材屈服的抗力分项系数 $\gamma_R$ 增加 25%。

对有孔的焊接连接的拉杆，需要按净截面抗断裂强度计算：

$$\sigma = \frac{N}{A_n} \leqslant 0.7 f_u \tag{9.2.1-2}$$

无孔部位需按式 (9.2.1-1) 进行毛截面屈服验算。

简记：有孔净截面，焊接连接。

#### 5. 端部为高强度螺栓连接的净截面（有孔受拉）断裂

对于端部为高强度螺栓摩擦型连接的轴心受拉杆件，只计算最外列螺栓处的截面受拉，应考虑该截面所传拉力依靠摩擦力的传力形式均匀地分布于螺栓孔四周，所以在孔前接触面已传递了一半的力，如图 9.2.1-2 所示。因此，最外列螺栓处危险截面的净截面受拉断裂应力按从轴心拉力 $N$ 中扣除已被传走的力，即剩余拉力 $N' = (1-0.5 n_1/n) N$ 所产生的应力进行计算：

$$\sigma = \left(1 - 0.5 \frac{n_1}{n}\right) \frac{N}{A_n} \leqslant 0.7 f_u \tag{9.2.1-3}$$

连接部位以外的杆件部位需按式 (9.2.1-1) 进行毛截面屈服验算。

简记：最外列螺栓处。

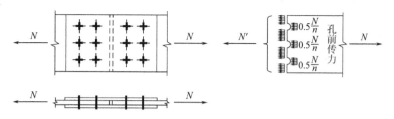

图 9.2.1-2　端部为高强度螺栓连接的净截面应力分布

#### 6. 沿全长排列较密螺栓的组合构件

当构件为沿全长排列较密螺栓（或铆钉）的组合构件时，应扣除螺栓孔的面积，其净截面强度按下式计算：

$$\sigma = \frac{N}{A_n} \leqslant f \qquad (9.2.1\text{-}4)$$

式中：$N$——所计算截面处的拉力设计值（N）；

  $f$——钢材的抗拉强度设计值（N/mm²）；

  $A$——构件的毛截面面积（mm²）；

  $A_n$——构件的净截面面积，当构件多个截面有孔时，取最不利的截面（mm²）；

  $f_u$——钢材的抗拉强度最小值（N/mm²）；

  $n$——在节点或拼接处，构件一端连接的高强度螺栓数目；

  $n_1$——所计算截面（最外列螺栓处）高强度螺栓数目。

【例题 9.2.1-1】24m 跨梯形钢屋架承受静力荷载，为一般建筑结构，下弦受拉杆件如图 9.2.1-3 所示，截面为短肢相并双角钢 2∟110×70×8，每个角钢在长肢上各开了一个孔洞（21.5mm）。拉力 $N=530$kN。钢号为 Q235，屈服强度 $f=215$N/mm²，抗拉强度（最小值）为 $f_u=370$N/mm²。下弦杆平面内计算长度 $l_{0x}=3$m，平面外计算长度 $l_{0y}=6$m。下弦杆与腹杆连接的节点板厚度为 8mm。

验算毛截面（无孔受拉）屈服和净截面（有孔受拉）断裂是否满足强度要求；验算下弦杆平面内和平面外的长细比是否满足要求。

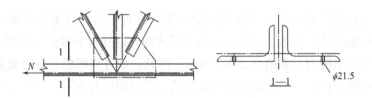

**图 9.2.1-3　桁架下弦拉杆示意**

【解】一个角钢∟110×70×8 的截面积为 1394mm²，双角钢 2∟110×70×8 的截面积为 $A=2\times1394=2788$（mm²）。

扣除 2 个孔洞的净截面积 $A_n=2788-2\times8\times21.5=2444$（mm²）。

查型钢表，短肢相并，节点板厚度为 8mm 时，平面内的回转半径 $i_{0x}=19.8$mm，平面外的回转半径 $i_{0y}=53.4$mm。

1）验算毛截面（无孔受拉）屈服应力：

$$\sigma = \frac{N}{A} = \frac{530\times10^3}{2788} = 190 \ (\text{N/mm})^2 \leqslant f = 215\text{N/mm}^2$$

毛截面强度满足要求。

2）验算净截面（有孔受拉）断裂：

$$\sigma = \frac{N}{A_n} = \frac{530\times10^3}{2444} = 217 \ (\text{N/mm}^2) \leqslant 0.7f_u = 0.7\times370 = 259 \ (\text{N/mm}^2)$$

净截面抗拉裂满足强度要求。

3）验算下弦杆平面内的长细比：

$$\lambda_{0x} = \frac{l_{0x}}{i_{0x}} = \frac{3000}{19.8} = 151 < [\lambda] = 350$$

下弦杆平面内的长细比满足受拉长细比的要求。

4）验算下弦杆平面外的长细比：

$$\lambda_{0y}=\frac{l_{0y}}{i_{0y}}=\frac{6000}{53.4}=112<[\lambda]=350$$

下弦杆平面外的长细比满足受拉长细比的要求。

【例题 9.2.1-2】承受静力荷载的一般建筑结构，其下弦受拉杆件由 2 个热轧普通槽钢 2［28a 组成，采用高强度螺栓与节点板双摩擦面连接（图 9.2.1-4）。下弦杆在平面内的计算长度 $l_{0x}=4.5\mathrm{m}$，平面外计算长度 $l_{0y}=9\mathrm{m}$。拉力为 $N=1700\mathrm{kN}$。槽钢钢号为 Q235B，屈服强度 $f=215\mathrm{N/mm}^2$，抗拉强度（最小值）为 $f_u=370\mathrm{N/mm}^2$。高强度螺栓选用 10.9 级 M20，接触面喷硬质石英砂或铸钢棱角砂，螺栓孔为标准孔，孔径为 $d_0=21.5\mathrm{mm}$，螺栓数目 $n=14$。节点板厚度为 16mm。

验算节点的安全性及拉杆的长细比。

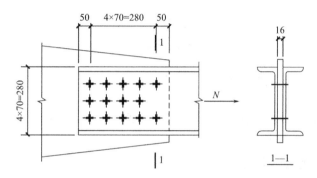

**图 9.2.1-4　采用高强度螺栓连接的拉杆**

【解】查型钢表，双槽钢 2［28a 的截面面积为 $A=8004\mathrm{mm}^2$；单个槽钢的腹板厚度为 $t_w=7.5\mathrm{mm}$；节点板厚度为 16mm 时，平面内的回转半径为 $i_{0x}=109\mathrm{mm}$，平面外的回转半径为 $i_{0y}=37.2\mathrm{mm}$。

1）验算高强度螺栓抗剪强度

查高强度螺栓相关表格，一个 10.9 级 M20 高强度螺栓的预拉力设计值为 $P=155\mathrm{kN}$，钢材抗滑移系数 $\mu=0.45$，标准孔的孔型系数 $k=1.0$，传力摩擦面数目 $n_f=2$。

在摩擦型连接中，每个高强度螺栓的受剪承载力设计值为：

$$N_v^b=0.9kn_f\mu P=0.9\times1.0\times2\times0.45\times155=125.55\text{（kN）}$$

每个高强度螺栓受到的剪力：

$$N_v=\frac{N}{n}=\frac{1700}{14}=121.4\text{（kN）}<N_v^b=125.55\mathrm{kN}$$

高强度螺栓抗剪满足要求。

2）验算拉杆的毛截面强度

$$\sigma=\frac{N}{A}=\frac{1700\times10^3}{8004}=212.4\text{（N/mm）}^2<f=215\mathrm{N/mm}^2$$

毛截面强度满足要求。

3）验算拉杆在最外列螺栓处的净截面拉断强度

最外列螺栓位于 1-1 剖面，螺栓个数 $n_1=2$。整个螺栓数目为 $n=14$。

净截面面积：

$$A_n=A-2d_0t_wn_1=8004-2\times21.5\times16\times2=6628（mm^2）$$

$$\sigma=\left(1-0.5\frac{n_1}{n}\right)\frac{N}{A_n}=\left(1-0.5\frac{2}{14}\right)\frac{1700\times10^3}{6628}=238(N/mm^2)<0.7f_u=0.7\times370=259(N/mm^2)$$

最外列螺栓处的净截面抗拉裂强度满足要求。

4）验算下弦杆平面内的长细比：

$$\lambda_{0x}=\frac{l_{0x}}{i_{0x}}=\frac{4500}{109}=41.3<[\lambda]=350$$

下弦杆平面内的长细比满足受拉长细比的要求。

5）验算下弦杆平面外的长细比：

$$\lambda_{0y}=\frac{l_{0y}}{i_{0y}}=\frac{9000}{37.2}=242<[\lambda]=350$$

下弦杆平面外的长细比满足受拉长细比的要求。

## 9.2.2 轴心受压构件的强度计算

当轴心受压构件在端部连接及中部拼接处组成截面的各板件均由连接件直接传力时，其截面强度计算应符合下列规定。

1）端部为焊接连接的毛截面（无孔受压）屈服：

其截面强度应采用式（9.2.1-1）计算。

轴心受压构件的承载能力一般由整体稳定决定，截面强度计算不起控制作用，可不必计算。

2）端部为焊接连接的净截面（有孔受压）断裂：

当截面有虚孔时，其孔心所在截面强度应按式（9.2.1-2）计算。

无孔部位需按式（9.2.1-1）进行毛截面屈服验算。

3）轴压构件孔洞有螺栓填充时，不必验算净截面断裂强度，可按式（9.2.1-1）计算。

## 9.2.3 危险截面有效截面系数

轴心受力构件，当其组成板件在节点或拼接处并非全部直接传力时，应将危险截面的面积乘以有效截面系数 $\eta$，不同构件截面形式和连接方式的 $\eta$ 值应符合表 9.2.3-1 的规定。

1）危险截面有效截面系数 $\eta$ 针对的是轴心受拉或轴心受压构件的强度计算。

2）作为轴心受力构件的角钢、工字钢或 H 型钢在工程中很少有拼接节点，即使构件很长，需要拼接时，一般也采用全截面均匀传力的连接形式，所以，非全部直接传力的情况一般为构件端部与节点板连接的节点形式。

3）轴心受压构件需要稳定性计算，强度计算一般不起控制作用，所以危险截面有效截面系数多用于轴心受拉构件。当需要进行轴心受压构件强度计算时，对危险截面面积乘以有效截面系数 $\eta$。

4）危险截面是指轴心受力构件在端部仅用侧面角焊缝与节点板相连时，端部靠近连接板的部位。

由于腹板不与节点板连接，在端部节点角焊缝长度范围内，未与节点板焊接的角钢另一边，或者工字钢或 H 型钢的腹板，其内力需要通过剪切变形传至翼缘（剪切滞后效应），再传递到连接焊缝。

构件全截面受到的轴力向节点板传力时，在危险截面区域内，应力分布很不均匀，截面不是全部有效，所以要通过截面折减的方式，对危险截面进行折减，即，对危险截面面积乘以有效截面系数 $\eta$ 进行强度验算。

5）危险截面有效截面系数 $\eta$ 针对的是在部分板件通过节点板传力的角钢、工字钢或 H 型钢三种截面。

轴心受力构件节点或拼接处危险截面有效截面系数 $\eta$　　　　表 9.2.3-1

| 构件截面形式 | 连接形式 | $\eta$ | 图例 |
|---|---|---|---|
| 角钢 | 单边连接 | 0.85 | 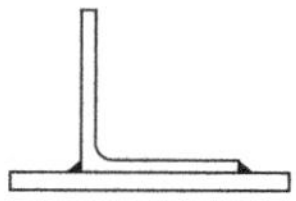 |
| 工字钢、H 型钢 | 翼缘连接 | 0.90 | 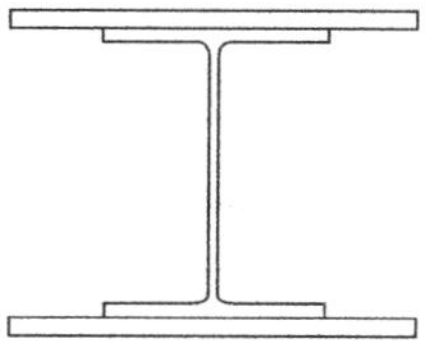 |
| | 腹板连接 | 0.70 | 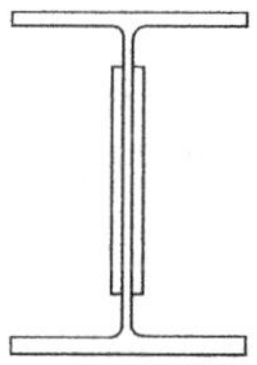 |

# 9.3　轴心受压构件的稳定性

## 9.3.1　实腹式轴心受压构件整体稳定的概念

构件的屈曲就是构件的失稳。"屈曲"描述的是构件失去承载力后的破坏形态，"失稳"描述的是构件失去承载力后的破坏行为，二者描述的都是构件失去了承载能力。

构件的变形分为三种：弯曲变形、扭转变形、弯曲和扭转耦合变形。

构件的屈曲（图 9.3.1-1）分为：弯曲屈曲、扭转屈曲、弯扭屈曲。

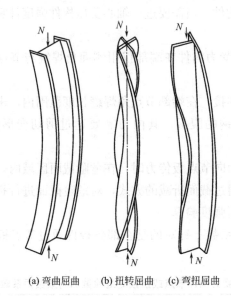

(a) 弯曲屈曲　　(b) 扭转屈曲　　(c) 弯扭屈曲

**图 9.3.1-1　构件的屈曲**

1. 弯曲屈曲

有翼缘的双轴对称截面的轴心受压构件，失稳时一般呈现弯曲变形，发生弯曲屈曲。

2. 扭转屈曲

抗扭刚度较差的轴心受力构件，失稳时发生绕轴心线的扭转，即发生扭转屈曲（如双轴对称十字形截面，由于没有翼缘，扭转刚度较差）。

3. 弯扭屈曲

单轴对称截面轴心受力构件绕对称轴失稳时，由于截面形心与截面剪心不重合，发生弯曲变形的同时截面剪力未通过截面剪心，产生了扭矩，这种弯曲变形伴随着扭转变形的形态称为弯曲和扭转耦合变形。没有截面对称轴的轴心受压构件，其屈曲形态也属于弯扭屈曲。

欧拉公式临界应力 $\sigma_{cr}$ 反映的是理想的无缺陷的轴心受压构件即将达到屈曲时的临界状态，此时的欧拉临界轴力 $N_{cr}$ 对应的应力为欧拉临界应力 $\sigma_{cr}$。当轴力 $N$ 产生的应力 $\sigma$ 小于临界应力 $\sigma_{cr}$ 时，构件只产生沿构件轴心方向的微小压缩变形，保持着直线平衡状态。当构件随着轴力 $N$ 的增大，应力达到欧拉临界应力 $\sigma_{cr}$ 时，此时，再增加微小的轴力 $\Delta N$ 时，构件就会发生屈曲变形，随即使构件丧失承载能力，这一过程被称为轴心受压构件的失稳破坏或屈曲破坏。

## 9.3.2　实腹式轴心受压构件整体稳定性计算

1. 理想轴心压杆的弹性弯曲失稳

理想轴心压杆的弹性弯曲屈曲要满足三个假定：

（1）杆件为等截面理想直杆；

（2）压力作用线与杆件形心轴重合；

（3）材料均质、各向同性，且无限弹性，符合胡克定律。

对于一个两端铰接的理想等截面构件，当轴心压力 $N$ 较小时，构件只产生轴向压缩变形，保持直线平衡状态。当轴心压力 $N$ 大到一定值时，一旦施加微小干扰，构件发生弯曲变形，或者扭转变形，或者弯曲和扭转耦合的变形而失去整体稳定性。此时的压力称为临界力 $N_{cr}$，相对应的应力称为临界应力 $\sigma_{cr}$。根据微弯临界平衡状态，建立平衡微分方程式，可以得出著名的欧拉公式。

两端铰接的理想等截面直杆，根据材料力学求出弹性屈曲下欧拉公式的临界力最小值为：

$$N_{cr} = \frac{\pi^2 EI}{l^2} \tag{9.3.2-1}$$

其相应的临界应力为：

$$\sigma_{cr} = \frac{N_{cr}}{A} = \frac{\pi^2 E}{\lambda^2} \tag{9.3.2-2}$$

式中：$E$——钢材的弹性模量；

      $I$——杆件的截面惯性矩；

      $l$——杆件的长度；

      $\lambda$——杆件的长细比。

杆件的长细比 $\lambda$ 计算公式为：

$$\lambda = \frac{l}{i} \tag{9.3.2-3}$$

式中：$i$——杆件截面的回转半径，$i = \sqrt{I/A}$。

2.《钢标》规定的整体稳定性计算

理想轴心压杆是不考虑初始缺陷的。然而，杆件在生产、加工、制作各个环节中普遍存在初始弯曲、初偏心和焊接残余应力等。《钢标》规定的整体稳定性计算，考虑了初始缺陷的影响，其影响要素包含在轴心受压构件的稳定系数 $\varphi$ 中了。

实腹式轴心受压构件除考虑屈服强度外，其整体稳定性计算应符合下式要求：

$$\frac{N}{\varphi A f} \leqslant 1.0 \tag{9.3.2-4}$$

式中：$\varphi$——轴心受压构件的稳定系数（取截面两主轴稳定系数中的较小者），根据实腹式受压构件的长细比（或格构式受压构件的换算长细比）、钢材屈服强度（$f_y$）和表9.3.2-1、表9.3.2-2的截面分类，按表9.3.3-1～表9.3.3-4采用；

      $A$——构件的毛截面积；

      $f$——钢材的抗压强度设计值。

2003版《钢结构设计规范》中的轴心受压构件整体稳定性表达式为：

$$\sigma = N/\varphi A \leqslant f$$

与2003版规范相比，式（9.3.2-4）概念明确，表达的就是整体稳定承载力情况下的应力比。即：

$$\frac{\sigma}{f}=\frac{N/\varphi A}{f}=\frac{N}{\varphi Af}\leqslant 1.0$$

轴心受压构件的截面分类不仅与截面形式有关，还与板的厚度有关。

板厚 $t<40\mathrm{mm}$ 的轴心受压构件的截面分类见表 9.3.2-1；板厚 $t\geqslant 40\mathrm{mm}$ 的轴心受压构件的截面分类见表 9.3.2-2。

**轴心受压构件的截面分类（板厚 $t<40\mathrm{mm}$）**　　　　　　表 9.3.2-1

| 截面形式 | | 对 $x$ 轴 | 对 $y$ 轴 |
|---|---|---|---|
| 轧制 | | a 类 | a 类 |
| 轧制 | $b/h\leqslant 0.8$ | a 类 | b 类 |
| | $b/h>0.8$ | $a^*$ 类 | $b^*$ 类 |
| 轧制等边角钢 | | $a^*$ 类 | $a^*$ 类 |
| 焊接、翼缘为焰切边　　 焊接 | | b 类 | b 类 |
| 轧制 | | | |
| 轧制、焊接(板件宽厚比>20)　　 轧制或焊接 | | | |

续表

| 截面形式 | | 对 $x$ 轴 | 对 $y$ 轴 |
|---|---|---|---|
| 焊接 | 轧制截面和翼缘为焰切边的焊接截面 | b 类 | b 类 |
| 格构式 | 焊接，板件边缘焰切 | | |
| 焊接，翼缘为轧制或剪切边 | | b 类 | c 类 |
| 焊接，板件边缘轧制或剪切 | 轧制、焊接(板件宽厚比≤20) | c 类 | c 类 |

注:1. a* 类含义为 Q235 钢取 b 类,Q345(Q355)、Q390、Q420 和 Q460 钢取 a 类;
  b* 类含义为 Q235 钢取 c 类,Q345(Q355)、Q390、Q420 和 Q460 钢取 b 类;
2. 无对称轴且剪心和形心不重合的截面,其截面分类可按有对称轴的类似截面确定,如不等边角钢的类别;当无类似截面时,可取 c 类。

**轴心受压构件的截面分类（板厚 $t \geqslant 40\text{mm}$）**    表 9.3.2-2

| 截面形式 | | 对 $x$ 轴 | 对 $y$ 轴 |
|---|---|---|---|
| 轧制工字形或H形截面 | $t < 80\text{mm}$ | b 类 | c 类 |
| | $t \geqslant 80\text{mm}$ | c 类 | d 类 |

续表

| 截面形式 | | 对 $x$ 轴 | 对 $y$ 轴 |
|---|---|---|---|
| 焊接工字形截面 | 翼缘为焰切边 | b 类 | b 类 |
| | 翼缘为轧制或剪切边 | c 类 | d 类 |
| 焊接箱形截面 | 板件宽厚比＞20 | b 类 | b 类 |
| | 板件宽厚比≤20 | c 类 | c 类 |

### 9.3.3 轴心受压构件的整体稳定系数

1. 稳定系数 $\varphi$ 的力学表达式

轴心受压构件的稳定系数 $\varphi$ 为欧拉临界应力与钢材屈服强度的比值，即：

$$\varphi = \sigma_{cr}/f_y \tag{9.3.3-1}$$

简记：临界应力与屈服强度的比值。

2. 初始缺陷对承载力的影响

轴心受压构件除了与轴心受拉构件一样需要满足材料强度、刚度（长细比）的要求外，还应满足构件整体稳定和局部稳定的要求。其中整体稳定往往是决定性的因素，因为轴心受压构件丧失整体稳定时常常是发生在构件有足够强度保证的情况下而突然失稳。

对于轴心受拉构件，初始弯曲和残余应力不会降低其承载能力，因为初始弯曲会在构件受拉后拉直，而残余应力在截面上总是相互平衡，当拉力使整个截面达到屈服时，拉、压应力会自行抵消。

对于轴心受压构件，承载力是构件即将失稳时的临界力，其临界力的最小值表达式为欧拉公式。几何缺陷（初始弯曲）和力学缺陷（残余应力）对构件承载力有很大的影响，这是因为欧拉公式是根据理想的轴心压杆求得的。

简记：初始缺陷对压杆有影响。

3. 稳定系数 $\varphi$

截面的形式及构件的成型（轧制或者焊接）影响了稳定系数。轴心受压杆件的稳定系数 $\varphi$ 应按表 9.3.3-1～表 9.3.3-4 取值。

当 $\lambda/\varepsilon_k$ 超出表 9.3.3-1～表 9.3.3-4 范围时，轴心受压杆件的稳定系数 $\varphi$ 应按下列公

式计算。

当 $\lambda_n \leqslant 0.215$ 时：

$$\varphi = 1 - \alpha_1 \lambda_n^2 \tag{9.3.3-2}$$

$$\lambda_n = \frac{\lambda}{\pi} \sqrt{f_y/E} \tag{9.3.3-3}$$

当 $\lambda_n > 0.215$ 时：

$$\varphi = \frac{1}{2\lambda_n^2} \left[ (\alpha_2 + \alpha_3 \lambda_n + \lambda_n^2) - \sqrt{(\alpha_2 + \alpha_3 \lambda_n + \lambda_n^2)^2 - 4\lambda_n^2} \right] \tag{9.3.3-4}$$

式中：$\alpha_1$、$\alpha_2$、$\alpha_3$——系数，应根据表 9.3.2-1 的截面分类，按表 9.3.3-5 采用。

**a 类截面轴心受压构件的稳定系数 $\varphi$**         表 9.3.3-1

| $\lambda/\varepsilon_k$ | 0 | 1 | 2 | 3 | 4 | 5 | 6 | 7 | 8 | 9 |
|---|---|---|---|---|---|---|---|---|---|---|
| 0 | 1.000 | 1.000 | 1.000 | 1.000 | 0.999 | 0.999 | 0.998 | 0.998 | 0.997 | 0.996 |
| 10 | 0.995 | 0.994 | 0.993 | 0.992 | 0.991 | 0.989 | 0.988 | 0.986 | 0.985 | 0.983 |
| 20 | 0.981 | 0.979 | 0.977 | 0.976 | 0.974 | 0.972 | 0.970 | 0.968 | 0.966 | 0.964 |
| 30 | 0.963 | 0.961 | 0.959 | 0.957 | 0.954 | 0.952 | 0.950 | 0.948 | 0.946 | 0.944 |
| 40 | 0.941 | 0.939 | 0.937 | 0.934 | 0.932 | 0.929 | 0.927 | 0.924 | 0.921 | 0.918 |
| 50 | 0.916 | 0.913 | 0.910 | 0.907 | 0.903 | 0.900 | 0.897 | 0.893 | 0.890 | 0.886 |
| 60 | 0.883 | 0.879 | 0.875 | 0.871 | 0.867 | 0.862 | 0.858 | 0.854 | 0.849 | 0.844 |
| 70 | 0.839 | 0.834 | 0.829 | 0.824 | 0.818 | 0.813 | 0.807 | 0.801 | 0.795 | 0.789 |
| 80 | 0.783 | 0.776 | 0.770 | 0.763 | 0.756 | 0.749 | 0.742 | 0.735 | 0.728 | 0.721 |
| 90 | 0.713 | 0.706 | 0.698 | 0.691 | 0.683 | 0.676 | 0.668 | 0.660 | 0.653 | 0.645 |
| 100 | 0.637 | 0.630 | 0.622 | 0.614 | 0.607 | 0.599 | 0.592 | 0.584 | 0.577 | 0.569 |
| 110 | 0.562 | 0.555 | 0.548 | 0.541 | 0.534 | 0.527 | 0.520 | 0.513 | 0.507 | 0.500 |
| 120 | 0.494 | 0.487 | 0.481 | 0.475 | 0.469 | 0.463 | 0.457 | 0.451 | 0.445 | 0.439 |
| 130 | 0.434 | 0.428 | 0.423 | 0.417 | 0.412 | 0.407 | 0.402 | 0.397 | 0.392 | 0.387 |
| 140 | 0.382 | 0.378 | 0.373 | 0.368 | 0.364 | 0.360 | 0.355 | 0.351 | 0.347 | 0.343 |
| 150 | 0.339 | 0.335 | 0.331 | 0.327 | 0.323 | 0.319 | 0.316 | 0.312 | 0.308 | 0.305 |
| 160 | 0.302 | 0.298 | 0.295 | 0.292 | 0.288 | 0.285 | 0.282 | 0.279 | 0.276 | 0.273 |
| 170 | 0.270 | 0.267 | 0.264 | 0.261 | 0.259 | 0.256 | 0.253 | 0.250 | 0.248 | 0.245 |
| 180 | 0.243 | 0.240 | 0.238 | 0.235 | 0.233 | 0.231 | 0.228 | 0.226 | 0.224 | 0.222 |
| 190 | 0.219 | 0.217 | 0.215 | 0.213 | 0.211 | 0.209 | 0.207 | 0.205 | 0.203 | 0.201 |
| 200 | 0.199 | 0.197 | 0.196 | 0.194 | 0.192 | 0.190 | 0.188 | 0.187 | 0.185 | 0.183 |
| 210 | 0.182 | 0.180 | 0.178 | 0.177 | 0.175 | 0.174 | 0.172 | 0.171 | 0.169 | 0.168 |
| 220 | 0.166 | 0.165 | 0.163 | 0.162 | 0.161 | 0.159 | 0.158 | 0.157 | 0.155 | 0.154 |
| 230 | 0.153 | 0.151 | 0.150 | 0.149 | 0.148 | 0.147 | 0.145 | 0.144 | 0.143 | 0.142 |
| 240 | 0.141 | 0.140 | 0.139 | 0.137 | 0.136 | 0.135 | 0.134 | 0.133 | 0.132 | 0.131 |

注：表中值系按式(9.3.3-2)～式(9.3.3-4)计算而得。

b 类截面轴心受压构件的稳定系数 φ                                         表 9.3.3-2

| $\lambda/\varepsilon_k$ | 0 | 1 | 2 | 3 | 4 | 5 | 6 | 7 | 8 | 9 |
|---|---|---|---|---|---|---|---|---|---|---|
| 0 | 1.000 | 1.000 | 1.000 | 0.999 | 0.999 | 0.998 | 0.997 | 0.996 | 0.995 | 0.994 |
| 10 | 0.992 | 0.991 | 0.989 | 0.987 | 0.985 | 0.983 | 0.981 | 0.978 | 0.976 | 0.973 |
| 20 | 0.970 | 0.967 | 0.963 | 0.960 | 0.957 | 0.953 | 0.950 | 0.946 | 0.943 | 0.939 |
| 30 | 0.936 | 0.932 | 0.929 | 0.925 | 0.921 | 0.918 | 0.914 | 0.910 | 0.906 | 0.903 |
| 40 | 0.899 | 0.895 | 0.891 | 0.886 | 0.882 | 0.878 | 0.874 | 0.870 | 0.865 | 0.861 |
| 50 | 0.856 | 0.852 | 0.847 | 0.842 | 0.837 | 0.833 | 0.828 | 0.823 | 0.818 | 0.812 |
| 60 | 0.807 | 0.802 | 0.796 | 0.791 | 0.785 | 0.780 | 0.774 | 0.768 | 0.762 | 0.757 |
| 70 | 0.751 | 0.745 | 0.738 | 0.732 | 0.726 | 0.720 | 0.713 | 0.707 | 0.701 | 0.694 |
| 80 | 0.687 | 0.681 | 0.674 | 0.668 | 0.661 | 0.654 | 0.648 | 0.641 | 0.634 | 0.628 |
| 90 | 0.621 | 0.614 | 0.607 | 0.601 | 0.594 | 0.587 | 0.581 | 0.574 | 0.568 | 0.561 |
| 100 | 0.555 | 0.548 | 0.542 | 0.535 | 0.529 | 0.523 | 0.517 | 0.511 | 0.504 | 0.498 |
| 110 | 0.492 | 0.487 | 0.481 | 0.475 | 0.469 | 0.464 | 0.458 | 0.453 | 0.447 | 0.442 |
| 120 | 0.436 | 0.431 | 0.426 | 0.421 | 0.416 | 0.411 | 0.406 | 0.401 | 0.396 | 0.392 |
| 130 | 0.387 | 0.383 | 0.378 | 0.374 | 0.369 | 0.365 | 0.361 | 0.357 | 0.352 | 0.348 |
| 140 | 0.344 | 0.340 | 0.337 | 0.333 | 0.329 | 0.325 | 0.322 | 0.318 | 0.314 | 0.311 |
| 150 | 0.308 | 0.304 | 0.301 | 0.297 | 0.294 | 0.291 | 0.288 | 0.285 | 0.282 | 0.279 |
| 160 | 0.276 | 0.273 | 0.270 | 0.267 | 0.264 | 0.262 | 0.259 | 0.256 | 0.253 | 0.251 |
| 170 | 0.248 | 0.246 | 0.243 | 0.241 | 0.238 | 0.236 | 0.234 | 0.231 | 0.229 | 0.227 |
| 180 | 0.225 | 0.222 | 0.220 | 0.218 | 0.216 | 0.214 | 0.212 | 0.210 | 0.208 | 0.206 |
| 190 | 0.204 | 0.202 | 0.200 | 0.198 | 0.196 | 0.195 | 0.193 | 0.191 | 0.189 | 0.188 |
| 200 | 0.186 | 0.184 | 0.183 | 0.181 | 0.179 | 0.178 | 0.176 | 0.175 | 0.173 | 0.172 |
| 210 | 0.170 | 0.169 | 0.167 | 0.166 | 0.164 | 0.163 | 0.162 | 0.160 | 0.159 | 0.158 |
| 220 | 0.156 | 0.155 | 0.154 | 0.152 | 0.151 | 0.150 | 0.149 | 0.147 | 0.146 | 0.145 |
| 230 | 0.144 | 0.143 | 0.142 | 0.141 | 0.139 | 0.138 | 0.137 | 0.136 | 0.135 | 0.134 |
| 240 | 0.133 | 0.132 | 0.131 | 0.130 | 0.129 | 0.128 | 0.127 | 0.126 | 0.125 | 0.124 |
| 250 | 0.123 | — | — | — | — | — | — | — | — | — |

注:表中值系按式(9.3.3-2)~式(9.3.3-4)计算而得。

c 类截面轴心受压构件的稳定系数 φ                                         表 9.3.3-3

| $\lambda/\varepsilon_k$ | 0 | 1 | 2 | 3 | 4 | 5 | 6 | 7 | 8 | 9 |
|---|---|---|---|---|---|---|---|---|---|---|
| 0 | 1.000 | 1.000 | 1.000 | 0.999 | 0.999 | 0.998 | 0.997 | 0.996 | 0.995 | 0.993 |
| 10 | 0.992 | 0.990 | 0.988 | 0.986 | 0.983 | 0.981 | 0.978 | 0.976 | 0.973 | 0.970 |
| 20 | 0.966 | 0.959 | 0.953 | 0.947 | 0.940 | 0.934 | 0.928 | 0.921 | 0.915 | 0.909 |
| 30 | 0.902 | 0.896 | 0.890 | 0.883 | 0.877 | 0.871 | 0.865 | 0.858 | 0.852 | 0.845 |
| 40 | 0.839 | 0.833 | 0.826 | 0.820 | 0.813 | 0.807 | 0.800 | 0.794 | 0.787 | 0.781 |
| 50 | 0.774 | 0.768 | 0.761 | 0.755 | 0.748 | 0.742 | 0.735 | 0.728 | 0.722 | 0.715 |

续表

| $\lambda/\varepsilon_k$ | 0 | 1 | 2 | 3 | 4 | 5 | 6 | 7 | 8 | 9 |
|---|---|---|---|---|---|---|---|---|---|---|
| 60 | 0.709 | 0.702 | 0.695 | 0.689 | 0.682 | 0.675 | 0.669 | 0.662 | 0.656 | 0.649 |
| 70 | 0.642 | 0.636 | 0.629 | 0.623 | 0.616 | 0.610 | 0.603 | 0.597 | 0.591 | 0.584 |
| 80 | 0.578 | 0.572 | 0.565 | 0.559 | 0.553 | 0.547 | 0.541 | 0.535 | 0.529 | 0.523 |
| 90 | 0.517 | 0.511 | 0.505 | 0.499 | 0.494 | 0.488 | 0.483 | 0.477 | 0.471 | 0.467 |
| 100 | 0.462 | 0.458 | 0.453 | 0.449 | 0.445 | 0.440 | 0.436 | 0.432 | 0.427 | 0.423 |
| 110 | 0.419 | 0.415 | 0.411 | 0.407 | 0.402 | 0.398 | 0.394 | 0.390 | 0.386 | 0.383 |
| 120 | 0.379 | 0.375 | 0.371 | 0.367 | 0.363 | 0.360 | 0.356 | 0.352 | 0.349 | 0.345 |
| 130 | 0.342 | 0.338 | 0.335 | 0.332 | 0.328 | 0.325 | 0.322 | 0.318 | 0.315 | 0.312 |
| 140 | 0.309 | 0.306 | 0.303 | 0.300 | 0.297 | 0.294 | 0.291 | 0.288 | 0.285 | 0.282 |
| 150 | 0.279 | 0.277 | 0.274 | 0.271 | 0.269 | 0.266 | 0.263 | 0.261 | 0.258 | 0.256 |
| 160 | 0.253 | 0.251 | 0.248 | 0.246 | 0.244 | 0.241 | 0.239 | 0.237 | 0.235 | 0.232 |
| 170 | 0.230 | 0.228 | 0.226 | 0.224 | 0.222 | 0.220 | 0.218 | 0.216 | 0.214 | 0.212 |
| 180 | 0.210 | 0.208 | 0.206 | 0.204 | 0.203 | 0.201 | 0.199 | 0.197 | 0.195 | 0.194 |
| 190 | 0.192 | 0.190 | 0.189 | 0.187 | 0.185 | 0.184 | 0.182 | 0.181 | 0.179 | 0.178 |
| 200 | 0.176 | 0.175 | 0.173 | 0.172 | 0.170 | 0.169 | 0.167 | 0.166 | 0.165 | 0.163 |
| 210 | 0.162 | 0.161 | 0.159 | 0.158 | 0.157 | 0.155 | 0.154 | 0.153 | 0.152 | 0.151 |
| 220 | 0.149 | 0.148 | 0.147 | 0.146 | 0.145 | 0.144 | 0.142 | 0.141 | 0.140 | 0.139 |
| 230 | 0.138 | 0.137 | 0.136 | 0.135 | 0.134 | 0.133 | 0.132 | 0.131 | 0.130 | 0.129 |
| 240 | 0.128 | 0.127 | 0.126 | 0.125 | 0.124 | 0.123 | 0.123 | 0.122 | 0.121 | 0.120 |
| 250 | 0.119 | — | — | — | — | — | — | — | — | — |

注:表中值系按式(9.3.3-2)～式(9.3.3-4)计算而得。

**d 类截面轴心受压构件的稳定系数 $\varphi$**　　　　　表 9.3.3-4

| $\lambda/\varepsilon_k$ | 0 | 1 | 2 | 3 | 4 | 5 | 6 | 7 | 8 | 9 |
|---|---|---|---|---|---|---|---|---|---|---|
| 0 | 1.000 | 1.000 | 0.999 | 0.999 | 0.998 | 0.996 | 0.944 | 0.992 | 0.990 | 0.987 |
| 10 | 0.984 | 0.981 | 0.978 | 0.974 | 0.969 | 0.965 | 0.960 | 0.955 | 0.949 | 0.944 |
| 20 | 0.937 | 0.927 | 0.918 | 0.909 | 0.900 | 0.891 | 0.883 | 0.874 | 0.865 | 0.857 |
| 30 | 0.848 | 0.840 | 0.831 | 0.823 | 0.815 | 0.807 | 0.798 | 0.790 | 0.782 | 0.774 |
| 40 | 0.766 | 0.758 | 0.751 | 0.743 | 0.735 | 0.727 | 0.720 | 0.712 | 0.705 | 0.697 |
| 50 | 0.690 | 0.682 | 0.675 | 0.668 | 0.660 | 0.653 | 0.646 | 0.639 | 0.632 | 0.625 |
| 60 | 0.618 | 0.611 | 0.605 | 0.598 | 0.591 | 0.585 | 0.578 | 0.571 | 0.565 | 0.559 |
| 70 | 0.552 | 0.546 | 0.540 | 0.534 | 0.528 | 0.521 | 0.516 | 0.510 | 0.504 | 0.498 |
| 80 | 0.492 | 0.487 | 0.481 | 0.476 | 0.470 | 0.465 | 0.459 | 0.454 | 0.449 | 0.444 |
| 90 | 0.439 | 0.434 | 0.429 | 0.424 | 0.419 | 0.414 | 0.409 | 0.405 | 0.401 | 0.397 |
| 100 | 0.393 | 0.390 | 0.386 | 0.383 | 0.380 | 0.376 | 0.373 | 0.369 | 0.366 | 0.363 |

续表

| $\lambda/\varepsilon_k$ | 0 | 1 | 2 | 3 | 4 | 5 | 6 | 7 | 8 | 9 |
|---|---|---|---|---|---|---|---|---|---|---|
| 110 | 0.359 | 0.356 | 0.353 | 0.350 | 0.346 | 0.343 | 0.340 | 0.337 | 0.334 | 0.331 |
| 120 | 0.328 | 0.325 | 0.322 | 0.319 | 0.316 | 0.313 | 0.310 | 0.307 | 0.304 | 0.301 |
| 130 | 0.298 | 0.296 | 0.293 | 0.290 | 0.288 | 0.285 | 0.282 | 0.280 | 0.277 | 0.275 |
| 140 | 0.272 | 0.270 | 0.267 | 0.265 | 0.262 | 0.260 | 0.257 | 0.255 | 0.253 | 0.250 |
| 150 | 0.248 | 0.246 | 0.244 | 0.242 | 0.239 | 0.237 | 0.235 | 0.233 | 0.231 | 0.229 |
| 160 | 0.227 | 0.225 | 0.223 | 0.221 | 0.219 | 0.217 | 0.215 | 0.213 | 0.211 | 0.210 |
| 170 | 0.208 | 0.206 | 0.204 | 0.202 | 0.201 | 0.199 | 0.197 | 0.196 | 0.194 | 0.192 |
| 180 | 0.191 | 0.189 | 0.187 | 0.186 | 0.184 | 0.183 | 0.181 | 0.180 | 0.178 | 0.177 |
| 190 | 0.175 | 0.174 | 0.173 | 0.171 | 0.170 | 0.168 | 0.167 | 0.166 | 0.164 | 0.163 |
| 200 | 0.162 | — | — | — | — | — | — | — | — | — |

注:表中值系按式(9.3.3-2)~式(9.3.3-4)计算而得。

**系数 $\alpha_1$、$\alpha_2$、$\alpha_3$**  表 9.3.3-5

| 截面类型 | | $\alpha_1$ | $\alpha_2$ | $\alpha_3$ |
|---|---|---|---|---|
| a 类 | | 0.41 | 0.986 | 0.152 |
| b 类 | | 0.65 | 0.965 | 0.300 |
| c 类 | $\lambda_n \leqslant 1.05$ | 0.73 | 0.906 | 0.595 |
| | $\lambda_n > 1.05$ | | 1.216 | 0.302 |
| d 类 | $\lambda_n \leqslant 1.05$ | 1.35 | 0.868 | 0.915 |
| | $\lambda_n > 1.05$ | | 1.375 | 0.432 |

## 9.3.4 实腹式轴心受压构件的长细比

轴心受压构件的稳定系数 $\varphi$ 是以弯曲屈曲为基准的,但由于截面形式的不同,绕截面主轴产生的弯曲屈曲不是唯一的形式,也可能产生扭转屈曲或者弯扭屈曲。

产生扭转屈曲和弯扭屈曲的构件,其长细比的计算方法是按弹性稳定理论算出临界力,得到换算长细比较大(最不利的)的弯曲屈曲构件。这里的换算长细比就是轴心受压构件产生扭转屈曲和弯扭屈曲的长细比。

实腹式轴心受压构件的长细比的确定按三种构件考虑:截面形心与剪心重合(双轴对称)的构件、截面为单轴对称的构件及截面无对称轴且剪心和形心不重合的构件。

1. 截面形心与剪心重合的构件

1) 当计算弯曲屈曲时,两个方向的长细比计算公式为:

$$\lambda_x = \frac{l_{0x}}{i_x}$$

(9.3.4-1)

第9章 轴心受力构件设计 | 231 |

$$\lambda_y = \frac{l_{0y}}{i_y} \tag{9.3.4-2}$$

式中：$l_{0x}$、$l_{0y}$——分别为构件对截面主轴 $x$ 和 $y$ 的计算长度，根据第 9.3.12 节"轴心受压构件的计算长度"的内容采用（mm）；

$\lambda_x$、$\lambda_y$——分别为构件截面对主轴 $x$ 和 $y$ 的回转半径（mm）。

2）当计算扭转屈曲时，长细比应按下式计算：

$$\lambda_z = \sqrt{\frac{I_0}{I_t/25.7 + I_\omega/l_\omega^2}} \tag{9.3.4-3}$$

特殊情况：当双轴对称十字形截面板件宽厚比不超过 $15\varepsilon_k$ 时，可不计算扭转屈曲。

式中：$I_0$——构件毛截面对剪心的极惯性矩（mm⁴）；

$I_t$——自由扭转常数（mm⁴）；

$I_\omega$——扇形惯性矩（mm⁶），亦称截面翘曲常数，对十字形截面可近似取 $I_\omega = 0$；

$l_\omega$——扭转屈曲的计算长度，两端铰支且端截面可自由翘曲者，取几何长度 $l$；两端嵌固且端部截面的翘曲完全受到约束者，取 $0.5l$（mm）。

2. 截面为单轴对称的构件

1）当计算绕对称主轴的弯曲屈曲时，长细比应按式（9.3.4-1）和式（9.3.4-2）计算确定。

2）当计算绕非对称主轴（$y$ 轴）的弯曲屈曲时，长细比应按下式确定：

$$\lambda_{yz} = \frac{1}{\sqrt{2}}\left[ (\lambda_y^2 + \lambda_z^2) + \sqrt{(\lambda_y^2 + \lambda_z^2)^2 - 4\left(1 - \frac{y_s^2}{i_0^2}\right)\lambda_y^2 \lambda_z^2} \right]^{1/2} \tag{9.3.4-4}$$

式中：$y_s$——截面形心至剪心的距离（mm）；

$i_0$——截面对剪心的极回转半径（mm），单轴对称截面 $i_0^2 = y_s^2 + i_x^2 + i_y^2$；

$\lambda_z$——扭转屈曲换算长细比，由式（9.3.4-3）确定。

3）等边单角钢轴心受压构件当绕强轴（对称轴）和绕弱轴（垂直于对称轴）的计算长度相等时，可不计算弯扭屈曲。

等边单角钢的对称轴为与角钢一边成 45°角的平分线，该平分线即为等边单角钢强轴，通过其剪心与强轴垂直的轴称为弱轴。

等边单角钢尽管为单轴对称截面形式，截面剪心和形心不重合，但这只是可能发生弯扭屈曲的前提条件。由于等边单角钢绕强轴（对称轴）的回转半径大于绕弱轴的回转半径，所以，绕强轴（对称轴）的弯扭屈曲的承载力总是高于绕弱轴弯曲屈曲的承载力，也就是说，在轴力作用下只能发生绕弱轴的弯曲屈曲，而不能发生绕强轴（对称轴）的弯扭屈曲。

4）双角钢组合 T 形截面按等边角钢和不等边角钢的相并分为三种情况：等边双角钢 [图 9.3.4-1（a）]、长肢相并 [图 9.3.4-1（b）]、短肢相并 [图 9.3.4-1（c）]。

双角钢组合 T 形截面构件绕对称轴的换算长细比 $\lambda_{yz}$ 可按下列简化公式确定。

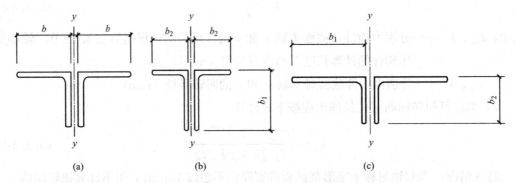

$b$—等边角钢肢宽度；$b_1$—不等边角钢长肢宽度；$b_2$—不等边角钢短肢宽度

**图 9.3.4-1 双角钢组合 T 形截面**

(1) 等边双角钢：

当 $\lambda_y \geqslant \lambda_z$ 时

$$\lambda_{yz} = \lambda_y \left[ 1 + 0.16 \left( \frac{\lambda_z}{\lambda_y} \right)^2 \right] \tag{9.3.4-5}$$

当 $\lambda_y < \lambda_z$ 时

$$\lambda_{yz} = \lambda_z \left[ 1 + 0.16 \left( \frac{\lambda_y}{\lambda_z} \right)^2 \right] \tag{9.3.4-6}$$

$$\lambda_z = 3.9 \frac{b}{t} \tag{9.3.4-7}$$

(2) 长肢相并的不等边双角钢：

当 $\lambda_y \geqslant \lambda_z$ 时

$$\lambda_{yz} = \lambda_y \left[ 1 + 0.25 \left( \frac{\lambda_z}{\lambda_y} \right)^2 \right] \tag{9.3.4-8}$$

当 $\lambda_y < \lambda_z$ 时

$$\lambda_{yz} = \lambda_z \left[ 1 + 0.25 \left( \frac{\lambda_y}{\lambda_z} \right)^2 \right] \tag{9.3.4-9}$$

$$\lambda_z = 5.1 \frac{b_2}{t} \tag{9.3.4-10}$$

(3) 短肢相并的不等边双角钢：

当 $\lambda_y \geqslant \lambda_z$ 时

$$\lambda_{yz} = \lambda_y \left[ 1 + 0.06 \left( \frac{\lambda_z}{\lambda_y} \right)^2 \right] \tag{9.3.4-11}$$

当 $\lambda_y < \lambda_z$ 时

$$\lambda_{yz} = \lambda_z \left[ 1 + 0.06 \left( \frac{\lambda_y}{\lambda_z} \right)^2 \right] \tag{9.3.4-12}$$

$$\lambda_z = 3.7 \frac{b_1}{t} \tag{9.3.4-13}$$

3. 截面无对称轴且剪心和形心不重合的构件

对此类构件应采用换算长细比，但原则上不宜用作轴心受压构件。

$$\lambda_{xyz} = \pi \sqrt{\frac{EA}{N_{xyz}}} \qquad (9.3.4\text{-}14)$$

$$(N_x - N_{xyz})(N_y - N_{xyz})(N_z - N_{xyz}) - N_{xyz}^2 (N_x - N_{xyz})\left(\frac{y_s}{i_0}\right)^2 - N_{xyz}^2 (N_y - N_{xyz})\left(\frac{x_s}{i_0}\right)^2 = 0$$

$$(9.3.4\text{-}15)$$

式中：  $N_{xyz}$——弹性完善杆的弯曲扭曲临界力（N）；

$\quad\ x_s$、$y_s$——截面剪心的坐标（mm）；

$\qquad\quad i_0$——截面对剪心的极回转半径（mm），$i_0 = i_x^2 + i_y^2 + x_s^2 + y_s^2$；

$N_x$、$N_y$、$N_z$——分别为绕 $x$ 轴和 $y$ 轴的弯曲屈曲临界力以及扭转屈曲临界力（N），其计算式为：

$$N_x = \frac{\pi^2 EA}{\lambda_x^2}, \quad N_y = \frac{\pi^2 EA}{\lambda_y^2}, \quad N_z = \frac{1}{i_0^2}\left(\frac{\pi^2 EI_\omega}{l_\omega^2} + GI_t\right)$$

$E$、$G$——分别为钢材的弹性模量和剪变模量（N/mm$^2$）。

如图 9.3.4-2 所示，不等边角钢轴心受压构件的换算长细比可按下列简化公式确定，但此类构件不建议用作轴心受压构件。

当 $\lambda_v \geqslant \lambda_z$ 时：

$$\lambda_{xyz} = \lambda_v \left[1 + 0.25\left(\frac{\lambda_z}{\lambda_v}\right)^2\right] \quad (9.3.4\text{-}16)$$

当 $\lambda_v < \lambda_z$ 时：

$$\lambda_{xyz} = \lambda_v \left[1 + 0.25\left(\frac{\lambda_v}{\lambda_z}\right)^2\right] \quad (9.3.4\text{-}17)$$

$$\lambda_z = 4.21\frac{b_1}{t} \qquad\qquad (9.3.4\text{-}18)$$

其中，$v$ 轴为角钢的弱轴，$b_1$ 为角钢长肢宽度。

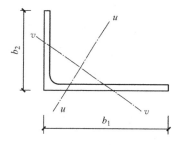

**图 9.3.4-2  不等边角钢**

## 9.3.5  实腹式轴心受压构件的局部稳定

实腹式轴心受压构件一般由若干矩形平板件组成，在轴心压力作用下，其部分板件发生屈曲，称为丧失局部稳定。发生局部失稳时，一般不会使构件立即丧失整体稳定性，只是发生局部失稳的板件无法承担荷载，从而降低构件的整体稳定承载能力。

根据弹性理论，可以建立板件发生屈曲时的平衡微分方程式，求解出板件的临界应力。临界应力与板件的宽（高）厚比、板件支撑情况（四边支撑或三边支撑）、材料性质等因素有关。

单向均匀受压矩形板件的临界应力的形式为：

$$\sigma_{cr} = \chi \frac{k\pi^2 E}{12(1-v^2)} \cdot \left(\frac{t}{b}\right)^2$$

式中：$\chi$——嵌固系数，反映板件两侧纵边受转动约束状况，简支取 1.0，固定取 1.742；

$k$——弹性屈曲系数，腹板视作四边简支板，$k=4.0$；翼缘视作三边简支、一边自由板，$k=0.425$；

$\upsilon$——钢材泊松比；

$E$——弹性模量；

$t$——板件厚度；

$b$——板件宽度。

从上式可以看出，增大板件临界力的有效办法就是增大板件厚度（$t$）或减小板件宽度（$b$）。

实腹式轴心受压构件的局部稳定就是保证在轴力作用下，组成构件的板件不能因为有较大的宽厚比而先于整体失稳出现板件的局部失稳，从而降低整体稳定承载能力。所以，保证板件宽（高）厚比，就是要求不能出现局部失稳。板件宽（高）厚比一般是按照屈服准则和等稳准则（等稳定性准则）来确定的。

屈服准则：局部失稳临界应力不低于屈服应力，即，板件在构件应力达到屈服前不发生局部失稳。

等稳准则：局部失稳临界应力不低于构件整体失稳临界应力，即，板件在构件达到整体失稳前不发生局部失稳。

由于整体稳定承载力与整体稳定系数相关联，而整体稳定系数又与构件的长细比相关联，所以，局部稳定与构件的长细比相关联。

屈服准则与等稳准则的适用情况：实腹式轴心受压构件承载能力的状况决定了两种准则的选用方法。对于短柱，其构件应力接近或可达到屈服荷载，以发生强度破坏为主，此时采用屈服准则比较合适。对于中、长柱，其构件应力远达不到屈服荷载时，构件就产生了整体失稳，此时采用等稳准则比较合适。

《钢标》中对各种截面形式的构件均综合运用了屈服准则和等稳准则对板件的宽（高）厚比作出了规定。

为了使实腹式轴心受压构件不出现局部失稳，在构造上，板件宽（高）厚比限值应符合下列规定：

1. H 形截面腹板：

$$h_0/t_w \leqslant (25+0.5\lambda)\varepsilon_k \tag{9.3.5-1}$$

式中：$\lambda$——构件的较大长细比（扭转或弯扭失稳时取换算长细比），当 $\lambda<30$ 时，取为 30；当 $\lambda>100$ 时，取为 100；

$h_0$、$t_w$——分别为腹板的计算高度和厚度（mm）。

上述公式可用关系图来表达，以 Q235 为例，$(h_0/t_w)$-$\lambda$ 线性关系在图 9.3.5-1 中表达得一目了然。

2. H 形截面翼缘

$$b_1/t_f \leqslant (10+0.1\lambda)\varepsilon_k \tag{9.3.5-2}$$

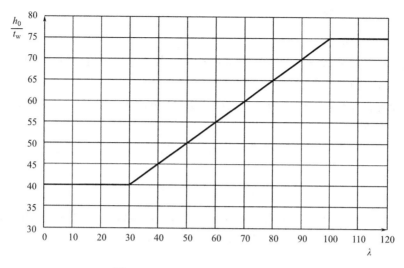

图 9.3.5-1 $(h_0/t_w)$-$\lambda$ 线性关系

式中：$b_1$——翼缘板自由外伸宽度，焊接截面取腹板厚度边缘至翼缘板边缘的距离，轧制截面取内圆弧起点至翼缘板边缘的距离；

$t_f$——翼缘板厚度。

式（9.3.5-2）可采用关系图来表达，以 Q235 为例，$(b_1/t_f)$-$\lambda$ 线性关系如图 9.3.5-2 所示。

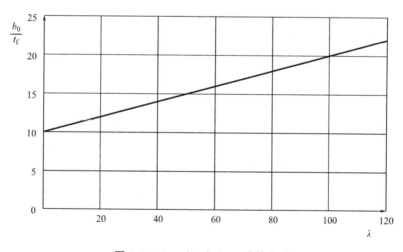

图 9.3.5-2 $(b_1/t_f)$-$\lambda$ 线性关系

3. 箱形截面壁板

$$b_0/t \leqslant 40\varepsilon_k \qquad\qquad (9.3.5\text{-}3)$$

式中：$b_0$——壁板的净宽度；当箱形截面设有纵向加劲肋时，为壁板与加劲肋之间的净宽度；

$t$——壁板的厚度。

4. T 形截面翼缘和腹板

1) T 形截面翼缘

T 形截面翼缘受力状态与 H 形截面翼缘相同，其宽厚比限值应按式（9.3.5-2）确定。

2) T 形截面腹板

T 形截面腹板在柱长范围内为三边支撑一边自由的板件，但受翼缘嵌固约束较强。

热轧部分 T 形钢：

$$h_0/t_w \leqslant (15+0.2\lambda) \varepsilon_k \tag{9.3.5-4}$$

焊接 T 形钢：

$$h_0/t_w \leqslant (13+0.17\lambda) \varepsilon_k \tag{9.3.5-5}$$

式中：$h_0$——腹板的计算高度（mm）。对焊接构件，$h_0$ 取腹板高度 $h_w$；对热轧构件，$h_0$ 取腹板平直段长度，简要计算时，可取 $h_0 = h_w - t_f$，但不小于 $h_w - 20$mm；

$t_w$——腹板的厚度（mm）。

式（9.3.5-4）可采用关系图来表达，以 Q235 为例，$(h_0/t_w)$-$\lambda$ 线性关系如图 9.3.5-3 所示。

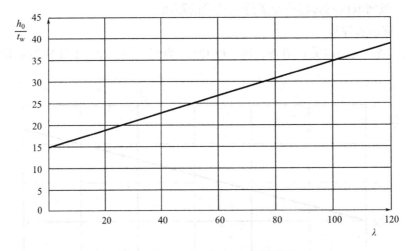

图 9.3.5-3　$(h_0/t_w)$-$\lambda$ 线性关系

5. 等边角钢肢件

当 $\lambda \leqslant 80\varepsilon_k$ 时：

$$w/t \leqslant 15\varepsilon_k \tag{9.3.5-6}$$

当 $\lambda > 80\varepsilon_k$ 时：

$$w/t \leqslant 5\varepsilon_k + 0.125\lambda \tag{9.3.5-7}$$

式中：$w$、$t$——分别为角钢的平板宽度和厚度，简要计算时 $w$ 可取为 $b-2t$，$b$ 为角钢宽度；

$\lambda$——按角钢绕非对称主轴回转半径计算的长细比。

式（9.3.5-6）和式（9.3.5-7）可以用一个关系图来表达，以 Q235 为例，$(w/t)$-$\lambda$ 线性关系直观表达为图 9.3.5-4 所示的直线段和斜线段。

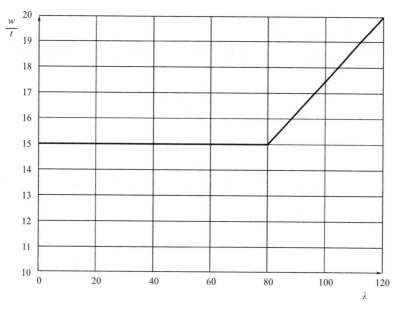

**图 9.3.5-4　　($w/t$) -$\lambda$ 线性关系**

6. 圆管压杆

圆管压杆的外径与壁厚之比不应超过 $100\varepsilon_k^2$。

## 9.3.6　柱腹板局部稳定超限的对策及屈曲后强度的利用

1. 降低钢号法

当轴心受压柱承受的荷载不大，截面应力比有较大的提高空间，且降低一个钢号还能满足整体稳定承载能力时，可以考虑降低钢压杆的钢号来达到提高局部稳定的数值要求，一般是降低一个钢号，如 Q355 降至 Q235、Q390 降至 Q355 等。降低钢号后，还要重新验算构件的整体稳定性和局部稳定性。

【例题 9.3.6-1】焊接方管柱为 □500×12，轴心压力设计值为 $N=4000$kN，钢号为 Q355，$f=305$N/mm²，$f_y=355$N/mm²，计算长度 $l_{0x}=l_{0y}=6$m，回转半径 $i_x=i_y=199$mm。验算壁板宽厚比。

【解】当采用 Q355 时，已满足钢柱整体稳定性要求，计算略。

Q355 钢号修正系数：

$$\varepsilon_k=\sqrt{235/355}=0.81$$

壁板的宽厚比为：

$$b_0/t=（500-12\times2）/12=39.7>40\varepsilon_k=40\times0.81=32.4$$

不满足局部稳定要求。

当采用钢号为 Q235 时，$f=215$N/mm²，$\varepsilon_k=\sqrt{235/235}=1.0$，即，降低钢号后壁板的宽厚比为：

$$b_0/t = (500-12\times2)/12 = 39.7 < 40\varepsilon_k = 40\times1.0 = 40$$

降低钢号后满足局部稳定的要求。

由于钢号的降低，钢材抗拉强度设计值也随之降低，需要重新验算构件的整体稳定性。

当采用钢号为 Q235 时，整体稳定性的验算如下。

长细比计算：

$$\lambda_x = \lambda_y = \frac{l_{0x}}{i_x} = \frac{6000}{199} = 30.15 \ (\text{mm})$$

查表 9.3.2-1，构件截面对 $x$ 轴和 $y$ 轴均属于 b 类截面，再根据 $\lambda = 30.15\text{mm}$，查表 9.3.3-2，利用差值法，求得 $\varphi = 0.9354$。

整体稳定性验算：

$$\frac{N}{\varphi A f} = \frac{4000\times10^3}{0.9354\times23424\times215} = 0.849 < 1.0$$

故，按 Q235 钢材验算后，整体稳定性满足要求。

结论：采用 Q355 时，不满足壁板宽厚比要求；降低钢号采用 Q235 后，能满足壁板宽厚比要求，同时满足构件整体稳定性要求。

2. 放大系数法

一般情况下轴心受压构件的压力小于其整体稳定承载力 $\varphi A f$，这时，板件局部失稳临界应力可以降低（临界应力与宽厚比的平方成反比），即，板件宽厚比限值可乘以放大系数 $\alpha = \sqrt{\varphi A f/N}$ 后重新确定。

【例题 9.3.6-2】焊接方管柱为 □500×12，轴心压力设计值为 $N = 4000\text{kN}$，钢号为 Q355，$f = 305\text{N/mm}^2$，$f_y = 355\text{N/mm}^2$，计算长度 $l_{0x} = l_{0y} = 6\text{m}$。验算壁板宽厚比。

【解】当采用 Q355 时，已满足钢柱整体稳定性要求，计算略。

方管柱的截面面积：

$$A = 500\times500 - 476 + 476 = 23424 \ (\text{mm}^2)$$

钢号修正系数：

$$\varepsilon_k = \sqrt{235/355} = 0.81$$

壁板宽厚比的限值为：

$$40\varepsilon_k = 40\times0.81 = 32.4$$

壁板的宽厚比为：

$$b_0/t = (500-12\times2)/12 = 39.7 > 40\varepsilon_k = 32.4$$

不满足局部稳定要求。

按放大系数法重新验算。

根据［例题 9.3.6-1］算出的 $\varphi$ 值，放大系数为：

$$\alpha = \sqrt{\varphi A f/N} = \sqrt{0.9354\times23424\times305/4000000} = 1.29$$

放大后壁板宽厚比的限值为：

$$\alpha 40\varepsilon_k = 1.29 \times 40 \times 0.81 = 41.8$$

按系数放大法验算壁板的宽厚比为：

$$b_0/t = (500 - 12 \times 2)/12 = 39.7 < \alpha 40\varepsilon_k = 41.8$$

满足局部稳定要求。

结论：采用系数放大法时，能满足壁板宽厚比要求。

### 3. 增大板件厚度

增大板件厚度是最直接的方法，也是在电算过程中最常用的方法。当板件宽厚比不满足局部稳定要求时，最直观的方法就是减小宽厚比的数值，要么减小壁宽，要么增大壁厚。

从设计角度看，减小壁宽（改变柱截面外轮廓尺寸）需要与建筑专业协商，有时还要考虑结构自身的影响（如梁与柱的搭接关系，平面图中改柱及修改尺寸等），比较麻烦。增大壁厚相对来说比较容易，既不影响建筑专业，也不需要改图，是大家喜欢的方法。

【例题 9.3.6-3】焊接方管柱为□500×12，钢号为 Q355。验算壁板宽厚比。

【解】壁板的宽厚比为：

$$b_0/t = (500 - 12 \times 2)/12 = 39.7 > 40\varepsilon_k = 32.4$$

不满足局部稳定要求。

将壁厚增大到 $t = 16\text{mm}$，重新验算宽厚比。

壁板的宽厚比为：

$$b_0/t = (500 - 16 \times 2)/16 = 29.25 < 40\varepsilon_k = 32.4$$

满足局部稳定要求。

结论：通过增大壁厚至 16mm 后，能满足壁板宽厚比要求。

### 4. 减小板件宽度

减小板件宽度也是一种方法。有时增加壁厚时，抗压强度设计值会因为壁厚的增大跨越了板厚的界限而降低，从而影响构件的整体稳定承载能力。

【例题 9.3.6-4】焊接方管柱为□500×12，钢号为 Q355。验算壁板宽厚比。

【解】壁板的宽厚比为：

$$b_0/t = (500 - 12 \times 2)/12 = 39.7 > 40\varepsilon_k = 32.4$$

不满足局部稳定要求。

将方管柱改为□400×12，重新验算宽厚比。

壁板的宽厚比为：

$$b_0/t = (400 - 12 \times 2)/12 = 31.3 < 40\varepsilon_k = 32.4$$

满足局部稳定要求。

结论：通过减小壁宽后，能满足壁板宽厚比要求。

### 5. 设置纵向加劲肋

H 形、工字形和箱形截面的腹板，设置纵向加劲肋也是一种非常有效的对板件局部稳定加强的方法，使得板件的计算宽度成倍地减小，同时能有效地提高构件整体稳定性承载能力。

设置纵向加劲肋需重新验算板件宽厚比。

加劲肋宜在腹板两侧成对配置，其一侧的外伸宽度不应小于 $10t_w$，厚度不应小于 $0.75t_w$。

【例题 9.3.6-5】焊接方管柱为□500×12，钢号为 Q355。验算壁板宽厚比。

【解】壁板的宽厚比为：

$$b_0/t = (500-12×2)/12 = 39.7 > 40\varepsilon_k = 32.4$$

不满足局部稳定要求，需设置纵向加劲肋。

按纵向加劲肋板件的构造要求，加劲肋尺寸为 120×10，如图 9.3.6-1 所示。

设置加劲肋后，壁板的宽厚比为：

$$\frac{b_0}{t} = \frac{(500-12×2-10)/2}{12} = 19.4 < 40\varepsilon_k = 32.4$$

满足局部稳定要求。

结论：通过设置纵向加劲肋后，能有效地满足壁板宽厚比要求。

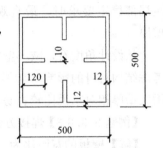

**图 9.3.6-1　设置纵向加劲肋**

6. 屈曲后强度的利用

板件（组成构件截面中的腹板）的局部应力大于临界应力后会发生局部屈曲，但由于板件受到周围其他板件的约束，使得板件在屈曲后具有能够继续承担更大荷载的能力，这一现象称为屈曲后强度。

板件超过局部稳定的要求时，发生局部屈曲的一小部分截面退出工作，其他截面继续参与工作。所谓屈曲强度的利用，就是板件不满足局部稳定的情况下，扣除屈曲的一小部分截面，采用有效净截面重新进行构件的强度计算和稳定性计算。当满足新的要求时，可不考虑腹板的局部稳定。

把屈曲后强度和局部稳定归为同一类，是因为两者都是对组成构件的板件进行规定，前者是对板件的有效截面进行限制，后者是对板件的尺寸比值（宽厚比）进行限制。

当可考虑屈曲后强度时，实腹式轴心受压构件的强度和稳定性可按下列公式计算。

强度计算：

$$\frac{N}{A_{ne}} \leqslant f \tag{9.3.6-1}$$

稳定性计算：

$$\frac{N}{\varphi A_e f} \leqslant 1.0 \tag{9.3.6-2}$$

$$A_{ne} = \sum \rho_i A_{ni} \tag{9.3.6-3}$$

$$A_e = \sum \rho_i A_i \tag{9.3.6-4}$$

式中：$A_{ne}$——构件的有效净截面面积（$mm^2$）；

$A_e$——构件的有效毛截面面积（$mm^2$）；

$A_{ni}$——各板件净截面面积（$mm^2$）；

$A_i$——各板件毛截面面积（$mm^2$）；

$\varphi$——中心受压构件稳定系数，可按毛截面计算；

$\rho_i$——组成构件截面的各板件有效截面系数。

注：1. 当板件没有螺栓孔或开小洞时，$A_{ni}=A_i$，即，板件净截面面积＝板件毛截面面积。

2. 翼缘的有效截面系数 $\rho_i=1.0$。

轴心受压构件的有效截面系数 $\rho$ 可按下列情况计算。

1）箱形截面的壁板、H 形或工字形的腹板

（1）当 $b/t \leqslant 42\varepsilon_k$ 时：

$$\rho=1.0 \qquad (9.3.6\text{-}5)$$

（2）当 $b/t > 42\varepsilon_k$ 时：

$$\rho=\frac{1}{\lambda_{n,p}}\left(1-\frac{0.19}{\lambda_{n,p}}\right) \qquad (9.3.6\text{-}6)$$

其中：

$$\lambda_{n,p}=\frac{b/t}{56.2\varepsilon_k}$$

并且，当 $\lambda > 52\varepsilon_k$ 时，$\rho \geqslant (29\varepsilon_k+0.25\lambda)t/b$。实际上，$\rho$ 为双控值。

式中：$b$、$t$——分别为壁板或腹板的净宽度和厚度。

式（9.3.6-5）和式（9.3.6-6）可以合并用一个关系图来表达，以 Q235 为例，$\rho$-$(b/t)$ 线性关系直观表达为图 9.3.6-2 所示的直线段和曲线段。

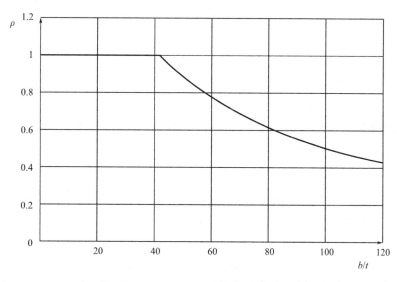

**图 9.3.6-2　$\rho$-$(b/t)$ 线性关系**

2）单角钢

当 $w/t \geqslant 15\varepsilon_k$ 时：

$$\rho = \frac{1}{\lambda_{n,p}} \left(1 - \frac{0.1}{\lambda_{n,p}}\right) \tag{9.3.6-7}$$

其中：

$$\lambda_{n,p} = \frac{w/t}{16.8\varepsilon_k}$$

并且，当 $\lambda > 80\varepsilon_k$ 时，$\rho \geqslant (5\varepsilon_k + 0.13\lambda)t/w$。实际上，$\rho$ 为双控值。

式中：$w$、$t$——分别为角钢的平板宽度和厚度，简要计算时 $w$ 可取为 $b-2t$，$b$ 为角钢宽度。

式（9.3.6-7）可用关系图表达，以 Q235 为例，$\rho$-$(w/t)$ 线性关系直观表达为图 9.3.6-3 中曲线段的走向。

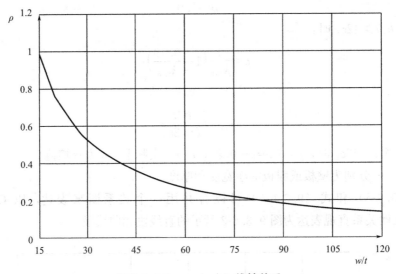

**图 9.3.6-3 $\rho$-$(w/t)$ 线性关系**

在使用条件上，对于 $w/t < 15\varepsilon_k$ 的角钢不考虑利用屈曲后强度。

对于 Q235 钢材，取 $w = b - 2t$，根据 $w/t < 15\varepsilon_k$，$\varepsilon_k = \sqrt{235/235} = 1.0$，导出 $b < 17t$，据此核算出所有可应用于工程中的成品角钢均满足要求，所以，不考虑利用屈曲后强度。工程应用中，热轧等边角钢的最小规格为L 50×5。

对于 Q355 钢材，取 $w = b - 2t$，根据 $w/t < 15\varepsilon_k$，$\varepsilon_k = \sqrt{235/355} = 0.8136$，导出 $b < 12.2t$，所有可应用于工程中的成品角钢多数满足此要求，所以，多数成品角钢不考虑利用屈曲后强度，少数成品角钢可考虑利用屈曲后强度。

综合 Q235、Q355 两种钢材，可考虑利用屈曲后强度的等边角钢见表 9.3.6-1。

**可考虑利用屈曲后强度的成品角钢**             表 9.3.6-1

| Q235 | Q355 |
|:---:|:---|
| 无 | L 63×5、L 70×5、L 75×5、L 80×5；L 75×6、L 80×6、L 90×6、L 100×6；L 90×7、L 100×7、L 110×7；L 100×8、L 110×8、L 125×8；L 125×10、L 140×10、L 160×10；L 160×12、L 180×12；L 180×14、L 200×14；L 200×16 |

7. 实腹式轴心受压构件验算（综合题）

【例题 9.3.6-6】轴心受压焊接方管柱截面为□500×12（柱宽 500，壁厚 12），轴心压力设计值为 $N=5000$kN，钢号为 Q355，$f=305$N/mm$^2$，$f_y=355$N/mm$^2$，计算长度 $l_{0x}=l_{0y}=6$m。验算方管柱的强度、整体稳定性和局部稳定性。

【解】

1）截面几何特性

方管柱毛截面面积：

$$A=500^2-476^2=23424 \text{（mm}^2\text{）}$$

毛截面积惯性矩：

$$I_x=I_y=\frac{1}{12}(500^4-476^4)=9.3\times10^8 \text{（mm}^4\text{）}$$

截面回转半径：

$$i_x=i_y=\sqrt{\frac{I_x}{A}}=\sqrt{\frac{9.3\times10^8}{23424}}=199 \text{（mm）}$$

2）截面强度验算

毛截面强度：

$$\sigma=\frac{N}{A}=\frac{5000\times10^3}{23424}=213 \text{（N/mm}^2\text{）}<f=305\text{N/mm}^2$$

强度满足要求。

3）方管柱整体稳定性验算

长细比计算：

$$\lambda_x=\lambda_y=\frac{l_{0x}}{i_x}=\frac{6000}{199}=30.15 \text{（mm）}$$

查表 9.3.2-1，构件截面对 $x$ 轴和 $y$ 轴均属于 b 类截面，再根据 $\lambda=30.15$mm，查表 9.3.3-2，利用差值法，求得 $\varphi=0.9354$。

整体稳定性验算：

$$\frac{N}{\varphi A f}=\frac{5000\times10^3}{0.9354\times23424\times305}=0.748<1.0$$

整体稳定性满足要求。

4）局部稳定性验算

钢号修正系数：$\varepsilon_k=\sqrt{235/f_y}=\sqrt{235/355}=0.8136$

箱形截面壁板宽厚比：

$$\frac{b}{t}=\frac{500-12\times2}{12}=39.7>40\varepsilon_k=40\times0.8136=32.544$$

宽厚比不满足局部稳定要求，需采用其他对策，且优先采用不改变壁板尺寸的方法。

5）局部稳定性不满足要求时采用的其他对策

（1）降低钢号法

采用 Q235 钢号，$f=215\text{N/mm}^2$，$f_y=235\text{N/mm}^2$，重新复核。

当钢号为 Q235 时，$\varepsilon_k=\sqrt{235/235}=1.0$，即，降低钢号后壁板的宽厚比为：

$$b_0/t=（500-12\times2）/12=39.7<40\varepsilon_k=40\times1.0=40$$

满足局部稳定的要求。

毛截面强度复核：

$$\sigma=\frac{N}{A}=\frac{5000\times10^3}{23424}=213（\text{N/mm}^2）<f=215\text{N/mm}^2$$

强度满足要求。

整体稳定性复核：

$$\frac{N}{\varphi Af}=\frac{5000\times10^3}{0.9354\times23424\times215}=1.06>1.0$$

整体稳定性不满足要求。

可见，采用降低钢号法能满足局部稳定要求，但不能满足整体稳定性要求。

（2）放大系数法

按放大系数法重新验算。

放大系数为：

$$\alpha=\sqrt{\varphi Af/N}=\sqrt{0.9354\times23424\times305/5000000}=1.156$$

放大后壁板宽厚比的限值为：

$$\alpha40\varepsilon_k=1.156\times40\times0.8136=37.12$$

按系数放大法验算壁板的宽厚比为：

$$b_0/t=（500-12\times2）/12=39.7>\alpha40\varepsilon_k=37.12$$

不能满足壁板宽厚比要求。

结论：采用系数放大法也不满足局部稳定的要求。

（3）利用屈曲后强度的方法

壁板宽厚比：$b/t=476/12=39.7>42\varepsilon_k=42\times0.8136=34.17$

箱形柱腹板的有效截面系数 $\rho$：

$$\rho=\frac{56.2\varepsilon_k}{b/t}\left(1-\frac{10.678\varepsilon_k}{b/t}\right)=\frac{56.2\times0.8136}{39.7}\times\left(1-\frac{10.678\times0.8136}{39.7}\right)=0.8997$$

构件有效毛截面面积（翼缘 $\rho=1.0$）：

$$A_e=\sum\rho_iA_i=500\times12\times2\times1.0+476\times12\times2\times0.8997=22278（\text{mm}^2）$$

由于板件没有螺栓孔及开小洞情况，即 $A_{ni}=A_i$，于是有：

$$A_{ne}=\sum\rho_iA_{ni}=\sum\rho_iA_i=A_e=22278（\text{mm}^2）$$

强度验算：

$$\frac{N}{A_{ne}}=\frac{5000\times10^3}{22278}=224（\text{N/mm}^2）<f=305\text{N/mm}^2$$

考虑腹板屈曲后强度利用的情况下，构件满足强度要求。

稳定性验算：

$$\frac{N}{\varphi A_e f}=\frac{5000\times10^3}{0.9354\times22278\times305}=0.787\leqslant1.0$$

考虑腹板屈曲后强度利用的情况下，构件满足整体稳定性要求。

结论：利用腹板屈曲后强度，构件能够满足强度和整体稳定性要求，不必加大腹板厚度或增设腹板的纵向加劲肋。

### 9.3.7　实腹式轴心受力构件的刚度及容许长细比

1. 刚度

轴心受力构件的刚度是以构件的容许长细比 $[\lambda]$ 来定义的。

最大长细比 $\lambda_{\max}$ 的计算为：

$$\lambda_{\max}=\frac{l_0}{i}\leqslant[\lambda]\qquad(9.3.7-1)$$

式中：$l_0$——为轴心受力构件的计算长度。拉杆的计算长度取节点之间的距离；压杆的计算长度取节点之间的距离 $l$ 与计算长度系数 $\mu$ 的乘积；

$i$——构件截面的回转半径。

拉杆即使不存在整体稳定问题，也需要规定容许长细比。长细比太大，对拉杆的工作有不利的影响。细而长的杆件在运输和安装过程中因刚度过小容易造成较大的弯曲；使用期间在自重作用下容易产生过大的挠曲；在动力荷载作用下容易发生较大振动。这些因素都会导致轴心受拉构件无法满足正常使用极限状态的要求。

压杆不仅与拉杆一样需要限制长细比，而且其限值要比拉杆更小。原因是：如果压杆刚度不足，一旦发生弯曲变形后，因变形而增加的附加弯矩影响远比受拉杆件严重。

2. 长细比容许值 $[\lambda]$

受压构件的容许长细比见表 9.3.7-1，受拉构件的容许长细比见表 9.3.7-2。

**受压构件的容许长细比**　　　　　表 9.3.7-1

| 构件名称 | 容许长细比 |
|---|---|
| 轴心受压柱、桁架和天窗架中的压杆 | 150 |
| 柱的缀条、吊车梁或吊车桁架以下的柱间支撑 | 150 |
| 支撑 | 200 |
| 用以减小受压构件计算长度的杆件 | 200 |

注：1. 验算容许长细比时，可不考虑扭转效应。

2. 计算单角钢受压构件的长细比时，应采用角钢的最小回转半径，但计算在交叉点相互连接的交叉杆件平面外的长细比时，可采用与角钢肢边平行轴的回转半径。

3. 跨度等于或大于 60m 的桁架，其受压弦杆、端压杆和直接承受动力荷载的受压腹杆的长细比不宜大于 120。

4. 当杆件内力设计值不大于承载能力的 50% 时，容许长细比值可取 200。

受拉构件的容许长细比 表 9.3.7-2

| 构件名称 | 承受静力荷载或间接承受动力荷载的结构 | | | 直接承受动力荷载的结构 |
|---|---|---|---|---|
| | 一般建筑结构 | 对腹杆提供平面外支点的弦杆 | 有重级工作制起重机的厂房 | |
| 桁架的构件 | 350 | 250 | 250 | 250 |
| 吊车梁或吊车桁架以下柱间支撑 | 300 | — | 200 | — |
| 除张紧的圆钢外的其他拉杆、支撑、系杆等 | 400 | — | 350 | — |

注:1. 除对腹杆提供平面外支点的弦杆外,承受静力荷载的结构受拉构件,可仅计算竖向平面内的长细比。

2. 中级、重级工作制吊车桁架下弦杆的长细比不宜超过 200。

3. 在设有夹钳或刚性料耙等硬钩起重机的厂房中,支撑的长细比不宜超过 300。

4. 受拉构件在永久荷载与风荷载组合作用下受压时,其长细比不宜超过 250。

5. 跨度等于或大于 60m 的桁架,其受拉弦杆和腹杆的长细比,承受静力荷载或间接承受动力荷载时不宜超过 300,直接承受动力荷载时不宜超过 250。

6. 柱间支撑按拉杆设计时,竖向荷载作用下的轴力应按无支撑时考虑。

7. 在直接或间接承受动力荷载的结构中,计算单角钢受拉构件的长细比时,应采用角钢的最小回转半径,但计算在交叉点相互连接的交叉杆件平面外的长细比时,可采用与角钢肢边平行轴的回转半径。

## 9.3.8 影响轴心受压构件整体稳定性的三个因素

影响轴心受压构件整体稳定性的三个因素为:残余应力、初始弯曲和荷载初始偏心。

前文讲过,初始缺陷对轴心受拉构件没有影响,因为初始弯曲会在构件受拉后拉直,而残余应力在截面上总是相互平衡,当拉力使整个截面达到屈服时,拉、压应力会自行抵消。

初始缺陷对轴心受压构件有较大的影响。轴心受压构件的承载力是失稳时的临界应力,残余应力中的压应力和初始挠曲产生的附加压应力直接降低了其承受外部压力的能力。此外,制作、安装过程中出现的微小偏心产生微小的偏压也会影响整体稳定性。

1. 残余应力的影响

1) 产生残余应力的原因

(1) 非均匀温度场的高温热循环作用,例如,焊接后未做特殊处理或采取火焰切割下料等。

(2) 钢材在冷加工过程中会使构件发生不均匀塑性变形而产生残余应力,例如,热轧型钢在轧制后的不均匀冷却、冷校正等。

2) 残余应力的分布特点

残余应力的分布形式及大小与截面几何形状、尺寸、构件制造方法和加工过程等密切相关。以焊接工字钢为例(图 9.3.8-1),残余应力的数据采用文献"焊接与热轧工字钢残余应力的测定"(王国周、赵文蔚,《工业建筑》,1983.2)中的分布图形和数值。其特点为:

(1) 上翼缘或下翼缘的拉力和压力满足静力平衡条件,腹板的拉力和压力是相互平衡的。

（2）拉应力的最大值可达到钢材的屈服强度值，压应力的值比拉应力小。在切割钢板或焊接工字钢过程中，翼缘与腹板相交处焊缝热量高度集中，散热较慢，所以，翼缘在此部位出现拉应力，最大值可达到屈服点，而翼缘端部散热较快，则先冷却的部分呈现压应力（拉、压力自平衡）。同理，腹板在靠近翼缘处热量集中，散热较慢，产生拉应力；腹板中间部分较薄，散热较快，先于腹板上、下端冷却，产生压应力。

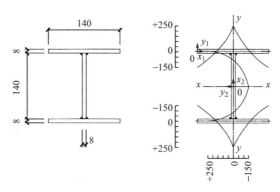

**图 9.3.8-1　焊接工字钢截面残余应力分布**

3）分析残余应力时的三条假定

（1）无残余应力时的应力-应变关系符合理想弹塑性体。

（2）残余应力沿杆长方向不变，沿腹板和翼缘厚度方向也不变。

（3）杆件横截面变形前为平面，变形后仍为平面。

4）残余应力对压杆影响的力学机理

以下以两端铰接双轴对称热轧工字形截面［图 9.3.8-2（a）］的构件为例，说明轴心受压杆件在轴力 $N$ 作用下的应力变化过程和残余应力对压杆平均应力-应变曲线的影响。由于残余应力在压杆弯曲失稳过程中对腹板的残余应力影响不大，且腹板对于构件抗弯刚度影响较小，为了简化问题的分析，忽略腹板残余应力的影响。

（1）当杆件没有轴力（$N/A=0$）作用时：

此时，截面上的残余拉应力产生的拉力和残余压应力产生的压力互为平衡［图 9.3.8-2（b）］。

截面上最大残余应力值 $\sigma_c = 0.3f_y$。

（2）当杆件轴力产生的压应力达到 $N/A = 0.7f_y$ 时：

由于残余压应力的存在，翼缘最大边缘处达到的压应力为：

$$\sigma = \frac{N}{A} + \sigma_c = 0.7f_y + 0.3f_y = f_y$$

即，此时翼缘最大边缘处达到屈服强度 $f_y$［图 9.3.8-2（c）］。

翼缘中间存在残余拉应力 $0.3f_y$，扣除这部分拉应力后，翼缘中部的压应力为：

$$\sigma = \frac{N}{A} - \sigma_c = 0.7f_y - 0.3f_y = 0.4f_y$$

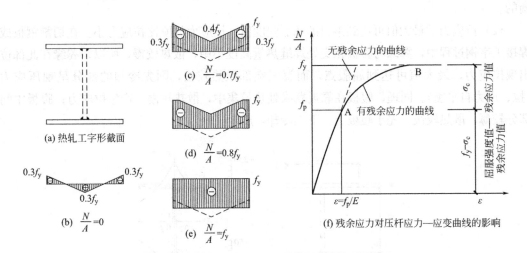

图 9.3.8-2　焊接工字形截面残余应力对压杆的影响

从图 9.3.8-2（f）可以看到，压应力从零到达 $f_p=0.7f_y$ 时，应力-应变关系呈直线段，即，截面上的应力为弹性阶段。从 A 点向上至 B 点为屈服区，截面进入弹塑性阶段，这一段可认为是残余应力引起的塑性区，其大小为 $\sigma_c$。

（3）当杆件轴力产生的压应力达到 $N/A=0.8f_y$ 时：

由于杆件轴力产生的压应力达到 $N/A=0.7f_y$ 时，翼缘最大边缘处就已经达到了屈服，超过该值增大到 $N/A=0.8f_y$ 时，在压力和残余应力的共同作用下，翼缘截面的屈服由最大边缘开始向中间发展，但中间一部分尚处于弹性区域 [图 9.3.8-2（d）]。

（4）当杆件轴力产生的压应力达到 $N/A=f_y$ 时：

此时，压应力达到屈服值 $f_y$，整个翼缘截面完全屈服 [图 9.3.8-2（e）]。

5）残余应力对压杆影响的结论

（1）残余应力的存在降低了构件在弹性阶段的比例极限，使得构件提前进入弹塑性阶段，构件在 $f_p$ 和 $f_y$ 之间的平均应力-应变曲线变为非线性关系。

（2）当荷载超过 $f_p$ 时，由于残余应力的存在，减小了截面有效面积和有效惯性矩，从而降低了杆件的稳定承载能力。

2. 初始弯曲的影响

1）产生初始弯曲的原因
构件在制作、运输和安装过程中，不可避免地会产生微小的挠曲，称之为初始弯曲。

2）初始弯曲的量测
将试件放在工作平台梁上（图 9.3.8-3），用塞尺量测 5 个量测点的间隙尺寸数据，将量测数据进行统计分析和曲线分析，得出量测结果。表 9.3.8-1 是 1984 年 4 月在清华大学土木实验室量测的 4 组不同长度（1320mm、1980mm、2640mm、3300mm）的 16 号焊接工字钢杆件的初始挠度，最大矢高幅度（$f_0/l$）为 1.528‰，挠度曲线近似于正弦半波曲线。

由于是将试件平放在平台上，测出的数值习惯上按梁的称呼法，称为初始挠度。所以，初始弯曲、初始挠曲或者初始挠度三种说法实质是一样的。

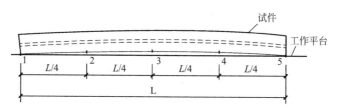

图 9.3.8-3　初始挠度的测量

中长柱试件尺寸及初始挠度量测结果　　　　　　　表 9.3.8-1

| 编号 | 截面积 $A$（cm³） | 长度 $l$（cm） | 惯性矩 $I_y$（cm⁴） | 回转半径 $i_y$（cm） | 矢高 $f_0$（mm） | 矢高幅度 $f_0/l$（‰） |
|---|---|---|---|---|---|---|
| 1320-P1 | 34.21 | 131.9 | 376.5 | 3.32 | 0.576 | 0.437 |
| 1320-P2 | 33.71 | 131.6 | 375.0 | 3.34 | 0.519 | 0.394 |
| 1320-P3 | 33.88 | 131.7 | 379.9 | 3.35 | 0.100 | 0.076 |
| 1980-P1 | 33.34 | 198.4 | 362.6 | 3.30 | 1.481 | 0.746 |
| 1980-P2 | 34.23 | 198.5 | 371.6 | 3.29 | 2.631 | 1.325 |
| 1980-P3 | 33.2 | 197.7 | 364.9 | 3.32 | 0.430 | 0.218 |
| 2640-P1 | 34.18 | 263.7 | 363.3 | 3.26 | 0.571 | 0.216 |
| 2640-P3 | 33.55 | 263.5 | 361.1 | 3.28 | 2.141 | 0.813 |
| 3300-P1 | 33.59 | 329.8 | 369.6 | 3.32 | 5.040 | 1.528 |
| 3300-P2 | 33.81 | 329.9 | 368.8 | 3.30 | 1.260 | 0.382 |
| 3300-P3 | 34.55 | 330.7 | 365.7 | 3.26 | 0.273 | 0.083 |

注：矢高是试件中点的挠度。

3）初始弯曲的幅度

杆件中点的初始弯曲一般为杆长 $l$ 的 $1/2000 \sim 1/500$，表 9.3.8-1 中大部分矢高幅度为 1/1000。理论分析中一般采用 1/1000 初始弯曲幅度作为初始弯曲（几何缺陷）的代表形态。

4）初始弯曲对压杆影响的力学机理

具有微小初始弯曲的两端铰接的轴心压杆（图 9.3.8-4），其初始挠度曲线为半波正弦曲线：

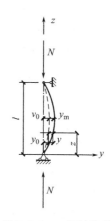

$$y_0 = v_0 \sin\frac{\pi z}{l} \qquad (9.3.8\text{-}1)$$

压杆在外力 $N$ 作用下增加的挠度为 $y$，在"$z$"点处，由外力产生的力矩为 $N(y_0+y)$，由杆件应力形成的抵抗矩为 $-EI$ $(d^2y/dz^2)$，按照力矩平衡条件则有：

图 9.3.8-4　初始弯曲

$$-EI\frac{d^2y}{dz^2}=N(y_0+y) \tag{9.3.8-2}$$

由上面两式解出：

$$y=\frac{N/N_E}{1-N/N_E}v_0\sin(\pi z/l) \tag{9.3.8-3}$$

在 "$z$" 点处的总挠度为：

$$Y=(y_0+y)=\frac{1}{1-N/N_E}v_0\sin(\pi z/l) \tag{9.3.8-4}$$

当 $z=l/2$ 时，得到压杆中间最大的总挠度为：

$$Y_m=(y_0+y_m)=\frac{v_0}{1-N/N_E} \tag{9.3.8-5}$$

压杆中间附加的最大弯矩为：

$$M_m=NY_m=\frac{Nv_0}{1-N/N_E} \tag{9.3.8-6}$$

式中：$N_E$——欧拉临界力，$N_E=\pi^2EA/\lambda^2$。

5）初始弯曲对压杆影响的结论

（1）具有初始弯曲的压杆，在外部压力一开始作用时就产生了挠曲变形，并随着压力 $N$ 的增大而逐渐增加，挠曲变形最初增长较慢，尔后逐渐加快，当压力 $N$ 接近于欧拉临界力 $N_E$ 时，从式（9.3.8-5）可以看出，分母趋于零，总挠度为无穷大，即，挠度无限增加。

（2）压杆的初始挠度值 $v_0$ 越大，在相同压力作用下，压杆的挠度也越大。

（3）不管初始弯曲值多么小，根据式（9.3.8-5）可以看出，压杆的整体稳定承载能力 $N$ 总是略低于欧拉临界力 $N_E$ 的。

（4）外力达到欧拉临界力时，不发生突然变形。

没有初始弯曲的理想压杆，在压力 $N$ 没有达到欧拉临界力时，其杆件保持直线稳定状态，当平衡状态到达欧拉临界力时才突然由直变弯，这种平衡状态称为第一类稳定。

有初始弯曲的压杆，平衡状态则是逐渐改变，在压力 $N$ 一开始作用时就产生挠曲变形，在失稳前后不发生突然变形，这种平衡状态称为第二类稳定。

3. 荷载初始偏心的影响

1）产生初始偏心的原因

构件在制作、运输和安装过程中，不可避免地会产生微小的挠曲。另外，由于构造和施工过程中安装钢梁的精度等原因，还可能出现偶然形成的初始偏心。

2）初始偏心的挠度曲线表达式

图 9.3.8-5 所示为两端铰接，存在初始偏心 $e_0$ 的轴心受压构件，根据平衡微分方程，可得到挠度曲线表达式为：

$$y=e_0\left(\tan\frac{kl}{2}\sin kz+\cos kz-1\right) \tag{9.3.8-7}$$

当 $z=l/2$ 时，构件中点最大挠度为：

$$y_m = e_0 \left( \sec \frac{\pi}{2} \sqrt{N/N_E} - 1 \right) \qquad (9.3.8\text{-}8)$$

式中：$k^2 = N/EI$。

3）初始偏心对压杆的影响程度

初始偏心在本质上与初始弯曲对轴心压杆的影响类似，由于两种不利缺陷同时出现最大值的概率较小，所以，通常取初始弯曲作为几何缺陷的代表。

4）初始偏心对压杆影响的结论

（1）具有初始偏心的压杆，在外部压力作用下一开始就产生了挠曲变形，并随着压力 $N$ 的增大而逐渐增加，最初增长较慢，尔后逐渐加快，当压力 $N$ 接近于欧拉临界力 $N_E$ 时，挠度无限增加。

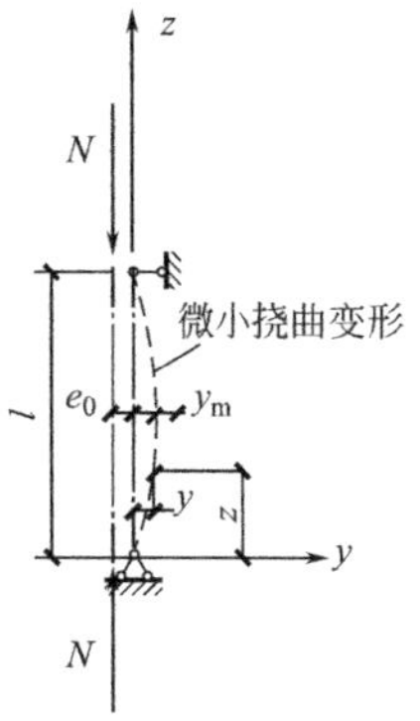

**图 9.3.8-5　初始偏心**

（2）当初始偏心较大，压力 $N$ 低于欧拉临界力 $N_E$ 时，挠度较为显著。

综上所述，初始缺陷有三项，理论分析中一般只考虑残余应力和初始弯曲两项最主要的影响。在轴心受压构件的稳定计算式中，这些影响因素都体现在稳定系数 $\varphi$ 中了。

## 9.3.9　格构式轴心受压构件整体稳定性计算

**1. 格构式组合构件截面**

格构式组合构件截面形式分为双肢组合构件、四肢组合构件及三肢组合构件，如图 9.3.9-1 所示。

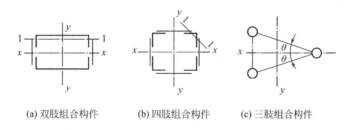

(a) 双肢组合构件　　(b) 四肢组合构件　　(c) 三肢组合构件

**图 9.3.9-1　格构式组合构件截面**

当构件较长，采用实腹轴心受压构件难以满足长细比要求时，就需要采用格构式轴心受压构件，由两个或两个以上的分肢通过缀件连成一个整体构件，拉大分肢间的距离，使长细比得以减小。

格构式组合构件是由两个或多个分肢构件通过缀件（也称为缀材）连接的组合体。

实轴：通过分肢腹板的主轴，如双肢组合构件中的 $y\text{-}y$ 轴。

虚轴：通过缀材的主轴。

**2. 缀件**

缀件分为缀板和缀条，如图 9.3.9-2 所示。

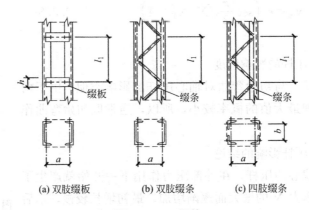

(a) 双肢缀板　　　　(b) 双肢缀条　　　　(c) 四肢缀条

**图 9.3.9-2　缀件**

缀板采用钢板形式，用于双肢格构式构件和四肢格构式构件。

缀条采用单角钢形式，用于双肢格构式构件、四肢格构式构件；三肢格构式构件采用圆管缀条。

3. **格构式轴心受压构件的特点**

格构式轴心受压构件也称为格构柱，在单肢截面设计和单肢平面布置上应该具有对称轴，这种情况下，当格构柱失稳时，一般发生绕截面主轴的弯曲屈曲，不大可能发生扭转屈曲和弯扭屈曲。

简记：弯曲屈曲。

4. **绕实轴的整体稳定**

双肢格构柱相当于两个并列的实腹式轴心受压构件，对实轴的整体稳定承载力的计算与实腹式轴心受压构件相同，稳定性计算和长细比计算参见式(9.3.2-1)和式（9.3.4-1）、式（9.3.4-2）。

5. **绕虚轴的整体稳定**

格构柱绕虚轴稳定性计算也分为两部分，一是构件稳定性计算，见式（9.3.2-1）；二是换算长细比。

实腹式轴心受压构件的腹板连续，其抗剪刚度大，在弯曲失稳时，剪切变形影响很小，对实腹构件临界力的降低不足 $1\%$，可忽略不计。但格构柱绕虚轴弯曲失稳时，由于分肢靠缀件连接，不是实体连接，缀件的抗剪刚度比实腹式构件的腹板弱，构件在微弯平衡时，除考虑弯曲变形外，还应考虑剪切变形的影响，必然导致稳定承载力有所降低，意味着长细比有所放大。这种放大了的长细比（$\lambda_{0x}$ 或 $\lambda_{0y}$）称为绕格构柱虚轴的换算长细比。根据弹性稳定理论分析，建立格构柱绕虚轴弯曲失稳的临界应力公式，就可以求解出换算长细比（$\lambda_{0x}$ 或 $\lambda_{0y}$）。《钢标》中的换算长细比是将理论值根据一定的限定情况简化而得。

简记：虚轴，换算长细比。

6.绕虚轴换算长细比的计算

1）双肢组合构件

（1）当缀件为缀条［参见图 9.3.9-1（a）及图 9.3.9-2（b）］时：

绕虚轴弯曲失稳的临界应力 $\sigma_{cr}$ 为：

$$\sigma_{cr} = \frac{\pi^2 E}{\lambda_x^2 + \dfrac{\pi^2}{\sin^2\alpha\cos\alpha} \cdot \dfrac{A}{A_{1x}}} = \frac{\pi^2 E}{\lambda_{0x}^2} \qquad (9.3.9\text{-}1)$$

得出缀件为缀条时，换算长细比为：

$$\lambda_{0x} = \sqrt{\lambda_x^2 + \frac{\pi^2}{\sin^2\alpha\cos\alpha} \cdot \frac{A}{A_{1x}}} \qquad (9.3.9\text{-}2)$$

式中：$\lambda_x$——整个构件对虚轴（$x$ 轴）的长细比；

　　　$A$——分肢毛截面面积之和（$mm^2$）；

　　　$A_{1x}$——垂直于 $x$ 轴的各斜缀条毛截面面积之和（$mm^2$）；

　　　$\alpha$——缀条与分肢构件轴线间的夹角。

斜缀条与分肢构件轴线间的夹角一般为 $40°\sim70°$，按 $\alpha=45°$ 简化计算，使 $\pi^2/\sin^2\alpha\cos\alpha$ 成为一个常数（27），即 $\pi^2/\sin^2\alpha\cos\alpha=27$。

（$\pi^2/\sin^2\alpha\cos\alpha$）-$\alpha$ 曲线关系如图 9.3.9-3 所示。从图中可以看出，夹角 $\alpha=55°$ 时，函数值最小，是最佳角度，即换算长细比最小，意味着稳定性承载力最大。夹角不在 $40°\sim70°$ 范围内时，曲线向上发展，偏离常数 27 较大，如果还采用简化常数表示法（$\pi^2/\sin^2\alpha\cos\alpha=27$）则偏于不安全，应按式（9.3.9-2）计算换算长细比。《钢标》规定，夹角应为 $40°\sim70°$，这是根据工程实际情况的考虑，同时达到简化计算的目的。

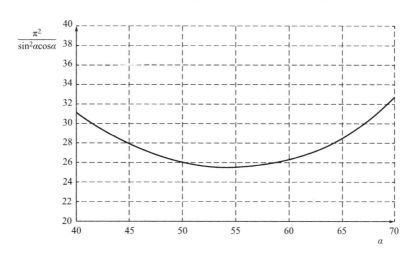

**图 9.3.9-3　（$\pi^2/\sin^2\alpha\cos\alpha$）-$\alpha$ 曲线**

将 $\pi^2/\sin^2\alpha\cos\alpha=27$ 代入式（9.3.9-2），得到《钢标》给出的缀件为缀条的简化公式：

$$\lambda_{0x} = \sqrt{\lambda_x^2 + 27\frac{A}{A_{1x}}} \tag{9.3.9-3}$$

（2）当缀件为缀板［参见图 9.3.9-1（a）及图 9.3.9-2（a）］时：

同理可推导出，缀件为缀板时的换算长细比为：

$$\lambda_{0x} = \sqrt{\lambda_x^2 + \frac{\pi^2}{12}\left(1 + 2\frac{i_1}{i_b}\right)\lambda_1^2} \tag{9.3.9-4}$$

式中：$\lambda_1$——分肢对最小刚度轴 1-1 的长细比，其计算长度取为：焊接时，为相邻两缀板的净距离；螺栓连接时，为相邻两缀板边缘螺栓的距离；

$i_1$——一个分肢的线刚度，$i_1 = I_1/l_1$，$I_1$ 为分肢绕 1-1 轴的惯性矩，$l_1$ 为相邻缀板间中心距；

$i_b$——两侧缀板线刚度之和，$i_b = I_b/a$，$I_b$ 为各缀板的惯性矩之和，$a$ 为两分肢的轴线距离。

为了保证格构柱的整体稳定性，一般情况下，缀板的线刚度远大于一个分肢的线刚度（$i_b > i_1$），《钢标》要求 $i_b/i_1 \geqslant 6$，即将 $\frac{\pi^2}{12}\left(1 + 2\frac{i_1}{i_b}\right)$ 简化为常数（1.0），得到《钢标》给出的缀件为缀板的简化公式：

$$\lambda_{0x} = \sqrt{\lambda_x^2 + \lambda_1^2} \tag{9.3.9-5}$$

$\frac{\pi^2}{12}\left(1 + 2\frac{i_1}{i_b}\right)$ 与 $\frac{i_1}{i_b}$ 的函数关系如图 9.3.9-4 所示。

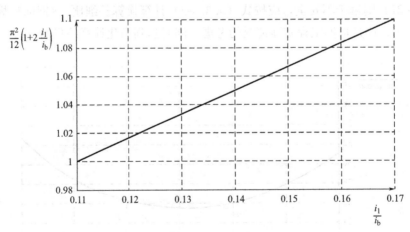

图 9.3.9-4 $\frac{\pi^2}{12}\left(1 + 2\frac{i_1}{i_b}\right)$ 与 $\frac{i_1}{i_b}$ 的函数关系

2）四肢组合构件

（1）当缀件为缀板时：

$$\lambda_{0x} = \sqrt{\lambda_x^2 + \lambda_1^2} \tag{9.3.9-6}$$

$$\lambda_{0y} = \sqrt{\lambda_y^2 + \lambda_1^2} \tag{9.3.9-7}$$

（2）当缀件为缀条［参见图 9.3.9-1（b）及图 9.3.9-2（c）］时：

由于构件总的刚度比双肢构件差，截面形状保持不变的假定不一定能做到，且分肢受力也不均匀，因此《钢标》中将式（9.3.9-3）中的常数 27 提高到 40，按下列公式计算换算长细比：

$$\lambda_{0x} = \sqrt{\lambda_x^2 + 40 \frac{A}{A_{1x}}} \tag{9.3.9-8}$$

$$\lambda_{0y} = \sqrt{\lambda_y^2 + 40 \frac{A}{A_{1y}}} \tag{9.3.9-9}$$

式中：$\lambda_y$——整个构件对虚轴（$y$ 轴）的长细比；

$A_{1y}$——垂直于 $y$ 轴的各斜缀条毛截面面积之和（$mm^2$）。

3）三肢组合构件

三肢格构柱的缀件为缀条式［参见图 9.3.9-1（c）］，绕两个虚轴的换算长细比分别为：

$$\lambda_{0x} = \sqrt{\lambda_x^2 + \frac{42}{1.5 - \cos^2\theta} \cdot \frac{A}{A_1}} \tag{9.3.9-10}$$

$$\lambda_{0y} = \sqrt{\lambda_y^2 + \frac{42}{\cos^2\theta} \cdot \frac{A}{A_1}} \tag{9.3.9-11}$$

式中：$A_1$——构件截面中各斜缀条毛截面面积之和（$mm^2$）；

$\theta$——构件截面所在平面与 $x$ 轴的夹角。

式（9.3.9-10）中的 $42/(1.5-\cos^2\theta)$ 与 $\theta$ 的曲线关系如图 9.3.9-5 所示；式（9.3.9-11）中的 $42/\cos^2\theta$ 与 $\theta$ 的曲线关系如图 9.3.9-6 所示。

从图 9.3.9-6 中可以看出，当 $\theta$ 角超过 55°时，曲线陡峭上升，绕 $y$ 轴换算长细比 $\lambda_{0y}$ 迅速变大，整体稳定性变差。建议 $\theta$ 角控制在 15°～45°范围内，即，三肢柱两个对称肢形成的最大角度控制为直角。

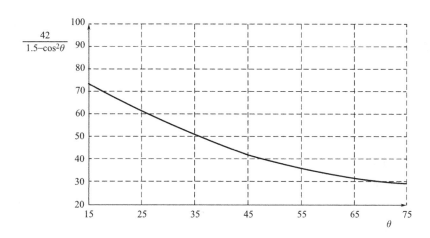

**图 9.3.9-5 绕 $x$ 轴 $42/(1.5-\cos^2\theta)$ 与 $\theta$ 的曲线关系**

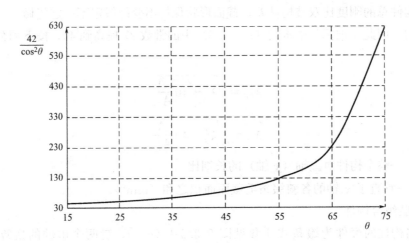

**图 9.3.9-6  绕 $y$ 轴 $42/\cos^2\theta$ 与 $\theta$ 的曲线关系**

### 9.3.10  格构式轴心受压构件分肢稳定性的规定

格构柱是由各个分肢通过缀件连成一个整体，分肢可视为独立的实腹式轴心受压构件。从安全角度讲，分肢的稳定性要高于整体的稳定性，即，应保证分肢失稳不先于格构柱整体失稳。由于初始弯曲等缺陷的存在，构件受力产生弯曲变形的同时产生了附加弯矩和剪力，使得各分肢内力并不相等，造成整体稳定承载力降低。因此，不能简单地采用 $\lambda_1 \leqslant \lambda_{0x}$ 或 $\lambda_1 \leqslant \lambda_{0y}$ 作为分肢的稳定条件，《钢标》中对分肢的稳定有如下规定。

1）缀件为缀条时，缀条柱的分肢长细比应满足下式要求：

$$\lambda_1 \leqslant 0.7\lambda_{max} \qquad\qquad (9.3.10\text{-}1)$$

2）缀件为缀板时，缀板柱的分肢长细比应满足下式要求：

$$\lambda_1 \leqslant 0.5\lambda_{max} \qquad\qquad (9.3.10\text{-}2)$$

$$\lambda_1 \leqslant 40\varepsilon_k \qquad\qquad (9.3.10\text{-}3)$$

缀板与分肢的线刚度比值要满足：

$$\frac{i_b}{i_1} \geqslant 6 \qquad\qquad (9.3.10\text{-}4)$$

式中：$\lambda_{max}$——两个方向长细比（对虚轴取换算长细比）的较大值，当 $\lambda_{max} < 50$ 时，取 $\lambda_{max} = 50$；

$i_b$——两侧缀板线刚度之和，$i_b = I_b/a$，$I_b$ 为各缀板的惯性矩之和，$a$ 为两分肢的轴线距离；

$i_1$——一个分肢的线刚度，$i_1 = I_1/l_1$，$I_1$ 为分肢绕 1-1 轴的惯性矩，$l_1$ 为相邻缀板间中心距。

3）分肢的局部稳定：

分肢尽量采用轧制型钢，其翼缘和腹板均能满足局部稳定要求。当荷载很大，分肢需要采用焊接组合截面时，应按实腹柱局部稳定的要求验算板件宽（高）厚比。

### 9.3.11　格构式轴心受压构件缀条、缀板计算

1. 格构式轴心受压构件的剪力

1）基本假定：

（1）格构式轴心受压构件，考虑初始弯曲几何缺陷的影响，构件发生弯曲失稳时呈半波正弦曲线的形态。

（2）剪力 $V$ 沿格构柱全长不变。

（3）剪力 $V$ 由承受该剪力的缀材面（包括用整体板连接的面）共同承担。

2）剪力计算公式：

格构式轴心受压构件绕虚轴发生弯曲时，缀材要承受横向剪力的作用。所以，需首先算出横向剪力，才能进行缀材的计算。

图 9.3.11-1（a）所示为两端铰接等截面杆件，当其绕虚轴弯曲时，假定挠曲线为半波正弦曲线，即：

$$y = y_0 \sin \frac{\pi z}{l} \tag{9.3.11-1}$$

挠曲线上任意点（$z$，$y$）处的弯矩为 $M = Ny$，其剪力 $V$ 则为弯矩的导数：

$$V = \frac{dM}{dz} = N \frac{dy}{dz} = N \frac{\pi y_0}{l} \cos \frac{\pi z}{l} \tag{9.3.11-2}$$

式（9.3.11-2）的曲线形态如图 9.3.11-1（b）所示，最大剪力值在杆件的两端，为：

$$V = N \frac{\pi y_0}{l} \tag{9.3.11-3}$$

最小剪力值在 $z = l/2$ 处，其值为零。

为了简化计算，在实际应用中，规定剪力 $V$ 沿构件全长不变，如图 9.3.11-1（c）所示。

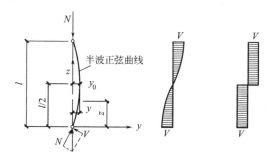

(a) 弯曲变形曲线　　(b) 实际剪力图　　(c) 简化剪力图

**图 9.3.11-1　格构式轴心受压构件剪力计算简图**

《钢标》中考虑初始弯曲的影响，给出了最大剪力计算式为：

$$V = \frac{Af}{85\varepsilon_k} \tag{9.3.11-4}$$

式中：$A$——分肢毛截面面积之和（$mm^2$）；

$f$——钢材抗压强度设计值；

$\varepsilon_k$——钢号修正系数。

2. 缀条计算

将缀条式格构柱视为平行弦桁架，缀条视为斜腹杆，如图 9.3.11-2 所示，斜缀条的内力为：

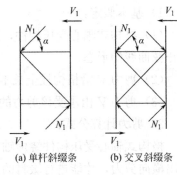

$$N_1 = \frac{V_1}{n\cos\alpha} \qquad (9.3.11\text{-}5)$$

式中：$V_1$——分配到一个缀件面上的剪力；

$n$——承受剪力 $V_1$ 的斜缀条数目，单杆斜缀条 ［图 9.3.11-2（a）］取 1.0，交叉斜缀条 ［图 9.3.11-2（b）］取 2.0；

(a) 单杆斜缀条　　(b) 交叉斜缀条

**图 9.3.11-2　缀条计算简图**

$\alpha$——斜缀条与横缀条之间的夹角。

斜缀条一般采用单角钢，最小规格为L 50×5。由于格构柱弯曲方向可左可右，所以，剪力方向有时为正，有时为负，斜缀条可能受拉，也可能受压。设计时应考虑最不利情况，按压杆计算。

横缀条主要用来减小单肢的计算长度，其截面一般与斜缀条相同。

3. 缀板设计

1) 缀板内力计算

将缀板式格构柱视为单跨多层平面刚架 ［图 9.3.11-3（a）］，假定受力后弯曲时，反弯点分布在各缀板之间分肢的中点和缀板的中点。按照结构力学原理，反弯点处弯矩为零，只承受剪力。

（1）缀板剪力计算

取如图 9.3.11-3（b）所示的隔离体，建立左下角剪力弯矩平衡方程式，可得缀板的剪力为：

$$V_{b1} = \frac{V_1 l_1}{b_1} \qquad (9.3.11\text{-}6)$$

（2）缀板弯矩计算

隔离体的弯矩图如图 9.3.11-3（c）所示，缀板在与分肢连接处的弯矩为：

$$M_{b1} = V_{b1}\frac{b_1}{2} = \frac{V_1 l_1}{2} \qquad (9.3.11\text{-}7)$$

2) 缀板尺寸确定

（1）缀板厚度

缀板厚度参照箱形截面壁板宽厚比的要求及最小厚度的要求为：

$$\begin{cases} t_b \geqslant b_1/40 \\ t_b \geqslant 6\text{mm} \end{cases} \qquad (9.3.11\text{-}8)$$

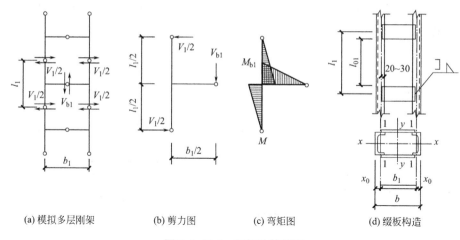

(a) 模拟多层刚架　　　(b) 剪力图　　　(c) 弯矩图　　　(d) 缀板构造

图 9.3.11-3　缀板计算简图

（2）缀板高度

《钢标》规定，缀板柱中同一截面处缀板或型钢横杆的线刚度之和不得小于较大分肢线刚度的 6 倍，其表达式见式（9.3.10-4）。满足该式，一般均能达到刚度要求。

通常取缀板高度为：

$$h_b = \frac{2b_1}{3} \tag{9.3.11-9}$$

3）缀板间距确定

缀板柱的分肢长细比应满足 $\lambda_1 \leqslant 40\varepsilon_k$ 以及 $\lambda_1 \leqslant 0.5\lambda_{max}$（当 $\lambda_{max} < 50$ 时，取 $\lambda_{max} = 50$）的要求，缀板柱分肢绕 1-1 轴（弱轴）的长细比为 $\lambda_1 = l_{01}/i_1$（$i_1$ 为绕 1-1 轴的回转半径），得到缀板之间的最大间距为：

$$\begin{cases} l_{01} \leqslant 40i_1\varepsilon_k \\ l_{01} \leqslant 0.5i_1\lambda_{max} \end{cases} \tag{9.3.11-10}$$

4. 构造横隔的设置

格构柱一般均需设置横隔，常用形式如图 9.3.11-4 所示。

1）设置横隔的必要性

为了增加格构柱的抗扭刚度，保证运输和安装过程中截面形状不变，以及传递必要的内力，应在格构柱的关键位置设置横隔。

2）横隔的布置

横隔的布置应与水平腹杆及荷载作用位置相协调，并尽量利用水平腹杆。横隔的间距一般为 4~6m，一个运输单元内不应少于 2 个。

3）钢板横隔的构造要求

图 9.3.11-4（a）所示为钢板横隔，一般用于受力较大的柱。横隔板厚度 $t_1 \geqslant b_1/80$，且 $t_1 \geqslant 6mm$。在柱肢相应位置处设置横向加劲肋。

4）角钢横隔的构造要求

图 9.3.11-4（b）所示为角钢横隔，一般用于截面较小的柱。角钢按压杆构造设计，且最小角钢为 L 50×5。

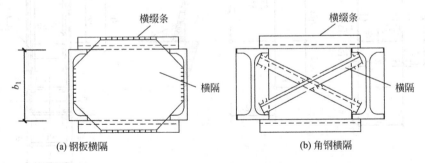

(a) 钢板横隔　　　　　　　　　　(b) 角钢横隔

**图 9.3.11-4　格构式构件的横隔**

## 9.3.12　轴心受压构件的计算长度

轴心受压构件主要针对的是两端铰接的构件，多应用在桁架体系或塔架体系。

1. 平面桁架杆件的计算长度

平面桁架由上弦杆、下弦杆、支座斜杆、支座竖杆、中间腹杆（斜腹杆、竖向腹杆）组成，其整体受力形式与实腹式钢梁类似，桁架任一位置受到的弯矩转化为力偶由上、下弦来承受，剪力由腹杆（斜腹杆、竖向腹杆）承受。

在桁架平面内，杆件与杆件之间通过节点板连接，并假定为铰接。在桁架平面外，由于弦杆是贯通的，所以弦杆在平面外铰接点处有约束时，为侧向支撑点。

在平面桁架内，腹杆一般受力较小，其截面积自然就小。在腹杆与弦杆连接处，弦杆是贯通的，腹杆通过节点板与弦杆相连，所以腹杆在平面内受到一定的约束，其计算长度应予以折减，《钢标》中采用折减系数 0.8。当腹杆截面强轴及弱轴与桁架平面有夹角时（如中间竖向直杆为双角钢十字形截面），其受到的约束较弱，采用折减系数 0.9。

在平面桁架外，节点板对腹杆的约束很小，可以忽略。弦杆计算长度为侧向支撑点之间的距离。

平面桁架弦杆和腹杆（用节点板与弦杆连接）的计算长度 $l_0$ 可按表 9.3.12-1 采用。

**平面桁架弦杆和腹杆的计算长度 $l_0$**　　　　　　　　表 9.3.12-1

| 弯曲方向 | 弦杆 | 单系腹杆 | |
|---|---|---|---|
| | | 支座斜杆及支座竖杆 | 其他腹杆 |
| 桁架平面内 | $l$ | $l$ | $0.8l$ |
| 桁架平面外 | $l_1$ | $l$ | $l$ |
| 斜平面 | — | $l$ | $0.9l$ |

注：1. $l$ 为构件的几何长度（节点中心间距离）；$l_1$ 为桁架弦杆侧向支撑点之间的距离。

　　2. 斜平面为桁架平面斜交的平面，用于构件截面两主轴不在桁架平面内的单角钢腹杆和双角钢十字形截面腹杆。

　　3. 单系腹杆系指桁架平面内非交叉斜杆。

2. 钢管桁架杆件的计算长度

钢管桁架弦杆与腹杆的连接节点采用相贯焊接，而不是用节点板连接。腹杆对弦杆有一定的约束作用，弦杆计算长度按 0.9 折减；腹杆在平面内也受到一定的约束，其计算长度按 0.8 折减。支座处斜杆和竖杆受力较大，其计算长度不进行折减。

采用相贯焊接连接的钢管桁架，其构件计算长度 $l_0$ 可按表 9.3.12-2 采用。

**钢管桁架杆件的计算长度 $l_0$** 　　　　表 9.3.12-2

| 桁架类别 | 弯曲方向 | 弦杆 | 腹杆 | |
|---|---|---|---|---|
| | | | 支座斜杆及支座竖杆 | 其他腹杆 |
| 平面桁架 | 平面内 | $0.9l$ | $l$ | $0.8l$ |
| | 平面外 | $l_1$ | $l$ | $l$ |
| 立体桁架 | | $0.9l$ | $l$ | $0.8l$ |

注：1. $l_1$ 为平面外无支撑长度；$l$ 为杆件的节间长度。
　2. 对端部缩头或压扁的圆管腹杆，其计算长度取 $l$。
　3. 对于立体桁架，弦杆平面外的计算长度取 $0.9l$，同时应以 $0.9l_1$ 按格构式压杆验算其稳定性。

3. 桁架交叉腹杆的计算长度

带交叉腹杆的桁架一般用于框架中的转换桁架。上部钢柱从桁架中的竖杆处升起，竖杆之间为交叉腹杆。两交叉杆件长度相等，且在中点相交。当然，屋盖或楼面大跨度桁架也可以采用交叉腹杆的形式。

1) 交叉腹杆在平面内的构造规定：

至少有一根腹杆贯通，如图 9.3.12-1 (a) 所示；建议重要桁架的两根腹杆均贯通，如图 9.3.12-1 (b) 所示。

2) 交叉腹杆在平面内的计算长度的规定：

交叉腹杆不管是受压还是受拉，其在平面内的计算长度均应取节点中心到交叉点的距离。

注意：在平面内，交叉点为约束点，交叉腹杆计算长度不折减，与桁架支座斜杆同等重要。

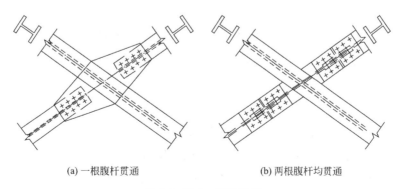

(a) 一根腹杆贯通　　　　(b) 两根腹杆均贯通

**图 9.3.12-1　交叉腹杆**

3）交叉腹杆在平面外的计算规定：

（1）两根交叉腹杆长度相等，且在中点相交。

（2）每根（桁架节点之间）交叉腹杆被交叉点分为两段，可以贯通，也可以用节点板搭接。

（3）交叉腹杆在平面外的长度为桁架节点间的距离，交叉点不作为节点考虑。

（4）受压腹杆轴力为 $N$，与之相交的另一腹杆轴力为 $N_0$（压力或拉力），均为绝对值，且 $N_0/N \leqslant 1.0$。

交叉腹杆在平面外的计算长度：

拉杆应取 $l_0 = l$；压杆（轴力为 $N$）的计算长度按下列公式计算。

（1）与压杆相交另一杆也受压（轴力为 $N_0$），两杆在交叉点均不中断 [图 9.3.12-1 (b)]：

$$l_0 = l \sqrt{\frac{1}{2}\left(1 + \frac{N_0}{N}\right)} \qquad (9.3.12\text{-}1)$$

将上式两边均除以 $l$，得到无量纲化计算式为：

$$\frac{l_0}{l} = \sqrt{\frac{1}{2}\left(1 + \frac{N_0}{N}\right)} \qquad (9.3.12\text{-}2)$$

以 $N_0/N$ 为横轴，以 $l_0/l$ 为纵轴，将式（9.3.12-2）绘制成曲线如图 9.3.12-2 所示。

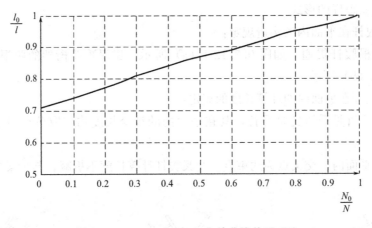

**图 9.3.12-2　$N_0/N$ 与 $l_0/l$ 的曲线关系（1）**

（2）相交另一杆受压且在交叉点中断，但以节点板搭接，压杆贯通 [图 9.3.12-1 (a)]：

$$l_0 = l \sqrt{1 + \frac{\pi^2}{12} \cdot \frac{N_0}{N}} \qquad (9.3.12\text{-}3)$$

式（9.3.12-3）的无量纲化曲线如图 9.3.12-3 所示。

（3）相交另一杆受拉，两杆在交叉点均不中断 [图 9.3.12-1 (b)]，计算长度分为两部分考虑：

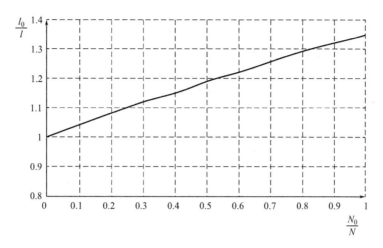

图 9.3.12-3　$N_0/N$ 与 $l_0/l$ 的曲线关系 (2)

$$l_0 = l \sqrt{\frac{1}{2}\left(1-\frac{3}{4}\cdot\frac{N_0}{N}\right)} \geqslant 0.5l \qquad (9.3.12\text{-}4)$$

上式可分解为下面两个表达式:

当 $N_0 < 2N/3$ 时

$$l_0 = l \sqrt{\frac{1}{2}\left(1-\frac{3}{4}\cdot\frac{N_0}{N}\right)}$$

当 $N_0 \geqslant 2N/3$ 时

$$l_0 = 0.5l$$

式 (9.3.12-4) 的无量纲化曲线如图 9.3.12-4 所示。

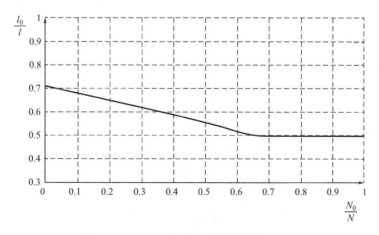

图 9.3.12-4　$N_0/N$ 与 $l_0/l$ 的曲线关系 (3)

(4) 相交另一杆受拉且在交叉点中断, 但以节点板搭接, 压杆贯通 [图 9.3.12-1 (a)]:

$$l_0 = l \sqrt{1 - \frac{3}{4} \cdot \frac{N_0}{N}} \geqslant 0.5l \qquad (9.3.12\text{-}5)$$

式（9.3.12-5）的无量纲化曲线如图 9.3.12-5 所示。

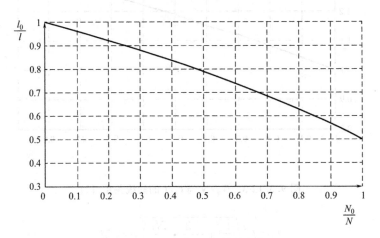

**图 9.3.12-5　$N_0/N$ 与 $l_0/l$ 的曲线关系（4）**

（5）相交另一杆受拉且贯通，压杆在交叉点中断，但以节点板搭接 [图 9.3.12-1 (a)]：

若 $N_0 \geqslant N$ 或拉杆在桁架平面外的弯曲刚度为下式时，取 $l_0 = 0.5l$。

$$EI_y \geqslant \frac{3N_0 l^2}{4\pi^2}\Big(\frac{N}{N_0} - 1\Big)$$

式中：$l$——腹杆位于桁架节点中心间的距离（mm）；

$N$、$N_0$——所计算腹杆的压力及相交另一杆的内力（压力或拉力）（N），均为绝对值，前四种情况下 $N_0 \leqslant N$；

两杆均受压时，取 $N_0 \leqslant N$，两杆截面应相同。

4. 变轴压弦杆、腹杆平面外的计算长度

1）变轴压弦杆平面外的计算长度

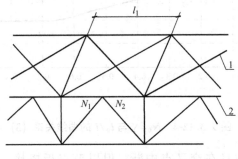

1—支撑；2—桁架

**图 9.3.12-6　弦杆轴心压力在侧向支撑点间有变化的桁架简图**

当桁架弦杆侧向支撑点之间的距离为节间长度的 2 倍（图 9.3.12-6）且两节间的弦杆

轴心压力不等时，弦杆在平面外的计算长度应按下式确定：

$$l_0 = l_1 \left( 0.75 + 0.25 \frac{N_2}{N_1} \right) \tag{9.3.12-6}$$

式中：$N_1$——较大的压力，计算时取正值；

　　　$N_2$——较小的压力或拉力，计算时压力取正值，拉力取负值。

式（9.3.12-6）的无量纲化曲线如图 9.3.12-7 所示。

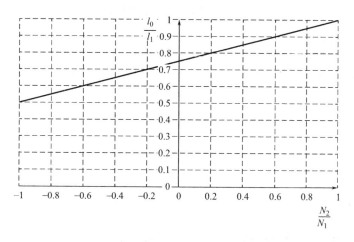

**图 9.3.12-7　$N_2/N_1$ 与 $l_0/l_1$ 的曲线关系**

2）变轴压腹杆平面外的计算长度

桁架再分式腹杆体系的受压主斜杆（图 9.3.12-8）及 K 形腹杆体系的竖杆（图 9.3.12-9）等，在桁架平面外的计算长度也应按式（9.3.12-6）确定（受拉主斜杆仍取 $l_1$）；在桁架平面内的计算长度则取节点中心间距离，即计算长度系数 $\mu = 1.0$。

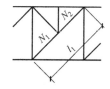
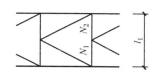

**图 9.3.12-8　再分式腹杆体系的受压主斜杆**　　**图 9.3.12-9　K 形腹杆体系的竖杆**

## 9.3.13　单边连接的单角钢的计算

在缀条式格构柱设计中，斜缀条一般采用单角钢形式以一个肢连接到节点板上［图9.3.13-1］。由于单角钢传力时存在一个大于 $y_0$ 的偏心距，且角钢最不利受力为 $v$-$v$ 轴，与斜缀条所在的平面存在一个角度，其强度及稳定性承载力远低于轴心压杆的能力。所以，当进行实腹式轴心受压构件的强度和稳定性计算时，为了使计算表达式保持形式上的一致性，需引入折减系数 $\eta$ 进行修正。桁架中的单角钢腹杆计算与格构柱中的斜缀条相同。

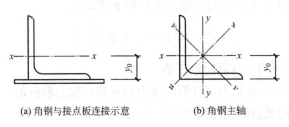

(a) 角钢与接点板连接示意　　　　(b) 角钢主轴

**图 9.3.13-1　角钢的平行轴**

## 1. 单角钢强度计算

强度计算时仍采用轴心受力构件表达式，但钢材强度设计值应乘以折减系数 0.85，其截面强度应采用下列公式计算。

毛截面屈服：

$$\sigma = \frac{N_1}{A_1} \leqslant 0.85f \qquad (9.3.13\text{-}1)$$

净截面断裂：

$$\sigma = \frac{N_1}{A_n} \leqslant 0.595f_u \qquad (9.3.13\text{-}2)$$

式中：$N_1$——单角钢所计算截面处的压力或拉力设计值（N）；

　　　$f$——钢材的抗压、抗拉强度设计值（N/mm²）；

　　　$A_1$——构件的毛截面面积（mm²）；

　　　$A_n$——构件的净截面面积，当构件多个截面有孔时，取最不利截面（mm²）；

　　　$f_u$——钢材的抗拉强度最小值（N/mm²）；

　　0.595——0.595＝0.7×0.85，0.7 为断裂计算时原有的系数。

## 2. 单角钢稳定性计算

受压单角钢的稳定性应按下式计算：

$$\frac{N_1}{\eta\varphi A_1 f} \leqslant 1.0 \qquad (9.3.13\text{-}3)$$

式中：$\eta$——折减系数，按下列公式计算（当计算值大于 1.0 时，取 1.0）：

等边角钢：

$$\eta = 0.6 + 0.0015\lambda \qquad (9.3.13\text{-}4)$$

短边与节点板相连的不等边角钢：

$$\eta = 0.5 + 0.0025\lambda \qquad (9.3.13\text{-}5)$$

长边与节点板相连的不等边角钢：

$$\eta = 0.7 \qquad (9.3.13\text{-}6)$$

式中：$\lambda$——长细比，对中间无联系的单角钢压杆，应按最小回转半径计算，当 $\lambda < 20$ 时，取 $\lambda = 20$。

## 3. 交叉单角钢在平面外的稳定系数取值

格构柱及塔架单边连接单角钢交叉斜杆中的压杆，当两杆截面相同并在交叉点均不中断，计算其平面外稳定时，单角钢长细比按下列公式计算：

$$\lambda_0 = \alpha_e \mu_e \lambda_e \geqslant \frac{l_1}{l} \lambda_x \qquad (9.3.13\text{-}7)$$

$$\lambda_u = \frac{l}{i_u} \cdot \frac{1}{\varepsilon_k} \qquad (9.3.13\text{-}8)$$

$$\mu_u = \frac{l_0}{l} \qquad (9.3.13\text{-}9)$$

当 $20 \leqslant \lambda_u \leqslant 80$ 时：

$$\lambda_e = 80 + 0.65 \lambda_u \qquad (9.3.13\text{-}10)$$

当 $80 < \lambda_u \leqslant 160$ 时：

$$\lambda_e = 52 + \lambda_u \qquad (9.3.13\text{-}11)$$

当 $\lambda_u > 160$ 时：

$$\lambda_e = 20 + 1.2 \lambda_u \qquad (9.3.13\text{-}12)$$

式中：$\alpha_e$——系数，应按表 9.3.13-1 取值；

　　　$\mu_e$——计算长度系数；

　　　$\lambda_e$——换算长细比；

　　　$l_1$——交叉点至节点间的较大距离（mm），如图
　　　　　 9.3.13-2 所示；

　　　$l_0$——计算长度，当相交另一杆受压，应按式（9.3.12-1）
　　　　　 计算；当相交另一杆受拉，应按式（9.3.12-3）
　　　　　 计算。

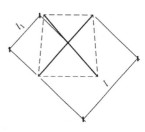

**图 9.3.13-2　在非中点
相交的斜杆**

式（9.3.13-10）～式（9.3.13-12）三段线并为一条函数
曲线时的 $\lambda_e$-$\lambda_u$ 函数关系如图 9.3.13-3 所示。

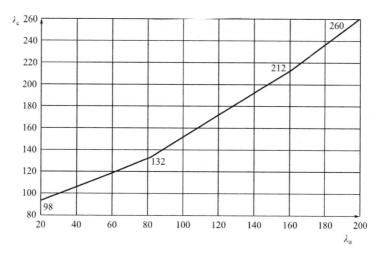

**图 9.3.13-3　$\lambda_e$-$\lambda_u$ 函数关系**

系数 $\alpha_e$ 取值　　　　　　　　　　　表 9.3.13-1

| 主杆截面 | 另一杆受拉 | 另一杆受压 | 另一杆不受力 |
| --- | --- | --- | --- |
| 单角钢 | 0.75 | 0.90 | 0.75 |
| 双轴对称截面 | 0.90 | 0.75 | 0.90 |

4. 单角钢的刚度

1) 单斜杆的刚度

在单斜杆情况下，如图 9.3.13-1（b）所示的绕角钢斜轴（$v$-$v$ 轴）的承载力最弱，回转半径最小，所以长细比最大，其刚度 $\lambda_v$ 应满足下式要求：

$$\lambda_v = \frac{l_0}{i_v} \leqslant [\lambda] \tag{9.3.13-13}$$

2) 交叉斜杆的刚度

在交叉斜杆情况下，由于交叉的两个单角钢受到交叉点的约束，不可能沿 $v$-$v$ 轴屈曲，只能沿平面外失稳（平面内的计算长度 $l_1$ 远小于平面外的计算长度 $l_x$），其平面外的刚度 $\lambda_x$ 应满足下式要求：

$$\lambda_x = \frac{l_x}{i_x} \leqslant [\lambda] \tag{9.3.13-14}$$

式中：$l_0$——单斜杆的计算长度（mm）；

　　　$i_v$——单角钢绕最弱轴（$v$-$v$ 轴）的回转半径（mm）；

　　　$l_x$——交叉斜杆在平面外的计算长度（mm）；

　　　$i_x$——交叉单角钢绕最弱轴 $x$-$x$ 轴［图 9.3.13-1（a）］的回转半径（mm）；

　　　$[\lambda]$——单角钢容许长细比，取 150。

## 9.3.14　格构式轴心受力构件的刚度及容许长细比

格构柱的刚度与轴心受力构件的刚度一样，也是以构件的容许长细比 $[\lambda]$ 来定义的。

1. 双肢组合构件的刚度

1) 绕实轴的刚度 $\lambda_y$

参见图 9.3.9-1（a）所示双肢组合构件，格构柱双肢绕实轴（$y$-$y$ 轴）的刚度 $\lambda_y$ 及容许长细比与实腹式轴心受力构件的刚度及容许长细比相同。其最大长细比 $\lambda_y$ 为：

$$\lambda_y = \frac{l_0}{i_y} \leqslant [\lambda] \tag{9.3.14-1}$$

2) 绕虚轴的刚度 $\lambda_{0x}$ 和 $\lambda_x$

(1) 当缀件为缀板时

绕虚轴（$x$-$x$ 轴）的换算长细比为：

$$\lambda_{0x} = \sqrt{\lambda_x^2 + \lambda_1^2} < [\lambda] \tag{9.3.14-2}$$

在设计中一般采用虚轴与实轴等稳定的原则来求双肢间距，这就需要假定格构柱双肢绕虚轴（$x$-$x$ 轴）的换算长细比 $\lambda_{0x}=\lambda_y$，代入上式后得到绕虚轴的长细比 $\lambda_x$ 为：

$$\lambda_x=\sqrt{\lambda_y^2-\lambda_1^2}<[\lambda] \tag{9.3.14-3}$$

（2）当缀件为缀条时

绕虚轴（$x$-$x$ 轴）的换算长细比为：

$$\lambda_{0x}=\sqrt{\lambda_x^2+27\frac{A}{A_{1x}}}<[\lambda] \tag{9.3.14-4}$$

在设计中一般采用虚轴与实轴等稳定的原则来求双肢间距，这就需要假定格构柱双肢绕虚轴（$x$-$x$ 轴）的换算长细比 $\lambda_{0x}=\lambda_y$，代入上式后得到绕虚轴的长细比 $\lambda_x$ 为：

$$\lambda_x=\sqrt{\lambda_y^2-27\frac{A}{A_{1x}}}<[\lambda] \tag{9.3.14-5}$$

（3）由 $\lambda_x$ 求双肢间距 $b_1$

单个型钢的弱轴为 1-1 轴，双肢 1-1 轴的间距为 $b_1$，格构柱绕弱轴（$x$-$x$ 轴）的回转半径为 $i_x=\sqrt{I_x/A}$。

格构柱对弱轴的惯性矩为：

$$I_x=2\left[I_1+\frac{A}{2}\left(\frac{b_1}{2}\right)^2\right]$$

对弱轴的回转半径的平方为：

$$i_x^2=\frac{I_x}{A}=\frac{I_1}{A/2}+\left(\frac{b_1}{2}\right)^2$$

导出双肢对弱轴的间距为：

$$b_1=2\sqrt{i_x^2-i_1^2} \tag{9.3.14-6}$$

简记：求双肢间距。

式中：$l_0$——轴心受压构件柱的长细比；

$i_1$——单肢截面绕型钢弱轴的回转半径（$i_1=\sqrt{I_1/0.5A}$）；

$\lambda_x$——整个构件对虚轴（$x$ 轴）的长细比；

$\lambda_y$——整个构件对实轴（$y$ 轴）的长细比；

$\lambda_1$——分肢对最小刚度轴（1-1 轴）的长细比，其计算长度取为：焊接时，为相邻两缀板的净距离；螺栓连接时，为相邻两缀板边缘螺栓的距离；

$A$——分肢毛截面面积之和（$mm^2$）；

$A_{1x}$——垂直于 $x$ 轴的各斜缀条毛截面面积之和（$mm^2$）；

$[\lambda]$——容许长细比，压杆取 150。

**2. 四肢组合构件的刚度**

参见图 9.3.9-1（b）所示四肢组合构件，一般采用绕两个轴（$x$-$x$ 度和 $y$-$y$ 轴）均为对称的形式。

绕两个虚轴的刚度 $\lambda_{0x}$ 或 $\lambda_{0y}$ 和 $\lambda_x$ 或 $\lambda_y$ 的计算采用下列公式。

1) 当缀件为缀板时

绕虚轴的换算长细比为：

$$\begin{cases} \lambda_{0x} = \sqrt{\lambda_x^2 + \lambda_1^2} \leqslant [\lambda] \\ \lambda_{0y} = \sqrt{\lambda_y^2 + \lambda_1^2} \leqslant [\lambda] \end{cases} \tag{9.3.14-7}$$

在设计中一般采用刚度放大的方法来求四肢的间距。由于绕虚轴的换算长细比略大于绕虚轴的长细比，假定 $\lambda_{0x} = k_x \lambda_x$（$k_x > 1.0$）或 $\lambda_{0y} = k_y \lambda_y$（$k_x > 1.0$），代入上式后得到绕虚轴（$x$-$x$ 轴和 $y$-$y$ 轴）的长细比 $\lambda_x$ 或 $\lambda_y$ 为：

$$\begin{cases} \lambda_x = \dfrac{\lambda_1}{\sqrt{k_x^2 - 1}} \leqslant [\lambda] \\ \lambda_y = \dfrac{\lambda_1}{\sqrt{k_y^2 - 1}} \leqslant [\lambda] \end{cases} \tag{9.3.14-8}$$

2) 当缀件为缀条时

绕虚轴的换算长细比为：

$$\begin{cases} \lambda_{0x} = \sqrt{\lambda_x^2 + 40\dfrac{A}{A_{1x}}} \leqslant [\lambda] \\ \lambda_{0y} = \sqrt{\lambda_y^2 + 40\dfrac{A}{A_{1y}}} \leqslant [\lambda] \end{cases} \tag{9.3.14-9}$$

同样采用刚度放大法，假定 $\lambda_{0x} = k_x \lambda_x$（$k_x > 1.0$）或 $\lambda_{0y} = k_y \lambda_y$（$k_x > 1.0$），代入上式后得到绕虚轴（$x$-$x$ 轴和 $y$-$y$ 轴）的长细比 $\lambda_x$ 或 $\lambda_y$ 为：

$$\begin{cases} \lambda_x = \sqrt{\dfrac{40}{k_x^2 - 1} \cdot \dfrac{A}{A_{1x}}} \leqslant [\lambda] \\ \lambda_y = \sqrt{\dfrac{40}{k_y^2 - 1} \cdot \dfrac{A}{A_{1y}}} \leqslant [\lambda] \end{cases} \tag{9.3.14-10}$$

3) 四个肢的角钢每个方向边至边的距离 $b_x$ 和 $b_y$

为了计算简单，采用近似值的表达公式为：

$$\begin{cases} i_x = 0.43b_x \\ i_y = 0.43b_y \end{cases}$$

导出四肢对双弱轴的间距为：

$$\begin{cases} b_x = 2.33i_x \\ b_y = 2.33i_y \end{cases} \tag{9.3.14-11}$$

简记：求四肢间距。

式中：$\lambda_x$——整个构件对虚轴（$x$ 轴）的长细比；

$\qquad \lambda_y$——整个构件对虚轴（$y$ 轴）的长细比；

$\qquad \lambda_1$——分肢对最小刚度轴 1-1 的长细比；

$\qquad A$——分肢毛截面面积之和（$mm^2$）；

$\qquad A_{1x}$——垂直于 $x$ 轴的各斜缀条毛截面面积之和（$mm^2$）；

　　$A_{1y}$——垂直于 $y$ 轴的各斜缀条毛截面面积之和（mm²）；

　　$k_x$——对刚度 $\lambda_x$ 放大系数；

　　$k_y$——对刚度 $\lambda_y$ 放大系数；

　　$b_x$——沿 $y$ 轴方向两个角钢的边至边的距离（mm）；

　　$[\lambda]$——容许长细比，压杆取 150。

　　3. 缀件为缀条的三肢组合构件的刚度

　　参见图 9.3.9-1（c）所示缀件为缀条的三肢组合构件，格构柱三肢绕双虚轴（$x$-$x$ 轴和 $y$-$y$ 轴）的换算长细比分别为 $\lambda_{0x}$ 和 $\lambda_{0y}$，绕双虚轴（$x$-$x$ 轴和 $y$-$y$ 轴）的长细比分别为 $\lambda_x$ 和 $\lambda_y$。

　　绕虚轴的刚度 $\lambda_{0x}$ 或 $\lambda_{0y}$ 和 $\lambda_x$ 或 $\lambda_y$ 的计算式为：

$$\begin{cases}\lambda_{0x}=\sqrt{\lambda_x^2+\dfrac{42}{1.5-\cos^2\theta}\cdot\dfrac{A}{A_1}}\leqslant[\lambda]\\[3mm]\lambda_{0y}=\sqrt{\lambda_y^2+\dfrac{42}{\cos^2\theta}\cdot\dfrac{A}{A_1}}\leqslant[\lambda]\end{cases}\quad(9.3.14\text{-}12)$$

　　采用刚度放大法，假定 $\lambda_{0x}=k\lambda_x$ 或 $\lambda_{0y}=k\lambda_y$（$k>1.0$），代入上式后得到绕虚轴（$x$-$x$ 轴和 $y$-$y$ 轴）的长细比 $\lambda_x$ 或 $\lambda_y$ 为：

$$\begin{cases}\lambda_x=\sqrt{\dfrac{42}{(1.5-\cos^2\theta)\sqrt{k_x^2-1}}\cdot\dfrac{A}{A_1}}\leqslant[\lambda]\\[3mm]\lambda_y=\sqrt{\dfrac{42}{(\cos^2\theta)\sqrt{k_y^2-1}}\cdot\dfrac{A}{A_1}}\leqslant[\lambda]\end{cases}\quad(9.3.14\text{-}13)$$

　　简记：用于求肢距。

式中：$A_1$——构件截面中各斜缀条毛截面面积之和（mm²）；

　　　　$\theta$——构件截面内所在平面与 $x$ 轴的夹角；

　　　　$k_x$——对刚度 $\lambda_x$ 放大系数；

　　　　$k_y$——对刚度 $\lambda_y$ 放大系数；

　　　　$[\lambda]$——容许长细比，压杆取 150。

## 9.3.15　双肢格构柱和四肢格构柱设计的综合例题

　　【例题 9.3.15-1】某轴心受压双肢格构柱，承受的轴心压力设计值 $N=3000$kN（含格构柱自重），格构柱两端铰接，计算长度 $l_{0x}=l_{0y}=7.5$m。缀条式格构柱截面由两个热轧普通工字钢组成［图 9.3.15-1（a）］，缀板式格构柱截面由两个热轧普通槽钢组成［图 9.3.15-1（b）］，钢材为 Q235B，抗压强度设计值 $f=215$N/mm²，钢号修正系数 $\varepsilon_k=1.0$。

　　要求：分别按缀条柱和缀板柱设计双肢格构柱。

　　【解】

　　1）双肢缀条柱设计

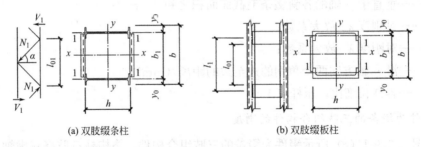

(a) 双肢缀条柱          (b) 双肢缀板柱

**图 9.3.15-1 双肢格构柱设计**

（1）确定双肢截面面积 $A$

一般先假定构件的长细比 $\lambda = 50 \sim 100$，当压力较大而计算长度较小时取较小值，反之取大值。

假定 $\lambda_y = 60$。查轴心受压构件的截面分类表，各肢截面对实轴和虚轴都属于 b 类。查 b 类截面轴心受压构件的稳定系数，得到 $\varphi_y = 0.807$。双肢截面面积为：

$$A \geqslant \frac{N}{\varphi_y f} = \frac{3000 \times 10^3}{0.807 \times 215} = 17291 \ (\text{mm}^2)$$

绕 $y$-$y$ 轴的回转半径为：

$$i_y = \frac{l_{0y}}{\lambda_y} = \frac{7500}{60} = 125 \ (\text{mm})$$

查型钢表，选热轧普通工字钢为 2 工 40b，格构柱形式见图 9.3.15-1（a），其截面特征为：双肢截面的总面积 $A = 18814 \text{mm}^2$，截面宽度为 144mm，$y_0 = 72$mm，绕强轴的回转半径 $i_y = 156$mm，绕弱轴（1-1 轴）的回转半径 $i_1 = 27.1$mm，绕弱轴（1-1 轴）的惯性矩 $I_1 = 6928000 \text{mm}^4$。

格构柱绕实轴的刚度验算：

$$\lambda_y = l_{0y}/i_y = 7500/156 = 48.1 < [\lambda] = 150$$

绕实轴的刚度满足要求。

根据 $\lambda_y = 48.1$，查 b 类截面轴心受压构件的稳定系数，得到 $\varphi_y = 0.865$。格构柱绕实轴的整体稳定性验算：

$$\frac{N}{\varphi_y A f} = \frac{3000 \times 10^3}{0.865 \times 18814 \times 215} = 0.857 < 1.0$$

格构柱绕实轴的整体稳定性满足要求。

（2）确定斜缀条的截面面积

根据经验，双肢格构柱斜缀条的截面面积约为双肢面积的 10%，即 $A_{1x} = 0.1A$。采用热轧等边角钢，一个角钢的截面面积为 $A_1 = 0.5A_{1x} = 0.05A = 0.05 \times 18814 = 940.7 \ (\text{mm}^2)$。查型钢表，选取的角钢为 L63×8，其截面特征为：$A_1 = 951 \text{mm}^2$，$A_{1x} = 2A_1 = 1902 \text{mm}^2$，角钢的最小回转半径为 $i_v = 12.3$mm（45°斜轴）。

（3）确定两肢的间距（对虚轴 $x$-$x$ 计算）

按照双轴等稳定原则 $\lambda_{0x} = \lambda_y$，绕虚轴（$x$-$x$ 轴）的长细比按式（9.3.14-5）计算：

$$\lambda_x = \sqrt{\lambda_y^2 - 27 \frac{A}{A_{1x}}} = \sqrt{48.1^2 - \frac{27 \times 18814}{1902}} = 45.2$$

按长细比公式得出绕虚轴（$x$-$x$ 轴）的回转半径为：

$$i_x = \frac{l_{0x}}{\lambda_x} = \frac{7500}{45.2} = 166 \ （mm）$$

双工字钢中心距按式（9.3.14-6）计算：

$$b_1 = 2\sqrt{i_x^2 - i_1^2} = 2\sqrt{166^2 - 27.1^2} = 328 \ （mm）$$

实取：$b_1 = 400mm$。

格构柱的总宽度为：

$$b = b_1 + 2y_0 = 400 + 144 = 544 \ （mm）$$

（4）验算格构柱对虚轴（$x$-$x$ 轴）的刚度和稳定性

$$I_x = 2\left[I_1 + \frac{A}{2}\left(\frac{b_1}{2}\right)^2\right] = 2\left[6928000 + \frac{18814}{2} \times \left(\frac{400}{2}\right)^2\right] = 766416000 \ （mm^4）$$

按实际截面特性计算回转半径：

$$i_x = \sqrt{\frac{I_x}{A}} = \sqrt{\frac{766416000}{18814}} = 201.8 \ （mm）$$

按实际截面计算对虚轴（$x$-$x$ 轴）的长细比：

$$\lambda_x = \frac{l_{0y}}{i_x} = \frac{7500}{201.8} = 37.2$$

对虚轴（$x$-$x$ 轴）的换算长细比：

$$\lambda_{0x} = \sqrt{\lambda_x^2 + 27\frac{A}{A_{1x}}} = \sqrt{37.2^2 + \frac{27 \times 18814}{1902}} = 40.6 < \lambda_y = 48.1 < [\lambda] = 150$$

由于对虚轴和实轴同属 b 类截面，$\lambda_{0x} < \lambda_y$，说明刚度和稳定性均满足要求。

（5）验算分肢的刚度和稳定性

斜缀条与水平线的夹角定为 $\alpha = 45°$，分肢的计算长度为 $l_{01} = 2b_1 = 2 \times 400 = 800 \ （mm）$。

绕实轴的长细比为 $\lambda_y = 48.1 < 50$，绕虚轴的长细比为 $\lambda_x = 45.1$，取 $\lambda_{max} = 50$。

缀条柱的分肢绕 1-1 轴的长细比应满足式（9.3.10-1）的要求：

$$\lambda_1 = \frac{l_{01}}{i_1} = \frac{800}{27.1} = 29.5 \leqslant 0.7\lambda_{max} = 0.7 \times 50 = 35$$

分肢刚度满足要求。

根据 $\lambda_1 = 29.5$，查 b 类截面轴心受压构件的稳定系数，得到 $\varphi_1 = 0.9375$。

单肢截面面积为 $A_{01} = A/2 = 18814/2 = 9407 \ （mm^2）$

单肢轴力为 $N_1 = N/2 = 3000/2 = 1500 \ （kN）$

分肢对 1-1 轴的稳定性验算为：

$$\frac{N_1}{\varphi_1 A_{01} f} = \frac{1500 \times 10^3}{0.9375 \times 9407 \times 215} = 0.791 < 1.0$$

分肢整体稳定性满足要求。

（6）验算斜缀条的刚度和稳定性

按式（9.3.11-4）计算格构柱最大剪力为：

$$V = \frac{Af}{85\varepsilon_k} = \frac{18814 \times 215}{85 \times 1.0} \times 10^{-3} = 47.6 \text{ (kN)}$$

一个缀件面的总剪力为：

$$V_1 = \frac{V}{2} = \frac{47.6}{2} = 23.8 \text{ (kN)}$$

斜缀条与水平线的夹角定为 $\alpha = 45°$。斜缀条的计算长度为：

$$l_0 = \frac{b_1}{\cos\alpha} = \frac{400}{\cos45°} = 566 \text{ (mm)}$$

单根（$n = 1.0$）斜缀条的轴力为：

$$N_1 = \frac{V_1}{n\cos\alpha} = \frac{23.8}{1.0 \times \cos45°} = 33.7 \text{ (kN)}$$

斜缀条（单角钢）最小回转半径为 $i_v = 12.3\text{mm}$。

斜缀条的长细比为：

$$\lambda_v = \frac{l_0}{i_v} = \frac{566}{12.3} = 46.02 \leqslant [\lambda] = 150$$

斜缀条满足刚度要求。

单角钢 L $63 \times 8$ 的面积为 $A_1 = A_{1x}/2 = 1902/2 = 951 \text{ (mm}^2)$。

角钢截面为 b 类，查 b 类截面轴心受压构件的稳定系数，得到 $\varphi = 0.874$。

等边单角钢的折减系数为：

$$\eta = 0.6 + 0.0015\lambda_v = 0.6 + 0.0015 \times 46.02 = 0.669$$

斜缀条（单角钢）的整体稳定性按式（9.3.13-3）计算：

$$\frac{N_1}{\eta\varphi A_1 f} = \frac{33.7 \times 10^3}{0.669 \times 0.874 \times 951 \times 215} = 0.28 \leqslant 1.0$$

斜缀条满足整体稳定性要求。

2）双肢缀板柱设计

（1）确定双肢截面面积 $A$

假定 $\lambda_y = 60$，则 $\lambda_y/\varepsilon_k = 60$。查轴心受压构件的截面分类表，各肢截面对实轴和虚轴都属于 b 类，查 b 类截面轴心受压构件的稳定系数，得到 $\varphi_y = 0.807$。双肢截面面积为：

$$A \geqslant \frac{N}{\varphi_y f} = \frac{3000 \times 10^3}{0.807 \times 215} = 17291 \text{ (mm}^2)$$

绕 $y$-$y$ 轴的回转半径为：

$$i_y = \frac{l_{0y}}{\lambda_y} = \frac{7500}{60} = 125 \text{ (mm)}$$

查型钢表，选热轧普通槽钢为 2[40c，格构柱形式见图 9.3.15-1（b），其截面特征为：双肢截面的总面积 $A = 18208\text{mm}^2$，截面宽度为 104mm，$y_0 = 24.2\text{mm}$，绕强轴的回转半径 $i_y = 147.1\text{mm}$，绕弱轴（1-1 轴）的回转半径 $i_1 = 27.5\text{mm}$，绕弱轴（1-1 轴）的惯

性矩 $I_1 = 6878000 \text{mm}^4$。

格构柱绕实轴的刚度验算：

$$\lambda_y = l_{0y}/i_y = 7500/147.1 = 51 < [\lambda] = 150$$

刚度满足要求。

根据 $\lambda_y = 51$，查 b 类截面轴心受压构件的稳定系数，得到 $\varphi_y = 0.852$。格构柱绕实轴的整体稳定性验算：

$$\frac{N}{\varphi_y A f} = \frac{3000 \times 10^3}{0.852 \times 18208 \times 215} = 0.899 < 1.0$$

格构柱绕实轴的整体稳定性满足要求。

（2）确定两肢的间距（对虚轴 $x\text{-}x$ 计算）

缀板柱绕 1-1 轴的分肢长细比应满足式（9.3.10-2）和式（9.3.10-3）的要求：

$$\begin{cases} \lambda_1 \leqslant 0.5\lambda_{\max} = 0.5 \times 51 = 25.5 \\ \lambda_1 \leqslant 40\varepsilon_k = 40 \times 1.0 = 40 \end{cases}$$

考虑留有一点余量，选定 $\lambda_1 = 24$。

按照双轴等稳定原则 $\lambda_{0x} = \lambda_y$，绕虚轴（$x\text{-}x$ 轴）的长细比按式（9.3.14-3）计算：

$$\lambda_x = \sqrt{\lambda_y^2 - \lambda_1^2} = \sqrt{51^2 - 24^2} = 45$$

绕虚轴（$x\text{-}x$ 轴）的回转半径为：

$$i_x = \frac{l_{0x}}{\lambda_x} = \frac{7500}{45} = 167 \text{（mm）}$$

双槽钢绕弱轴的中心距按式（9.3.14-6）计算：

$$b_1 = 2\sqrt{i_x^2 - i_1^2} = 2\sqrt{167^2 - 27.5^2} = 329.4 \text{（mm）}$$

实取：$b_1 = 352\text{mm}$。

格构柱的总宽度为：

$$b = b_1 + 2y_0 = 352 + 2 \times 24.2 = 400 \text{（mm）}$$

（3）确定缀板尺寸

缀板的厚度按式（9.3.11-8）计算：

$$t_b \geqslant \frac{b_1}{40} = \frac{352}{40} = 8.8 \text{（mm）}$$

实取缀板厚度为：$t_b = 10\text{mm}$，且满足 $t_b \geqslant 6\text{mm}$ 的要求。

缀板的高度按式（9.3.11-9）计算：

$$h_b = \frac{2b_1}{3} = \frac{2 \times 352}{3} = 234.7 \text{（mm）}$$

实取缀板高度为：$h_b = 250\text{mm}$。

一个缀板的惯性矩为：

$$I_{b1} = \frac{10 \times 250^3}{12} = 13020833 \text{（mm}^4\text{）}$$

（4）确定缀板沿格构柱高度方向的间距

缀板间的净距为：

$$l_{01} = \lambda_1 i_1 = 24 \times 27.5 = 660 \text{ (mm)}$$

实取缀板间的净距为：$l_{01} = 650$（mm）。

缀板间的中心距为：$l_1 = l_{01} + h_b = 650 + 250 = 900$（mm）。

（5）验算格构柱对虚轴（$x$-$x$ 轴）的刚度和稳定性

$$I_x = 2\left[I_1 + \frac{A}{2}\left(\frac{b_1}{2}\right)^2\right] = 2\left[6878000 + \frac{18208}{2} \times \left(\frac{352}{2}\right)^2\right] = 577767008 \text{ (mm}^4)$$

回转半径为：

$$i_x = \sqrt{\frac{I_x}{A}} = \sqrt{\frac{577767008}{18208}} = 178.1 \text{ (mm)}$$

按格构柱实际截面计算对虚轴（$x$-$x$ 轴）的长细比：

$$\lambda_x = \frac{l_{0y}}{i_x} = \frac{7500}{178.1} = 42.1$$

对虚轴（$x$-$x$ 轴）的换算长细比：

$$\lambda_{0x} = \sqrt{\lambda_x^2 + \lambda_1^2} = \sqrt{42.1^2 + 24^2} = 48.5 < \lambda_y = 51 < [\lambda] = 150$$

由于对虚轴和实轴同属 b 类截面，$\lambda_{0x} < \lambda_y$，说明刚度和稳定性均满足要求。

（6）验算分肢的刚度和稳定性

绕实轴的长细比为 $\lambda_y = 51$，绕虚轴的长细比为 $\lambda_x = 42.1$，取 $\lambda_{\max} = 51$。

缀板柱的分肢实际长细比 $\lambda_1$ 应满足式（9.3.10-2）和式（9.3.10-3）的要求：

$$\lambda_1 = \frac{l_{01}}{i_1} = \frac{650}{27.5} = 23.6 \leqslant 0.5\lambda_{\max} = 0.5 \times 51 = 25.5$$

$$\lambda_1 \leqslant 40\varepsilon_k = 40 \times 1.0 = 40$$

缀板柱的分肢刚度满足要求。

根据 $\lambda_1 = 23.6$，查 b 类截面轴心受压构件的稳定系数，得到 $\varphi_1 = 0.958$。

单肢截面面积为 $A_{01} = A/2 = 18208/2 = 9104$（mm$^2$）

单肢轴力为 $N_1 = N/2 = 3000/2 = 1500$（kN）

分肢对 1-1 轴的稳定性验算为：

$$\frac{N_1}{\varphi_1 A_{01} f} = \frac{1500 \times 10^3}{0.958 \times 9104 \times 215} = 0.8 < 1.0$$

分肢整体稳定性满足要求。

（7）验算缀板与分肢的线刚度比值

两侧缀板的惯性矩之和为：

$$I_b = 2I_{b1} = 2 \times 13020833 = 26041666 \text{ (mm}^4)$$

两分肢的轴线距离：

$$a = b_1 = 352\text{mm}$$

缀板的线刚度为：

$$i_b = \frac{I_b}{a} = \frac{26041666}{352} = 73982 \text{ (mm}^3)$$

上、下相邻缀板间中心距离为 $l_1 = 900\text{mm}$，绕 1-1 轴惯性矩为 $I_1 = 6878000\text{mm}^4$。

分肢的线刚度为：

$$i_1 = \frac{I_1}{l_1} = \frac{6878000}{900} = 7642 \text{（mm}^3\text{）}$$

缀板与分肢的线刚度比值为：

$$\frac{i_b}{i_1} = \frac{73982}{7642} = 9.68 > 6$$

缀板与分肢的线刚度比值满足式（9.3.10-4）的要求。

【例题 9.3.15-2】某轴心受压四肢格构柱（图 9.3.15-2），承受的轴压力设计值 $N = 1000\text{kN}$（含格构柱自重），格构柱两端铰接，计算长度 $l_{0x} = l_{0y} = 12\text{m}$。截面由四个热轧普通角钢组成，钢材为 Q235B，抗压强度设计值 $f = 215\text{N/mm}^2$，钢号修正系数 $\varepsilon_k = 1.0$。

要求：分别按缀条柱和缀板柱设计四肢格构柱。

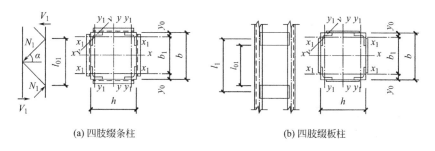

(a) 四肢缀条柱          (b) 四肢缀板柱

**图 9.3.15-2 四肢格构柱设计**

【解】

1）四肢缀条柱设计

（1）确定四肢截面面积 $A$

四肢格构柱平面为四方形，绕双虚轴（$x$-$x$ 轴和 $y$-$y$ 轴）长细比 $\lambda_x = \lambda_y$。

对于双虚轴格构柱，应按换算长细比进行截面设计。

假定刚度放大系数 $k_x = 1.1$，$\lambda_y = 60$，则换算长细比 $\lambda_{0x} = \lambda_{0y} = k_x \lambda_y / \varepsilon_k = 1.1 \times 60/1.0 = 66$。

查轴心受压构件的截面分类表，各肢截面对两个虚轴都属于 b 类，查 b 类截面轴心受压构件的稳定系数，得到 $\varphi_y = 0.774$。

四肢截面面积为：

$$A \geqslant \frac{N}{\varphi_y f} = \frac{1000 \times 10^3}{0.774 \times 215} = 6009 \text{（mm}^2\text{）}$$

查型钢表，选热轧普通槽钢为 4∟100×8，格构柱形式见图 9.3.15-2（a），其截面特征为：一个肢的角钢面积 $A_1 = 1564\text{mm}^4$，四肢截面的总面积 $A = 4 \times 1564 = 6256\text{mm}^2$，形心至角钢边缘的距离 $x_0 = y_0 = 27.6\text{mm}$，单角钢绕其双轴的回转半径均为 $i_1 = i_{x1} = i_{y1} = 30.8\text{mm}$，惯性矩 $I_{x1} = I_{y1} = 1482400\text{mm}^4$，绕最弱轴（$v$-$v$ 轴）的最小回转半径 $i_v = 19.8\text{mm}$。

格构柱绕双虚轴的刚度验算：

$$\lambda_{0x} = \lambda_{0y} = 66 < [\lambda] = 150$$

刚度满足要求。

根据 $\lambda_{0x} = \lambda_{0y} = 66$，查 b 类截面轴心受压构件的稳定系数，得到 $\varphi_y = 0.774$。格构柱绕双虚轴的整体稳定性验算：

$$\frac{N}{\varphi_y A f} = \frac{1000 \times 10^3}{0.774 \times 6256 \times 215} = 0.961 < 1.0$$

格构柱绕双虚轴的整体稳定性满足要求。

（2）确定四肢格构柱的平面尺寸

格构柱绕双虚轴的回转半径为：

$$i_x = i_y = \frac{l_{0y}}{\lambda_y} = \frac{12000}{60} = 200 \ (\text{mm})$$

按式（9.3.14-11），四肢对双弱轴的间距（角钢边到边）为：

$$b = h = 2.33 i_x = 2.33 \times 200 = 466 \ (\text{mm})$$

实取：$b = h = 500\text{mm}$。

两个角钢实轴（$x_1$-$x_1$ 轴）之间距离为：

$$b_1 = b - 2y_0 = 500 - 2 \times 27.6 = 444.8 \ (\text{mm})$$

（3）确定斜缀条的截面面积

根据经验，四肢格构柱斜缀条的截面面积约为四肢总面积的 5%，即 $A_1 = 0.05A$。采用热轧等边角钢，一个角钢的截面面积为 $A_1 = 0.05A = 0.05 \times 6256 = 312.8 \ (\text{mm}^2)$。查型钢表，按构造选取角钢为∟50×5，其截面特征为：$A_1 = 480\text{mm}^2$，垂直于 $x$-$x$ 轴或 $y$-$y$ 轴各斜缀条毛截面面积之和为 $A_{1x} = 2A_1 = 960 \ (\text{mm}^2)$，角钢的最小回转半径为 $i_v = 9.8\text{mm}$（45°斜轴）。

（4）验算格构柱对虚轴（$x$-$x$ 轴或 $y$-$y$ 轴）的刚度和稳定性

$$I_x = 4\left[I_{x1} + \frac{A}{4}\left(\frac{b}{2} - y_0\right)^2\right] = 4\left[1482400 + \frac{6256}{4} \times \left(\frac{500}{2} - 27.6\right)^2\right] = 315362371 \ (\text{mm}^4)$$

回转半径为：

$$i_y = i_x = \sqrt{\frac{I_x}{A}} = \sqrt{\frac{315362371}{6256}} = 225 \ (\text{mm})$$

按格构柱实际截面计算对虚轴（$x$-$x$ 轴）的长细比：

$$\lambda_x = \lambda_y = \frac{l_{0y}}{i_x} = \frac{12000}{225} = 53.3$$

对虚轴（$x$-$x$ 轴或 $y$-$y$ 轴）的换算长细比：

$$\lambda_{0y} = \lambda_{0x} = \sqrt{\lambda_x^2 + 40\frac{A}{A_{1x}}} = \sqrt{53.3^2 + \frac{40 \times 6256}{960}} = 55.7 < [\lambda] = 150$$

绕双虚轴的刚度满足要求。

按 $\lambda_{0y} = \lambda_{0x} = 55.7$，查 b 类截面轴心受压构件的稳定系数，得到 $\varphi = 0.831$。整体稳定

验算为：

$$\frac{N}{\varphi A f} = \frac{1000 \times 10^3}{0.831 \times 6256 \times 215} = 0.895 < 1.0$$

四肢格构柱整体稳定满足要求。

（5）验算分肢的刚度和稳定性

绕双虚轴最大长细比为：$\lambda_{max} = \lambda_x = \lambda_y = 53.3 > 50$

无横缀条时，斜缀条与水平线的夹角定为 $\alpha = 45°$，分肢的计算长度为 $l_{01} = 2b_1 = 2 \times 444.8 = 890$（mm）。

缀条柱的分肢绕最弱轴（$v$-$v$ 轴）的长细比应满足式（9.3.10-1）的要求：

$$\lambda_1 = \frac{l_{01}}{i_v} = \frac{890}{19.8} = 45 > 0.7\lambda_{max} = 0.7 \times 53.3 = 37.31$$

可见，无横缀条时分肢的刚度不满足要求，需要设置横缀条（L 50×5）来减小分肢计算长度。

有横缀条时，分肢的计算长度为：$l_{01} = b_1 = 444.8$mm。

$$\lambda_v = \frac{l_{01}}{i_v} = \frac{444.8}{19.8} = 22.5 < 0.7\lambda_{max} = 0.7 \times 53.3 = 37.31$$

可见，设置横缀条（L 50×5）后，各分肢满足刚度要求。

根据 $\lambda_v = 22.5$，查 b 类截面轴心受压构件的稳定系数，得到 $\varphi_v = 0.9615$。

单肢截面面积为 $A_1 = 1564$mm²

单肢轴力为 $N_1 = N/4 = 1000/4 = 250$（kN）

分肢对 $v$-$v$ 轴的稳定性验算为：

$$\frac{N_1}{\varphi_v A_1 f} = \frac{250 \times 10^3}{0.9615 \times 1564 \times 215} = 0.773 < 1.0$$

分肢整体稳定性满足要求。

（6）验算斜缀条的刚度和稳定性

按式（9.3.11-4）计算格构柱最大剪力为：

$$V = \frac{Af}{85\varepsilon_k} = \frac{6256 \times 215}{85 \times 1.0} \times 10^{-3} = 15.8 \text{（kN）}$$

一个缀件面的总剪力为：

$$V_1 = \frac{V}{2} = \frac{15.8}{2} = 7.9 \text{（kN）}$$

斜缀条与水平线的夹角定为 $\alpha = 45°$。斜缀条的计算长度为：

$$l_0 = \frac{b_1}{\cos\alpha} = \frac{444.8}{\cos 45°} = 629 \text{（mm）}$$

单根（$n = 1.0$）斜缀条的轴力为：

$$N_1 = \frac{V_1}{n\cos\alpha} = \frac{7.9}{1.0 \times \cos 45°} = 11.2 \text{（kN）}$$

斜缀条（单角钢）最小回转半径为 $i_v = 9.8$mm。

斜缀条的长细比为：

$$\lambda_v = \frac{l_0}{i_v} = \frac{629}{9.8} = 64.18 \leqslant [\lambda] = 150$$

斜缀条满足刚度要求。

角钢∟50×5 的面积为 $A_1 = 480\text{mm}^2$。

角钢截面为 b 类，按 $\lambda_v = 64.18$，查 b 类截面轴心受压构件的稳定系数，得到 $\varphi = 0.784$。

等边单角钢的折减系数为：

$$\eta = 0.6 + 0.0015\lambda_v = 0.6 + 0.0015 \times 64.18 = 0.696$$

斜缀条（单角钢）的整体稳定性按式（9.3.13-3）计算：

$$\frac{N_1}{\eta\varphi A_1 f} = \frac{11.2 \times 10^3}{0.696 \times 0.784 \times 480 \times 215} = 0.2 \leqslant 1.0$$

斜缀条满足整体稳定性要求。

2）四肢缀板柱设计

（1）确定四肢截面面积及平面尺寸

缀板式四肢截面面积 $A$ 及平面尺寸与缀条式四肢格构柱完全相同，格构柱形式见图 9.3.15-2（b）。刚度和整体稳定均满足要求。

（2）确定缀板尺寸

缀板的厚度按式（9.3.11-8）计算：

$$t_b \geqslant \frac{b_1}{40} = \frac{444.8}{40} = 11.12 \ (\text{mm})$$

实取缀板厚度为：$t_b = 12\text{mm}$，且满足 $t_b \geqslant 6\text{mm}$ 的要求。

缀板的高度按式（9.3.11-9）计算：

$$h_b = \frac{2b_1}{3} = \frac{2 \times 444.8}{3} = 296.5 \ (\text{mm})$$

实取缀板高度为：$h_b = 300\text{mm}$。

一个缀板的惯性矩为：

$$I_{b1} = \frac{12 \times 300^3}{12} = 27000000 \ (\text{mm}^4)$$

（3）确定缀板沿格构柱高度方向的间距

绕双虚轴最大长细比为：$\lambda_{max} = \lambda_x = \lambda_y = 53.3 > 50$，取 $\lambda_{max} = 50$。

缀板柱绕 $x_1$-$x_1$ 轴或 $y_1$-$y_1$ 轴的分肢长细比应满足式（9.3.10-2）和式（9.3.10-3）的要求：

$$\begin{cases} \lambda_1 \leqslant 0.5\lambda_{max} = 0.5 \times 50 = 25 \\ \lambda_1 \leqslant 40\varepsilon_k = 40 \times 1.0 = 40 \end{cases}$$

考虑留有一点余量，选定 $\lambda_1 = 24$。

设定 $k_x = 1.1$，绕虚轴（$x$-$x$ 轴和 $y$-$y$ 轴）的长细比 $\lambda_x$ 或 $\lambda_y$ 按式（9.3.14-8）计算：

$$\lambda_x = \lambda_y = \frac{\lambda_1}{\sqrt{k_x^2 - 1}} = \frac{24}{\sqrt{1.1^2 - 1}} = 52.4$$

对虚轴（$x$-$x$ 轴和 $y$-$y$ 轴）的换算长细比按式（9.3.14-3）计算：

$$\lambda_{0x} = \lambda_{0y} = \sqrt{\lambda_x^2 - \lambda_1^2} = \sqrt{52.4^2 - 24^2} = 46.6 < [\lambda] = 150$$

缀板间的净距为：

$$l_{01} = \lambda_1 i_1 = 24 \times 30.8 = 739 \text{（mm）}$$

实取缀板间的净距为：$l_{01} = 700 \text{mm}$。

缀板间的中心距为：$l_1 = l_{01} + h_b = 700 + 300 = 1000 \text{mm}$。

（4）验算分肢的刚度和稳定性

缀板柱的分肢实际长细比 $\lambda_1$ 应满足式（9.3.10-2）和式（9.3.10-3）的要求：

$$\lambda_1 = \frac{l_{01}}{i_1} = \frac{700}{30.8} = 22.7 \leqslant 0.5\lambda_{max} = 0.5 \times 50 = 25$$

$$\lambda_1 \leqslant 40\varepsilon_k = 40 \times 1.0 = 40$$

缀板柱的分肢刚度满足要求。

根据 $\lambda_1 = 22.7$，查 b 类截面轴心受压构件的稳定系数，得到 $\varphi_1 = 0.962$。

单肢截面面积为 $A_{01} = 1564 \text{mm}^4$

单肢轴力为 $N_1 = N/4 = 1000/4 = 250 \text{（kN）}$

分肢对 1-1 轴的稳定性验算为：

$$\frac{N_1}{\varphi_1 A_{01} f} = \frac{250 \times 10^3}{0.962 \times 1564 \times 215} = 0.773 < 1.0$$

分肢整体稳定性满足要求。

（5）验算缀板与分肢的线刚度比值

两侧缀板的惯性矩之和为：

$$I_b = 2I_{b1} = 2 \times 27000000 = 54000000 \text{（mm}^4\text{）}$$

两分肢的轴线距离：

$$a = b_1 = 444.8 \text{（mm）}$$

缀板的线刚度为：

$$i_b = \frac{I_b}{a} = \frac{54000000}{444.8} = 121403 \text{（mm}^3\text{）}$$

上、下相邻缀板间中心距离为 $l_1 = 1000 \text{mm}$，绕 1-1 轴惯性矩为 $I_1 = 1482400 \text{mm}^4$。

分肢的线刚度为：

$$i_1 = \frac{I_1}{l_1} = \frac{1482400}{1000} = 1482.4 \text{（mm}^3\text{）}$$

缀板与分肢的线刚度比值为：

$$\frac{i_b}{i_1} = \frac{121403}{1482.4} = 81.9 > 6$$

缀板与分肢的线刚度比值满足式（9.3.10-4）的要求。

# 第 10 章

# 拉弯、压弯构件设计

## 10.1 拉弯、压弯构件概述

### 10.1.1 拉弯、压弯构件的类型

拉弯构件和压弯构件的类型如图 10.1.1-1 所示。

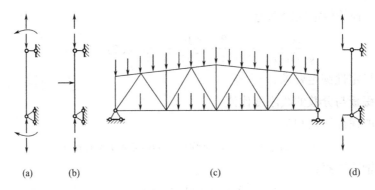

(a)　　(b)　　　　　　　(c)　　　　　　　(d)

**图 10.1.1-1　拉弯构件和压弯构件的类型**

1. 拉弯构件

当构件承受通过其轴心线的轴向拉力和绕截面主轴弯矩作用时，称为轴心拉弯构件，简称拉弯构件。其轴心线为构件各处截面形心连成的一条直线。

拉弯构件分为四种类型：

1）构件承受轴心拉力和端部弯矩的作用 [图 10.1.1-1（a）]；

2）构件承受轴心拉力和横向力产生的弯矩的作用 [图 10.1.1-1（b）]；

3）桁架下弦节间拉杆承受轴心拉力和拉杆的横向力产生的弯矩的作用[图 10.1.1-1（c）]；

4）构件偏心受拉 [图 10.1.1-1（d）] 也属于拉弯构件，其内容不在本书范围内。

2. 压弯构件

当构件承受通过其轴心线的轴向压力和绕截面主轴弯矩作用时，称为轴心压弯构件，简称压弯构件。其轴心线为构件各处截面形心连成的一条直线。

压弯构件分为四种类型：

1）构件承受轴心压力和端部弯矩的作用［图 10.1.1-1（a）］；

2）构件承受轴心压力和横向力产生的弯矩的作用［图 10.1.1-1（b）］；

3）桁架上弦节间压杆承受轴心压力和压杆的横向力产生的弯矩的作用［图 10.1.1-1（c）］；

4）构件偏心受压［图 10.1.1-1（d）］也属于压弯构件，其内容不在本书范围内。

3．拉弯、压弯构件的应用

拉弯、压弯构件是钢结构中广泛应用的构件。

拉弯构件一般用于局部悬吊框架柱，荷载通过框架梁将力传给吊柱，框架梁与柱采用刚接节点，吊柱承受轴心拉力和框架梁作用的弯矩。拉弯构件还用于图 10.1.1-1（a）、（b）、（c）所示的三种情形。

压弯构件一般用于多高层建筑的框架柱及单层厂房中的柱，以及图 10.1.1-1（a）、（b）、（c）所示的三种情形。支撑楼盖、屋盖或工作平台的竖向受压构件，由于截面较大，通常称为柱。当一根柱的柱顶采用铰接时，该柱称为轴心受压柱；当一根柱的柱顶与框架梁的连接采用刚接时，该柱称为压弯构件。

## 10.1.2　拉弯、压弯构件的截面形式

拉弯构件和压弯构件的截面形式如图 10.1.2-1 所示。

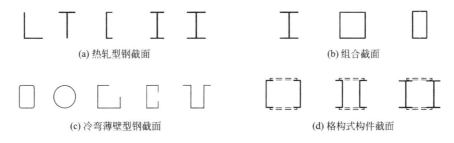

(a) 热轧型钢截面　　　　　　　　　　(b) 组合截面

(c) 冷弯薄壁型钢截面　　　　　　　　(d) 格构式构件截面

**图 10.1.2-1　拉弯构件和压弯构件的截面形式**

1．实腹式构件

实腹式构件是指截面［图 10.1.2-1（a）、（b）、（c）］连为一体的构件，其构造简单、制作方便。

2．格构式构件

格构式构件是指由两个或多个分肢用缀材相连［图 10.1.2-1（d）］组成的构件，其特点是可以通过调整分肢间距实现两个主轴方向的等稳定性，刚度较大，抗扭性能较好，用钢量较省，但整体性和抗剪性能较实腹式构件差一些。

3．常用的拉弯、压弯构件的截面形式

1）成品型钢截面

成品型钢也称为热轧型钢，截面形式［图 10.1.2-1（a）］有热轧等边角钢、热轧不

等边角钢、热轧 T 形钢、热轧普通槽钢、热轧普通工字钢、热轧 H 型钢、热轧 T 型钢。

2）组合截面

组合截面是指实腹式构件的截面［图 10.1.2-1（b）中的焊接 H 型钢截面、焊接箱形截面及双拼热轧普通槽钢］。

3）薄壁型钢截面

薄壁型钢也称为冷弯薄壁型钢，截面形式［图 10.1.2-1（c）］有方管、圆管、卷边和不卷边的角钢、向内卷边槽钢及向外卷边槽钢等，可用于轻型桁架、厂房檩条和墙梁等。

4）格构式构件截面

格构式构件截面是指将双热轧普通槽钢或双热轧普通工字钢通过缀件连接而成的格构式构件的截面［图 10.1.2-1（d）］。

# 10.2 拉弯、压弯构件的强度和刚度

## 10.2.1 拉弯、压弯构件的强度

1. 拉弯、压弯构件强度计算的三种准则

1）边缘纤维屈服准则

以构件最危险截面边缘纤维最大应力达到屈服强度作为构件的强度极限，此时，构件处于弹性工作阶段。

2）部分发展塑性准则

以构件最危险截面部分边缘区域应力均达到屈服强度作为构件的强度极限，此时，构件处于弹塑性工作阶段。

3）全截面屈服准则

以构件最危险截面的各处应力达到屈服强度作为构件的强度极限，此时，构件处于塑性工作阶段。

2. 拉弯、压弯构件截面应力发展过程

拉弯、压弯构件截面应力发展过程如图 10.2.1-1 所示。

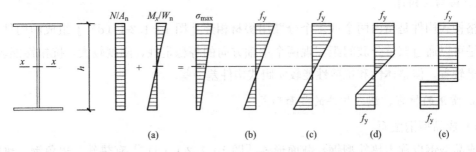

**图 10.2.1-1** 拉弯、压弯构件截面应力发展过程

拉弯、压弯构件截面应力由轴力产生的应力（$\sigma_N = N/A_n$）和弯矩产生的应力（$\sigma_M = M_x/W_n$）叠加而成，即：

$$\sigma = \sigma_N + \sigma_M = \frac{N}{A_n} + \frac{M_x}{W_n}$$

以压弯构件为例，假定轴压应力 $\sigma_N$ 为定值，其截面应力发展过程如下：

1）当弯矩 $M_x$ 较小时，叠合应力也较小，截面边缘纤维最大应力（$\sigma_{max} = \sigma_N + \sigma_M$）未达到屈服值 $f_y$，全截面为压应力状态［图 10.2.1-1（a）］，此时，全截面处于弹性工作状态。

2）当弯矩 $M_x$ 逐渐增大，相应的最大应力持续增大到 $\sigma_{max} = f_y$ 时，全截面仍处于弹性工作状态，上翼缘边缘纤维达到屈服，下翼缘弯曲拉应力超过轴压应力变为拉应力［图 10.2.1-1（b）］。在设计中采用边缘纤维屈服准则作为构件强度计算的依据，即取 $\gamma_x = \gamma_y = 1.0$。

3）当弯矩 $M_x$ 继续增加，最大压应力的塑性区将向截面内部发展，处于弹塑性工作状态，拉应力区弯曲应力抵消掉轴压应力 $\sigma_N$ 后，受拉翼缘边缘纤维可达到屈服［图 10.2.1-1（c）］。在设计中采用部分发展塑性准则作为构件强度计算的依据，即取 $\gamma_x > 1.0$ 及 $\gamma_y > 1.0$。

4）拉应力区翼缘边缘纤维达到屈服后，其受拉塑性区向截面内部发展［图 10.2.1-1（d）］，此时，截面压应力区和拉应力区均处于弹塑性工作状态。在设计中采用部分发展塑性准则作为构件强度计算的依据，即取 $\gamma_x > 1.0$ 及 $\gamma_y > 1.0$。

5）当塑性区发展到全截面时，形成塑性铰［图 10.2.1-1（e）］，此时，构件达到强度承载能力的极限状态，符合全截面屈服准则。

**3. 拉弯、压弯构件截面强度计算**

1）单向弯矩作用

当有效地利用塑性，采用部分发展塑性准则作为构件强度计算的依据时，除圆形截面外，承受单向弯矩的拉弯、压弯构件的截面强度按下式计算：

$$\frac{N}{A_n} \pm \frac{M_x}{\gamma_x W_{nx}} \leqslant f \tag{10.2.1-1}$$

圆形截面承受单向弯矩的拉弯、压弯构件的截面强度按下式计算：

$$\frac{N}{A_n} \pm \frac{M_x}{\gamma_m W_n} \leqslant f \tag{10.2.1-2}$$

2）双向弯矩作用

除圆形截面外，承受双向弯矩的拉弯、压弯构件的截面强度按下式计算：

$$\frac{N}{A_n} \pm \frac{M_x}{\gamma_x W_{nx}} \pm \frac{M_y}{\gamma_y W_{ny}} \leqslant f \tag{10.2.1-3}$$

圆形截面承受双向弯矩的拉弯、压弯构件的截面强度按下式计算：

$$\frac{N}{A_n} \pm \frac{\sqrt{M_x^2 + M_y^2}}{\gamma_m W_n} \leqslant f \tag{10.2.1-4}$$

式中：$N$——同一截面处轴心压力设计值（N）；

$M_x$、$M_y$——分别为同一截面处对 $x$ 轴和 $y$ 轴的弯矩设计值（N·mm）；

　$\gamma_x$、$\gamma_y$——截面塑性发展系数，根据受压板件的内力分布情况确定其截面宽厚比等级，当截面板件宽厚比等级不满足 S3 级要求时，取 1.0；满足 S3 级要求时，可按表 5.1.7-1 采用；需要验算疲劳强度的拉弯、压弯构件，宜取 1.0；

　　$\gamma_m$——圆形构件的截面塑性发展系数，对于实腹圆形截面取 1.2；当圆管截面板件宽厚比等级不满足 S3 级要求时，取 1.0；满足 S3 级要求时，取 1.5；需要验算疲劳强度的拉弯、压弯构件，宜取 1.0；

　　$A_n$——构件的净截面面积（mm²）；

　　$W_n$——构件的净截面模量（mm³）。

4. 强度计算的准则

式（10.2.1-1）～式（10.2.1-4）依据的是部分发展塑性准则，在特定条件下也符合边缘纤维屈服准则。

1）部分发展塑性准则

依据部分发展塑性准则，为了有效地利用塑性，使构件处于一个合理的弹塑性工作状态，避免构件因形成塑性铰而变形过大，以及截面上剪力等不利影响，引入了截面塑性发展系数（$\gamma_x$、$\gamma_y$）。

为了保证一定的塑性区，截面塑性发展系数应满足：$\gamma_x > 1.0$，$\gamma_y > 1.0$。

简记：$\gamma_x > 1.0$、$\gamma_y > 1.0$。

2）边缘纤维屈服准则

当 $\gamma_x = \gamma_y = 1.0$，式（10.2.1-1）～式（10.2.1-4）成为特殊状况，即不考虑截面塑性向内部发展，仅边缘纤维达到屈服点。符合下面三种情况的构件都可以在设计中采用边缘纤维屈服准则作为强度计算的依据：

（1）当截面板件宽厚比等级不满足 S3 级要求时，不考虑塑性发展的构件。

（2）需要验算疲劳强度的实腹式拉弯、压弯构件。由于考虑动力循环次数较多，截面塑性发展可能不充分，故不宜考虑塑性发展。

（3）弯矩绕虚轴作用时的双肢格构式拉弯、压弯构件。由于截面腹部无实体部件，塑性发展的潜力不大，故不考虑塑性发展。

## 10.2.2　拉弯、压弯构件的刚度

拉弯、压弯构件不仅应满足承载能力极限状态的要求，同时还应满足正常使用极限状态的要求。

在满足正常使用极限状态方面，拉弯、压弯构件与轴心受力构件一样，通过限制构件长细比来保证构件的刚度要求。拉弯、压弯构件的计算长度系数和容许长细比等与轴心受力构件相同。

# 10.3　压弯构件的稳定性

## 10.3.1　实腹式压弯构件的整体破坏形式

压弯构件的整体破坏形式分为强度破坏形式和失稳破坏形式。

1. 强度破坏形式

以下两种情况时有可能发生强度破坏：

1）当构件上有孔洞，对截面削弱较多时，可能发生强度破坏。强度计算时采用净截面面积。

简记：截面削弱。

2）当杆端弯矩明显大于杆件中间部分弯矩时，可能发生强度破坏。

简记：杆端弯矩过大。

2. 失稳破坏形式

实腹式压弯构件整体失稳破坏分为单向压弯构件整体失稳破坏和双向压弯构件整体失稳破坏。

1）单向压弯构件整体失稳破坏

（1）弯矩作用平面内的失稳

带有初始弯曲或荷载初始偏心的双轴对称压弯构件发生的失稳为弯矩作用平面内的弯曲失稳，类似于轴心受压构件整体失稳情况中的弯曲屈曲［参见图 9.3.1-1（a）］。

简记：弯曲失稳。

（2）弯矩作用平面外的失稳

若单向压弯构件弯矩作用平面外变形没有得到有效约束，且弯矩作用平面内稳定性较强时就会发生弯矩作用平面外的失稳。这种失稳与梁失稳类似，不仅发生平面外的弯曲变形，同时叠加截面绕纵向剪切轴的扭转变形，形成弯扭失稳破坏。同样是弯扭失稳，所不同的是：单向压弯构件为双轴对称截面，而轴心受压构件为单轴对称截面。

简记：弯扭失稳。

2）双向压弯构件整体失稳破坏

双向压弯构件整体失稳是在两个方向发生弯曲变形破坏，同时伴随着截面扭转，呈现弯扭失稳破坏形态。

简记：弯扭失稳。

## 10.3.2　实腹式压弯构件整体稳定性计算

1. 设计准则和计算方法

1）设计准则

设计采用边缘纤维屈服准则。

在理论分析过程中，按弹性分析，考虑二阶效应和初始缺陷（几何缺陷、残余应力缺陷），依据边缘纤维屈服准则，推导出以构件弹性受力阶段状态作为稳定承载力极限的相关公式。

2）计算方法

计算采用轴力与弯矩双项相关公式的表达方法。相关公式在钢结构计算中是一种常用的无量纲化的表示方法，以轴力和弯矩为例，无量纲化后用下列双项相关公式来表示：

$$\frac{N}{\alpha \ (Af)} + \frac{M}{\beta \ (Wf)} \leqslant 1$$

其中，$\alpha$、$\beta$ 可以是常数，也可以是复杂的函数。

截至目前，针对压弯构件的研究中，各国设计规范都采用了相关公式。

《钢标》中依据边缘纤维屈服准则，通过理论分析建立压弯构件稳定的极限状态下的轴力与弯矩的相关公式，进行合理修正后作为推出的公式。

**2. 双轴对称截面单向实腹式压弯构件弯矩作用平面内稳定性计算**

《钢标》中将弹性理论分析结果与压杆初始缺陷（几何缺陷、残余应力缺陷）和数值分析结果进行比较和修正，同时考虑利用截面的部分塑性发展，给出了实腹式压弯构件弯矩作用平面内的整体稳定性计算公式。

除圆管截面外，双轴对称截面单向实腹式压弯构件弯矩作用平面内稳定性计算以相关公式表达。

平面内稳定性计算：

$$\frac{N}{\varphi_x Af} + \frac{\beta_{mx}M_x}{\gamma_x W_{1x} \ (1-0.8\frac{N}{N'_{Ex}}) \ f} \leqslant 1.0 \tag{10.3.2-1}$$

其中：

$$N'_{Ex} = \frac{\pi^2 EA}{1.1\lambda_x^2} \tag{10.3.2-2}$$

**3. 双轴对称截面单向实腹式压弯构件弯矩作用平面外稳定性计算**

除圆管截面外，双轴对称截面单向实腹式压弯构件弯矩作用平面外稳定性计算以相关公式表达。

平面外稳定性计算：

$$\frac{N}{\varphi_y Af} + \eta \frac{\beta_{tx}M_x}{\varphi_b W_{1x}f} \leqslant 1.0 \tag{10.3.2-3}$$

**4. 单轴对称截面单向实腹式压弯构件弯矩作用平面内稳定性计算**

对于表 5.1.7-1（截面塑性发展系数）中第 3 项、第 4 项单轴对称截面单向实腹式压弯构件，当弯矩作用在对称轴平面内且使较大翼缘受压时，除了出现受压翼缘失稳情况外，还有可能在无翼缘的一侧产生较大的拉力而率先发生受拉屈服破坏。针对这种情况，

《钢标》中规定除应按式（10.3.2-1）进行稳定性计算外，尚应按下式进行计算：

$$\left| \frac{N}{Af} - \frac{\beta_{mx}M_x}{\gamma_x W_{2x}\left(1-1.25\dfrac{N}{N'_{Ex}}\right)f} \right| \leqslant 1.0 \tag{10.3.2-4}$$

式中：$N$——所计算构件范围内轴心压力设计值（N）；

$N'_{Ex}$——参数（N），按式（10.3.2-2）计算；

$\varphi_x$——弯矩作用平面内轴心受压构件稳定系数；

$M_x$——所计算构件段范围内的最大弯矩设计值（N·mm）；

$W_{1x}$——弯矩作用平面内对受压最大纤维的毛截面模量（mm³）；

$\varphi_y$——弯矩作用平面外的轴心受压构件稳定系数；

$\varphi_b$——均匀弯曲的受弯构件整体稳定系数，按《钢标》附录 C 计算，其中工字形和 T 形截面的非悬臂构件，可按附录 C 第 C.0.5 条确定；对闭口截面，$\varphi_b$ =1.0；

$\eta$——截面影响系数，闭口截面取 0.7，其他截面取 1.0。

$W_{2x}$——无翼缘端的毛截面模量（mm³）。

5. 双轴对称截面双向实腹式压弯构件弯矩作用下整体稳定性计算

双轴对称截面包括工字形截面和箱形截面。弯矩作用在两个主轴平面内时，双向压弯构件的整体稳定常伴随着构件的扭转变形，呈现弯扭失稳。为了方便设计，《钢标》中采用三项相关公式给出了下列稳定性计算式：

$$\frac{N}{\varphi_x Af} + \frac{\beta_{mx}M_x}{\gamma_x W_x\left(1-0.8\dfrac{N}{N'_{Ex}}\right)f} + \eta\frac{\beta_{ty}M_y}{\varphi_{by}W_y f} \leqslant 1.0 \tag{10.3.2-5}$$

$$\frac{N}{\varphi_y Af} + \eta\frac{\beta_{tx}M_x}{\varphi_{bx}W_x f} + \frac{\beta_{my}M_y}{\gamma_y W_y\left(1-0.8\dfrac{N}{N'_{Ey}}\right)f} \leqslant 1.0 \tag{10.3.2-6}$$

其中：

$$N'_{Ey} = \frac{\pi^2 EA}{1.1\lambda_y^2} \tag{10.3.2-7}$$

式中：$\varphi_x$、$\varphi_y$——对强轴 $x\text{-}x$ 和弱轴 $y\text{-}y$ 的轴心受压构件整体稳定系数；

$\varphi_{bx}$、$\varphi_{by}$——均匀弯曲的受弯构件整体稳定系数，按《钢标》附录 C 计算，其中工字形截面的非悬臂构件的 $\varphi_{bx}$ 可按附录 C 第 C.0.5 条确定，$\varphi_{by}$ 可取为 1.0；对闭合截面，取 $\varphi_{bx}=\varphi_{by}=1.0$；

$M_x$、$M_y$——所计算构件段范围内对强轴和弱轴的最大弯矩设计值（N·mm）；

$W_x$、$W_y$——对强轴和弱轴的毛截面模量（mm³）；

$\beta_{mx}$、$\beta_{my}$——弯矩作用平面内等效弯矩系数，按第 10.3.4 节确定；

$\beta_{tx}$、$\beta_{ty}$——弯矩作用平面外等效弯矩系数，按第 10.3.4 节确定。

### 10.3.3　格构式压弯构件整体稳定性计算

1. 弯矩绕实轴作用

1）平面内稳定计算

双肢格构式压弯构件的弯矩绕实轴 $y\text{-}y$ 作用时（图 10.3.3-1），在弯矩 $M_y$（按右手法则，用双箭头表示矢量）作用平面内的稳定性与实腹式单向压弯构件相同，计算时只需要将式（10.3.2-1）和式（10.3.2-2）中的 $x$ 改成 $y$，即：

$$\frac{N}{\varphi_y A f}+\frac{\beta_{my} M_y}{\gamma_y W_{1y}\left(1-0.8\dfrac{N}{N'_{Ey}}\right)f}\leqslant 1.0 \tag{10.3.3-1}$$

其中：

$$N'_{Ey}=\frac{\pi^2 EA}{1.1\lambda_y^2} \tag{10.3.3-2}$$

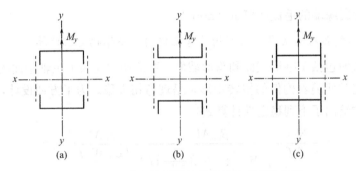

**图 10.3.3-1　弯矩绕实轴作用的格构式压弯构件**

2）平面外稳定计算

在弯矩作用平面外的稳定性类似于实腹式箱形截面，计算时将式（10.3.2-3）中的 $x$ 和 $y$ 互相交换，但式中 $\varphi_y$ 改成 $\varphi_x$ 时，应按换算长细比（即 $\lambda_{0x}$，用格构式轴心受压构件相同方法计算）查表，并取 $\varphi_b=1.0$（因截面对虚轴的刚度较大）。可得平面外的稳定计算为：

$$\frac{N}{\varphi_x A f}+\eta\frac{\beta_{ty} M_y}{W_{1y} f}\leqslant 1.0 \tag{10.3.3-3}$$

2. 弯矩绕虚轴作用

1）平面内稳定计算

弯矩绕虚轴 $x\text{-}x$ 作用的格构式压弯构件（图 10.3.3-2），由于截面中部空虚，不能考虑塑性的伸入发展。当压力较大一侧分肢的腹板边缘达到屈服时，可近视地认为构件承载力已达到极限状态，只考虑压力较大一侧分肢的外伸翼缘发展部分塑性。《钢标》中在计算弯矩作用平面内的整体稳定时，采用考虑初始缺陷的截面边缘屈服准则作为设计准则，按下式计算：

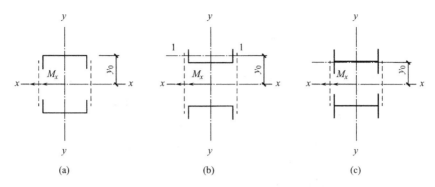

**图 10.3.3-2 弯矩绕虚轴作用的格构式压弯构件**

$$\frac{N}{\varphi_x A f} + \frac{\beta_{mx} M_x}{W_{1x}\left(1 - \dfrac{N}{N'_{Ex}}\right) f} \leqslant 1.0 \tag{10.3.3-4}$$

其中：

$$W_{1x} = \frac{I_x}{y_0} \tag{10.3.3-5}$$

式中：$I_x$——对虚轴的毛截面惯性矩（mm$^4$）；

$\quad\quad y_0$——由虚轴到压力较大分肢的轴线距离或者到压力较大分肢腹板外边缘的距离，
二者取较大值（mm）；

$\varphi_x$、$N'_{Ex}$——分别为弯矩作用平面内轴心受压构件稳定系数和参数，由换算长细比确定。

2）平面外稳定计算

格构式压弯构件在弯矩绕虚轴作用下也可能因平面外的刚度不足而失稳，由于实腹式分肢的整体性很强，当压力较大翼缘趋向平面外弯曲时，将受到腹板和压力较小（或拉力）翼缘的约束而呈现单肢屈曲。所以，弯矩作用平面外的稳定性可不计算，但应计算分肢的稳定性，分肢的轴心力应按桁架的弦杆计算。对缀板柱的分肢尚应考虑由剪力引起的局部弯矩。

3）分肢的稳定性计算

将格构柱视为平行弦桁架，两个分肢可看作桁架的弦杆。计算简图见图 10.3.3-3。
根据弯矩平衡原理，对分肢 1 的轴线取矩。分肢 1 的轴力为：

$$N_1 = \frac{M_x + N y_2}{b_1} \tag{10.3.3-6}$$

根据轴力平衡原理，内力之和与外力相等。分肢 2 的轴力为：

$$N_2 = N - N_1 \tag{10.3.3-7}$$

（1）缀条柱：分肢按承受 $N_1$（或 $N_2$）的轴心受力构件计算稳定性。

（2）缀板柱：分肢除承受 $N_1$（或 $N_2$）作用外，尚应考虑由剪力引起的局部弯矩（由缀板产生的弯矩），按压弯构件验算稳定性的轴心受力构件计算稳定性。剪力 $V$ 取实际剪力和按式（9.3.11-4）计算的缀件面剪力中的较大值。

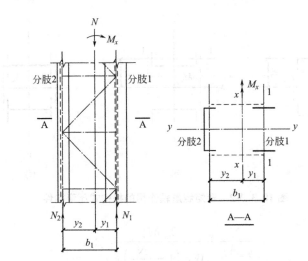

图 10.3.3-3　格构式压弯构件分肢的内力简图

（3）分肢计算长度：在缀件平面内（对 1-1 轴）取缀条相邻两节点中心间的距离或缀板间的净距；在缀件平面外取整个构件侧向支承点之间的距离。

3. 弯矩双向作用

1）整体稳定计算

弯矩作用在两个主平面内的双肢格构式压弯构件（图 10.3.3-4），整体稳定性采用与边缘屈服准则导出的弯矩绕虚轴作用的格构式压弯构件作用平面内整体稳定计算公式相衔接的三项相关公式进行计算：

$$\frac{N}{\varphi_x A f} + \frac{\beta_{mx} M_x}{W_{1x}\left(1 - \frac{N}{N'_{Ex}}\right) f} + \frac{\beta_{ty} M_y}{W_{1y} f} \leqslant 1.0 \qquad (10.3.3\text{-}8)$$

其中：

$$W_{1x} = \frac{I_x}{y_0} \qquad (10.3.3\text{-}9)$$

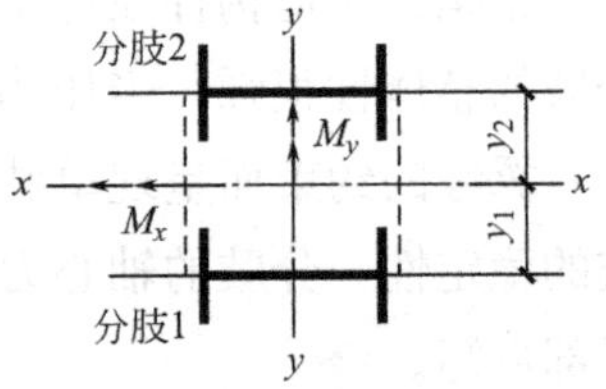

式中：$W_{1y}$——在 $M_y$ 作用下，对较大受压纤维的毛截面模量（$mm^3$）。

图 10.3.3-4　双向格构式压弯构件截面

2）分肢稳定计算

分肢按第 10.3.2 节内容进行计算。在轴力和弯矩的共同作用下，内力按以下原则分配。

（1）绕虚轴（$x$-$x$ 轴）作用时的分肢轴力

在轴力 $N$ 和弯矩 $M_x$ 作用下，分肢 1 产生的轴心力 $N_1$ 和分肢 2 产生的轴心力 $N_2$ 分别按式（10.3.3-6）和式（10.3.3-7）计算，相应的分肢稳定计算及计算长度的取值见本节前述内容。

（2）绕实轴（$y$-$y$ 轴）作用时的分肢弯矩

在轴力 $N$ 和弯矩 $M_y$ 作用下，分肢 1 分配的弯矩 $M_{y1}$ 和分肢 2 分配的弯矩 $M_{y2}$ 分别按下列公式计算：

分肢 1

$$M_{y1} = \frac{I_1/y_1}{I_1/y_1 + I_2/y_2} \cdot M_y \tag{10.3.3-10}$$

分肢 2

$$M_{y2} = \frac{I_2/y_2}{I_1/y_1 + I_2/y_2} \cdot M_y \tag{10.3.3-11}$$

式中：$I_1$、$I_2$——分肢 1 和分肢 2 对 $y$ 轴的惯性矩（$mm^4$）；

$\quad$ $y_1$、$y_2$——$M_y$ 作用的主轴平面至分肢 1、分肢 2 的轴线距离（mm）。

4. 格构式压弯构件缀材的计算

格构式压弯构件缀材的计算方法与格构式轴心受压构件完全相同。

## 10.3.4 等效弯矩系数

1. 等效弯矩系数的确定方法

等效弯矩系数按照非均匀弯矩作用下的压弯构件一阶和二阶弯矩最大值之和与均匀弯矩作用下的弯矩值相等来确定，其值不仅与弯矩分布图形有关，还与轴心压力与临界力之比有关。

2. 弯矩作用平面内等效弯矩系数 $\beta_{mx}$（或 $\beta_{my}$）

1）无侧移框架柱和两端支撑的构件

（1）无横向荷载作用时，$\beta_{mx}$ 应按下式计算：

$$\beta_{mx} = 0.6 + 0.4\frac{M_2}{M_1} \tag{10.3.4-1}$$

式中：$M_1$、$M_2$——端部弯矩（N·mm），构件无反弯点时取同号；构件有反弯点时取异号，$|M_1| \geqslant |M_2|$。

（2）无端部弯矩但有横向荷载作用时，$\beta_{mx}$ 应按下列公式计算：

跨中单个集中荷载

$$\beta_{mx} = 1 - 0.36\frac{N}{N_{cr}} \tag{10.3.4-2}$$

全跨均布荷载

$$\beta_{mx} = 1 - 0.18\frac{N}{N_{cr}} \tag{10.3.4-3}$$

其中：

$$N_{cr} = \frac{\pi^2 EI}{(\mu l)^2} \tag{10.3.4-4}$$

式中：$N_{cr}$——弹性临界力（N）；

$\quad$ $\mu$——构件的计算长度系数。

（3）端部弯矩和横向荷载同时作用时，式（10.3.3-1）中的 $\beta_{mx}M_x$ 应按下式计算：

$$\beta_{mx}M_x = \beta_{mqx}M_{qx} + \beta_{mlx}M_1 \tag{10.3.4-5}$$

式中：$M_{qx}$——横向均布荷载产生的弯矩最大值（N·mm）；

　　　$M_1$——跨中单个横向集中荷载产生的弯矩（N·mm）；

　　　$\beta_{mqx}$——取无端部弯矩但有横向荷载作用计算的等效弯矩系数；

　　　$\beta_{mlx}$——取无横向荷载作用计算的等效弯矩系数。

2）有侧移框架柱和悬臂构件

（1）有横向荷载的柱脚铰接的单层框架柱和多层框架的底层柱：$\beta_{mx}=1.0$。

（2）自由端作用有弯矩的悬臂柱：

$$\beta_{mx} = 1 - 0.36(1-m)\frac{N}{N_{cr}} \tag{10.3.4-6}$$

（3）其他框架柱：

$$\beta_{mx} = 1 - 0.36\frac{N}{N_{cr}} \tag{10.3.4-7}$$

式中：$m$——自由端弯矩与固定端弯矩之比，弯矩图无反弯点时取正号；有反弯点时取负号。

3. 弯矩作用平面外等效弯矩系数 $\beta_{tx}$（或 $\beta_{ty}$）

1）在弯矩作用平面外有支撑的构件，应根据两相邻支撑间构件段内的荷载和内力情况确定。

（1）无横向荷载作用时，$\beta_{tx}$ 应按下式计算：

$$\beta_{tx} = 0.65 + 0.35\frac{M_2}{M_1} \tag{10.3.4-8}$$

（2）端部弯矩和横向荷载同时作用时，$\beta_{tx}$ 应按下列规定取值：

使构件产生同向曲率时，$\beta_{tx}=1.0$；

使构件产生反向曲率时，$\beta_{tx}=0.85$。

（3）无端部弯矩但有横向荷载作用时：$\beta_{tx}=1.0$。

2）弯矩作用平面外为悬臂的构件：$\beta_{tx}=1.0$。

# 10.4　实腹式压弯构件的局部稳定和屈曲后强度

## 10.4.1　实腹式压弯构件的局部稳定

1. 实腹式压弯构件局部稳定的设计原则

设计原则是不允许压弯构件的翼缘和腹板发生局部失稳。

由于受压翼缘主要承受正应力，当考虑截面部分塑性发展时，受压翼缘一般全部处于塑性区。

当采用弹性设计构件时，受压翼缘仅边缘纤维达到屈服，而翼缘仍处于弹性区。

《钢标》中规定，压弯构件局部稳定的最低标准要满足 S4 级截面要求。

对于 S1、S2、S3 级构件，进行强度和整体稳定性计算时，工字形（H 形）和箱形截面的截面塑性发展系数为：

工字形（H 形）（$x$ 轴为强轴，$y$ 轴为弱轴）截面 $\gamma_x=1.05$，$\gamma_y=1.20$；

箱形截面 $\gamma_x=\gamma_y=1.05$。

对于 S4 级构件，进行强度和整体稳定性计算时，工字形（H 形）（$x$ 轴为强轴，$y$ 轴为弱轴）和箱形截面的截面塑性发展系数为：$\gamma_x=\gamma_y=1.0$。

**2. 实腹式压弯构件翼缘的局部稳定**

工字形（H 形）和箱形截面压弯构件的受压翼缘，其受力情况与梁基本相同，宽厚比限值要求如下。

1）工字形（H 形）截面翼缘外伸宽度 $b_1$ 与板厚 $t$ 的比值（即宽厚比）应满足：

对 S1 级构件

$$b_1/t \leqslant 9\varepsilon_k \tag{10.4.1-1}$$

对 S2 级构件

$$b_1/t \leqslant 11\varepsilon_k \tag{10.4.1-2}$$

对 S3 级构件

$$b_1/t \leqslant 13\varepsilon_k \tag{10.4.1-3}$$

对 S4 级构件

$$b_1/t \leqslant 15\varepsilon_k \tag{10.4.1-4}$$

2）箱形截面受压翼缘在两腹板间宽度 $b_0$ 与板厚 $t$ 的比值（即宽厚比）应满足：

对 S1 级构件

$$b_0/t \leqslant 30\varepsilon_k \tag{10.4.1-5}$$

对 S2 级构件

$$b_0/t \leqslant 35\varepsilon_k \tag{10.4.1-6}$$

对 S3 级构件

$$b_0/t \leqslant 40\varepsilon_k \tag{10.4.1-7}$$

对 S4 级构件

$$b_0/t \leqslant 45\varepsilon_k \tag{10.4.1-8}$$

3）翼缘不满足宽厚比要求时的对策：

（1）一般是加大翼缘的厚度。

（2）当受力不大，且宽厚比相差不多时，也可适当减小翼缘的宽度。

（3）同时考虑加大翼缘厚度和减小翼缘宽度的方法。

**3. 实腹式压弯构件腹板的局部稳定**

1）工字形（H 形）截面腹板净高 $h_0$ 与板厚 $t_w$ 的比值（即高厚比）与 $\alpha_0$ 有关 [$\alpha_0$ 见式（5.1.6-1）] 应满足：

对 S1 级构件

$$h_0/t_w \leqslant (33+13\alpha_0^{1.3})\varepsilon_k \qquad (10.4.1\text{-}9)$$

对 S2 级构件

$$h_0/t_w \leqslant (38+13\alpha_0^{1.39})\varepsilon_k \qquad (10.4.1\text{-}10)$$

对 S3 级构件

$$h_0/t_w \leqslant (40+18\alpha_0^{1.5})\varepsilon_k \qquad (10.4.1\text{-}11)$$

对 S4 级构件

$$h_0/t_w \leqslant (45+25\alpha_0^{1.66})\varepsilon_k \qquad (10.4.1\text{-}12)$$

2）箱形截面腹板净高 $h_0$ 与板厚 $t_w$ 的比值（即高厚比）的要求与箱形截面的翼缘要求相同。

3）腹板不满足宽厚比要求时的对策：

（1）一般是加大腹板的厚度，但当腹板高度较大时，将造成钢材的浪费。

（2）设置纵向加劲肋，可以减小腹板的计算高度，从而满足腹板高厚比的要求。此种做法将增加制作工作量，也将增加用钢量。

（3）利用腹板屈曲后强度进行设计。

## 10.4.2 实腹式压弯构件的屈曲后强度

**1. 利用屈曲后强度进行设计的条件**

工字形（H 形）和箱形截面压弯构件的腹板高厚比不满足 S4 级截面所对应的式（10.4.1-12）时，可利用屈曲后强度进行设计。

**2. 腹板工作原理**

压弯构件与轴心受压构件一样，腹板超过局部稳定的要求时，发生局部屈曲的一小部分截面退出工作，其他截面继续参与工作。腹板不满足局部稳定的情况下，扣除屈曲的一小部分截面，采用有效净截面重新进行构件的强度计算和稳定性计算。当满足新的要求时，可不予考虑腹板的局部稳定。

简记：屈曲截面退出工作。

**3. 腹板有效高度 $h_e$ 和有效高度系数 $\rho$ 的计算**

腹板有效高度的分布如图 10.4.2-1 所示。

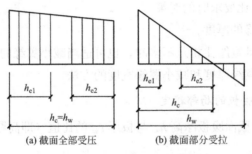

(a) 截面全部受压　　　　　(b) 截面部分受拉

**图 10.4.2-1　腹板有效高度的分布**

1）工字形（H 形）截面腹板受压区有效高度 $h_e$ 的计算

$$h_e = \rho h_c \tag{10.4.2-1}$$

当 $\lambda_{n,p} \leqslant 0.75$ 时：

$$\rho = 1.0 \tag{10.4.2-2}$$

当 $\lambda_{n,p} > 0.75$ 时：

$$\rho = \frac{1}{\lambda_{n,p}}\left(1 - \frac{0.19}{\lambda_{n,p}}\right) \tag{10.4.2-3}$$

$$\lambda_{n,p} = \frac{h_w/t_w}{28.1\sqrt{k_\sigma}} \cdot \frac{1}{\varepsilon_k} \tag{10.4.2-4}$$

$$k_\sigma = \frac{16}{2 - \alpha_0 + \sqrt{(2-\alpha_0)^2 + 0.11\alpha_0^2}} \tag{10.4.2-5}$$

式中：$h_c$、$h_e$——分别为腹板受压区的高度和有效高度（mm），当腹板全部受压时，$h_c = h_w$；

$\rho$——腹板有效高度系数，按式（10.4.2-2）或式（10.4.2-3）计算；

$\alpha_0$——与腹板上下边缘的最大压应力和最小压应力有关的应力梯度，$\alpha_0 = (\sigma_{max} - \sigma_{min})/\sigma_{max}$；

$k_\sigma$——弹性屈曲系数，与应力梯度有关；式（10.4.2-5）仅适用于计算工字形（H 形）截面腹板的有效高度，对于箱形截面壁板可直接取 $k_\sigma = 4.0$ 进行计算。有效宽度在两侧均等分布。

2）工字形（H 形）截面腹板有效高度 $h_e$ 的分布规则

（1）当截面全部受压［图 10.4.2-1（a）］，即 $\alpha_0 \leqslant 1$ 时：

$$h_{e1} = 2h_e/(4 + \alpha_0) \tag{10.4.2-6}$$

$$h_{e2} = h_e - h_{e1} \tag{10.4.2-7}$$

（2）当截面部分受拉［图 10.4.2-1（b）］，即 $\alpha_0 > 1$ 时：

$$h_{e1} = 0.4h_e \tag{10.4.2-8}$$

$$h_{e2} = 0.6h_e \tag{10.4.2-9}$$

此外，箱形截面压弯构件翼缘宽厚比超限时也应按式（10.4.2-1）计算其有效宽度，计算时取 $k_\sigma = 4.0$，并用 $b_0/t$ 替代 $h_w/t_w$。有效宽度（相当于工字形截面腹板的有效高度）在两侧均等分布。

4. 利用屈曲后强度时承载力的计算

1）强度计算：

$$\frac{N}{A_{ne}} \pm \frac{M_x + Ne}{\gamma_x W_{nex}} \leqslant f \tag{10.4.2-10}$$

2）平面内稳定计算：

$$\frac{N}{\varphi_x A_e f} + \frac{\beta_{mx} M_x + Ne}{\gamma_x W_{e1x}(1 - 0.8N/N'_{Ex})f} \leqslant 1 \tag{10.4.2-11}$$

3）平面外稳定计算：

$$\frac{N}{\varphi_y A_e f} + \eta \frac{\beta_{tx} M_x + Ne}{\varphi_b W_{elx} f} \leqslant 1.0 \qquad (10.4.2-12)$$

式中：$A_{ne}$、$A_e$——分别为有效净截面面积和有效毛截面面积（$mm^2$）；

$\qquad W_{nex}$——有效截面的净截面模量（$mm^3$）；

$\qquad W_{elx}$——有效截面对较大受压纤维的毛截面模量（$mm^3$）；

$\qquad e$——有效截面形心至原截面形心的距离（mm）。

# 第 11 章

# 框架和支撑结构

## 11.1　钢梁设计

### 11.1.1　钢梁截面尺寸的选择

1. 常用钢梁的截面形式

常用钢梁的截面形式如图 11.1.1-1 所示。

(a) 热轧型钢截面　　　(b) 热轧型钢组合截面　　　(c) 焊接组合截面

**图 11.1.1-1　常用钢梁的截面形式**

1）热轧型钢截面

热轧型钢也称为成品型钢，工程中常用的截面形式有热轧 H 型钢、热轧普通工字钢、热轧普通槽钢等，如图 11.1.1-1（a）所示。

2）热轧型钢组合截面

工程中用到的组合截面形式有双热轧普通槽钢组合成的箱形截面和双热轧 H 型钢组合成的十字形截面（将其中的一个 H 型钢在腹板的中间切开后焊接到另一个 H 型钢上而成），如图 11.1.1-1（b）所示。

（1）热轧组合箱形截面

热轧组合箱形截面用于盐雾腐蚀较严重的环境，但受截面高度较小的影响，一般在受力不大或跨度较小的情况下使用。优点是制作简单。

（2）热轧组合十字形截面

热轧组合十字形截面用于室内无楼板作为水平约束的边框架梁。十字形截面中的竖向 H 型钢承受垂直荷载，横向 H 型钢承受水平风荷载。

3）焊接组合截面

工程中常用的焊接组合截面有焊接组合成的 H 型钢截面、箱形截面及十字形截面，如图 11.1.1-1（c）所示。

2. 框架梁截面尺寸的选择

1）框架梁的高度

一般情况下，框架梁高度 $h$（mm）按经验取为 $L/20+100$，其中 $L$ 为跨度（mm），即：

$$h=\frac{L}{20}+100 \qquad\qquad (11.1.1-1)$$

当荷载偏大时，可适当加大上、下翼缘的厚度；当荷载特别大时，则需适当加大梁的高度。

2）框架梁的宽度

考虑到与次梁的搭配，框架梁的宽度 $b$ 一般取为 300mm（跨度不大时也可选用 $b=$ 200mm 或 $b=$250mm），便于使用成品 H 型钢。当不能满足承载力要求时，改用焊接 H 型钢，首选是通过加大翼缘厚度以达到要求。当荷载特别大时，可以同时加大翼缘厚度和加高腹板来达到承载力要求。

关于梁宽的提醒：

当框架梁翼缘太宽（如 $b \geqslant$ 400mm）时，连接次梁的横向加劲肋就会变厚（$t_s \geqslant$ 14mm），超过了常用的小次梁腹板的厚度（$t_w <$ 14mm），会造成以下两方面的问题：

（1）当图纸没有明确说明时，深化图纸单位就会取加劲肋的厚度与次梁腹板的厚度相同，造成横向加劲肋厚度达不到《钢标》的要求，不满足局部稳定的要求，易造成安全隐患。

简记：局稳存隐患。

（2）当加劲肋的厚度大于次梁腹板的厚度（$t_s > t_w$）时，次梁端部腹板需要加垫片找平，增加了制作安装的难度。在设计中，应给出加垫片示意图（图 11.1.1-2）。

简记：加垫片。

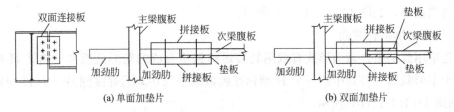

(a) 单面加垫片　　　　　　　　　(b) 双面加垫片

**图 11.1.1-2　支撑加劲肋厚度大于次梁腹板厚度的连接**

3）焊接 H 型钢框架梁的腹板厚度

当框架梁承受较大的荷载时，需要采用焊接 H 型钢。由于钢梁的抗剪能力较强，为了避免选择较厚的腹板造成钢板的浪费，需要正确地选择能保证腹板局部稳定前提下最薄的腹板，同时也省去了腹板局部稳定性的验算。

由于成品 H 型钢的腹板厚度均为自然满足腹板局部稳定性的最小板厚，所以，可以参照同梁高的成品 H 型钢（表 11.1.1-1）确定腹板的厚度。例如，焊接 H 型钢的梁高 $h=$700mm 时，查成品 H 型钢 HN700×300，其腹板厚度为 13mm，可以得到 700mm 梁高的焊接 H 型钢的腹板厚度为 $t_w = 14$mm。14mm 厚度的钢板是常用的且是市场上买得到的钢板；13mm 厚度的钢板往往有市无货，应避免使用。

工程中常用的钢板厚度参见表 5.1.2-1（常用钢板厚度）。

简记：参考成品 H 型钢。

**框架梁常用成品 H 型钢**　　　　　　　　　　　　　表 11.1.1-1

| 类别型号 (高×宽) | 尺寸(mm) $H \times B \times t_1 \times t_2$ | 面积 (cm²) | $x$-$x$ 轴 | | | $y$-$y$ 轴 | | |
|---|---|---|---|---|---|---|---|---|
| | | | $I_x$ (cm⁴) | $W_x$ (cm³) | $i_x$ (cm) | $I_y$ (cm⁴) | $W_y$ (cm³) | $i_y$ (cm) |
| HW200×200 | 200×200×8×12 | 64.28 | 4770 | 477 | 8.61 | 1600 | 160 | 4.99 |
| HW250×250 | 250×250×9×14 | 92.18 | 10800 | 867 | 10.8 | 3650 | 292 | 6.29 |
| HW300×300 | 300×300×10×15 | 120.4 | 20500 | 1370 | 13.1 | 6760 | 450 | 7.49 |
| HM400×300 | 390×300×10×16 | 136.7 | 38900 | 2000 | 16.9 | 7210 | 481 | 7.26 |
| HM450×300 | 440×300×11×18 | 157.4 | 56100 | 2550 | 18.9 | 8110 | 541 | 7.18 |
| HM500×300 | 488×300×11×18 | 164.4 | 71400 | 2930 | 20.8 | 8120 | 541 | 7.03 |
| HM600×300 | 588×300×12×20 | 192.5 | 118000 | 4020 | 24.8 | 9020 | 601 | 6.85 |
| HN700×300 | 700×300×13×24 | 235.5 | 201000 | 5760 | 29.3 | 10800 | 722 | 6.78 |
| HN800×300 | 800×300×14×26 | 267.4 | 292000 | 7290 | 33.0 | 11700 | 782 | 6.62 |
| HN900×300 | 900×300×16×28 | 309.8 | 411000 | 9140 | 36.4 | 12600 | 843 | 6.39 |

### 3. 次梁截面尺寸的选择

1）次梁的高度

一般情况下，两端简支的次梁高度 $h$（mm）按经验取为 $L/(20\sim30)$，其中 $L$ 为跨度（mm）。当其他专业需要在腹板上开小洞时，次梁的高度基本接近框架梁的高度，使得主次梁孔洞中心线标高接近同一值。

2）次梁的宽度

考虑到与框架梁的搭配，次梁的宽度 $b$ 一般取为 200mm；对于超过 10m 跨度的次梁或承受较大荷载的次梁，其梁宽可取 $b = 300$mm，以便于采用成品 H 型钢。当不能满足承载力要求时，改用焊接 H 型钢，通过加大翼缘厚度达到要求。当荷载特别大时，可以同时加厚翼缘和加宽翼缘或增大梁高来达到承载力要求。

3）焊接 H 型钢次梁的腹板厚度

当次梁跨度较大，或承受较大的荷载时，与框架梁一样也需要采用焊接 H 型钢。由于钢梁的抗剪能力较强，为了避免选择较厚的腹板造成钢板的浪费，需要正确地选择能保证腹板局部稳定前提下最薄的腹板，同时也省去了腹板局部稳定性的验算。

由于成品 H 型钢的腹板厚度均为自然满足腹板局部稳定性的最小板厚，所以，可以参照同梁高的成品 H 型钢（表 11.1.1-2）确定腹板的厚度。方法同框架梁。

简记：参考成品 H 型钢。

次梁常用成品 H 型钢　　　　　　　　　表 11.1.1-2

| 类别型号<br>(高×宽) | 尺寸(mm)<br>$H×B×t_1×t_2$ | 面积<br>($cm^2$) | $x$-$x$ 轴 | | | $y$-$y$ 轴 | | |
|---|---|---|---|---|---|---|---|---|
| | | | $I_x$<br>($cm^4$) | $W_x$<br>($cm^3$) | $i_x$<br>(cm) | $I_y$<br>($cm^4$) | $W_y$<br>($cm^3$) | $i_y$<br>(cm) |
| HW200×200 | 200×200×8×12 | 64.28 | 4770 | 477 | 8.61 | 1600 | 160 | 4.99 |
| HM300×200 | 294×200×8×12 | 73.03 | 11400 | 779 | 12.5 | 1600 | 160 | 4.69 |
| HN400×200 | 400×200×8×13 | 84.12 | 23700 | 1190 | 16.8 | 1740 | 174 | 4.54 |
| HN450×200 | 450×200×9×14 | 97.41 | 33700 | 1500 | 18.6 | 1870 | 187 | 4.38 |
| HN500×200 | 500×200×10×16 | 114.2 | 47800 | 1910 | 20.5 | 2140 | 214 | 4.33 |
| HN600×200 | 600×200×11×17 | 135.2 | 78200 | 2610 | 24.1 | 2280 | 228 | 4.11 |
| HN700×300 | 700×300×13×24 | 235.5 | 201000 | 5760 | 29.3 | 10800 | 722 | 6.78 |
| HN800×300 | 800×300×14×26 | 267.4 | 292000 | 7290 | 33.0 | 11700 | 782 | 6.62 |
| HN900×300 | 900×300×16×28 | 309.8 | 411000 | 9140 | 36.4 | 12600 | 843 | 6.39 |

## 11.1.2　楼、屋盖钢梁的布置

### 1.框架梁、次梁的布置

钢结构中，钢梁布置需考虑的问题要比混凝土结构多一些，如节点构造要求、腹板开洞穿管线要求（尤其是小风管穿钢梁腹板）、楼板铺设要求、框架梁高的要求等。

1）在钢梁平面图中应给出钢梁顶标高（在配筋图中给出板面结构标高和板厚）。

2）有多跨次梁时，每跨次梁都应为简支梁；悬挑次梁在主梁支撑点处设置为刚接。

3）常规布置次梁与混凝土结构布置次梁的方法基本相同。

4）交替布置次梁可以使两个方向的框架梁受力均衡，可以降低一点主梁高度，提高房间净高。

5）长向布置次梁可以减小 KGL2 的梁高以增大房间净高，同时，有利于 KGL2 梁和 GL1 梁之间腹板开洞穿管线的包容性；如果 KGL1 梁和 KGL2 梁的高差不大于 150mm，则梁柱节点的构造简单。

6）次梁间距一般为 2~3m。间距大了，楼板就厚，就需要降低钢梁顶标高。

### 2.保证钢梁整体稳定性的构造措施

一般情况下，应通过采取构造措施（如设置隅撑、横向加劲肋等）确保钢梁的整体稳定性，否则应在结构整体计算中，验算钢梁的整体稳定。

1）钢梁隅撑的设置

框架梁的上翼缘有楼板牢固的连接，不存在整体稳定问题，但梁端下翼缘受压区域却有稳定问题。同理，悬挑梁的下翼缘及与其相连的次梁的下翼缘也有稳定问题。构造上解决整体稳定问题的方法就是在梁端下翼缘受压区设置下弦隅撑。

设置隅撑的位置及平面图中的表示方法如图 11.1.2-1~图 11.1.2-3 所示。

下弦隅撑的连接构造如图 11.1.2-4 所示。

图 11.1.2-1　常规布次梁　　　　图 11.1.2-2　交替布次梁　　　　图 11.1.2-3　长向布次梁

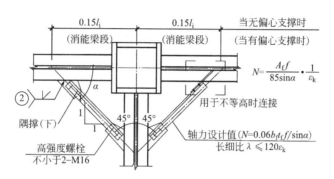

图 11.1.2-4　下弦水平隅撑的连接构造

2）横向加劲肋的设置

当框架梁或悬挑梁及与其相连的次梁无法设置隅撑时，应在梁端下翼缘受压区
沿梁长设置间距不大于 2 倍梁高并与梁宽等宽的横向加劲肋，这种情况下可不考虑梁
的整体稳定性。

## 11.1.3　框架梁现场连接的刚接连接节点形式

多高层钢结构框架梁的现场连接有全焊连接、栓焊连接和全栓连接三种形式（图
11.1.3-1）。这里的"栓"指的是高强度螺栓。栓焊连接指的是腹板采用高强度螺栓连接，
而翼缘为全熔透焊接。

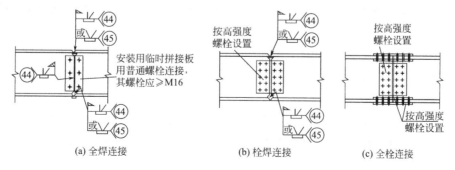

(a) 全焊连接　　　　　　　(b) 栓焊连接　　　　　　　(c) 全栓连接

图 11.1.3-1　框架梁现场连接

1. 全焊连接

全焊连接节点的特点是不需要高强度螺栓，具有很好的经济性，适合于各种楼板（楼承板、叠合板、现浇板和组合板）的形式，但焊接量很大，在设计中很少采用。

2. 栓焊连接

栓焊连接节点的特点是腹板采用高强度螺栓连接，翼缘采用全熔透焊接，是现场施工中较快的一种安装节点形式，且具有一定的经济性，适合于各种楼板（楼承板、叠合板、现浇板和组合板）的形式，在工程设计中应用最广泛。

3. 全栓连接

全栓连接节点的特点是腹板和翼缘均采用高强度螺栓连接，现场不需要焊接工作，安装精度高（一般需要在工厂进行预拼装），是现场施工中最快的一种安装节点形式，但经济性稍差，只适合于楼承板、现浇板的形式。以下情况宜采用全栓连接：

1）需要验算疲劳的结构；

2）重要的工程；

3）现场无法施焊的工程。

4. 刚接连接的设计方法

1）一般框架梁的刚接连接

（1）翼缘采用抗拉、抗压等强连接的方法进行节点设计。

（2）腹板可采用抗剪等强连接的方法进行节点设计。

2）有柱间斜杆作用的框架梁的刚接连接

（1）翼缘采用抗拉、抗压等强连接的方法进行节点设计。

（2）腹板也采用抗拉、抗压等强连接的方法进行节点设计。这是由于柱间支撑的框架梁要传递由斜杆带来的水平力，所以该梁为压弯构件，其腹板应按抗压等强进行设计。

## 11.1.4 次梁与主梁现场连接的铰接连接节点形式

1）次梁与主梁采用铰接连接时，应在主梁相应位置处设置横向加劲肋。加劲肋的钢材与梁相同。

2）连接形式有两种：次梁腹板与主梁加劲板双面相连；次梁腹板与主梁加劲板单面相连。

（1）双面相连：加工制作简单，加劲板中心线与次梁腹板中心线相一致(图 11.1.4-1)。

（2）单面相连：加工较麻烦，加劲板偏置于次梁腹板一侧（图 11.1.4-2)。

（3）螺栓为高强度螺栓。

（4）次梁与主梁可以等高连接 ［图 11.1.4-1(a)]，也可以不等高连接 ［图 11.1.4-1(b)]。

3）铰接连接的设计方法：次梁腹板在铰接连接中采用抗剪等强连接的方法进行节点设计。

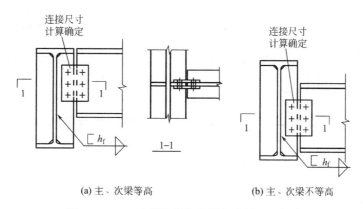

(a) 主、次梁等高　　　　　　　　　(b) 主、次梁不等高

**图 11.1.4-1 次梁腹板与主梁加劲板双面相连**

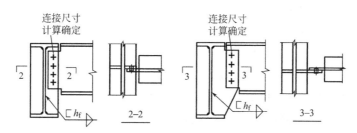

**图 11.1.4-2 次梁腹板与主梁加劲板单面相连**

## 11.1.5 次梁与主梁现场连接的刚接连接节点形式

1) 主梁两侧的钢梁均为刚接。一般用于次梁带悬挑梁的连接节点。

2) 连接形式分为两种：次梁与主梁不等高连接（图 11.1.5-1）和等高连接（图 11.1.5-2）。

3) 连接方法：

（1）次梁与主梁栓焊连接：腹板采用高强度螺栓连接，翼缘采用全熔透焊接，在工程中应用广泛。

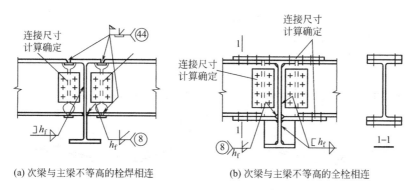

(a) 次梁与主梁不等高的栓焊相连　　　　　(b) 次梁与主梁不等高的全栓相连

**图 11.1.5-1 次梁与主梁不等高的刚接连接**

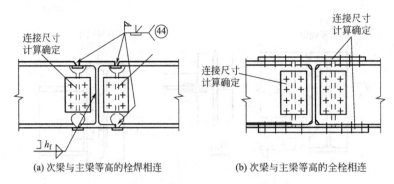

(a) 次梁与主梁等高的栓焊相连          (b) 次梁与主梁等高的全栓相连

**图 11.1.5-2　次梁与主梁等高的刚接连接**

（2）次梁与主梁全栓连接：腹板和翼缘均采用高强度螺栓连接，现场不需要焊接，一般用于需验算疲劳的结构及重要的工程。

4）螺栓为高强度螺栓。

5）次梁与主梁刚接连接的设计方法：

（1）翼缘采用抗拉、抗压等强连接的方法。

（2）腹板采用抗剪等强连接的方法。

6）不应或不宜采用的刚接连接形式：设计人员有时将梁柱刚接时钢梁不等高节点形式发挥运用到次梁与主梁不等高的刚接连接形式，导致出现错误的节点构造形式或不合适的节点构造形式，这是由于未深入理解梁柱节点中的控制数据而造成的。

下面举两个例子。

1）不应采用的刚接连接形式［图 11.1.5-3（a）］：

“不应”的理由：下翼缘折角处未设置横向支撑加劲肋（危害见后文第 11.1.13 节），其后果是下翼缘斜板产生的 $y$ 向（竖向）分力靠下翼缘板件的抗剪来承担，而抗剪强度设计值与抗压强度设计值相比是很低的，受力很小的次梁可能没问题，但对于一般的次梁则需要通过计算才能确定该节点的可行性。

2）不宜采用的刚接连接形式［图 11.1.5-3（b）］：

“不宜”的理由：尽管在下翼缘折角处设置了横向支撑加劲肋，能够有效地传递由下翼缘斜板产生的 $y$ 向（竖向）分力，但是节点复杂，且是多此一举，实际上可以直接采用图 11.1.5-1（a）所示的节点形式。

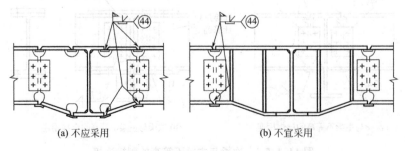

(a) 不应采用                    (b) 不宜采用

**图 11.1.5-3　不应或不宜采用的刚接连接形式**

该思路源于框架梁柱节点中两个方向的主梁下翼缘高差不大于 150mm。在梁柱节点中，150mm 是一个操作空间的要求。当主、次梁为刚接时，施焊操作空间是敞开的，即使下翼缘存在高差，按照尺寸模数要求，其最小高差为 50mm，也是可以操作的，所以直接采用图 11.1.5-1（a）的节点形式没有问题。

### 11.1.6 主、次梁连接板易被忽视的隐患

1. 设计中常出现的被忽视的隐患问题

如图 11.1.6-1 所示，在主、次梁连接中，经常采用横向支撑加劲肋与次梁腹板厚度等厚的连接方法［图 11.1.6-1（b）］，一旦忽视了使用条件，就会造成加劲肋不满足局部稳定的要求。

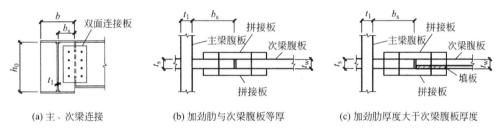

(a) 主、次梁连接　　(b) 加劲肋与次梁腹板等厚　　(c) 加劲肋厚度大于次梁腹板厚度

**图 11.1.6-1　横向支撑加劲肋与次梁的连接构造**

【例 11.1.6-1】主梁为焊接 H 型钢，截面为 H750×14×400×30；次梁为成品 H 型钢，HN400×200（400×8×200×13）。横向支撑加劲肋的板厚取次梁的腹板厚度 $t_w$ = 8mm。验算主、次梁连接板的局部稳定性。

【解】加劲肋最小外伸宽度：

$$b_s = \frac{h_0}{30} + 40 = \frac{750 - 30 \times 2}{30} + 40 = 63 \text{（mm）}$$

设计中一般按加劲肋外边缘与主梁翼缘的外边缘一致，所以，加劲肋的实际外伸宽度为：

$$b_s = \frac{400 - 14}{2} = 193 \text{（mm）} > 63 \text{（mm）}$$

支撑横向加劲肋最小厚度的理论值为：

$$t_s \geq \frac{b_s}{15} = \frac{193}{15} = 13 \text{（mm）} > 8\text{mm}$$

可以看出，实际设计的加劲肋的厚度值（8mm）远小于理论值（13mm），厚度差的比值为：

$$\Delta = \frac{13 - 8}{13} \times 100\% = 62\%$$

即，实际设计的板厚只有理论值的 62%，主、次梁连接板不满足局部稳定要求。

2. 横向支撑加劲肋和支座支撑加劲肋的尺寸设计

1）加劲肋外伸宽度的设计

加劲肋的外伸最小宽度理论值为：

$$b_s - \frac{h_0}{30} + 10$$

设计中为了方便连接，考虑加劲肋外边缘与主梁翼缘的外边缘一致。其值通常远大于理论值，于是，加劲肋实际外伸宽度 $b_s$ 为：

$$b_s = \frac{b - t_1}{2} \tag{11.1.6-1}$$

2）加劲肋厚度的设计

承压加劲肋最小厚度值 $t_s$ 为：

$$t_s = \frac{b_s}{15} = \frac{b - t_1}{30}$$

主梁腹板的厚度一般为 6～25mm，$t_1/30$ 的值为 0.2～0.8mm，所以，略去 $t_1/30$，影响很小，且偏于安全。于是，加劲肋的最小厚度 $t_s$ 可简化为：

$$t_s = \frac{b}{30} \tag{11.1.6-2}$$

式中：$b$——双轴对称主梁的翼缘宽度（mm）；

$t_1$——双轴对称主梁的腹板厚度（mm）；

$b_s$——承压加劲板的宽度（mm）；

$t_s$——承压加劲板的厚度（mm）。

考虑钢板厚度的规格后，主梁不同的翼缘宽度对应的承压加劲肋最小构造厚度由式（11.1.6-2）所得计算值见表 11.1.6-1。

承压加劲肋最小构造厚度 $t_s$（mm）　　　　　　　　表 11.1.6-1

| 加劲肋 | 主梁翼缘宽度 $b$ | | | | | | |
|---|---|---|---|---|---|---|---|
| | 200 | 250 | 300 | 350 | 400 | 450 | 500 |
| 横向支撑加劲肋 | 8 | 10 | 10 | 12 | 14 | 16 | 18 |
| 支座支撑加劲肋 | 10 | 12 | 12 | 14 | 16 | 18 | 20 |

注：1. 计算加劲肋时，不需考虑钢号修正系数 $\varepsilon_k$。

　　2. 支座加劲肋厚度比横向支撑加劲肋大 2mm。

**3. 加劲肋与次梁腹板等厚设计**

当按表 11.1.6-1 选择的主梁加劲肋厚度小于或等于次梁的腹板厚度时（$t_s \leqslant t_w$），取加劲肋的厚度与次梁腹板的厚度相同（$t_s = t_w$），横向承压加劲肋与次梁的构造连接如图 11.1.6-1（b）所示。

当次梁采用成品 H 型钢时，会出现次梁腹板厚度不是 2mm 的模数，此时可将加劲肋的厚度增大调整至 2mm 的模数。例如，次梁为 HN600×200（600×11×200×17）时，腹板厚度为 11mm，则取加劲肋的厚度 $t_s = 12$mm；次梁为 HN300×150（300×6.5×150×9）时，腹板厚度为 6.5mm，则取加劲肋的厚度 $t_s = 8$mm。

简记：$t_s \leqslant t_w$。

4. 加劲肋与次梁腹板非等厚设计

当按表 11.1.6-1 选择的主梁加劲肋厚度大于次梁的腹板厚度时（即 $t_s > t_w$），为了保证加劲肋的局部稳定性，就必须保证加劲肋的最小厚度值。因此，横向承压加劲肋与次梁的构造连接应采用增设垫板的方法，次梁腹板厚度与垫板厚度之和等于承压加劲肋的厚度，如图 11.1.6-1（c）所示。

当次梁采用成品 H 型钢时，会出现次梁腹板厚度不是 2mm 的模数，此时允许在加劲肋厚度范围内有小于 2mm 的调整值。例如，主梁翼缘宽度为 450，次梁为 HN400×200（396×7×199×11）时，查表 11.1.6-1，得出加劲肋的最小厚度为 16mm，次梁的腹板厚度为 7mm，则取加劲肋的厚度 $t_s = 7 + 1 + 8 = 16$（mm），其中 8mm 为垫板厚度，1mm 为调整值；主梁翼缘宽度为 400，次梁为 HN300×150（300×6.5×150×9）时，查表 11.1.6-1，得出加劲肋的最小厚度为 14mm，次梁的腹板厚度为 6.5mm，取 1.5mm 的调整值，则取加劲肋的厚度 $t_s = 6.5 + 1.5 + 6 = 14$（mm），其中 6mm 为垫板厚度。

当按表 11.1.6-1 选择的主梁加劲肋厚度大于次梁的腹板厚度时（即 $t_s > t_w$），在保证加劲肋的最小厚度值不变的情况下，还可以采用次梁端部腹板直接与加劲肋连接的方法（图 11.1.6-2）。由于摩擦面仅余一个面，传力摩擦面数目减少了一半，一个高强度螺栓的受剪承载力也减少了一半，所以，螺栓数目相应地要增加一倍。

简记：$t_s > t_w$。

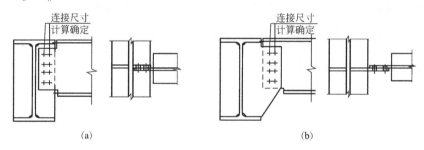

(a)　　　　　　　　　　　　　(b)

**图 11.1.6-2　横向支撑加劲肋与次梁的直接连接**

## 11.1.7　幕墙与边框架梁的关系

1. 考虑幕墙连接的外框架梁的设计

钢结构的外墙一般是幕墙结构，设计时应充分考虑与主体结构构件的连接。幕墙一般置于边框架柱的外侧，楼板边缘要伸出柱外侧一定距离 $b$，根据 $b$ 值的大小，分为以下两种构造做法。

1）当 $b < 300mm$ 时

当楼板边缘探出柱边较小时（$b < 300mm$），可按图 11.1.7-1 所示构造做法进行设计。楼板边缘设置 L100×10 的通长角钢，便于与幕墙龙骨进行连接。

当边框架内侧有混凝土楼板时，也可以直接挑出楼板为幕墙提供连接主体。

当边框架内侧无楼板时，则应采用图 11.1.7-1 所示的构造做法。

**2）当 $b \geqslant 300$mm 时**

当楼板边缘探出柱边较大时（$b \geqslant 300$mm），已经有足够的空间设置封边梁，可按图 11.1.7-2 所示构造做法进行设计。

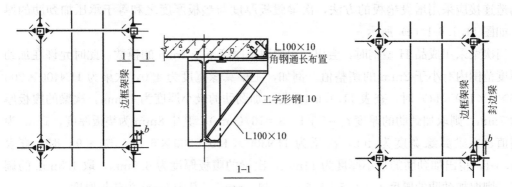

**图 11.1.7-1** $b < 300$mm 的构造做法　　　　　**图 11.1.7-2** $b \geqslant 300$mm 的构造做法

**2. 无侧向约束的外框架梁的设计**

当外框架梁内侧无侧向约束时，幕墙受到较大水平风荷载作用，对钢梁产生水平力及水平位移。如果按 H 型钢考虑，绕弱轴的抗弯能力较弱，会产生较大的水平位移，影响幕墙的使用，为此，边框架梁截面应设计成双轴对称的十字形截面（$x$ 轴和 $y$ 轴均为工字形截面，组合成十字形截面），也可采用箱形截面，但后者在工地安装较困难。

### 11.1.8 坡屋面钢梁截面设计

1）钢梁腹板垂直于地面（图 11.1.8-1 中的 1-1、2-2、3-3 剖面）。

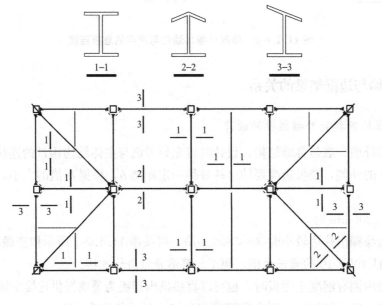

**图 11.1.8-1 坡屋面钢梁布置**

2）斜平面内，标高变化的钢梁采用 H 型钢（图 11.1.8-1 中的 1-1 剖面）。

3）斜平面内，不变标高的钢梁采用将 H 型钢的上翼缘变为斜板（图 11.1.8-1 中的 3-3 剖面）。

4）屋脊梁采用将 H 型钢的上翼缘变为双坡斜板（图 11.1.8-1 中的 2-2 剖面）。

## 11.1.9 箱形钢梁设计注意事项

1. 箱形钢梁工地安装节点的设计

为了避免工地安装时出现仰焊情况，下翼缘坡口应向上，焊接时通过上翼缘后安装板位置进行焊接操作（图 11.1.9-1）。

当梁截面的高度较大或很大时，焊工需要进入箱内操作，此状况下，箱形梁的里侧净宽度一定要满足焊工和质检人员的工作要求。如果只考虑设计而忽视安装，轻则返工，重则局部修改设计。

简记：操作空间。

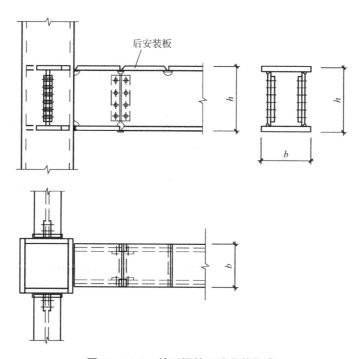

**图 11.1.9-1 箱形梁的工地安装构造**

2. 应避免的两种钢梁截面形式

1）日字形箱形截面［图 11.1.9-2（a）］

中间横板不增加抗剪能力，增加的抗弯能力几乎可以略去；制作困难；用钢量增加。

2）日字形转 90°角的箱形截面［图 11.1.9-2（b）］

中间竖板不能增加抗弯能力，可以增加抗剪能力，但取消中间竖板后可以通过加厚两边的腹板达到要求；制作困难。

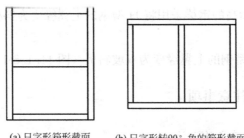

(a) 日字形箱形截面        (b) 日字形转90°角的箱形截面

**图 11.1.9-2　应避免的钢梁截面形式**

## 11.1.10　腹板开洞的补强措施

为了增大房间净高，需要在钢梁的腹板上开洞，使水管、电线及小风管穿梁而过。洞口分为圆形洞口和矩形洞口两种形式。

### 1. 圆形洞口

1）环形加劲肋补强，如图 11.1.10-1 所示。

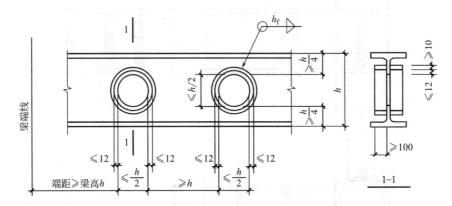

**图 11.1.10-1　梁腹板圆形洞口的补强措施——环形加劲肋补强**

2）套管补强，如图 11.1.10-2 所示。

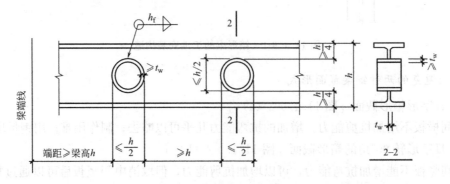

**图 11.1.10-2　梁腹板圆形洞口的补强措施——套管补强**

3) 环形板补强，如图 11.1.10-3 所示。

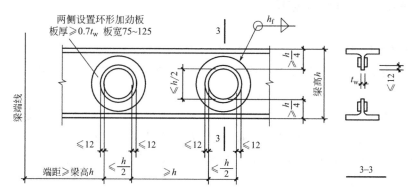

图 11.1.10-3　梁腹板圆形洞口的补强措施——环形板补强

2. 矩形洞口

梁腹板矩形洞口采用加劲肋补强。

研究表明，腹板开矩形洞口时，采用纵向加劲肋补强的方法明显优于横向或沿孔外围加劲的效果，综合考虑后，采用如图 11.1.10-4 所示的补强措施。矩形孔被补强后，钢梁弯矩仍可由翼缘承担，剪力由腹板和补强板共同承担。

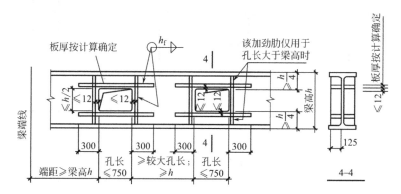

图 11.1.10-4　梁腹板矩形洞口的补强措施

3. 腹板开洞要求

1) 在抗震设防的结构中，不应在隅撑范围内开洞。

2) 不应在距两端相当于梁高范围内开洞。

3) 用于补强的板件应采用与母材强度相同的钢材。

4) 圆洞直径不大于 1/3 梁高时，可不予补强。

5) 当采用圆形洞口补强措施中的套管补强时，要注意腹板的洞口直径比实际需要的洞口直径大了 2 倍的套管壁厚。

4. 腹板开孔梁的钢材

腹板开孔梁钢材的屈服强度不应大于 420N/mm² 。

### 11.1.11 钢梁受到扭转的危害

#### 1. 错误的安装顺序

当图纸没有交代悬挑梁的安装顺序时，施工时可能会出现如图 11.1.11-1（a）所示的先安装悬挑梁 L1、后安装次梁 L2 的情况。这是一种错误的安装顺序，在悬挑梁自重的作用下将造成主梁的变形。在工程实践中，先安装悬挑梁 L1，仅仅是把腹板的抗剪螺栓拧上后，在 L1 自重的作用下，框架梁 KL1 就会发生弯扭变形情况：KL1 下翼缘向左侧移动、上翼缘向右侧移动，水平变形量依主梁跨度的不同达到 20～50mm。

#### 2. 应避免的悬挑形式

如图 11.1.11-1（b）所示，次梁 L1 直接在主梁外侧纯悬挑，没有像图 11.1.11-1（a）那样在内侧由次梁 L2 与主梁刚接来平衡悬挑梁的弯矩，主梁 KL1 将出现上述同样的弯扭情况。所以，要避免设计成在主梁上直接干挑的悬挑形式。

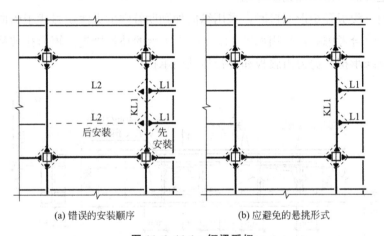

(a) 错误的安装顺序          (b) 应避免的悬挑形式

**图 11.1.11-1　钢梁受扭**

#### 3. 钢梁受扭的弱点

钢梁受扭时，尽管材料强度较高，但抗扭刚度很小（相比混凝土），在很小的扭矩作用下就会产生很大的扭转变形。所以，在钢结构设计中没有受扭计算的内容。教科书中关于钢梁扭转的理论计算很难用于设计中，原因就是抗扭刚度小，引起的变形太大，无法满足变形要求。

在整体分析中，对受扭钢梁，程序会输出钢梁计算的各种结果，唯独没有受扭计算结果，原因是《钢标》中就没有受扭计算的内容，所以程序中理所当然地也没有该部分输出内容。

### 11.1.12　大跨度悬挑梁的振颤现象

当钢结构房屋周围 200m 范围内有大卡车或大巴等大型车辆行驶时，其大悬挑构件会产生上下振颤现象。施工期间发生的振颤属于短期现象，可以忽略不计，但有可能长期发生的振颤现象就必须在设计中加以考虑。

1. 初期设计阶段

1）方案初期查看总图中房屋周围 200m 范围内是否有市政道路。

2）悬挑构件所在位置尽量调整到远离市政道路一侧。

3）与建筑专业协商，减小悬挑长度。

2. 计算方面

1）应进行疲劳验算。

2）截面板件宽厚比等级取 S4 级，截面塑性发展系数应取 $\gamma_x = 1.0$。

3. 构造方面

现场安装节点不宜采用栓焊连接，宜采用全栓连接［参见图 11.1.3-1（c）］。

## 11.1.13 变截面高度梁的构造做法

变截面高度梁在设计中经常出现，从受力上分为下翼缘受压和下翼缘受拉两种情况。

1. 下翼缘受压

下翼缘受压一般用于增大框架梁局部净高，同时压缩框架梁中间部位的高度，原因在于梁端弯矩最大，不应压缩端部的梁高。对于悬挑梁，为了减轻钢梁自重，或增大端部净高，也会采用变截面高度梁。

1）正确的变截面高度梁的构造做法［图 11.1.13-1（a）］：

（1）在下翼缘阳角弯折处设置支撑加劲肋，下翼缘斜板向下的竖向分力由加劲肋承担（$N_5$），再通过加劲肋将竖向分力传到钢梁腹板上。

（2）在下翼缘阴角弯折处设置支撑加劲肋，下翼缘斜板向上的竖向分力由加劲肋承担（$N_6$），再通过加劲肋将竖向分力传到钢梁腹板上。

简记：轴力转为轴力。

2）不正确的变截面高度梁的构造做法［图 11.1.13-1（b）］：

（1）在下翼缘阳角弯折处由于未设置支撑加劲肋，下翼缘斜板向下的竖向分力直接通过下翼缘截面抗剪来承担（$Q_1$）。这是一种很危险的做法，原因是钢材的抗剪强度设计值远低于抗拉（或抗压）强度设计值，极易造成下翼缘剪切破坏。

（2）在下翼缘阴角弯折处由于未设置支撑加劲肋，下翼缘斜板向上的竖向分力直接通过下翼缘截面抗剪来承担（$Q_2$）。这也是一种很危险的做法，原因同上。

简记：轴力转为剪力。

2. 下翼缘受拉

下翼缘受拉一般用于增大次梁局部净高，同时压缩次梁端部的高度，原因在于次梁中部弯矩最大，不应压缩中部的梁高。

1）正确的变截面高度梁的构造做法［图 11.1.13-2（a）］

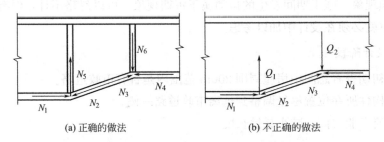

图 11.1.13-1　下翼缘受压时变截面高度梁的构造

（1）在下翼缘阴角弯折处设置支撑加劲肋，下翼缘斜板向下的竖向分力由加劲肋承担（$N_5$），再通过加劲肋将竖向分力传到钢梁腹板上。

（2）在下翼缘阳角弯折处设置支撑加劲肋，下翼缘斜板向上的竖向分力由加劲肋承担（$N_6$），再通过加劲肋将竖向分力传到钢梁腹板上。

2）不正确的变截面高度梁的构造做法〔图 11.1.13-2（b）〕：

下翼缘斜板的竖向分力直接通过下翼缘截面抗剪来承担。原因同前。

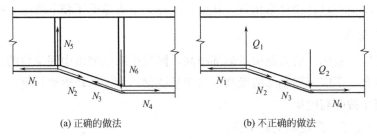

图 11.1.13-2　下翼缘受拉时变截面高度梁的构造

## 11.1.14　折梁的构造做法

1. 正确的折梁构造做法

1）屋脊处弯折

在弯折处设置加劲肋〔图 11.1.14-1（a）〕。

2）屋脊处加腋弯折

下翼缘和上翼缘均设置加劲肋〔图 11.1.14-1（b）〕。

3）一般部位弯折

在上翼缘和下翼缘交点连线之间设置加劲肋〔图 11.1.14-1（c）〕。

(a) 屋脊处弯折　　　(b) 屋脊处加腋弯折　　　(c) 一般部位弯折

图 11.1.14-1　正确的折梁构造做法

2. 不正确的折梁构造做法

1）屋脊处弯折

在弯折处未设置加劲肋［图 11.1.14-2（a）］，理由见第 11.1.13 节。

2）屋脊处加腋弯折

在上翼缘弯折处未设置加劲肋［图 11.1.14-2（b）］，理由见第 11.1.13 节。

3）一般部位弯折

在弯折处未设置加劲肋［图 11.1.14-2（c）］，理由见第 11.1.13 节。

(a)屋脊处弯折　　　(b)屋脊处加腋弯折　　　(c)一般部位弯折

**图 11.1.14-2　不正确的折梁构造做法**

# 11.2　钢柱设计

## 11.2.1　钢柱截面的初选尺寸

1. 常用钢柱的截面形式

1）箱形截面

箱形截面是工程中最常用的截面形式［图 11.2.1-1（a）］，从制作上分为两种：其一为焊接而成的组合箱形截面，可以根据设计人员的需要设计成不同的平面尺寸和不同的壁厚，非常灵活，应用最广，但缺点是制作复杂；其二为成品方形钢管和矩形钢管（四角为小圆弧状），由于平面尺寸较小、壁厚较小、种类数量有限，所以应用不多，但优点是价格低，工厂制造工作量小。

2）圆形截面

圆形截面是工程中较常用的截面形式［图 11.2.1-1（b）］，从制作上分为两种：其一为焊接而成的圆形截面，主要用于大直径、壁厚较大的圆管截面；其二为成品圆形截面，一种为建筑结构用冷成型焊接圆钢管，直径范围很大（200～3000mm），另一种为结构用无缝钢管，直径范围较大（32～1016mm）。

3）十字形截面

十字形截面［图 11.2.1-1（c）］主要作为钢骨柱用于混合结构或地下室中的型钢柱，从制作上分为两种：其一为焊接而成的组合十字形截面；其二为用两个成品 H 型钢组合而成（将一个 H 型钢一分为二切开）。

4）H 形截面

H形截面［图 11.2.1-1（d）］主要用于厂房中的排架柱及门式刚架中的钢柱，由于截面绕弱轴抗弯能力很弱，一般沿弱轴方向设计成柱间支撑形式。

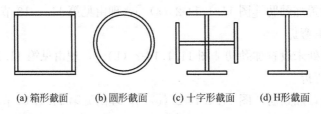

(a) 箱形截面　　(b) 圆形截面　　(c) 十字形截面　　(d) H形截面

**图 11.2.1-1　常用钢柱的截面形式**

2. 初选钢柱截面面积

初选钢柱截面面积主要考虑简单、实用，但不一定精确。在钢结构整体建模中以初选截面尺寸为基准进行第一轮计算，再根据计算出的柱子的应力比、长细比及板件高厚比等进行调整，基本上都能调整到位。

初选截面面积时，按轴心受压构件的稳定性及稳定系数 $\varphi=0.6$ 两个条件进行预估，由轴心受压柱稳定性计算公式可以导出所需的面积为：

$$A \geqslant \frac{N}{0.6f} \tag{11.2.1-1}$$

式中：$N$——柱组合的轴心压力设计值（N）；

$f$——钢材抗压强度设计值（N/mm²）。

3. 初选截面尺寸

初选截面面积依据的是整体稳定的规定，初选截面的壁板尺寸则依据钢柱局部稳定的规定。下面给出按方管柱和圆管柱初选截面尺寸的方法。

1）方管柱的边长 $B$ 和壁厚 $t$

箱形截面壁板的局部稳定性要求为 $b/t \leqslant 40\varepsilon_k$，按常用的 Q355 列出截面边长 $B$、最小壁厚 $t$ 和面积 $A$ 的关系见表 11.2.1-1。

满足 Q355 方管柱局部稳定的截面尺寸 表 11.2.1-1

| 边长 $B$ (mm) | 壁厚 $t$ (mm) | 面积 $A$ (mm²) | 边长 $B$ (mm) | 壁厚 $t$ (mm) | 面积 $A$ (mm²) | 边长 $B$ (mm) | 壁厚 $t$ (mm) | 面积 $A$ (mm²) |
|---|---|---|---|---|---|---|---|---|
| 300 | 10 | 11600 | 1000 | 30 | 116400 | 1800 | 55 | 383900 |
| 400 | 12 | 18624 | 1100 | 32 | 136704 | 2000 | 60 | 465600 |
| 500 | 16 | 30976 | 1200 | 36 | 167616 | 2200 | 65 | 555100 |
| 600 | 18 | 41904 | 1300 | 38 | 191824 | 2400 | 70 | 652400 |
| 700 | 24 | 64896 | 1400 | 42 | 228144 | 2600 | 80 | 806400 |
| 800 | 24 | 74496 | 1500 | 45 | 261900 | 2800 | 85 | 923100 |
| 900 | 28 | 97664 | 1600 | 48 | 297984 | 3000 | 90 | 1047600 |

2）圆管柱的直径 $D$ 和壁厚 $t$

圆管柱截面外径与壁厚的局部稳定性要求为：

$$D/t \leqslant 100\varepsilon_k^2 \tag{11.2.1-2}$$

按常用的 Q355 列出圆管外径 $D$、最小壁厚 $t$ 和面积 $A$ 的关系见表 11.2.1-2。

**满足 Q355 圆管柱局部稳定的截面尺寸** 表 11.2.1-2

| 直径 $D$ (mm) | 壁厚 $t$ (mm) | 面积 $A$ (mm²) | 直径 $D$ (mm) | 壁厚 $t$ (mm) | 面积 $A$ (mm²) | 直径 $D$ (mm) | 壁厚 $t$ (mm) | 面积 $A$ (mm²) |
|---|---|---|---|---|---|---|---|---|
| 200 | 5 | 3063 | 900 | 14 | 38968 | 1600 | 25 | 123701 |
| 300 | 5 | 4633 | 1000 | 16 | 49461 | 1800 | 28 | 155874 |
| 400 | 8 | 9852 | 1100 | 18 | 61186 | 2000 | 32 | 197845 |
| 500 | 8 | 12365 | 1200 | 20 | 74142 | 2200 | 36 | 244743 |
| 600 | 10 | 18535 | 1300 | 20 | 80425 | 2500 | 40 | 309133 |
| 700 | 12 | 25937 | 1400 | 25 | 107993 | 2800 | 45 | 389480 |
| 800 | 14 | 34570 | 1500 | 25 | 115847 | 3000 | 50 | 463386 |

3）选择截面尺寸

按式（11.2.1-1）计算出面积后，如果是方管柱，查表 11.2.1-1，得到箱形截面柱的边长 $B$ 和壁厚 $t$；如果是圆管柱，则查表 11.2.1-2，得到圆管柱的圆管外径 $D$ 和壁厚 $t$。

【例题 11.2.1-1】某钢结构框架办公楼，地上 10 层，地下 1 层，层高均为 4m，柱网为 8m×8m，采用方管柱或圆管柱，柱子钢材为 Q355B。

要求：分别按方管柱和圆管柱初选首层柱截面尺寸。

【解】

1）先求首层一般柱的压力设计值 $N$

求钢柱轴心压力值时不需要太精确，大概估算即可。

一般情况下，办公楼荷载设计值取为 15kN/m²。

每层中间柱的承载面积为 8m×8m＝64m²，于是，首层柱的压力设计值为：

$$N = 15 \times 64 \times 10 = 9600 \text{ (kN)}$$

2）求首层一般柱的截面面积

楼层达到 10 层的房屋，首层柱的受力较大，按壁板厚度大于 16mm 考虑，则 $f = 295$N/mm²，首层一般柱的截面面积按式（11.2.1-1）计算：

$$A \geqslant \frac{N}{0.6f} = \frac{9600 \times 10^3}{0.6 \times 295} = 54237 \text{ (mm)}^2$$

3）选择首层一般柱的截面尺寸

（1）选择方管柱截面尺寸：

按求出的柱截面面积，查表 11.2.1-1，得出方柱截面尺寸为：□700×24（$A = 64896$mm²＞54237mm²），可。

（2）选择圆管柱截面尺寸：

按求出的柱截面面积，查表 11.2.1-2，线性插值得出圆管柱截面尺寸为：D1050×18（$A=58358\text{mm}^2>54237\text{mm}^2$），可。

一般情况下，如达到同样的截面面积，圆管柱的外径尺寸要比方管柱的边长尺寸大。为了使圆管柱外径尺寸小一些，可采取加大壁厚的方法。由于圆管柱是按最小壁厚选出的，当加大壁厚，更能满足局部稳定的要求（不需再验算局部稳定性），但带来的后果是回转半径变小，长细比变大。

当需要减小钢管柱的外径时，可按式（11.2.1-2）得出一组外径与壁厚满足截面面积的合理数据。查表 11.2.1-2，得出另一组钢管柱的截面尺寸为：

D900×20（$A=55292\text{mm}^2>54237\text{mm}^2$）。可见外径明显地调小了，但整体计算时应满足长细比要求。

### 11.2.2 框架梁柱节点的现场拼接形式

1. 框架梁柱节点现场拼接的两种形式

1）带悬臂梁段的梁柱节点 ［图 11.2.2-1（a）］

框架梁的现场拼接点不在柱边，而是与柱边有一段距离，所以柱子在工厂制作加工时就要带一段悬臂梁。

（1）优点：悬臂梁段在工厂焊接到柱子上，梁端受力最大处的焊接质量优于现场拼接，现场拼接节点位于框架梁弯矩较小位置，所以此节点对抗震有利，也是在设计中最常被采用的节点。

（2）缺点：由于钢柱带有悬臂段，一次运输的数量有限。

2）无悬臂梁段的梁柱节点 ［图 11.2.2-1（b）］

框架梁的现场拼接点在柱边，另外，腹板两侧的夹板有一块在工厂进行焊接连接，而另一块要在现场连接。

（1）优点：一次运输数量较多。

（2）缺点：现场拼接点在梁端负弯矩较大的位置，抗震性能相对较差，在设计中很少被采用。

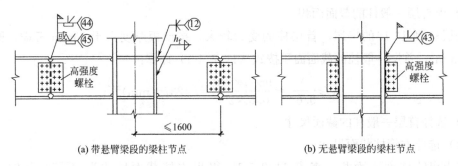

(a) 带悬臂梁段的梁柱节点　　　　　　(b) 无悬臂梁段的梁柱节点

**图 11.2.2-1　框架梁柱节点的现场拼接形式**

2. 不等高梁与柱的刚性连接

1）柱内设置加劲肋的原则

（1）每个梁翼缘对应的位置均应在柱内设置水平加劲肋。

（2）加劲肋之间的净距不应小于 150mm。

（3）梁上翼缘位于同一个标高。

2）梁下翼缘之间的净距与节点的刚接连接形式

（1）当梁下翼缘之间的净距≥150mm 时，采用三道加劲肋的框架梁柱节点（图 11.2.2-2）。

（2）当梁下翼缘之间的净距＜150mm 时，采用两道加劲肋的框架梁柱节点（图 11.2.2-3）。

3）不等高梁的两种形式

（1）一个方向的梁高不等，如图 11.2.2-2（a）和图 11.2.2-3（a）所示。

（2）相互垂直方向的梁高不等，如图 11.2.2-2（b）和图 11.2.2-3（b）所示。

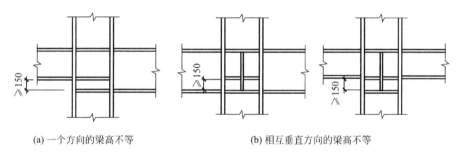

(a) 一个方向的梁高不等　　　　　　　　(b) 相互垂直方向的梁高不等

**图 11.2.2-2　三道加劲肋的框架梁柱节点**

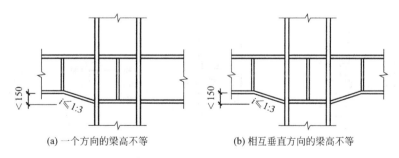

(a) 一个方向的梁高不等　　　　　　　　(b) 相互垂直方向的梁高不等

**图 11.2.2-3　两道加劲肋的框架梁柱节点**

## 11.2.3　钢柱现场拼接节点形式

1. 钢柱现场拼接位置

1）钢构件运输的最大允许长度为 12m，设计时应考虑这一点。

2）钢柱现场拼接位置的设计：

（1）拼接位置距离钢梁顶面约 1.3m，便于施工操作。

（2）钢柱第一个拼接点设在首层。

（3）首层以上钢柱拼接点的间距不得超过 12m，以 4m 层高为例，可以每 3 层设一个拼接点。

简记：操作高度 1.3m。

3）拼接点的位置宜在图纸的结构层高表中给出，现场拼接位置所在的楼层用圆点进行标记，如图 11.2.3-1 所示。

| 层号 | 钢梁顶面标高(m) | 层高(m) |
|---|---|---|
| 屋面 | 121.650 | |
| 30 | 117.450 | 4.20 |
| 29 | 113.450 | 4.00 |
| 28 | 109.450 | 4.00 |
| 27 | 105.450 | 4.00 |
| 26 | 101.450 | 4.00 |
| 25 | 97.450 | 4.00 |
| 24 | 93.450 | 4.00 |
| 23 | 89.450 | 4.00 |
| 22 | 85.450 | 4.00 |
| 21 | 81.450 | 4.00 |
| 20 | 77.450 | 4.00 |
| 19 | 73.450 | 4.00 |
| 18 | 69.450 | 4.00 |
| 17 | 65.450 | 4.00 |
| 16 | 61.450 | 4.00 |
| 15 | 57.450 | 4.00 |
| 14 | 53.450 | 4.00 |
| 13 | 49.450 | 4.00 |
| 12 | 45.450 | 4.00 |
| 11 | 41.450 | 4.00 |
| 10 | 37.450 | 4.00 |
| 9 | 33.450 | 4.00 |
| 8 | 29.450 | 4.00 |
| 7 | 25.450 | 4.00 |
| 6 | 21.450 | 4.00 |
| 5 | 17.450 | 4.00 |
| 4 | 13.450 | 4.00 |
| 3 | 9.450 | 4.80 |
| 2 | 4.650 | 4.80 |
| 1 | -0.150 | 4.80 |
| -1 | -4.950 | 4.80 |
| -2 | -9.750 | |

**图 11.2.3-1　钢梁顶面标高、层高**

**2. 钢柱现场拼接节点的设计**

1）下柱顶端设置厚度≥16mm 的隔板，隔板四周刨出 50mm 宽、4mm 深的凹槽。

2）上柱底端内壁四周设置 16mm 厚、32mm 高的竖向衬板，衬板下探距离为 $b$（$b$ 为拼接缝隙）。

3）上柱在距接缝处 200mm 位置设置厚度≥10mm 的上柱隔板。

4）拼缝处上、下 100mm 范围内柱截面组装焊缝应采用全熔透坡口焊缝。

5）拼接缝应采用图 11.2.3-2 所示大样"A"的全熔透坡口焊缝。

6）应设置耳板，便于就位和安装。

7）拼接节点的设计如图 11.2.3-2 所示。

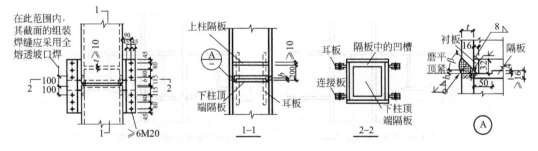

**图 11.2.3-2　钢柱现场拼接节点**

## 11.2.4　框架梁、柱的正确布置

**1. 正确的框架梁、柱关系**

压弯构件要求框架梁传给柱子的压力为轴心压力，所以梁、柱的中心线应重合（图 11.2.4-1）。

简记：拒绝偏心。

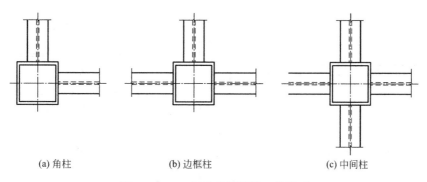

(a) 角柱 　　　　　　　(b) 边框柱 　　　　　　　(c) 中间柱

**图 11.2.4-1　正确的框架梁、柱关系**

2. 不正确的框架梁、柱关系

架、柱的中心线不重合，如图 11.2.4-2 所示。

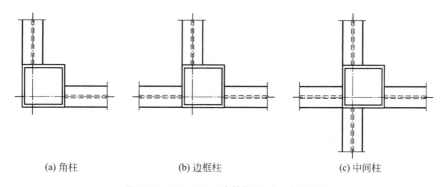

(a) 角柱 　　　　　　　(b) 边框柱 　　　　　　　(c) 中间柱

**图 11.2.4-2　不正确的框架梁、柱关系**

　　理论研究和试验结果都已证明相同的压力作用于相同的柱子时，偏心受压柱的极限承载力明显低于轴心受压柱的极限承载力，随着偏心率的增大，前者承载力快速下降，所以偏心压弯构件不适合于工程应用，在 2003 版的《钢结构设计规范》和现行《钢标》中都没有偏心受压柱的计算。

## 11.2.5　柱子变截面的设计要求

　　1. 柱轴心不变

柱子变截面后，其轴心不变，也就是说不能偏心（图 11.2.5-1）。理由见第 11.2.4 节。

　　2. 变截面的位置

1）宜选在梁柱节点区域的钢梁上、下翼缘之间。

2）对称收进的坡度不大于 1∶6。

3）柱内加劲板厚度与钢梁翼缘厚度相同。

简记：拒绝偏心。

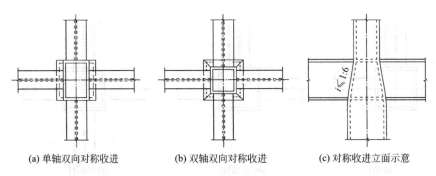

(a) 单轴双向对称收进　　　　(b) 双轴双向对称收进　　　　(c) 对称收进立面示意

图 11.2.5-1　柱子变截面

### 11.2.6　柱腹板节点域的抗剪设计

1）程序计算中不对柱腹板节点域的抗剪能力进行复核。正常的钢框架结构节点域一般都能满足抗剪要求，但是，大荷载、大跨度、高截面钢框架梁上下翼缘对柱节点域腹板产生的剪力会很大（通常所说的小截面柱高截面梁），需要进行人工验算。

2）由柱翼缘与横向加劲肋包围的柱节点域腹板，如图 11.2.6-1 所示，在周边弯矩和剪力的作用下，其抗剪强度应按下列规定计算。

（1）抗剪强度计算：

$$\frac{M_{b1}+M_{b2}}{V_p}\leqslant\frac{3}{4}f_v$$

(11.2.6-1)

式中：$V_p$——节点域腹板的有效体积。柱为箱形截面时，$V_p=1.8h_bh_ct_p$；

$t_p$——箱形柱一块腹板的厚度（mm）。

（2）在构造上，节点域腹板的厚度 $t_p$ 还应满足如下局部稳定要求：

$$t_p\geqslant\frac{h_b+h_c}{90}$$

(11.2.6-2)

（3）当节点域腹板不满足式(11.2.6-1)或式（11.2.6-2）时，其腹板应加厚（图 11.2.6-2）。

3）关于节点域的规定参见第 3.2.6 节。

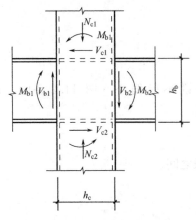

图 11.2.6-1　节点域受力简图

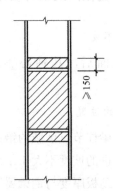

图 11.2.6-2　节点域腹板加厚

### 11.2.7　无地下室的首层钢柱嵌固要求

#### 1. 基础形式

无地下室时，基础应采用高脖子基础，如图 11.2.7-1 所示。

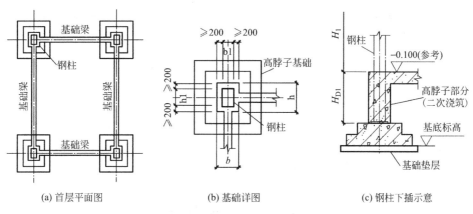

(a) 首层平面图　　　　　　(b) 基础详图　　　　　　(c) 钢柱下插示意

图 11.2.7-1　首层钢柱嵌固

#### 2. 首层钢柱的嵌固

采用高脖子基础后，首层钢柱嵌固端可选在高脖子顶部。

#### 3. 满足嵌固端的条件

1) 下插的钢管内部灌芯，混凝土强度等级同基础；首层钢柱侧面预留灌芯孔。

2) 在基础顶部设置基础梁，用于传递柱底水平力及平衡柱底弯矩。

3) 钢管外包混凝土的厚度不小于 200mm ［图 11.2.7-1（b）］。

4) 待二层钢梁安装完毕后方可浇筑高脖子部分的混凝土。

5) 高脖子与钢柱的线刚度比大于或等于 20 时，可认为高脖子是钢柱的嵌固端，即：

$$\frac{I_c E_c / H_{D1}}{I_s E_s / H_1} \geqslant 20 \tag{11.2.7-1}$$

式中：$I_c$——高脖子的混凝土惯性矩（$mm^4$）；

　　　$E_c$——钢筋混凝土的弹性模量（$N/mm^2$）；

　　　$H_{D1}$——高脖子的高度（mm）；

　　　$I_s$——钢柱截面惯性矩（$mm^4$）；

　　　$E_s$——钢柱的弹性模量（$N/mm^2$）；

　　　$H_1$——首层钢柱的高度（mm）。

简记：线刚度比≥20。

【例题 11.2.7-1】首层方管柱为 □500×20（壁厚 20mm），钢材为 Q235B，$E_s = 2.06 \times 10^5 N/mm^2$，首层钢柱高度 $H_1 = 4.1m$；高脖子截面尺寸为钢柱每边外包 200mm 厚钢筋混凝土，混凝土强度等级为 C30，$E_c = 3.0 \times 10^4 N/mm^2$，高脖子的高度 $H_{D1} = 0.9m$。

验算高脖子能否作为首层钢柱的固定端。

**【解】**

1）钢柱截面惯性矩为：

$$I_s = \frac{1}{12}(500^4 - 460^4) = 1.48 \times 10^9 \ (\text{mm}^4)$$

高脖子截面的宽度 $b = 500 + 2 \times 200 = 900$（mm）；高度 $h = 500 + 2 \times 200 = 900$（mm）。

高脖子截面惯性矩为：

$$I_c = \frac{900^4}{12} = 5.47 \times 10^{10} \ (\text{mm}^4)$$

2）计算刚度比：

$$\frac{I_c E_c / H_{D1}}{I_s E_s / H_1} = \frac{5.47 \times 10^{10} \times 3 \times 10^4 / 900}{1.48 \times 10^9 \times 2.06 \times 10^5 / 4100} = 24.5 > 20$$

故，高脖子基础尺寸满足首层钢柱的嵌固要求。

# 11.3  支撑设计

## 11.3.1  支撑分类

### 1. 中心支撑

中心支撑是指支撑斜杆的轴线与框架梁的轴线和柱子重心线交于一点，或两根支撑斜杆轴线与钢梁轴线交于一点，其主要类型有四种：

（1）十字交叉斜杆 [图 11.3.1-1（a）]，一般用于柱间无门洞的情况。

（2）人字形斜杆 [图 11.3.1-1（b）]，用于柱中间部位有门洞的情况。

（3）跨层 X 形斜杆 [图 11.3.1-1（c）]，用于下层柱中间部位有大门洞、上层柱边有小门洞的情况。

（4）单斜杆 [图 11.3.1-1（d）]，用于柱边有小门洞的情况。

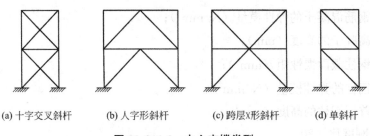

(a) 十字交叉斜杆　　　(b) 人字形斜杆　　　(c) 跨层X形斜杆　　　(d) 单斜杆

**图 11.3.1-1  中心支撑类型**

中心支撑框架结构具有较大的侧向刚度，在高层钢结构房屋中可提高抵抗水平地震力的能力，但在往复水平力作用下，支撑易产生屈曲，能量耗散性较差。高度大于 50m 或设防烈度为 9 度地区不宜采用中心支撑。中心支撑的特点包括：

1）在框架梁端部，梁、柱、斜杆的三杆件轴线交于一点（图 11.3.1-2）。

2）在框架梁中部，梁与两根斜杆的三杆件轴线交于一点（图 11.3.1-3）。

3）斜杆的现场接头一般采用全螺栓连接。

4）在构造上，斜杆两端与梁、柱的连接为刚接。

5）在计算上，按结构力学的原理，组成三角形的杆件为铰接，即：铰接计算、刚接连接。

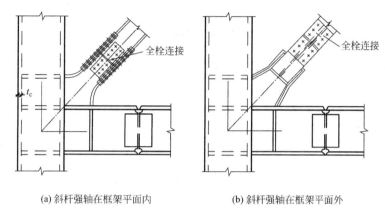

(a) 斜杆强轴在框架平面内　　　　　　　(b) 斜杆强轴在框架平面外

**图 11.3.1-2　斜杆与梁和柱的连接**

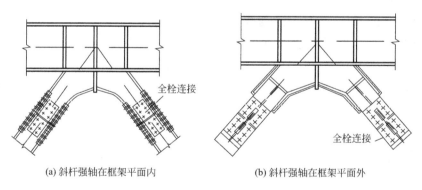

(a) 斜杆强轴在框架平面内　　　　　　　(b) 斜杆强轴在框架平面外

**图 11.3.1-3　两根斜杆与梁的连接**

2. 偏心支撑

支撑斜杆应至少有一端与梁连接，并在支撑与梁交点和柱之间或一根支撑斜杆与同一跨内另一根支撑斜杆与梁交点之间形成消能梁段（也称为耗能梁段），其主要类型有三种：

（1）门架式斜杆 [图 11.3.1-4 (a)]，可用于中间有较大的门洞，或无门洞的情况。

（2）人字形斜杆 [图 11.3.1-4 (b)]，用于中间有中、小尺寸门洞的情况。

（3）单斜杆 [图 11.3.1-4 (c)]，用于柱边有小门洞的情况。

耗能梁段（消能梁段）在罕遇地震作用下先发生剪切屈曲并耗能，从而保护了偏心支撑杆件不屈服。偏心支撑框架结构的优点是，当地震作用较小时具有足够的抵抗水平地震

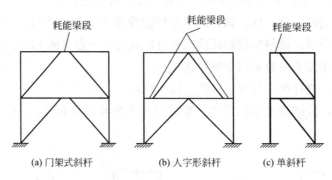

(a)门架式斜杆　　　(b)人字形斜杆　　(c)单斜杆

图 11.3.1-4　偏心支撑类型

力的刚度，而在罕遇地震作用下，结构严重超载时通过耗能作用又具有良好的延性。在高烈度区或房屋高度大于 50m 的情况宜采用偏心支撑。

偏心支撑框架的抗侧力能力比中心支撑框架要弱一些，但比纯框架要高得多。在小震作用下，工作性能与中心支撑框架结构类似，为弹性工作状态；在大震作用下，耗能梁段消耗了地震能量后其工作性能与纯框架相似。偏心支撑的特点包括：

1）在框架梁端部，梁、柱交点与梁、斜杆交点在梁的端部有一段水平距离，形成一段耗能梁段（图 11.3.1-5）。

2）在框架梁中部，梁、左斜杆交点与梁、右斜杆交点在梁的中部有一段水平距离，形成一段耗能梁段（图 11.3.1-6）。

3）斜杆的现场接头一般采用全螺栓连接。

4）在构造上，斜杆两端与梁、柱的连接为刚接。

5）消能梁段（耗能梁段）应按《多、高层民用建筑钢结构节点构造详图》16G519 要求，在梁腹板两侧对称设置足够的横向加劲肋，目的是推迟腹板的屈曲及加大梁段的抗扭刚度。

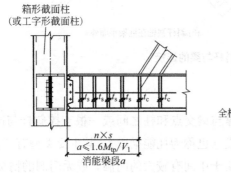

图 11.3.1-5　框架梁端部的耗能梁段

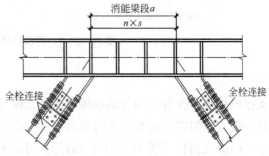

图 11.3.1-6　框架梁中部的耗能梁段

### 11.3.2　支撑的布置原则

**1. 均匀布置**

1）应沿两个方向均匀布置柱间支撑（图 11.3.2-1）。

2）两排或两列柱间支撑之间的距离不宜大于 50m。

3）两个方向的侧移刚度不宜相差太大。

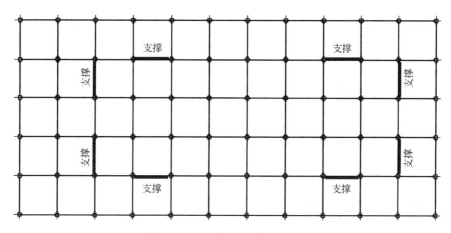

**图 11.3.2-1　柱间支撑均匀布置**

**2. 对称布置**

1）中心支撑一般采用十字交叉斜杆形式［图 11.3.2-2（a）］或单斜杆形式［图 11.3.2-2（b）］；需要在梁柱中间部位设置较大门洞时，可采用人字形斜杆或 K 形斜杆形式。

2）偏心支撑一般采用门架式［图 11.3.2-3（a）］或单斜杆形式［图 11.3.2-3（b）］；当建筑专业有空间要求时，也可采用人字形斜杆形式。

3）支撑应成对布置（图 11.3.2-2、图 11.3.2-3）；当需要的支撑为奇数时，应在中部梁柱中间布置一道支撑。

4）当建筑专业有使用空间的要求而不能完全对称布置支撑时，可以错开一跨近似对称布置；柱间支撑方向的长度较大时，也可错开两跨近似对称布置，其原则是平面扭转不能过大。

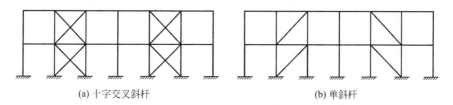

(a) 十字交叉斜杆　　　　　　　　　　(b) 单斜杆

**图 11.3.2-2　中心支撑对称布置**

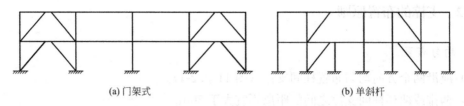

(a) 门架式　　　　　　　　　　　　(b) 单斜杆

**图 11.3.2-3　偏心支撑对称布置**

## 11.3.3　支撑的应用

支撑可应用于以下情况：

1）高层钢结构或高烈度区的多层钢结构。

2）扭转过大的多层钢结构。

3）层间位移过大的多层钢结构。

4）混凝土结构房屋的加固改造。

## 11.3.4　支撑设计的相关规定

1. 中心支撑

1）支撑斜杆宜采用双轴对称截面。

2）人字形支撑框架应符合下列规定：

（1）与支撑相交的横梁，在柱间应保持连续。

（2）在确定支撑跨的横梁截面时，横梁除应承受大小等于重力荷载代表值的竖向荷载外，还应承受跨中节点处两根支撑斜杆分别受拉屈服、受压屈服所引起的不平衡竖向分力和水平分力的作用。在该不平衡力中，支撑的受压屈曲承载力和受拉屈服承载力分别按 $0.3\varphi Af_y$（初始稳定临界力的 $30\%$）和 $Af_y$ 计算。为了减小竖向不平衡力引起的梁截面过大，可采用跨层 X 形斜杆支撑［参见图 11.3.1-1（c）］。

3）在支撑与横梁相交处，梁的上、下翼缘应设置侧向支撑，该支撑应设计成能在数值上等于 0.02 倍相应翼缘承载力 $f_yb_ft_f$ 的侧向力作用，$f_y$、$b_f$、$t_f$ 分别为钢材的屈服强度、翼缘板的宽度和厚度。当梁上为组合屋盖时，梁的上翼缘可不验算。在人字形斜杆支撑或跨层 X 形斜杆支撑中，有效而简单的方法是在跨中支撑点的侧向设置水平次梁。

4）斜杆的现场连接节点宜采用全栓连接形式。

5）支撑横梁应按压弯构件设计。

2. 偏心支撑

1）房屋高度超过 50m 的钢结构采用偏心支撑框架时，顶层可采用中心支撑。

2）斜杆的现场连接节点宜采用全栓连接形式。

3）支撑横梁应按压弯构件设计。

### 11.3.5 支撑节点设计中易犯的错误

1. 正确的连接设计

在支撑系统中，水平地震力作用于斜杆上产生往复的轴力，对支撑横梁产生往复的水平分力，所以横梁接头应按等强压杆设计，采用抗压强度设计值 $f$，接头一端的高强度螺栓一般应不少于 2 列，如图 11.3.5-1 所示。

2. 错误的连接设计

图 11.3.5-2 所示的螺栓为一列，显然为抗剪等强连接，而抗剪强度设计值 $f_v$ 远小于抗压强度设计值 $f$，当遭遇罕遇地震时，由于螺栓数量比抗压计算约少了一半，连接接头处将遭到破坏。

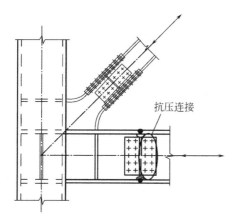

图 11.3.5-1 正确的连接

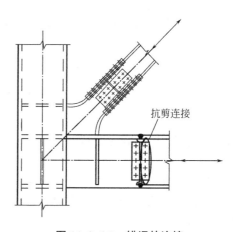

图 11.3.5-2 错误的连接

# 11.4 楼梯设计

### 11.4.1 钢板踏步式楼梯

1. 楼梯段的形式

1）钢板踏步式楼梯为梁式楼梯，踏步板的两侧搭在斜梯梁上 [图 11.4.1-1（a）]。

2）斜梯梁及水平梯梁一般采用热轧普通槽钢。对于跨度较大、宽度较大或荷载较大的楼梯，也可采用 H 型钢梁（如过街天桥的楼梯）。

2. 踏步板的构造要求

1）踏步采用厚度 ≥5mm 的钢板做成 90°折板。为了解决振颤问题，踏步板上面及侧面现浇 50mm 厚钢筋混凝土（C30），按构造配筋 [图 11.4.1-1（b）]。

2）踏步折板与斜梯梁之间形成的三角形洞口用 5mm 厚钢板封堵。

### 3. 梯柱的构造要求

1）梯柱可以是 H 型钢柱，也可以是箱形柱。采用 H 型钢柱时，其腹板与承托的钢梁腹板一致。

2）梯柱下端可按铰接设计，上端与钢梁采用刚接节点。梯梁与框架柱采用铰接节点。

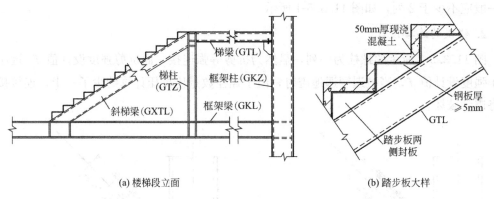

(a) 楼梯段立面 　　　　　　　　(b) 踏步板大样

**图 11.4.1-1　钢板踏步式楼梯**

## 11.4.2　混凝土斜板式楼梯

混凝土斜板式楼梯是近些年被广泛使用的一种新型楼梯形式（图 11.4.2-1），其借鉴混凝土结构中的板式楼梯，将混凝土梯梁改成钢梯梁，优点是设计简单、施工方便、用钢量明显减少，缺点是重量略大。

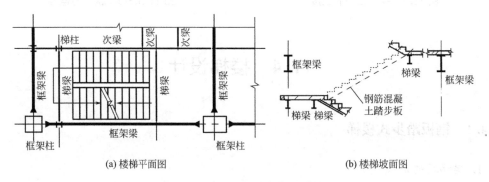

(a) 楼梯平面图 　　　　　　　　(b) 楼梯坡面图

**图 11.4.2-1　混凝土斜板式楼梯**

## 11.4.3　柱间支撑与梯柱之间的矛盾的处理

### 1. 柱间支撑与梯柱之间的矛盾

在支撑框架结构中，楼梯间、电梯间一般被用来布置柱间支撑 [图 11.4.3-1（a）]。如果支撑布置为单斜杆形式 [参见图 11.3.2-2（b）或图 11.3.2-3（b）]，还可以通过调整支撑的方向（相向布置或相背布置）实现在梁上起梯柱的目的。当支撑采用十字撑时，如支撑与梯柱出现交叉的矛盾，就需要同时改变支撑和梯柱的形式。

2. 改变支撑形式

当支撑为十字撑时，需改为跨层 X 形柱间支撑［图 11.4.3-1（b）］，腾出允许立梯柱的空间。

3. 改变梯柱的受力形式

当采用跨层 X 形柱间支撑后，跨层框架梁担负起了两层梯柱的任务：上方托起上层的梯柱，下方吊起下层的梯柱。

上、下层梯柱的截面应该一致，通过框架梁的加劲板串为一体。

吊柱和加劲板与框架梁应在工厂采用熔透等强焊接连为一体后运到工地。

简记：上托下吊。

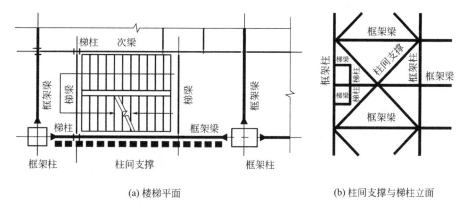

(a) 楼梯平面　　　　　　　　　　(b) 柱间支撑与梯柱立面

**图 11.4.3-1　柱间支撑与梯柱的关系**

# 11.5　柱脚设计

## 11.5.1　无地下室的柱脚设计

无地下室的钢结构房屋一般为多层结构，其荷载较小，基础为独立基础或条形基础。

1. 外露式柱脚设计

工字形截面柱铰接柱脚和箱形截面柱刚性柱脚中，常用的为箱形柱。

1）锚栓受到较小拉力时的箱形截面柱刚性柱脚如图 11.5.1-1 所示。

2）锚栓受到较大拉力时的箱形截面柱刚性柱脚，如图 11.5.1-2 所示。

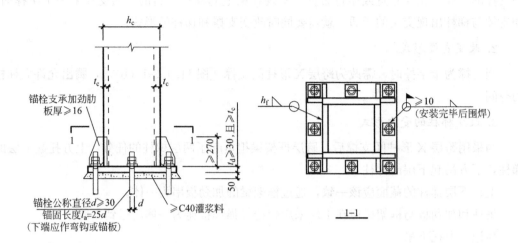

**图 11.5.1-1  锚栓受到较小拉力时的箱形截面柱刚性柱脚**

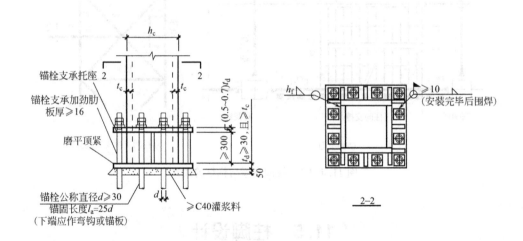

**图 11.5.1-2  锚栓受到较大拉力时的箱形截面柱刚性柱脚**

3）外露式柱脚的防护措施：

（1）当外露式柱脚在地面以下时，应从基础顶开始沿柱脚周边包裹一层 C20 混凝土保护层（厚 100mm），其顶面高出地面 150mm ［图 11.5.1-3（a）］。

简记：保护层出地面。

（2）当外露式柱脚在地面以上时，基础顶面高出地面不小于 100mm ［图 11.5.1-3（b）］。

简记：基础出地面。

4）外露式柱脚的一般规定：

（1）柱脚锚栓不宜用于承受柱脚底部的水平反力，该水平反力应由柱脚底板与混凝土基础间的摩擦力（摩擦系数可取 0.4）或设置抗剪键承受。

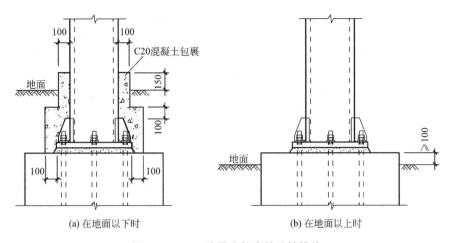

(a) 在地面以下时　　　　　　(b) 在地面以上时

**图 11.5.1-3　外露式柱脚的防护措施**

（2）柱脚底板尺寸和厚度应根据柱端弯矩、轴心力、底板的支撑条件、底板下混凝土的反力以及柱脚构造确定。外露式柱脚的锚栓应考虑使用环境由计算确定。

（3）柱脚锚栓应有足够的埋置深度。当埋置深度较小，影响到锚栓在混凝土中的锚固长度时，可设置锚板或锚梁。

（4）锚栓安装精度要求较高，宜在锚栓群的底部和上部（至基础顶面距离为 $8d$，$d$ 为锚栓直径）采用角钢设置两道锚栓固定架。

（5）外露式柱脚锚栓数量及直径的大小与柱脚外轮廓尺寸有关，锚栓数量选用见表 11.5.1-1。

外露式柱脚锚栓数量选用参考　　　　　　　表 11.5.1-1

| 箱形截面柱 | | 圆形截面柱 | |
|---|---|---|---|
| 单边 $h_c$(mm) | 单边锚栓数 | 直径 $D$(mm) | 周圈锚栓数 |
| ≤350 | 3M30 | ≤350 | 4M30 |
| 400 | 4M30 | 400 | 6M30 |
| 450 | 4M36 | 450 | 6M36 |
| 500 | 4M42 | 500 | 6M42 |
| 550 | 4M48 | 550 | 6M48 |
| 600 | 5M30 | 600 | 8M30 |
| 650 | 5M36 | 650 | 8M36 |
| 700 | 5M42 | 700 | 9M30 |
| 800 | 6M30 | 800 | 12M30 |
| 900 | 6M36 | 900 | 12M36 |

| 箱形截面柱 | | 圆形截面柱 | |
| --- | --- | --- | --- |
| 单边 $h_c$(mm) | 单边锚栓数 | 直径 $D$(mm) | 周圈锚栓数 |
| 1000 | 7M30 | 1000 | 16M30 |
| 1100 | 7M36 | 1100 | 16M36 |
| 1200 | 8M30 | 1200 | 18M30 |
| 1300 | 8M36 | 1300 | 18M36 |
| 1400 | 9M30 | 1400 | 20M30 |

2. 外包式柱脚设计

与外露式柱脚相比，外包式柱脚（图11.5.1-4）具有以下特点：

1）钢柱首层嵌固在高脖子基础顶面，安全、可靠，避免了钢柱在柱底由锚栓承受弯矩、水平力、轴力等弊端。

2）锚栓只起定位作用。

3）首层可作为结构的嵌固端，其技术要求见第11.2.7节。

4）基础形式为台阶式独立基础或条形基础。柱脚以上混凝土构件（高脖子部分及首层梁）二次施工。

5）钢管内灌芯，其强度等级与外包钢筋混凝土的混凝土强度等级相同，且不低于C30，一般与基础相同。

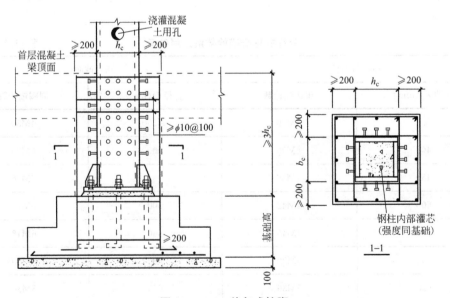

图 11.5.1-4　外包式柱脚

3. 插入式柱脚设计（杯口基础）

1）插入式柱脚的基础采用杯口基础（图11.5.1-5），其钢柱截面为工字形或H型钢截面形式。

2）当基础底面尺寸较小时，可采用锥形基础；当基础底面尺寸较大时，宜采用阶梯基础。

3）插入式柱脚构造简单，没有底板、加劲板、锚栓等构件。

4）安装时，待杯口基础混凝土达到强度要求后，将钢柱在杯口内定位并用钢板楔子临时固定，即可灌注杯口内的混凝土。

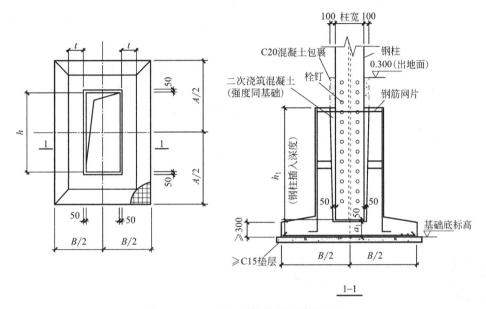

**图 11.5.1-5 插入式柱脚杯口基础平面**

5）基础的杯底厚度和杯壁厚度，可按表 11.5.1-2 选用。

基础的杯底厚度和杯壁厚度 表 11.5.1-2

| 柱截面长边尺寸 $h$（mm） | 杯底厚度 $a_1$（mm） | 杯壁厚度 $t$（mm） |
| --- | --- | --- |
| $h<500$ | $\geqslant150$ | $150\sim200$ |
| $500\leqslant h<800$ | $\geqslant200$ | $\geqslant200$ |
| $800\leqslant h<1000$ | $\geqslant200$ | $\geqslant300$ |
| $1000\leqslant h<1500$ | $\geqslant250$ | $\geqslant350$ |
| $1500\leqslant h<2000$ | $\geqslant300$ | $\geqslant400$ |

6）矩形或工字形钢柱的插入深度，可根据柱截面长边尺寸 $h$ 按表 11.5.1-3 选用。

钢柱插入深度 $h_1$（mm） 表 11.5.1-3

| $h<500$ | $500\leqslant h<800$ | $800\leqslant h\leqslant1000$ | $h>1000$ |
| --- | --- | --- | --- |
| $h\sim1.2h$ | $h$ | $0.9h$ 且 $\geqslant800$ | $0.8h$ 且 $\geqslant1000$ |

### 11.5.2 有地下室的柱脚设计

1. 钢柱下插一层进行转换的柱脚设计

钢结构不适用于地下室环境,一是地下室较潮湿,对钢结构构件腐蚀性较大;二是地下室有设备机房,对钢结构维护、维修、保养都比较困难;三是地下室着火时难以扑灭,对钢结构构件破坏性很大。基于此,有时从安装的角度出发,需要将首层钢柱下伸到地下室时,应采用钢骨柱的形式进行过渡。

如果柱脚选择在首层地面,柱脚需要包裹一段范围的混凝土保护层,这样将对建筑使用和室内美观造成不利影响,且设计和安装也较复杂,所以,一般采用下插一层,在地下一层变成十字形钢骨,外包钢筋混凝土,形成钢骨柱 [图 11.5.2-1 (a)],然后,在地下一层地面设置柱脚 [图 11.5.2-1 (b)],主要起定位作用。在首层钢柱底端,弯矩、剪力、轴力等内力传递给混凝土构件,简化了柱脚的设计,提高了建筑使用空间。

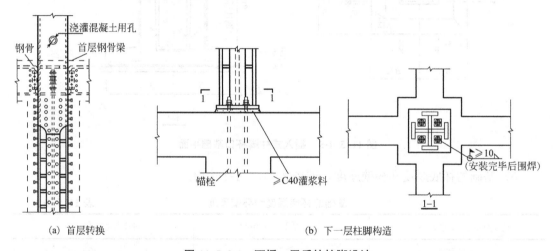

(a) 首层转换　　　　　　　　　　　(b) 下一层柱脚构造

**图 11.5.2-1　下插一层后的柱脚设计**

计算时,可不考虑钢骨柱中钢骨的作用。

首层钢骨梁中的钢梁 [图 11.5.2-1 (a)] 仅起安装定位作用,可不考虑钢骨的受力作用,所以,钢骨梁中的钢梁的翼缘宽度尽量小一些,保障梁中的箍筋不受影响。钢梁的高度也要尽量小一些,以保障混凝土中上、下主筋不受影响。当上、下主筋均为一排时,钢梁高度 $h_1 = h - 300$mm;当上、下主筋为两排时,钢梁高度 $h_1 = h - 400$mm,$h$ 为钢骨梁的高度。钢梁上、下翼缘均设置栓钉。

2. 钢柱直达基础的柱脚设计

有时业主方为了加快施工进度,要求将首层钢柱(箱形截面或圆形截面)直接插到基础(地下室每层设置钢梁兼作型钢混凝土梁中的钢梁),从基础开始就可以先行施工钢结构,待钢结构安装到二层以上后开展地下室混凝土施工。这种交叉施工的方法可以显著地缩短结构工期,但地下室的钢结构用钢量有所增加。

在计算上，地下室各层柱可不考虑钢骨的作用。

在构造上，地下室各层柱外包钢筋混凝土的厚度应不小于 200mm，如图 11.5.2-2 和图 11.5.2-3 所示。

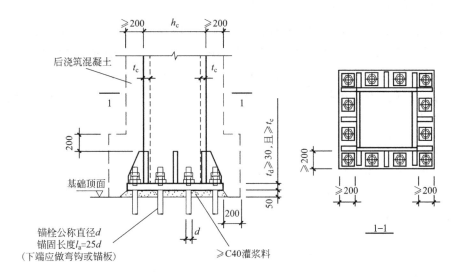

图 11.5.2-2　箱形柱柱脚

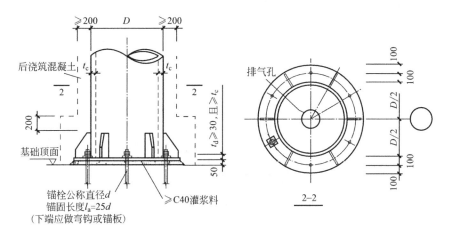

图 11.5.2-3　圆形柱柱脚

柱脚构造要求：

1）柱底与底板间采用完全熔透的坡口对接焊缝连接，加劲板与底板间采用双面角焊缝连接。

2）基础顶面和柱脚底板之间采用强度等级不低于 C40 的灌浆料进行浇灌。

3）柱脚底板设置排气孔。

4）钢管内灌芯，内、外混凝土的强度等级相同。

5）锚栓采用 Q235 钢制作。锚栓的排列要求参见表 11.5.1-1。

### 11.5.3 柱脚底板下方的填充物及施工措施

1. 传统方法因施工困难而存在安全隐患

传统的钢柱脚底板下方的填充物在图纸中标明使用"≥C40 无收缩细石混凝土或铁屑砂浆"，但当采用细石混凝土时，由于操作上的困难，仅仅是用小棍子将混凝土捣入空腔内，毫无支撑强度，完全靠锚栓群来支撑钢柱传递的重量，这是很危险的。尽管也可以使用铁屑砂浆，但缺乏相应的技术指标，且难以采购铁屑，在二选一的情况下，一般是放弃使用铁屑砂浆。

2. 改进方法易于操作且安全可靠

为了保证柱脚的安全性，就要使得填充物能够很容易地充满柱脚底板下方的空腔并拥有足够的强度。近些年来，采用流体状高强度灌浆料代替传统的细石混凝土，解决了操作上的难题（图 11.5.3-1）。

注意以下几点：

1）灌浆料强度按柱脚受压确定。

2）柱脚底板设置一定数量的排气孔。

3）柱脚周圈设置施工围挡模板，模板内侧离开柱脚底板外边缘 100mm。

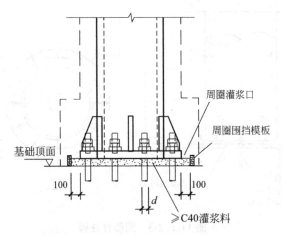

图 11.5.3-1　改进填充物及施工挡模

# 第 12 章

# 大跨度桁架结构

## 12.1 平面桁架

### 12.1.1 平面桁架支座的支撑形式

常用平面桁架支座的支撑形式有以下几种。

1. 上弦支撑形式

上弦两端铰接在主体结构上（图 12.1.1-1），用于楼盖或屋盖。桁架高度取跨度的 1/16～1/10。

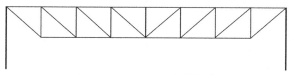

**图 12.1.1-1　上弦支撑形式**

2. 下弦支撑形式

下弦两端铰接在主体结构上（图 12.1.1-2），用于重屋面屋盖。跨中高度取跨度的 1/12～1/8。

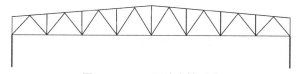

**图 12.1.1-2　下弦支撑形式**

3. 悬挑罩棚形式

悬挑罩棚的平衡段与柱子刚接（图 12.1.1-3），用于体育场罩棚等。

**图 12.1.1-3　悬挑罩棚形式**

4. 平面桁架截面形式

1) 双角钢截面 ［图 12.1.1-4 (a)］

双角钢截面是在节点处用节点板通过角焊缝焊接的连接方式将两个角钢并在一起形成一根杆件，杆件的中部按构造要求设置 60mm 宽、与节点板同厚的垫板。在桁架总高度不变的情况下，上、下弦杆采用短肢相并的截面形式，相比其他截面形式可以获得桁架的最大计算高度，用钢量最小。

2) 双槽钢截面 ［图 12.1.1-4 (b)］

双槽钢截面杆件的连接方法同上，且组合截面为双轴对称，有较大的抗弯能力，适合于弦杆在节点之间作用较大荷载的情况。在桁架总高度不变的情况下，桁架计算高度比双角钢截面形式要小，但杆件截面积较大，承载能力较大。用钢量较大。

3) H 型钢截面 ［图 12.1.1-4 (c)］

H 型钢截面的特点是双轴对称且截面面积比双槽钢大，承载能力也更大。

4) 圆形截面 ［图 12.1.1-4 (d)］

圆形截面节点处采用相贯焊接连接，其截面特点决定了最适合用于游泳馆及滨海盐雾较严重的环境。

5) 矩形截面 ［图 12.1.1-4 (e)］

矩形截面一般采用成品方管截面，美观、截面较小，适合于较严重的盐雾环境。

(a) 双角钢截面　　(b) 双槽钢截面　　(c) H型钢截面　　(d) 圆形截面　　(e) 矩形截面

**图 12.1.1-4　平面桁架截面形式**

## 12.1.2　桁架杆件的设计原则

1. 尽可能实现拉杆长、压杆短

1) 在受力性质明确的情况下让最长的杆件受拉，该杆不存在杆件整体稳定的问题，其他杆件可以是压杆也可以是拉杆。这样的设计既合理，又节省钢材。

2) 在受力性质可变的情况下让大部分受力明确的长杆受拉，少部分受力状态随着半跨不利荷载的组合由拉杆变为压杆的长腹杆则只能按压杆设计。其他杆件可以是压杆也可以是拉杆。

2. 上弦支撑形式的桁架

如图 12.1.1-1 所示，该桁架常用于楼盖或屋盖系统。其形式特点是斜腹杆最长且对称布置。其受力特点是在重力荷载作用下，所有斜杆受到的力均为拉力，根据 $y$ 向力的平衡原理，所有的竖向腹杆均为压杆，上弦杆均为压杆，下弦杆均为拉杆。图 12.1.1-1 所示桁架是一种拉、压杆受力分明的桁架，属于本节第 1 条的第一种情况，所以常被采用。

### 3. 下弦支撑形式的桁架

如图 12.1.1-2 所示，该桁架常用于重屋面厂房的屋盖结构。其形式特点是每 2 根竖向腹杆与上、下弦杆形成的格内的斜腹杆成人字形布置，越靠近跨中，斜腹杆越长，有时其长度超过下弦节间弦杆，且对称布置。其受力特点是在重力荷载作用下，所有上弦杆均为压杆，所有下弦杆均为拉杆，竖向腹杆为压杆，斜杆有拉杆也有压杆，但靠近桁架中部的一些腹杆在半跨不利荷载作用下有可能产生变号（拉力变压力或压力变拉力），可能因荷载不利组合而产生力学变化的腹杆均应按压杆设计。图 12.1.1-2 所示桁架的大部分下弦杆为长杆，上弦杆为短杆，桁架中部的斜腹杆较长（甚至超过下弦杆），但因其有变号的可能，只能按压杆考虑，这种桁架属于本节第 1 条的第二种情况。

### 4. 悬挑罩棚形式的桁架

如图 12.1.1-3 所示，该桁架常用于体育场罩棚等。其形式特点是每个平行竖杆与上、下弦杆形成的格内都是斜腹杆最长，悬挑部分的斜腹杆与平衡部分的斜腹杆方向相反，需反向回拉。其受力特点是在重力荷载作用下，所有斜杆受到的力均为拉力，根据 $y$ 向力的平衡原理，所有竖向腹杆均为压杆，上弦杆均为拉杆，下弦杆为压杆。图 12.1.1-3 所示桁架是一种拉、压杆受力分明的桁架，属于本节第 1 条的第一种情况。

简记：尽可能拉杆长、压杆短。

## 12.1.3　半跨荷载作用下对桁架的不利影响

大跨桁架结构在半跨活荷载作用下可能产生力的变化，例如，桁架在满跨活荷载作用下的杆件内力为拉力时，在半跨活荷载作用下拉力会变为压力，即拉杆变成了压杆。由于压杆是按整体稳定进行计算，存在一个稳定系数，所以承载力将大幅降低。此时要重新确定杆件截面；在构造上，压杆板件要满足压杆宽厚比的要求。

## 12.1.4　桁架挠度与起拱

### 1. 桁架的挠度验算

1）在永久和可变荷载标准值作用下，桁架最大挠度限值 $\leqslant l/400$（$l$ 为桁架跨度）。

2）在可变荷载标准值作用下，桁架最大挠度限值 $\leqslant l/500$（$l$ 为桁架跨度）。

### 2. 桁架起拱

1）按计算起拱

（1）桁架起拱值可取恒荷载标准值加 1/2 活荷载标准值所产生的挠度值。

（2）起拱后的桁架挠度应取永久和可变荷载标准值作用下的挠度值减去起拱值。这也意味着，当挠度很大，超过限值时，可采取起拱的措施来满足挠度限值。

2）按构造起拱

下面三种情况可按构造起拱：

（1）两端简支跨度≥15m 的三角形屋架。

（2）两端简支跨度≥24m 的梯形屋架。

（3）两端简支跨度≥24m 的平行弦桁架或屋架。

起拱度为 $l/500$（$l$ 为桁架跨度）时，可不进行挠度验算。当有较大集中力或其他特殊要求时仍应进行挠度验算。

### 12.1.5 以双角钢作为杆件的桁架

#### 1. 桁架几何尺寸

屋面桁架习惯上称为屋架。以 24m 跨的钢屋架（GWJ24）为例，对称轴以左的半跨桁架几何尺寸如图 12.1.5-1 所示，其中，跨中起拱按 $l/500$ 取整数为 50mm。

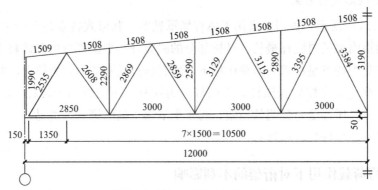

**图 12.1.5-1　GWJ24 几何尺寸**

#### 2. 桁架杆件布置

以 24m 跨的钢屋架（GWJ24）为例，对称轴以左的半跨桁架的杆件布置如图 12.1.5-2 所示。

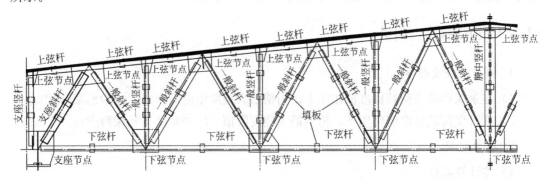

**图 12.1.5-2　GWJ24 杆件布置**

#### 3. 上弦杆、下弦杆

由角钢杆件组成的桁架体系中，所有杆件均采用双角钢的组合截面。

1) 上弦杆

上弦杆为压杆。为了追求最大的桁架计算高度，上弦杆和下弦杆均设计成两个不等肢角钢短肢相并的双角钢 T 形截面形式，组合截面平面外的回转半径远大于平面内的回转半径，有效地提高了受压弦杆在平面外的承载能力，使桁架平面外支撑点的距离远大于平面内节点间的距离。

上弦杆在每个节点处的节点板有所下凹，采用塞焊焊接连接，这样可以让带有悬挑的檩条在节点处贯通 [图 12.1.5-3（a）]。

2）下弦杆

下弦杆为拉杆。下弦杆短肢相并的主要作用与上弦杆一样，也是追求最大的桁架计算高度。平面外不存在稳定问题。

下弦杆节点处的节点板一般应探出角钢肢背 [图 12.1.5-3（b）]。

(a) 上弦杆　　　　　　　　　　(b) 下弦杆

**图 12.1.5-3　上弦杆和下弦杆短肢相并组合杆件**

4. 斜腹杆

1）支座斜杆

支座斜杆受压，在所有斜杆中受力最大，计算长度在屋架平面内和屋架平面外相同（$l_0=l$，$l$ 为几何长度），所以，为了让两个方向的回转半径尽量接近，整体稳定性尽可能一致，应采用将两个不等肢角钢长肢相并的双角钢 T 形截面形式 [图 12.1.5-4（a）]。

2）一般斜杆

一般斜杆受力相对较小，既有拉杆也有压杆，计算长度在屋架平面内为 $l_0=0.8l$（由于斜杆两端有节点板的约束作用，故乘以系数 0.8），屋架平面外为 $l_0=l$。采用两个等肢角钢等肢相并的双角钢 T 形截面形式 [图 12.1.5-4（b）]，在屋架平面内的计算长度小于平面外的计算长度。

3）在构造上，所有斜腹杆的肢背朝上、肢尖朝下，便于掸灰和除尘。

(a) 支座斜杆　　　　　　　　　　(b) 一般斜杆

**图 12.1.5-4　斜腹杆长肢相并和等肢相并组合杆件**

5. 竖向腹杆

1）支座竖杆和一般竖杆

支座竖杆和一般竖杆均为压杆，受力较小。支座竖杆的计算长度系数同支座斜杆，一般竖杆的计算长度系数同一般斜杆，采用两个等肢角钢等肢相并的双角钢 T 形截面形式 [图 12.1.5-5 （a）]。

2）中间竖杆

中间竖杆位于屋架的对称轴上，且受力较小。其计算长度在屋架平面内为 $l_0 = 0.8l$，在屋架平面外为 $l_0 = l$，在斜平面（十字形截面的对称轴所在的平面）为 $l_0 = 0.9l$。考虑对称性，中间竖杆采用等肢双角钢组成的双角钢十字形截面形式 [图 12.1.5-5 （b）]。

(a) 支座竖杆和一般竖杆　　　　　　　　　　(b) 中间竖杆

**图 12.1.5-5　竖杆等肢相并和十字形相连组合杆件**

6. 填板

双角钢通过填板连接而成的 T 形截面和十字形截面的杆件，可按实腹式轴心受力构件进行承载力计算。填板之间的距离 $l_1$ 应满足下列公式：

受压杆件

$$l_1 \leqslant 40i\varepsilon_k \qquad\qquad (12.1.5\text{-}1)$$

受拉杆件

$$l_1 \leqslant 80i\varepsilon_k \qquad\qquad (12.1.5\text{-}2)$$

式中，$i$ 为单肢角钢回转半径，应按下列规定采用：

1）对双角钢 T 形截面，取一个角钢对与填板平行的形心轴的回转半径，如图 12.1.5-6 （a）中的 1-1 轴。

2）对双角钢十字形截面，取一个角钢的最小回转半径，如图 12.1.5-6 （b）中的 1-1 轴。

式（12.1.5-1）应理解为填板之间的单肢为短柱，其单肢稳定承载力不得低于组合截面杆件的稳定承载力。这一点类似于格构柱：单肢杆件承载力不得低于格构柱承载力。

填板尺寸：厚度与杆件两端的节点板相同，宽度一般取 60mm，长度按探出角钢边缘 10～15mm（T 形截面）或缩进角钢边缘 10～15mm（十字形截面）采用。

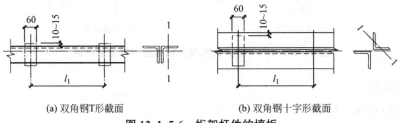

(a) 双角钢T形截面　　　　　　　　　　(b) 双角钢十字形截面

**图 12.1.5-6　桁架杆件的填板**

7. 节点板

1）节点板厚度

（1）一般节点

除支座节点外的其他节点均为一般节点。一般节点的节点板厚度应不小于连接杆件最大壁厚的 1.2 倍。

（2）支座节点

支座节点的节点板厚度比一般节点的节点板厚度大 2mm。

双角钢杆件桁架节点板参考厚度见表 12.1.5-1。

节点板参考厚度　　　　表 12.1.5-1

| 名称 | 跨度(m) | | | | | | |
|---|---|---|---|---|---|---|---|
| | 18 | 21 | 24 | 27 | 30 | 33 | 36 |
| 一般节点板及填板厚度(mm) | 10～12 | 10～12 | 10～16 | 12～16 | 12～18 | 12～20 | 12～22 |
| 支座节点板厚度(mm) | 12～14 | 12～14 | 12～18 | 14～18 | 14～20 | 14～22 | 14～24 |

2）节点板平面尺寸

节点板的平面尺寸按相交处各个杆件的焊缝计算长度确定。节点板可以是不规则多边形，但每个切角应不小于 90°（不能出现锐角）。

## 12.1.6 屋盖支撑系统

屋架和水平支撑、垂直支撑及系杆组成一个稳定的整体屋盖体系。屋盖支撑系统由水平支撑和垂直支撑组成，提供屋盖的整体刚度。

1. 水平支撑

水平支撑按功能分为横向水平支撑和纵向水平支撑；按层次分为上弦水平支撑和下弦水平支撑。

1）横向水平支撑

（1）横向水平支撑为十字形交叉斜杆形式，采用单角钢（跨度小于 18m 时可采用圆钢），按拉杆设计。

（2）横向上弦水平支撑和横向下弦水平支撑应布置在同一区间。

（3）上弦水平支撑和下弦水平支撑区格及数量的划分可以不同，如图 12.1.6-1 所示。

（4）横向水平支撑设在房屋两端（图 12.1.6-1）或温度伸缩缝区段两端的第一个开间。

（5）当温度伸缩缝区段的长度大于 66m 时，还应在该区段中部增设一道横向水平支撑。

2）纵向水平支撑

（1）纵向水平支撑为十字形交叉斜杆形式，采用单角钢（跨度小于 18m 时可采用圆钢），按拉杆设计。

（2）纵向水平支撑一般布置在下弦平面屋架两端，与横向水平支撑形成封闭框 ［图12.1.6-1 （b）］。

**2. 垂直支撑**

1）垂直支撑与水平支撑配套使用，二者布置在同一区间内（图12.1.6-1）。

2）垂直支撑布置在桁架两端的支座处和屋脊处（图12.1.6-1）。当屋架跨度大于 30m时，尚应在跨度 1/3 左右的竖杆平面内各增设一道垂直支撑。

3）垂直支撑实际上就是平行弦桁架，其上、下弦兼作平面支撑的横杆。

4）垂直支撑应根据其高跨比采用不同的形式，如图 12.1.6-2 所示。

5）上、下弦杆和竖杆采用双角钢 T 形截面，斜杆采用单角钢截面。

**3. 系杆**

1）系杆分刚性系杆（压杆）和柔性系杆（拉杆）两种，布置在上、下弦平面。

2）刚性系杆为双角钢十字形截面，柔性系杆为单角钢截面。

3）刚性系杆的布置：横向水平支撑区间内的所有系杆（承受压力）均为刚性杆；与纵相支撑相关联的系杆均为刚性杆；当横向水平支撑布置在温度区段端部第二区间时，第一区间内的系杆设置成刚性杆。

4）柔性系杆的布置：除刚性杆外的系杆均为柔性系杆。

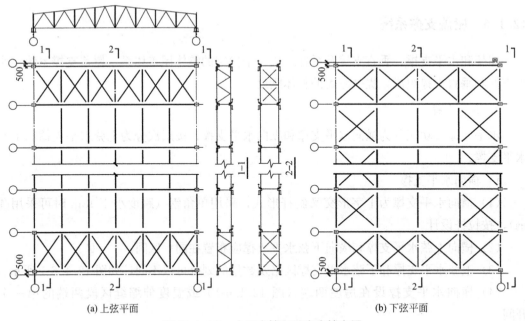

(a) 上弦平面　　　　　　　　　　　　(b) 下弦平面

**图 12.1.6-1　水平支撑和垂直支撑布置**

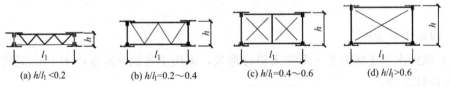

(a) $h/l_1 < 0.2$　　(b) $h/l_1 = 0.2 \sim 0.4$　　(c) $h/l_1 = 0.4 \sim 0.6$　　(d) $h/l_1 > 0.6$

**图 12.1.6-2　垂直支撑的形式**

## 12.1.7 十字撑的计算方法

十字撑的交叉斜杆是按拉杆设计的，在一侧水平荷载作用下可将支撑系统看作水平桁架，外力作用在刚性系杆上的节点力为 $W$［图 12.1.7-1（a）］。

计算方法为：每个节间只有一根受拉斜杆参加工作，另一根受压斜杆退出工作，这样，平行弦支撑桁架的内力可简化为斜杆受拉的模型［图 12.1.7-1（b）］。

简记：拉杆工作制。

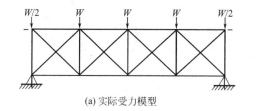
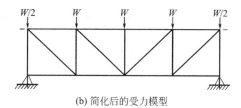

(a) 实际受力模型　　　　　　　　　　　(b) 简化后的受力模型

**图 12.1.7-1　十字撑内力计算简图**

## 12.1.8 檩条系统和墙梁系统

1. 檩条系统

1）檩条系统是由坡屋面顶、底部两个平行弦檩条桁架和直拉条将每根柔性檩条串联而成的整体檩条体系（图 12.1.8-1）。当柱间距较大（7.5m 或 9.0m）时，应采用两道拉条，平行弦檩条桁架改为平行弦檩条刚架（图 12.1.8-2）。

2）平行弦檩条桁架或刚架的作用是为直拉条提供拉力支撑。

3）直拉条的作用是减小檩条在平面外的计算长度，保证其在平面外的稳定性。

4）檩条截面一般采用冷弯薄壁 C 形卷边构件或高频焊 H 形构件；直拉条和斜拉条一般采用 $\phi 14$（M12）圆棒；撑杆一般采用 $\phi 14$（M12）圆棒外套 $\phi 32 \times 2.5$ 圆管。

简记：上、下桁架。

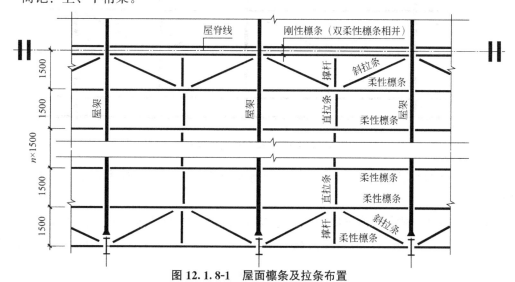

**图 12.1.8-1　屋面檩条及拉条布置**

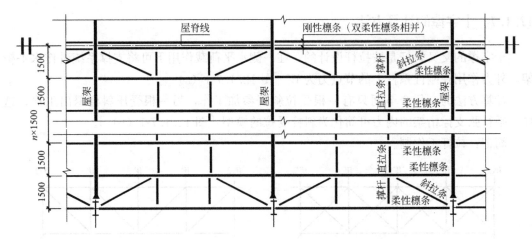

图 12.1.8-2　7.5m、9.0m 柱间距屋面檩条及拉条布置

2. 墙梁系统

1）墙梁系统是从距离顶部边框梁 200mm 开始由连串的平行弦檩条桁架通过直拉条串联而成的整体墙梁体系（图 12.1.8-3）。当柱间距较大（7.5m 或 9.0m）时，应采用两道拉条，平行弦檩条桁架改为平行弦檩条刚架（图 12.1.8-4）。

2）平行弦檩条桁架或刚架的作用是靠每一个桁架分散承受墙面垂直荷载。由于檩条绕弱轴的承载力很低，只能做成桁架来提高承载力，这一点与屋面檩条不同（屋面檩条绕弱轴的荷载很小，只要控制檩条支撑长度在 3m 之内即可）。

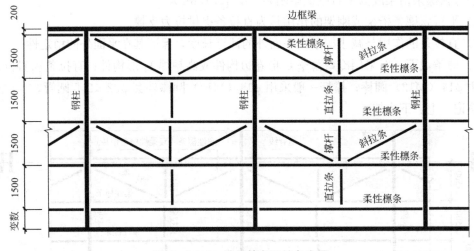

图 12.1.8-3　墙梁檩条及拉条布置

3）直拉条的作用是让每一榀檩条桁架或刚架变形一致，增大整体刚度，保证墙面没有大的垂直变形。

4）檩条截面一般采用冷弯薄壁 C 形卷边构件或高频焊 H 形构件；直拉条和斜拉条一般采用 $\phi 14$（M12）圆棒，当墙面荷载 $0.4 \mathrm{kN/mm^2} < q \leqslant 0.90 \mathrm{kN/mm^2}$ 时，斜拉条采用

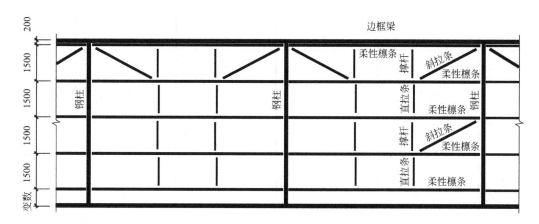

图 12.1.8-4　7.5m、9.0m 柱间距墙梁檩条及拉条布置

$\phi16$（M14）；撑杆一般采用 $\phi14$（M12）圆棒外套 $\phi32\times2.5$ 圆管。

简记：成串桁架。

# 12.2　转换桁架

## 12.2.1　转换桁架的设计

1. 转换桁架的设计原则

应避免因部分结构或构件破坏而导致整个结构丧失抗震能力或对重力荷载的承载能力。

以上为强制性条文。

2. 大跨转换桁架

1）双层大跨转换桁架

当上部楼层部分钢柱不能直接连续贯通落地时，应设置结构转换层-钢结构转换桁架。

对于两端支撑的转换桁架，按照转换桁架的设计原则，采用十字交叉斜杆形式，斜杆均按压杆设计，当任意一根斜杆遭到破坏后整个桁架仍然为几何不变体系。

一般的层高尺寸约为柱网尺寸的一半，所以，在设计中应该首选双层转换桁架（图12.2.1-1）。

2）单层大跨转换桁架

为体现转换桁架的设计原则，采用十字撑形式。

当托起的荷载较小时，也可采用单层转换桁架。考虑斜杆的角度因素，应增设竖杆；如图 12.2.1-2 所示转换桁架，斜杆均按压杆设计。当托柱与转换柱之间及托柱与托柱之间距离较小，接近桁架层高时，则图 12.2.1-2 中竖杆位置改为托柱位置。

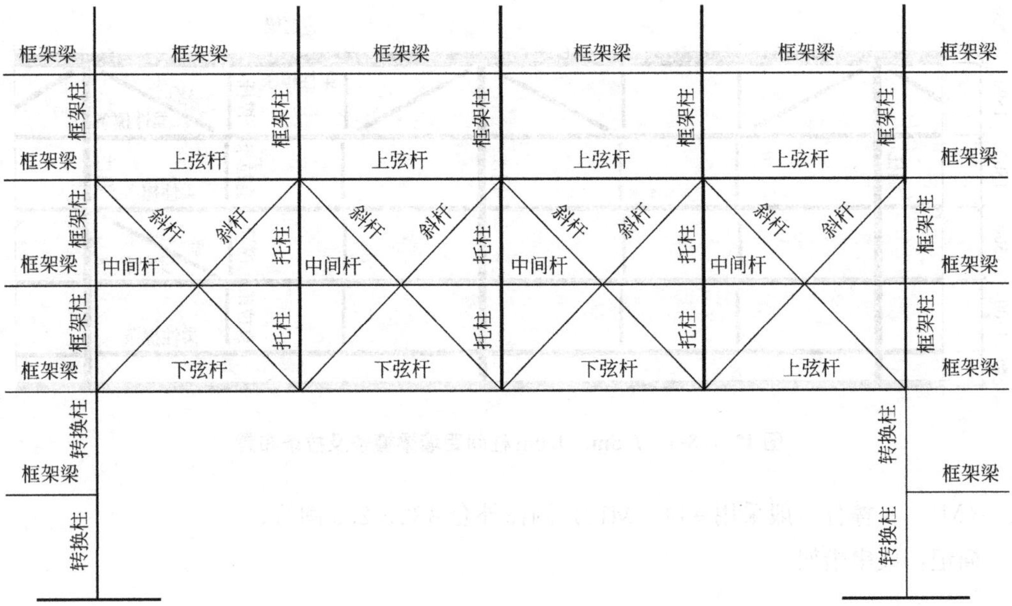

图 12.2.1-1　双层大跨转换桁架

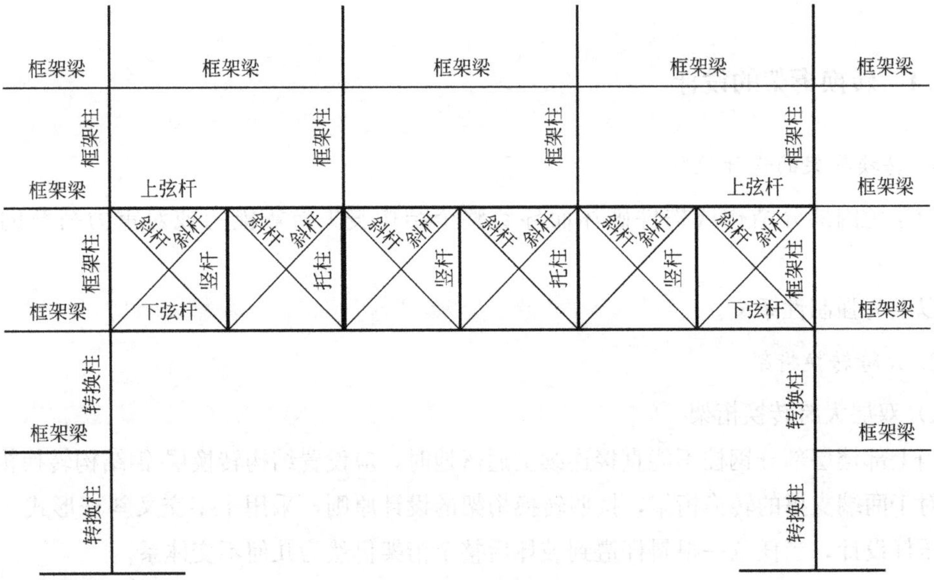

图 12.2.1-2　单层大跨转换桁架

3）大跨转换桁架的高度

转换桁架的高度不宜小于计算跨度的 1/8。

3. 悬挑转换桁架

1）双层悬挑转换桁架

当上部楼层部分钢柱不能直接连续贯通落地而形成悬挑结构时，应设置钢结构悬挑转换桁架。

对于只有一端支撑的悬挑桁架，根据其特殊性采用双层斜杆形式（图 12.2.1-3），所有斜杆均受拉。按照转换桁架的设计原则，当悬挑部分任意一列两根斜杆中有一根斜杆遭到破坏后整个桁架仍然为几何不变体系。

与悬挑桁架相邻的一跨内设置反向斜杆（拉杆），与反向斜杆相关联的框架梁由于有轴向力的存在，按悬挑桁架水平杆件设计，并按上弦杆、中间杆及下弦杆标记。

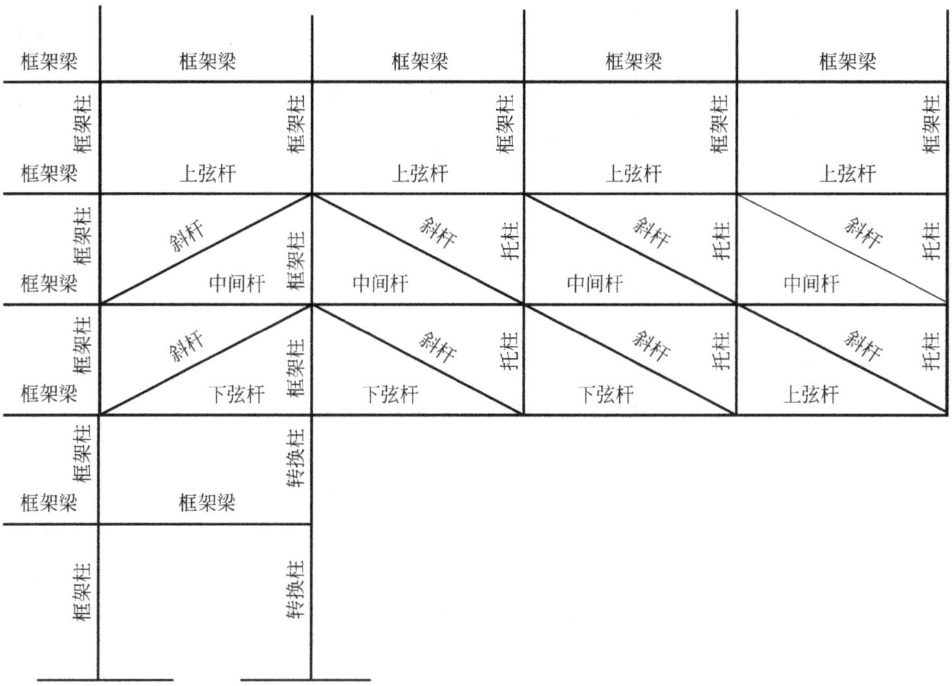

图 12.2.1-3 双层悬挑转换桁架

2）多层悬挑转换桁架

当悬挑荷载较大时，也可采用多层转换桁架（图 12.2.1-4）。其他特点同双层悬挑转换桁架。

4. 转换桁架的截面形式

1）托柱截面形式与上部框架柱一样，采用箱形柱或圆形柱。

2）竖杆截面形式与托柱相同，但截面尺寸可以小一些。

3）上弦杆、下弦杆及中间杆采用 H 型钢。

5. 转换桁架的支撑布置

1）大跨转换桁架的支撑布置

大跨转换桁架在上、下弦平面需要布置横向和纵向水平支撑，形成围合状（口字形）支撑体系，增强转换桁架的水平刚度，有效地向两侧主体结构传递水平地震力。当只有二、三榀桁架或只有两个开间时，应满布水平支撑。

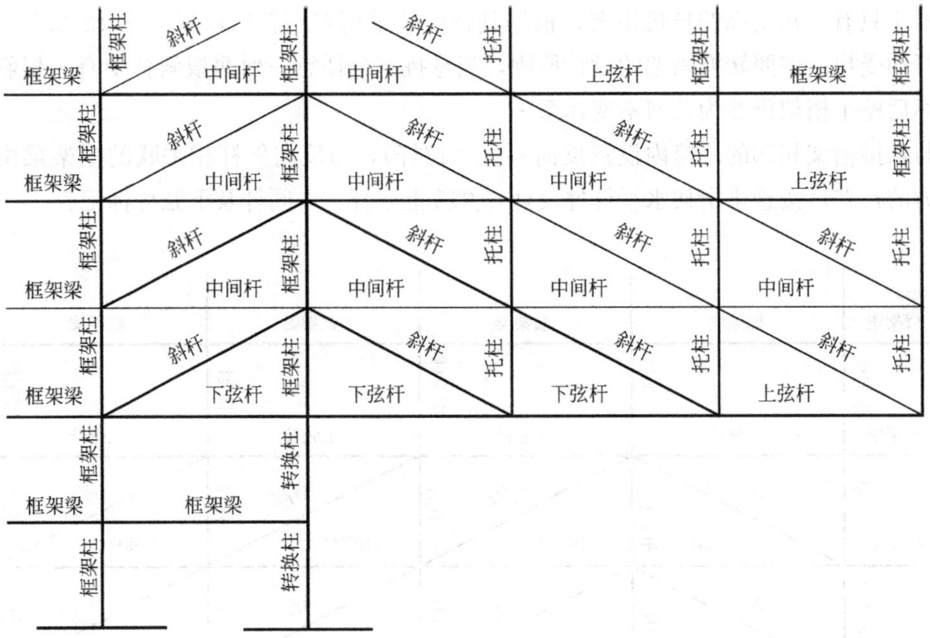

斜杆 框架柱 框架梁
中间杆 框架柱 斜杆 托柱 中间杆 上弦杆 框架梁 框架柱

斜杆 框架柱 框架梁
中间杆 框架柱 斜杆 中间杆 斜杆 托柱 中间杆 上弦杆 框架梁 框架柱

斜杆 框架柱 框架梁
中间杆 框架柱 斜杆 中间杆 斜杆 托柱 中间杆 斜杆 托柱 中间杆 框架梁 框架柱

斜杆 框架柱 框架梁
下弦杆 框架柱 斜杆 下弦杆 斜杆 托柱 下弦杆 斜杆 托柱 上弦杆 框架梁 框架柱

框架柱 转换柱 框架梁
框架梁 转换柱 框架柱

框架柱 转换柱

**图 12.2.1-4 多层悬挑转换桁架**

2）悬挑转换桁架的支撑布置

悬挑转换桁架的支撑布置与大跨转换桁架不同，为了保证悬挑结构整体侧向刚度，应在悬挑结构的顶部平面和底部平面（下弦平面）布置横向和纵向水平支撑，形成围合状（口字形）支撑体系（含受拉支座和受压支座之间）。当只有二、三榀桁架或只有两个悬挑开间时，应满布水平支撑。

为了避免悬挑结构在侧向水平力作用下发生较大的扭转，应在悬挑结构的受拉支座、受压支座和端部布置垂直支撑。

6. 转换桁架的挠度与起拱

转换桁架的挠度与起拱参见第 12.1.4 节。

7. 转换桁架的规定

1）计算

（1）考虑竖向地震作用。

（2）转换桁架下的转换柱，地震力应乘以增大系数，其值可采用 1.5。

2）构造

（1）竖向构件与下弦杆相交时，竖向构件贯通 ［图 12.2.1-5 (a)］。这一点与混凝土结构不同，混凝土结构是梁贯通（梁截面宽度应能包裹柱，且梁主筋拉通）。由于钢结构节点是刚接节点，可以做成柱贯通，节点设计、制作加工及安装都很简单。

（2）斜杆与中间杆相交时，中间杆贯通 ［图 12.2.1-5 (b)］。

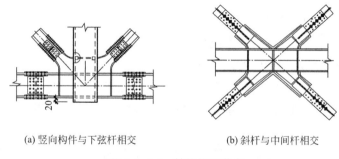

(a) 竖向构件与下弦杆相交　　　　　　(b) 斜杆与中间杆相交

**图 12.2.1-5　转换桁架节点**

## 12.2.2　转换桁架的防倒塌设计

### 1. 大跨转换桁架的防倒塌设计

在转换桁架中，斜杆是至关重要的构件。当个别斜杆丧失承载力后，剩余的斜杆应能继续工作，并保证桁架为几何不变体系。为此，大跨转换桁架防倒塌设计应按以下方法进行：

1) 任意一组（或几组）交叉斜杆组成的十字支撑中有一根斜杆遭到破坏后，可按另一根斜杆继续工作的模式进行承载力验算，由于斜杆失去承载力属于偶然情况，可取 $\gamma_0 = 0.9$，但不进行竖向地震作用的验算和变形验算。

2) 按图 12.2.2-1 或图 12.2.2-2 所示两种情况分别计算斜杆的承载力，同样可取 $\gamma_0 = 0.9$，但不进行竖向地震作用的验算和变形验算。

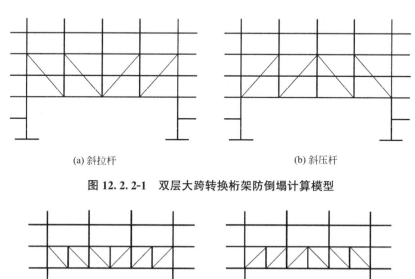

(a) 斜拉杆　　　　　　　　　　　　　(b) 斜压杆

**图 12.2.2-1　双层大跨转换桁架防倒塌计算模型**

(a) 斜拉杆　　　　　　　　　　　　　(b) 斜压杆

**图 12.2.2-2　单层大跨转换桁架防倒塌计算模型**

2. 悬挑转换桁架的防倒塌设计

斜杆设计的原则：任一列斜杆中至少有一根在工作。

悬挑转换桁架防倒塌设计应按以下方法进行：

1）双层悬挑转换桁架中，任一列（或几列）斜拉杆中的一根斜杆遭到破坏后，可按另一根斜拉杆继续工作的模式进行承载力验算，可取 $\gamma_0 = 0.9$，但不进行竖向地震作用的验算和变形验算。

2）按图 12.2.2-3 所示情况计算斜杆的承载力，同样可取 $\gamma_0 = 0.9$，但不进行竖向地震作用的验算和变形验算。

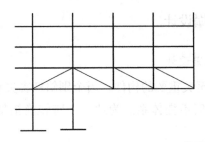

图 12.2.2-3　悬挑转换桁架防倒塌计算模型

# 12.3　立体桁架

## 12.3.1　立体桁架支座的几种支撑形式

### 1. 立体桁架定义

由上弦杆、腹杆与下弦杆构成的横截面为三角形或四边形的格构式桁架。

在民用建筑中采用较多的是横截面为三角形的立体桁架（图 12.3.1-1）。

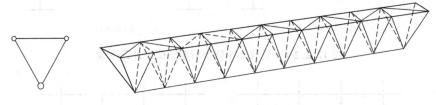

图 12.3.1-1　三角形横截面的立体桁架

### 2. 两端支撑形式

桁架上弦两端以铰接形式支撑在主体结构上（图 12.3.1-2），受力特点是上弦杆受压、下弦杆受拉，一般用于楼盖或屋盖。立体桁架的高度可取跨度的 1/16～1/12。

### 3. 悬挑罩棚形式

悬挑罩棚的平衡段与柱子刚接（图 12.3.1-3），受力特点是上弦杆受拉、下弦杆受压，一般用于体育场罩棚等。

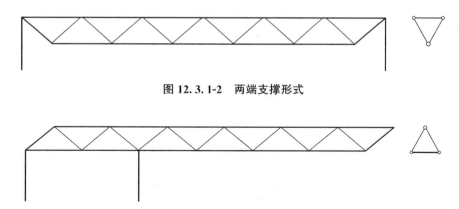

**图 12.3.1-2　两端支撑形式**

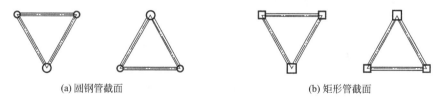

**图 12.3.1-3　悬挑罩棚形式**

4．立体桁架截面形式

1）圆钢管截面

立体桁架的弦杆和所有的腹杆全部采用圆钢管截面 [图 12.3.1-4（a）]。

2）矩形管截面

立体桁架的弦杆和所有的腹杆全部采用矩形管截面 [图 12.3.1-4（b）]。

<table>
<tr><td>(a) 圆钢管截面</td><td>(b) 矩形管截面</td></tr>
</table>

**图 12.3.1-4　立体桁架截面形式**

5．立体桁架的特点

1）立体桁架平面外的自稳定

两根平行弦杆及由面内直杆和斜杆组合成的立体桁架中的平面外桁架，保证了立体桁架平面外的刚度。平面外桁架和组成三角形截面形式的另一根弦杆通过中间每一组四角锥斜腹杆的有序连接形成了最终的立体桁架。立体桁架在平面内和平面外都是自稳定的。

简记：自稳定。

2）受压弦杆和受拉弦杆

组成平面外桁架的两根弦杆的截面面积之和一般应大于第三根弦杆，所以，将这两杆弦杆设计为压杆；连接所有四角锥腹杆尖端的第三根弦杆设计为拉杆。

6．腹杆与弦杆的连接方式

所有腹杆与弦杆的连接采用相贯连接。

7．立体桁架的应用场所

由于立体桁架采用圆管或矩形管截面的杆件，其涂装防腐效果比型钢截面的平面桁架要好，多应用于有盐雾腐蚀的环境，如海滨环境和室内游泳馆等。

### 12.3.2　立体桁架的现场节点

1. 全熔透焊缝节点

现场安装节点为焊接节点时，采用全熔透焊接坡口焊形式（图 12.3.2-1），适用于拉杆和压杆。

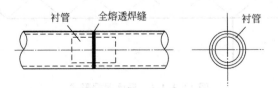

**图 12.3.2-1　全熔透焊接接头**

2. 角焊缝节点

受压杆件的现场拼接节点也可采用直隔板焊接接头 [图 12.3.2-2（a）]。

当直隔板焊缝不能满足强度要求时，可采用斜隔板焊接接头 [图 12.3.2-2（b）]，以增加连接焊缝的长度，斜隔板与杆件纵轴线的夹角不宜小于 45°。

隔板厚度不得小于管材最大壁厚的 1.2 倍。

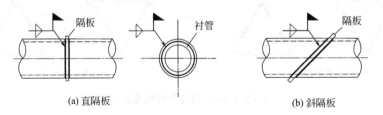

(a) 直隔板　　　　　　　　　　　(b) 斜隔板

**图 12.3.2-2　隔板焊接接头**

3. 法兰盘节点

当现场不具备焊接作业条件时，可采用法兰盘连接接头（图 12.3.2-3）。

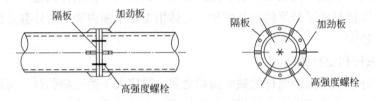

**图 12.3.2-3　法兰盘连接接头**

### 12.3.3　立体桁架的垂直支撑

由于立体桁架具有平面外的刚度，一般不需要水平支撑和垂直支撑，考虑到平面外传递水平力的需要及变形协调的要求，不设置水平支撑，但应按下列要求设置垂直支撑：

1. 两端支撑形式的立体桁架

在两端支座位置设置垂直支撑。当跨度≥24m 时，每隔 12m 设置一道垂直支撑。

2. 悬挑罩棚形式的立体桁架

在受拉支座、受压支座位置和悬挑罩棚的端部设置垂直支撑（至少三道支撑，前两道支撑是防止桁架在支座处发生平面外扭转）。当悬挑长度≥24m 时，每隔 12m 设置一道垂直支撑。

## 12.4　桁架基本要求

### 12.4.1　超限的规定

根据《抗规》的规定，采用非常用形式以及跨度大于 120m、结构单元长度大于 300m 或悬挑长度大于 40m 的大跨钢结构属于超限工程，应进行专门研究和论证，采取有效的加强措施。

### 12.4.2　大悬挑转换桁架的振颤问题

房屋周围的大货车、公交车等行驶过程中会对大悬挑钢结构产生振颤现象，且对大悬挑转换桁架产生的不利影响比罩棚更大，原因是房屋里面有人工作、活动。

对于大悬挑转换桁架，应按第 5.1.12 节进行计算、材料选用和构造设计。除此之外，还应在设计阶段对周围能够产生地面振动的环境（道路和地铁等）进行评估，以此调整悬挑结构的竖向刚度，使其自振频率在一个合理的范围内。

### 12.4.3　其他规定

1）宜采用轻型屋面系统。

2）不管是平面桁架、转换桁架还是立体桁架，均应考虑半跨荷载作用下对桁架的不利影响。

3）平面桁架、转换桁架及立体桁架的挠度与起拱要求见第 12.1.4 节。

4）桁架之间应设置可靠的支撑，保证垂直于桁架方向的水平地震作用的有效传递。

5）当桁架支座采用下弦节点支撑时，应在支座间设置纵向桁架（垂直支撑），防止桁架在支座处发生平面外扭转。

6）屋面维护系统、吊顶及悬吊物等非结构构件应与结构可靠连接，其抗震措施应符合《抗规》第 13 章的有关规定。

7）采用节点板连接各杆件时，节点板的厚度不宜小于连接杆件最大壁厚的 1.2 倍。

8）立体桁架采用相贯连接节点时，应将内力较大方向的杆件直通。直通杆件的壁厚不应小于焊于其上各杆件的壁厚。

9）屋盖杆件的长细比宜符合表 12.4.3-1 的规定（参见《抗规》第 10.2.14 条）。

屋盖杆件的长细比限值         表 12.4.3-1

| 杆件类型 | 受拉 | 受压 | 压弯 | 拉弯 |
|---|---|---|---|---|
| 一般杆件 | 250 | 180 | 150 | 250 |
| 关键杆件 | 200 | 150(120) | 150(120) | 200 |

注：1. 括号内数值用于 8、9 度烈度区。
    2. 关键杆件指与支座相连的杆件（弦杆、斜杆、竖杆）。

10）对于水平可滑动的支座，应保证屋盖在罕遇地震作用下的滑移不超出支撑面，即保证一定的滑移量，并应采取限位措施；另一方向也不能撞到主体结构，即保证一定的防撞量。如图 12.4.3-1 所示。滑移量和防撞量应该相等。

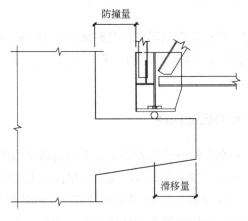

图 12.4.3-1 滑动支座滑移示意

11）抗震设防烈度为 8、9 度时，多遇地震作用下只承受竖向压力的支座，考虑其在中震、大震作用下可能出现受拉情况，宜采用拉压型构造。

12）屋盖结构采用隔震和减震支座时，其性能参数、耐久性及相关构造应符合《抗规》第 12 章的有关规定。

# 第 13 章
# 安装、防腐和防火

## 13.1　安装

### 13.1.1　柱脚锚栓的安装

1. 设置锚栓固定支架

除杯口基础外，钢结构柱脚都是通过锚栓与混凝土结构相连。柱脚基础属于大体积混凝土施工，在浇灌和振捣混凝土的过程中，会对锚栓产生冲击力，所以，在浇灌混凝土之前，应对锚栓采取可靠的固定措施，其做法是预先设置用角钢制作的锚栓支架（图13.1.1-1）。

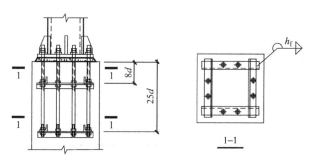

图 13.1.1-1　柱脚锚栓固定支架

2. 保护锚栓螺纹

制作完锚栓后，应在螺纹部位涂抹黄油并包裹油纸，外面装上套管，防止施工过程中损坏锚栓的螺纹。

3. 固定支架的定位

浇灌混凝土前应仔细复核锚栓的平面尺寸定位和标高的准确度，并检查固定支架与钢筋连接的可靠性。在浇灌混凝土过程中应对现场进行监控，防止施工不当对锚栓造成损伤。

### 13.1.2　厂房的安装

近几年出现的厂房倒塌的情况，从现场照片判断应该是安装顺序出了问题，安装完每一榀刚架，原计划最后安装支撑系统，不料一场大风吹倒了所有的刚架。所以，需特别注意厂房的安装顺序，并在设计交底时作为重点强调内容。安装顺序为：

第一步，安装与横向水平支撑相连的两榀桁架或刚架，安装完头一榀后采取临时固定措施，再安装下一榀，紧接着安装刚性系杆、柱间支撑、垂直支撑和水平支撑，形成一个稳定的局部钢结构体。当厂房中间有水平支撑时，应从中间两榀开始安装，形成一个局部钢结构稳定体后再安装厂房两端有水平支撑的桁架或刚架。

第二步，从已安装完毕的局部钢结构体开始，一榀一榀地安装其他榀桁架或刚架。每安装完一榀，就要马上安装系杆和水平纵向支撑等构件，与先前的局部钢结构体形成新的稳定体系。

第三步，安装檩条和墙梁。

### 13.1.3　现场全部采用高强度螺栓连接的钢结构的安装

为了保证安装精度和避免返工，现场全部采用高强度螺栓连接的钢结构，应采用工厂预拼装。工程实例参见第 6.4.9 节。

### 13.1.4　悬挑梁交于主梁的安装

主梁上有悬挑梁时，应先安装所有的平衡梁（L2），再安装悬挑梁（L1），如图13.1.4-1 所示。如果先安装悬挑梁，可能等不及安装平衡梁，主梁（KL1）就已经受扭变形了（参见第 11.1.11 节）。

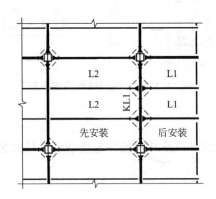

**图 13.1.4-1　悬挑梁交于主梁的安装顺序**

### 13.1.5　工程安全事项条例

根据住房和城乡建设部发布的《危险性较大的分部分项工程安全管理规定》（简称

《危大规定》），工程中涉及危险性较大工程的重点部位环节，施工单位应在投标时补充、完善危险性较大工程清单并明确相应的安全管理措施，应在危险性较大工程施工前组织工程技术人员编制专项施工方案，必要时需进行专家论证。

在实施过程中，检查部门要求设计单位在图纸中给出工程涉及危险性较大的分部分项工程具体范围，以及工程涉及超过一定规模的危险性较大的分部分项工程具体范围。

为了操作方便，不至于每一个工程都要到《危大规定》中逐条寻找相关要求，一般是将《危大规定》中的要求一条条列在图纸上，并在每一条前面加框"□"，凡具体工程所涉及内容，就在框内打钩。

1. 编制专项施工方案的危险性较大的分部分项工程范围

1）基坑工程

□开挖深度超过 3m（含 3m）的基坑（槽）的土方开挖、支护、降水工程。

□开挖深度虽未超过 3m，但地质条件、周围环境和地下管线复杂，或影响毗邻建（构）筑物安全的基坑（槽）的土方开挖、支护、降水工程。

2）模板工程及支撑体系

□各类工具式模板工程，包括滑模、爬模、飞模、隧道模等工程。

□混凝土模板支撑工程：搭设高度 5m 及以上，或搭设跨度 10m 及以上，或施工总荷载（荷载效应基本组合的设计值，以下简称设计值）10kN/m² 及以上，或集中线荷载（设计值）15kN/m 及以上，或高度大于支撑水平投影宽度且相对独立无联系构件的混凝土模板支撑工程。

3）脚手架工程

□搭设高度 24m 及以上的落地式钢管脚手架工程（包括采光井、电梯井脚手架）。

□附着式升降脚手架工程。

□悬挑式脚手架工程。

□高处作业吊篮。

□卸料平台、操作平台工程。

□异型脚手架工程。

4）拆除工程

□可能影响行人、交通、电力设施、通信设施或其他建（构）筑物安全的拆除工程。

5）其他

□建筑幕墙安装工程。

□钢结构、网架和索膜结构安装工程。

□人工挖孔桩工程。

□水下作业工程。

□装配式建筑混凝土预制构件安装工程。

□采用新技术、新工艺、新材料、新设备可能影响工程施工安全，尚无国家、行业及地方技术标准的分部分项工程。

2. 需要专家论证的专项施工方案所对应的超过一定规模的危险性较大的分部分项工程范围

1) 基坑工程

□开挖深度超过 5m（含 5m）的基坑（槽）的土方开挖、支护、降水工程。

2) 模板工程及支撑体系

□各类工具式模板工程，包括滑模、爬模、飞模、隧道模等工程。

□混凝土模板支撑工程：搭设高度 8m 及以上，或搭设跨度 18m 及以上，或施工总荷载（设计值）15kN/m² 及以上，或集中线荷载（设计值）20kN/m 及以上。

3) 起重吊装及起重机械安装拆卸工程

□采用非常规起重设备、方法，且单件起吊重量在 100kN 及以上的起重吊装工程。

□起重量 300kN 及以上，或搭设总高度 200m 及以上，或搭设基础标高在 200m 及以上的起重机械安装和拆卸工程。

4) 脚手架工程

□搭设高度 50m 及以上的落地式钢管脚手架工程。

□提升高度在 150m 及以上的附着式升降脚手架工程或附着式升降操作平台工程。

□分段架体搭设高度 20m 及以上的悬挑式脚手架工程。

5) 其他

□施工高度 50m 及以上的建筑幕墙安装工程。

□跨度 36m 及以上的钢结构安装工程，或跨度 60m 及以上的网架和索膜结构安装工程。

□开挖深度 16m 及以上的人工挖孔桩工程。

□水下作业工程。

□重量 1000kN 及以上的大型结构整体顶升、平移、转体等施工工艺。

□采用新技术、新工艺、新材料、新设备可能影响工程施工安全，尚无国家、行业及地方技术标准的分部分项工程。

# 13.2　防腐

## 13.2.1　防腐蚀设计年限

### 1. 防腐蚀设计年限的规定

防腐蚀设计年限应根据腐蚀性等级、工作环境和维修养护条件综合确定。

防腐蚀设计年限分为低使用年限、中使用年限、长使用年限和超长使用年限。防腐蚀设计年限的划分与防腐蚀设计使用年限之间的对应关系见表 13.2.1-1。

防腐蚀设计年限的划分与防腐蚀设计使用年限之间的对应关系　　表 13.2.1-1

| 序号 | 防腐蚀设计年限划分 | 防腐蚀设计使用年限(年) |
|---|---|---|
| 1 | 低使用年限 | 2～5 |

续表

| 序号 | 防腐蚀设计年限划分 | 防腐蚀设计使用年限(年) |
|---|---|---|
| 2 | 中使用年限 | 6～10 |
| 3 | 长使用年限 | 11～15 |
| 4 | 超长使用年限 | ＞15 |

2. 防腐蚀设计原则

1) 钢结构防腐蚀设计应根据建筑物的重要性、环境腐蚀条件、施工和维修条件等，合理确定防腐蚀设计年限。一般钢结构防腐蚀设计年限不宜低于 5 年，重要结构不宜低于 15 年。

2) 钢结构防腐蚀设计应考虑环保节能的要求。

3) 钢结构除必须采取防腐蚀措施外，尚应尽量避免加速腐蚀的不良设计。

4) 钢结构防腐蚀设计应考虑钢结构全寿命期内的检查、维护和大修。

3. 防腐蚀设计年限与结构设计年限的对应关系

防腐蚀设计年限一般按长使用年限采用。根据防腐蚀设计原则，防腐蚀设计年限与结构设计年限的对应关系见表 13.2.1-2。

防腐蚀设计年限与结构设计年限的对应关系（建议值） 表 13.2.1-2

| 类型 | 结构设计年限(年) | 防腐蚀设计年限(年) | |
|---|---|---|---|
| | | 易维护 | 不易维护 |
| 钢结构 | 25、50、100 | 15 | 25 |
| 建筑金属制品构件 | 25、50 | 15 | 25 |

注：不易维护—使用期间不能重新油漆的结构部位；易维护—除不易维护的结构部位外的所有部位。

在设计中不能因为有局部属于"不易维护"的范围，就将整个结构都按"不易维护"确定防腐蚀设计年限。

同一结构不同部位的钢结构可采用不同的防腐设计年限。

防腐蚀设计年限及相应的维护、检查要求应写入图纸中。

## 13.2.2 除锈

1. 除锈的目的

钢材在加工前，表面存在着毛刺、氧化皮、锈层、油污、灰尘等不利于涂装的缺陷，如不进行处理就会影响防腐涂料在钢构件表面的附着力，达不到防锈的预期效果。除锈的目的就是保证防锈底漆与钢材表面紧密结合的附着力，是钢结构防腐的第一道工序。

2. 采购时对钢材表面质量的要求

为了保证除锈效果，在采购时对钢材初始表面质量等级应有明确的要求（表 13.2.2-1）。

构件所用钢材的表面初始锈蚀等级不得低于 C 级；对薄壁（厚度 1.5～6mm）构件不

应低于 B 级。

**钢材初始表面质量等级**  　　表 13.2.2-1

| 质量等级 | 锈蚀程度 |
|---|---|
| A 级 | 钢材表面完全被紧密的轧制氧化皮覆盖,几乎没有锈蚀 |
| B 级 | 钢材表面已开始发生锈蚀,部分轧制氧化皮已剥落 |
| C 级 | 钢材表面已大量生锈,轧制氧化皮已因锈蚀而剥落,并有少量点蚀 |
| D 级 | 钢材表面已全部生锈,轧制氧化皮已全部脱落,并普遍点蚀 |

3. 除锈方法和除锈等级

除锈方法和除锈等级应符合表 13.2.2-2 的规定。

由于已广泛使用机械化除锈,承重结构一般不应再采用手工除锈方法,因其质量和均匀度难以保证,若特殊情况下必须采用时,应严格要求其除锈等级达到 St3 的顶级要求。

**除锈方法和除锈等级**  　　表 13.2.2-2

| 除锈方法 | 除锈等级 | 除锈程度 | 质量要求 |
|---|---|---|---|
| 喷射和抛射除锈 | Sa1 | 轻度除锈 | 只除去疏松轧制氧化皮、锈和附着物 |
| | Sa2 | 彻底除锈 | 轧制氧化皮、锈和附着物几乎都被除去,至少有 2/3 面积无任何可见残留物 |
| | Sa2$\frac{1}{2}$ | 非常彻底除锈 | 轧制氧化皮、锈和附着物残留在钢材表面的痕迹为点状或轻微污痕,至少有 95% 面积无任何可见残留物 |
| | Sa3 | 使钢板表观洁净的除锈 | 表面上轧制氧化皮、锈和附着物完全除去,具有均匀多点光泽 |
| 手工和动力工具除锈 | St2 | 彻底除锈 | 无可见油脂和污垢,无附着不牢的氧化皮、铁锈和油漆涂层等附着物 |
| | St3 | 非常彻底除锈 | 无可见油脂和污垢,无附着不牢的氧化皮、铁锈和油漆涂层等附着物。除锈比 St2 更为彻底,底材显露部分的表面应具有金属光泽 |
| 化学除锈 | Be | 非常彻底除锈 | 钢材表面应无可见的油脂和污垢,酸洗未尽的氧化皮、铁锈和旧涂层的个别残留点允许用手工或机械方法除去,最终该表面应显露金属原貌,无再度锈蚀 |

4. 涂料与除锈等级

各种涂料品种对应的钢材表面最低除锈等级应符合表 13.2.2-3 的规定。

**各种涂料品种对应的钢材表面最低除锈等级**  　　表 13.2.2-3

| 涂料品种 | 最低除锈等级 |
|---|---|
| 富锌底涂料、乙烯磷化底涂料 | Sa2$\frac{1}{2}$ |
| 环氧或乙烯基酯玻璃鳞片底涂料 | Sa2 |

续表

| 涂料品种 | 最低除锈等级 |
|---|---|
| 氟碳、聚硅氧烷、聚氨酯、环氧、醇酸、丙烯酸环氧、丙烯酸聚氨酯等底涂料 | Sa2 或 St3 |
| 喷铝及其合金 | Sa3 |
| 喷锌及其合金 | Sa2$\frac{1}{2}$ |
| 热浸镀锌 | Be |

5. 其他规定

1）新建工程的除锈等级不应低于 Sa$\frac{1}{2}$。

2）喷射或抛射除锈后的表面粗糙度为 $40 \sim 75 \mu m$，并不应大于涂层厚度的 1/3。

3）现场除锈等级为 St3。

4）除锈后的表面粗糙度应符合现行《钢结构工程施工规范》GB 50755 的规定。

## 13.2.3　腐蚀性等级

1. 大气环境腐蚀性等级

大气环境对钢结构腐蚀性作用的等级应符合表 13.2.3-1 的规定。

**大气环境对钢结构腐蚀性作用的等级**　　　　　表 13.2.3-1

| 腐蚀作用类别 | 腐蚀厚度损失(第 1 年暴露后)($\mu m$) | | 温性气候下的典型环境示例(仅作参考) | |
|---|---|---|---|---|
| | 低碳钢 | 锌 | 室外 | 室内 |
| C1 微腐蚀性 | $\leqslant 1.3$ | $\leqslant 0.1$ | — | 空气洁净并有供暖设备的建筑物内部,如办公室、商店、学校和宾馆 |
| C2 弱腐蚀性 | $1.3 \sim 25$ | $0.1 \sim 0.7$ | 大气污染较低,大部分是乡村地带 | 无供暖设备,有可能发生冷凝的建筑物,如库房、体育馆 |
| C3 中等腐蚀性 | $25 \sim 50$ | $0.7 \sim 2.1$ | 城市和工业大气,有中度二氧化碳污染,或低盐度沿海区 | 高湿度和有污染空气的生产场所,如食品加工厂、洗衣场、酒厂、牛奶场等 |
| C4 强腐蚀性 | $50 \sim 80$ | $2.1 \sim 4.2$ | 较重污染工业区或高盐度沿海区 | 化工厂、冶炼厂、游泳池、海船和船厂等 |

2. 气态介质腐蚀性等级

常温下,气态介质对钢材的腐蚀以单位面积质量损失或厚度损失值作为腐蚀条件时,腐蚀性等级可按表 13.2.3-2 确定。

**气态介质对钢材的腐蚀性等级**　　　　　　　　　　　　　表 13.2.3-2

| 无保护的钢材在气态介质中暴露 1 年后的损失值 | | 介质对钢材的腐蚀性等级 |
|---|---|---|
| 质量损失(g/m$^2$) | 厚度损失($\mu$m) | |
| >650,≤1500 | >80,≤200 | 强腐蚀 |
| >400,≤650 | >50,≤80 | 中腐蚀 |
| >200,≤400 | >25,≤50 | 弱腐蚀 |
| ≤200 | ≤25 | 微腐蚀 |

### 3. 海洋环境腐蚀性等级

海滨盐雾环境对钢材的腐蚀是很严重的，设计时应注意三个方面：

1）材料选择上应采用耐候钢，其耐大气腐蚀性能为普通钢的 2～8 倍，抗锈蚀能力是一般钢材的 3～4 倍。海岸环境、游泳馆等属于盐雾腐蚀性较高的环境，应选用耐候结构钢。

2）构件截面选择上应采用封闭形圆管截面或矩形管截面，保证涂料与钢材的长期紧密结合度。

3）应按滨海环境确定腐蚀性等级。

海洋性大气环境对钢材的腐蚀性等级可按表 13.2.3-3 确定。

**海洋性大气环境对钢材的腐蚀性等级**　　　　　　　　　表 13.2.3-3

| 年平均相对湿度(%) | 距涨潮海岸线(km) | 腐蚀性等级 |
|---|---|---|
| >75 | 0～5 | 强 |
| | >5 | 中 |
| 60～75 | 0～3 | 强 |
| | >3,≤5 | 中 |
| | >5 | 弱 |

## 13.2.4　涂层厚度、腐蚀性及防腐蚀设计年限之间的关系

钢结构表面防腐蚀涂层厚度不仅与环境腐蚀性等级有关，还与防腐蚀设计年限有关，室内工程最小涂层厚度应符合表 13.2.4-1 的规定。

**钢结构表面防腐蚀涂层厚度**　　　　　　　　　　　　　表 13.2.4-1

| 防腐蚀涂层最小厚度($\mu$m) | | | 防护层使用年限(年) |
|---|---|---|---|
| 强腐蚀 | 中腐蚀 | 弱腐蚀 | |
| 320 | 280 | 240 | >15 |
| 280 | 240 | 200 | 11～15 |

续表

| 防腐蚀涂层最小厚度(μm) | | | 防护层使用年限(年) |
|---|---|---|---|
| 强腐蚀 | 中腐蚀 | 弱腐蚀 | |
| 240 | 200 | 160 | 6～10 |
| 200 | 160 | 120 | 2～5 |

注:1. 防腐蚀涂料的品种与配套见《钢结构防腐蚀涂装技术规程》CECS 343—2013 附录 A 的规定。
2. 涂层厚度指涂料层的厚度或金属层与涂料层复合的厚度。
3. 采用喷锌、铝及其合金时,金属层厚度不宜小于 $120\mu m$;采用热镀浸锌时,锌的厚度不宜小于 $85\mu m$。
4. 室外工程的涂层厚度宜增加 $20\sim40\mu m$。
5. 当有防火涂料时,取消面漆,但底漆和中间漆的漆膜最小总厚度应满足表中要求。

## 13.2.5 防腐蚀涂料

1. 涂层油漆划分

涂层油漆分为三层:底层漆(底漆)、中间层漆(中层漆)和面层漆(面漆)。

底漆应与基层表面有较好的附着力,并具有长效防锈性能。

中层漆应具有屏蔽功能。

面漆应具有良好的耐候、耐介质性能。

2. 油漆与防火涂料的结合

当钢构件外表面有防火涂料时,应取消面层漆,原因是防火涂料很难附着在面层漆上。

3. 常用的防腐蚀涂料

防腐蚀涂料与基层材料、除锈等级、涂层遍数、涂层厚度、腐蚀性等级及防腐蚀设计年限等因素有关。基层材料为钢材,除锈等级为 $Sa2\frac{1}{2}$ 时,常用的防腐蚀涂层配套件见表 13.2.5-1。

除锈等级为 $Sa2\frac{1}{2}$ 时钢结构常用防腐蚀涂层配套 表 13.2.5-1

| 涂层构造 | | | | | | 涂层总厚度(μm) | 防腐蚀设计年限(年) | | |
|---|---|---|---|---|---|---|---|---|---|
| 底层 | | 中间层 | | 面层 | | | 强腐蚀 | 中腐蚀 | 弱腐蚀 |
| 涂料名称 | 厚度(μm)/遍数 | 涂料名称 | 厚度(μm)/遍数 | 涂料名称 | 厚度(μm)/遍数 | | | | |
| 环氧铁红底涂料 | 60/2 | 环氧云铁中间涂料 | 70/1 | 环氧、聚氨酯、丙烯酸环氧、丙烯酸聚氨酯等面涂料 | 70/2 | 200 | 2<n≤5 | 5<n≤10 | 10<n≤15 |
| | 60/2 | | 80/1 | | 100/3 | 240 | 5<n≤10 | 10<n≤15 | n>15 |
| | 60/2 | | 120/2 | | 100/3 | 280 | 10<n≤15 | n>15 | n>15 |
| | 60/2 | | 70/1 | 环氧、聚氨酯、丙烯酸环氧、丙烯酸聚氨酯等厚膜型面涂料 | 150/2 | 280 | 10<n≤15 | n>15 | n>15 |

续表

| 涂层构造 | | | | | | 涂层总厚度(μm) | 防腐蚀设计年限(年) | | |
| 底层 | | 中间层 | | 面层 | | | | | |
| 涂料名称 | 厚度(μm)/遍数 | 涂料名称 | 厚度(μm)/遍数 | 涂料名称 | 厚度(μm)/遍数 | | 强腐蚀 | 中腐蚀 | 弱腐蚀 |
|---|---|---|---|---|---|---|---|---|---|
| 富锌底涂料 | 70/2 | 环氧云铁中间涂料 | 60/1 | 环氧、聚氨酯、丙烯酸环氧、丙烯酸聚氨酯等面涂料 | 70/2 | 200 | $5 < n \leqslant 10$ | $10 < n \leqslant 15$ | $n > 15$ |
| | 70/2 | | 70/1 | | 100/3 | 240 | $10 < n \leqslant 15$ | $n > 15$ | $n > 15$ |
| | 70/2 | | 110/2 | | 100/3 | 280 | $n > 15$ | $n > 15$ | $n > 15$ |
| | 70/2 | | 60/1 | 环氧、聚氨酯、丙烯酸环氧、丙烯酸聚氨酯等厚膜型面涂料 | 150/2 | 280 | $n > 15$ | $n > 15$ | $n > 15$ |

注:涂层厚度指干膜的厚度。

### 13.2.6 定期维护保养的要求

由于钢结构的防腐蚀设计年限远小于结构的使用年限,只能通过定期维护和保养达到使用年限要求,这一点与混凝土结构不同,混凝土是通过钢筋的保护层来保证结构的使用年限。

1. 定期检查

应按防腐蚀设计年限在图纸中交代清楚与其配套的定期维护保养年限;发现情况应进行局部清理与涂层维修。

2. 健康监测

在建筑物使用阶段,应对钢结构进行健康监测。

# 13.3 防火

### 13.3.1 防火等级与耐火极限

民用建筑的耐火等级应根据其建筑高度、使用功能、重要性和火灾扑救难度等确定,由建筑专业写在说明中。结构专业根据耐火等级确定耐火极限,见表 13.3.1-1。

**单、多层和高层建筑结构构件的耐火极限 (h)**　　　　　表 13.3.1-1

| 构件名称 | 耐火等级 | | | | | |
| | 单、多层建筑 | | | | 高层建筑 | |
| | 一级 | 二级 | 三级 | 四级 | 一级 | 二级 |
|---|---|---|---|---|---|---|
| 承重墙 | 3.00 | 2.50 | 2.00 | 0.50 | 2.00 | 2.00 |
| 柱、柱间支撑 | 3.00 | 2.50 | 2.00 | 0.50 | 3.00 | 2.50 |
| 梁、桁架 | 2.00 | 1.50 | 1.00 | 0.50 | 2.00 | 1.50 |

续表

| 构件名称 | 耐火等级 | | | | | | | |
|---|---|---|---|---|---|---|---|---|
| | 单、多层建筑 | | | | | | 高层建筑 | |
| | 一级 | 二级 | 三级 | | 四级 | | 一级 | 二级 |
| 楼板、楼面支撑 | 1.50 | 1.00 | 厂、库房 | 民用房 | 厂、库房 | 民用房 | 1.50 | 1.00 |
| | | | 0.75 | 0.50 | 0.50 | 不要求 | | |
| 屋盖承重构件、屋面支撑、系杆 | 1.50 | 0.50 | 厂、库房 | 民用房 | 不要求 | | | |
| | | | 0.50 | 不要求 | | | | |
| 疏散楼梯 | 1.50 | 1.00 | 厂、库房 | 民用房 | 不要求 | | | |
| | | | 0.75 | 0.50 | | | | |

## 13.3.2 防火涂料及涂层厚度

钢结构防火涂料分为薄涂型（膨胀型）和厚涂型（非膨胀型），其中，厚涂型又分为喷涂型与涂敷型。防火涂料产品应通过国家检测机构检测合格，方可选用。

不能在防腐面层漆上涂防火涂料。

薄涂型钢结构防火涂料，厚度一般为 1～7mm，耐火极限可达 0.5～2.0h。优点是涂层薄，缺点是涂层易老化。性能见表 13.3.2-1；

厚涂型钢结构防火涂料，厚度一般为 7～50mm，耐火极限可达 0.5～3.0h。优点是耐久性好，缺点是涂层厚。性能见表 13.3.2-2。

**薄涂型钢结构防火涂料性能** 表 13.3.2-1

| 项目 | | 指标 | | |
|---|---|---|---|---|
| 粘结强度（MPa） | | ≥0.15 | | |
| 抗弯性 | | 挠曲 $L/100$，涂层不起层、不脱落 | | |
| 抗振性 | | 挠曲 $L/200$，涂层不起层、不脱落 | | |
| 耐水性（h） | | ≥24 | | |
| 耐冻融循环性（次） | | ≥15 | | |
| 耐火极限 | 涂层厚度（mm） | 3.0 | 5.5 | 7.0 |
| | 耐火时间不低于（h） | 0.5 | 1.0 | 1.5 |

**厚涂型钢结构防火涂料性能** 表 13.3.2-2

| 项目 | 指标 |
|---|---|
| 粘结强度（MPa） | ≥0.04 |
| 抗压强度（MPa） | ≥0.3 |
| 干密度（kg/m³） | ≤500 |

续表

| 项目 | 指标 | | | | |
|---|---|---|---|---|---|
| 热导率[W/(m·K)] | ≤0.1160(0.1kcal/m·h·℃) | | | | |
| 耐水性(h) | ≥24 | | | | |
| 耐冻融循环性(次) | ≥15 | | | | |
| 耐火极限 涂层厚度(mm) | 15 | 20 | 30 | 40 | 50 |
| 耐火时间不低于(h) | 1.0 | 1.5 | 2.0 | 2.5 | 3.0 |

注:有的厂家给出的涂层厚度小于表中数值,使用时必须保证其防火涂料产品具有国家检测机构检测合格的证书。

# 参考文献

[1] 住房和城乡建设部,国家质量监督检验检疫总局. 钢结构设计标准:GB 50017—2017 [S]. 北京:中国建筑工业出版社,2018.

[2] 住房和城乡建设部. 高层民用建筑钢结构技术规程:JGJ 99—2015 [S]. 北京:中国建筑工业出版社,2016.

[3] 住房和城乡建设部. 门式刚架轻型房屋钢结构技术规范:GB 51022—2015 [S]. 北京:中国建筑工业出版社,2016.

[4] 住房和城乡建设部. 高耸结构设计标准:GB 50135—2019 [S]. 北京:中国计划出版社,2019.

[5] 住房和城乡建设部. 组合结构设计规范:JGJ 138—2016 [S]. 北京:中国建筑工业出版社,2016.

[6] 住房和城乡建设部. 钢结构焊接规范:GB 50661—2011 [S]. 北京:中国建筑工业出版社,2012.

[7] 住房和城乡建设部. 钢结构高强度螺栓连接技术规程:JGJ 82—2011 [S]. 北京:中国建筑工业出版社,2011.

[8] 住房和城乡建设部. 钢结构工程施工质量验收标准:GB 50205—2020 [S]. 北京:中国计划出版社,2020.

[9] 住房和城乡建设部. 工业建筑防腐蚀设计标准:GB/T 50046—2018 [S]. 北京:中国计划出版社,2019.

[10] 中国工程建设标准化协会. 钢结构防腐蚀涂装技术规程:CECS 343—2013 [S]. 北京:中国计划出版社,2013.

[11] 住房和城乡建设部. 建筑设计防火规范:GB 50016—2014 [S]. 北京:中国计划出版社,2014.

[12] 住房和城乡建设部. 建筑工程抗震设防分类标准:GB 50223—2008 [S]. 北京:中国建筑工业出版社,2008.

[13] 住房和城乡建设部. 建筑结构可靠性设计统一标准:GB 50068—2018 [S]. 北京:中国建筑工业出版社,2018.

[14] 住房和城乡建设部,国家质量监督检验检疫总局. 建筑抗震设计规范:GB 50011—2010(2016 年版)[S]. 北京:中国建筑工业出版社,2016.

[15] 住房和城乡建设部. 建筑结构荷载规范:GB 50009—2012 [S]. 北京:中国建筑工业出版社,2012.

[16] 住房和城乡建设部. 高层建筑混凝土结构技术规程:JGJ 3—2010 [S]. 北京:中国建筑工业出版社,2010.

[17] 住房和城乡建设部,国家质量监督检验检疫总局. 混凝土结构设计规范:GB 50010—2010(2015 年版)[S]. 北京:中国建筑工业出版社,2015.

[18] 住房和城乡建设部,国家质量监督检验检疫总局. 建筑地基基础设计规范:GB 50007—2011 [S].

北京：中国建筑工业出版社，2012.

[19] 但泽义．钢结构设计手册［M］．4版．北京：中国建筑工业出版社，2019.

[20] 赵风华．钢结构［M］．北京：中国建筑工业出版社，2020.

[21] 刘声扬．钢结构［M］．6版．北京：中国建筑工业出版社，2020.

[22] 姚谏．钢结构设计——方法与例题［M］．2版．北京：中国建筑工业出版社，2019.

[23] 中国建筑设计研究院有限公司．结构设计统一技术措施［M］．北京：中国建筑工业出版社，2018.

[24] 中国建筑标准设计研究院．钢结构设计图实例——多、高层房屋：05CG02［S］．2005.

[25] 中国建筑标准设计研究院．多、高层民用建筑钢结构节点构造详图：16G519［S］．北京：中国计划出版社，2016.